普通高等教育"十二五"规划教材

有 机 化 学

杨建奎　张　薇　主编

化学工业出版社

·北京·

本书是为高等院校非化学化工专业本科学生编写的有机化学教材，是湖南农业大学有机化学课程组根据多年教学实践和经验总结，并结合当前有机化学课时较少的实际情况编写而成。全书共分 14 章，主要介绍了烃类、烃的衍生物和天然有机化合物的基本概念、理论和基本反应等有机化学知识。本教材内容少而精，在内容编排上力求使读者易于自学并方便教师讲授。

本教材可作为高等农林院校及其他相关院校的农林、生物、环境、医学、材料、食品等相关专业本科及高职高专的教学用书，也可作为研究生入学考试、自学考试等的参考用书。

图书在版编目（CIP）数据

有机化学/杨建奎，张薇主编. —北京：化学工业出版社，2015.3（2025.1重印）
普通高等教育"十二五"规划教材
ISBN 978-7-122-22865-9

Ⅰ.①有… Ⅱ.①杨…②张… Ⅲ.①有机化学-高等学校-教材 Ⅳ.①O62

中国版本图书馆 CIP 数据核字（2015）第 016410 号

责任编辑：旷英姿　朱　理　　　　　　文字编辑：陈　雨
责任校对：吴　静　　　　　　　　　　　装帧设计：王晓宇

出版发行：化学工业出版社（北京市东城区青年湖南街 13 号　邮政编码 100011）
印　　装：北京虎彩文化传播有限公司
787mm×1092mm　1/16　印张 18¾　字数 530 千字　2025 年 1 月北京第 1 版第 10 次印刷

购书咨询：010-64518888　　　　　　　　售后服务：010-64518899
网　　址：http://www.cip.com.cn
凡购买本书，如有缺损质量问题，本社销售中心负责调换。

定　　价：36.00 元　　　　　　　　　　　　　　　版权所有　违者必究

前言

  本教材以农、林、医等非化学专业本科生的现行人才培养方案为出发点，考虑到农林院校有机化学课程的课时较少的现状，结合本课程组多年的教学实践和经验总结，并大量收集国内外同类教材的优点，精心编写出来的。教材着重介绍了有机化学的基础理论和基本原理，涵盖了教育部颁发的农林院校硕士生入学考试有机化学大纲的全部内容。

  本教材的主要特点：(1) 内容少而精，简明扼要；(2) 通俗易懂，易于讲授和自学；(3) 为拓展学生的知识视野，选编了一定量的阅读材料和选学内容；(4) 习题侧重基础知识，题量适中，难易度合适。

  本教材可作为高等农林院校及其他相关院校的农林、生物、环境、医学、材料、食品等相关专业本科及高职高专的教学用书，也可作为研究生入学考试、自学考试等的参考用书。编者为读者编写了习题参考答案以及电子教学课件等配套材料，以满足该教材的使用者需要。全书按烃类、烃的衍生物和天然有机化合物顺序编排，每章主要介绍各类化合物的命名、结构、性质及相关的有机化学概念和理论，有机化学基本概念和理论按知识的连贯性合理地穿插在相关章节。书中用"＊"标出的为选学内容，可供不同专业和不同读者选用。

  本教材由湖南农业大学化学系有机课程组全体教师共同编写，由杨建奎、张薇任主编，蒋红梅、喻鹏任副主编；参编人员有罗华云、李霞、王锦、文志勇、张凤、胡铮勇、周智。本教材的编写和出版得到了化学工业出版社、编写单位领导的关怀和大力支持，在此表示衷心的感谢。

  由于编者水平有限，书中疏漏之处在所难免，敬请老师和同学及广大读者批评指正。

编者

2014 年 12 月

目录

绪论 ·················· 1
　第一节　有机化学和有机化合物 ·············· 1
　　一、有机化学的产生和研究对象 ·············· 1
　　二、有机化合物的特性 ·············· 2
　　三、研究有机化合物的程序和方法 ·············· 2
　　四、有机化学与其他科学的关系 ·············· 3
　第二节　有机化合物中的共价键 ·············· 3
　　一、碳原子的杂化与成键方式 ·············· 4
　　二、共价键的类型 ·············· 4
　　三、共价键的性质 ·············· 4
　　四、共价键的断裂方式 ·············· 6
　　五、有机化学反应类型与反应历程 ·············· 6
　第三节　有机化合物的分子结构 ·············· 7
　第四节　有机化学中的酸碱理论 ·············· 8
　　一、布朗斯特酸碱质子理论 ·············· 8
　　二、路易斯酸碱电子理论 ·············· 9
　第五节　有机化合物的分类 ·············· 9
　　一、根据碳架不同分类 ·············· 9
　　二、根据官能团不同分类 ·············· 10
　本章知识点归纳 ·············· 11
　习题 ·············· 11

第一章　饱和烃 ·············· 13
　第一节　烷烃 ·············· 13
　　一、烷烃的通式、同系列和同分异构现象 ·············· 13
　　二、烷烃的命名 ·············· 14
　　三、烷烃的分子结构 ·············· 17
　　四、烷烃的物理性质 ·············· 20
　　五、烷烃的化学性质 ·············· 22
　　六、烷烃的来源和用途 ·············· 26
　第二节　环烷烃 ·············· 27
　　一、环烷烃的分类、异构和命名 ·············· 27
　　二、环烷烃的物理性质 ·············· 29
　　三、环烷烃的化学性质 ·············· 29
　　四、环烷烃的分子结构 ·············· 30
　　五、环烷烃的立体化学 ·············· 31
　本章知识点归纳 ·············· 34
　阅读材料　重要的烷烃 ·············· 35
　习题 ·············· 36

第二章　不饱和烃 ·············· 37
　第一节　单烯烃 ·············· 37
　　一、单烯烃的结构 ·············· 37
　　二、单烯烃的同分异构现象和命名 ·············· 37
　　三、单烯烃的命名 ·············· 38
　　四、单烯烃的物理性质 ·············· 40
　　五、单烯烃的化学性质 ·············· 41
　　六、重要的烯烃 ·············· 49
　第二节　炔烃 ·············· 49
　　一、炔烃的结构和命名 ·············· 49
　　二、炔烃的物理性质 ·············· 50
　　三、炔烃的化学性质 ·············· 51
　　四、重要的炔烃——乙炔 ·············· 54
　第三节　二烯烃 ·············· 54
　　一、二烯烃的分类和命名 ·············· 54
　　二、1,3-丁二烯的结构和共轭效应 ·············· 55
　　三、共轭二烯烃的化学性质 ·············· 57
　本章知识点归纳 ·············· 59
　阅读材料　烯烃复分解反应 ·············· 60
　习题 ·············· 60

第三章　芳香烃 ·············· 63
　第一节　单环芳烃 ·············· 64
　　一、苯的结构 ·············· 64
　　二、单环芳烃及衍生物的命名 ·············· 65
　　三、单环芳烃的物理性质 ·············· 67
　　四、单环芳烃的化学性质 ·············· 67
　　五、苯环上亲电取代反应的定位规律 ·············· 73
　第二节　稠环芳烃 ·············· 76
　　一、萘 ·············· 76
　　二、其他稠环芳烃 ·············· 79
　第三节　休克尔规则与非苯芳烃 ·············· 81
　　一、休克尔（E. Hückel）规则 ·············· 81
　　二、非苯芳烃 ·············· 82
　本章知识点归纳 ·············· 83
　阅读材料　化学家休克尔 ·············· 84

习题 84

第四章　旋光异构 87
第一节　旋光异构的基本概念 87
　　一、平面偏振光 87
　　二、旋光异构 87
第二节　旋光异构与手性 89
　　一、旋光异构与手性的关系 89
　　二、手性分子和判别手性分子的依据 89
第三节　含手性碳原子化合物的旋光异构 91
　　一、含一个手性碳原子化合物的旋光异构 91
　　二、含两个手性碳原子化合物的旋光异构 96
　　三、含多个手性碳原子化合物的旋光异构 97
第四节　不含手性碳原子化合物的旋光异构 98
　　一、含手性轴化合物的旋光异构 98
　　二、含手性面化合物的旋光异构 99
第五节　手性化合物的制备 99
　　一、外消旋体的拆分 99
　　二、不对称合成 99
　　本章知识点归纳 100
　　习题 101

第五章　卤代烃 103
第一节　卤代烷烃 103
　　一、卤代烷烃的分类和命名 103
　　二、卤代烷烃的物理性质 103
　　三、卤代烷烃的化学性质 104
第二节　卤代烯烃和卤代芳烃 108
　　一、分类和命名 108
　　二、化学性质 109
　　本章知识点归纳 110
　　习题 111

第六章　醇、酚、醚 113
第一节　醇 113
　　一、醇的分类和命名 113
　　二、醇的物理性质 114
　　三、醇的化学性质 115
第二节　酚 119
　　一、酚的分类和命名 119
　　二、酚的物理性质 120
　　三、酚的化学性质 121
第三节　醚 124
　　一、醚的分类和命名 124
　　二、醚的物理性质 125
　　三、醚的化学性质 126
　　本章知识点归纳 127
　　阅读材料　植物多酚简介 127
　　习题 128

第七章　醛、酮、醌 131
第一节　醛、酮 131
　　一、醛、酮的分类和命名 131
　　二、醛、酮的物理性质 133
　　三、醛、酮的化学性质 133
第二节　醌 144
　　一、醌的结构和命名 144
　　二、醌的物理性质 145
　　三、醌的化学性质 145
　　本章知识点归纳 146
　　习题 147

第八章　羧酸及其衍生物和取代酸 150
第一节　羧酸 150
　　一、羧酸的分类和命名 150
　　二、羧酸的物理性质 152
　　三、羧酸的化学性质 154
　　四、重要的羧酸 160
第二节　羧酸衍生物 163
　　一、羧酸衍生物的命名 163
　　二、羧酸衍生物的物理性质 164
　　三、羧酸衍生物的化学性质 164
　　四、重要的羧酸衍生物 167
第三节　取代酸 168
　　一、羟基酸 168
　　二、羰基酸 173
　　三、卤代酸 178
　　本章知识点归纳 179
　　习题 180

第九章　含氮有机化合物 184
第一节　胺 184
　　一、胺的分类和命名 184
　　二、胺的物理性质 185
　　三、胺的化学性质 186
　　四、重氮化合物和偶氮化合物 190

五、重要的胺 ······ 192
　第二节　酰胺 ······ 193
　　一、酰胺的结构和命名 ······ 193
　　二、酰胺的物理性质 ······ 194
　　三、酰胺的化学性质 ······ 194
　　四、碳酸的衍生物 ······ 195
　本章知识点归纳 ······ 197
　习题 ······ 198

第十章　油脂和类脂化合物 ······ 200
　第一节　油脂 ······ 200
　　一、油脂概述 ······ 200
　　二、油脂的主要性质 ······ 201
　第二节　类脂化合物 ······ 203
　　一、蜡 ······ 203
　　二、磷脂 ······ 203
　第三节　肥皂和合成表面活性剂 ······ 204
　　一、肥皂的组成及乳化作用 ······ 204
　　二、合成表面活性剂 ······ 204
　本章知识点归纳 ······ 205
　阅读材料　甾体化合物 ······ 206
　习题 ······ 209

第十一章　杂环化合物和生物碱 ······ 210
　第一节　杂环化合物 ······ 210
　　一、杂环化合物的分类和命名 ······ 210
　　二、杂环化合物的结构 ······ 212
　　三、杂环化合物的化学性质 ······ 213
　　四、与生物有关的杂环化合物及其衍生物 ······ 217
　第二节　生物碱 ······ 223
　　一、生物碱的存在及提取方法 ······ 223
　　二、生物碱的一般性质 ······ 224
　　三、重要的生物碱举例 ······ 224
　本章知识点归纳 ······ 226
　阅读材料　鸦片、吗啡与海洛因 ······ 227
　习题 ······ 228

第十二章　糖类化合物 ······ 230
　第一节　单糖 ······ 230
　　一、单糖的分类 ······ 230
　　二、单糖的构型 ······ 231
　　三、单糖的结构 ······ 232
　　四、单糖的物理性质 ······ 235
　　五、单糖的化学性质 ······ 236
　第二节　二糖 ······ 242
　　一、还原性二糖 ······ 242
　　二、非还原性二糖 ······ 243
　第三节　多糖 ······ 244
　　一、均多糖 ······ 244
　　二、杂多糖 ······ 249
　本章知识点归纳 ······ 251
　习题 ······ 252

第十三章　氨基酸、蛋白质和核酸 ······ 255
　第一节　氨基酸 ······ 255
　　一、氨基酸的分类、命名和构型 ······ 255
　　二、α-氨基酸的物理性质 ······ 257
　　三、α-氨基酸的化学性质 ······ 258
　第二节　蛋白质 ······ 264
　　一、蛋白质组成、分类 ······ 264
　　二、蛋白质的结构 ······ 264
　　三、蛋白质的性质 ······ 267
　第三节　核酸简介 ······ 270
　　一、核酸的组成 ······ 270
　　二、（单）核苷酸——核酸的基本结构单位 ······ 271
　　三、核酸的结构 ······ 272
　　四、核酸的性质 ······ 275
　本章知识点归纳 ······ 275
　阅读材料 ······ 276
　习题 ······ 277

第十四章　有机化合物的波谱知识* ······ 278
　　一、电磁波谱的一般概念 ······ 278
　　二、紫外光谱 ······ 280
　　三、红外光谱 ······ 282
　　四、核磁共振谱 ······ 286
　　五、质谱 ······ 290
　本章知识点归纳 ······ 292
　习题 ······ 292

参考文献 ······ 294

绪 论

第一节 有机化学和有机化合物

一、有机化学的产生和研究对象

有机化学是研究有机化合物的组成、结构、性质及其应用的一门科学。

有机化学是化学学科的一个重要分支，它诞生于 19 世纪初期，由于当时的有机物都是从动植物这些有生命的物体中取得的，而它们与自然界里的矿石、金属、盐类物质在组成和性质上又有较大的区别，更主要的是当时人们对生命现象的本质没有认识，认为有机物是不能用人工方法合成的，而是"生命力"所创造的。"有机"这个名称由此而来，意思是指"有生机之物"，"有机化学"这一学科术语也随之诞生。

实际上，早在两千年前，劳动人民就在生产斗争中积累了大量利用自然界现存的有机物的实践知识。我国早在夏、商时代就知道了酿酒、制醋，并使用中草药医治各种疾病。但是，当时人们并不认识这些过程的实质，对有机化合物的认识是随着生产实践的发展、科学技术的进步而不断深化的。

1828 年，德国化学家维勒（Wöhler）在研究氰酸盐的过程中，意外地发现了有机物尿素的生成。

$$HOCN + NH_4OH \longrightarrow NH_4OCN + H_2O \xrightarrow{\triangle} CO(NH_2)_2$$

他的这一伟大发现，一举突破了"生命力"的束缚，打破了无机物和有机物的绝对界限，开创了有机化学的新纪元，是有机化学发展史上的一个重要里程碑。此后，许多有机物包括自然界不存在的有机物被相继人工合成出来。

有机化学的内容在人们长期的科学研究和生产中日渐丰富。化学家创立的有机元素分析、有机微量分析，为有机物的化学结构研究奠定了基础。创立和发展的色谱方法，是有机物分离、提纯技术的一次飞跃，各种色谱方法已成为有机化合物研究不可缺少的手段。现代有机化学的结构和立体化学理论、谱学方法以及各种专一与选择性反应试剂等的发展和应用，使有机化学有了飞跃的发展，许多结构复杂的天然有机化合物也相继被合成出来。1965年，我国科学家成功合成结晶牛胰岛素，使人类在认识生命，揭开生命奥秘的伟大历程中迈进了一大步，标志着人工合成蛋白质的时代开始。

有机合成的迅速发展，使人们清楚知道，在有机物和无机物之间并没有一个明显的界限，但在组成和性质上它们之间确实存在着某些不同之处。从组成上讲，元素周期表中大部分元素都能互相结合形成无机物；而在有机物中，绝大多数都含有碳、氢两种元素，有些还含有氧、硫、氮、磷、卤素等其他元素。所以，现在人们认为，有机化合物就是碳氢化合物及其衍生物。在化学上，通常把含有碳氢两种元素的化合物称为烃。因此，有机化合物就是烃及其衍生物，有机化学也就是研究烃及其衍生物的化学。

二、有机化合物的特性

有机化合物可以用无机物为原料合成，这说明两者之间没有绝对的界限。但是，有机物和无机物在组成、结构和性质上仍然存在着很大的差别。相对无机化合物而言，有机化合物大致有如下特性。

1. 数量庞大和结构复杂

构成有机化合物的元素种类不多，但有机化合物的数量却非常庞大。迄今已知的约 2000 万种化合物中，绝大部分是有机化合物。

有机化合物的数量庞大与其结构的复杂性密切相关。有机化合物中普遍存在同分异构现象，如构造异构、顺反异构、旋光异构等。这是有机化合物的一个重要特性，也是导致有机化合物数量极多的重要原因。

2. 容易燃烧和热不稳定性

碳和氢容易与氧结合而形成能量较低的二氧化碳和水，所以绝大多数有机物受热容易分解，且容易燃烧。人们常利用这个性质来初步区别有机化合物和无机化合物。

3. 熔点和沸点较低

有机化合物分子中的化学键大多是共价键，而无机化合物是离子键居多。有机化合物分子之间是范德华力，无机化合物分子之间是静电引力。所以，常温下有机物通常以气体、液体或较低熔点（大多在 400℃ 以下）固体的形式存在。一般来说，纯净的有机化合物都有一定的熔点和沸点，熔点和沸点是有机化合物非常重要的物理常数。

4. 难溶于水

溶解是一个复杂的过程，一般服从"相似相溶"原理。多数有机化合物是以共价键相连的碳链或碳环，一般是弱极性或非极性化合物，对水的亲和力很小，故大多数有机化合物难溶或不溶于水，而易溶于有机溶剂。

5. 化学反应速率慢

有机化合物发生化学反应时要经过旧共价键的断裂和新共价键的形成，所以有机反应一般比较缓慢。因此，许多有机化学反应常常需要加热、加压或应用催化剂来提高反应速率。

6. 反应产物复杂

有机化合物的分子大多是多个原子通过共价键构成的。在化学反应中，反应中心往往不局限于分子的某一固定部位，常常可以在几个部位同时发生反应，得到多种产物。所以，有机反应一般比较复杂，除了主反应外，常伴有副反应发生。因此，有机反应产物常为比较复杂的混合物，需要分离提纯。

有机化合物与无机化合物的性质差别并不是绝对的。如四氯化碳是有机化合物，不但不能燃烧，而且可以作为灭火剂；有些有机物如乙醇、乙酸等易溶于水；某些有机材料可以耐高温；有些有机化合物甚至可作为超导材料等。随着金属有机化学的发展以及各学科间的交叉渗透，无机化合物和有机化合物的界限将会越来越不明显。

三、研究有机化合物的程序和方法

有机化合物的研究一般要经过下列程序和方法。

1. 分离提纯

天然有机化合物和合成的有机化合物往往混有某些杂质，要想达到一定的纯度，首先要进行分离提纯。分离提纯的方法很多，常用的有重结晶法、蒸馏法、升华法、萃取法、色谱分离法、电泳法和离子交换法等。

2. 纯度的鉴定

纯粹的有机化合物都有固定的物理常数，例如熔点、沸点、相对密度、折射率和比旋光度等。测定有机化合物的物理常数就可以鉴定其纯度。纯粹的有机化合物的熔程、沸程都很短，一般在 0.5～1.0℃ 范围内。不纯的有机化合物的熔程、沸程都较宽，熔点、沸点下降。

3. 实验式和分子式的确定

对纯化后的有机化合物可以进行元素定性分析，以确定其元素组成。然后再进行元素定量分析，求出各元素的质量比，即可得出它的实验式（实验式是表示化合物分子中各元素原子的相对数目的最简式）。最后，进一步用质谱仪测定有机化合物的相对分子质量便可确定其分子式。

4. 结构式的确定

因为在有机化合物中普遍存在着同分异构现象，具有同一分子式的有机化合物不止一种，所以，仅确定化合物的分子式还远远不够，还必须根据化合物的化学性质及应用现代物理分析方法，如紫外吸收光谱（UV）、红外吸收光谱（IR）、核磁共振光谱（NMR）和质谱（MS）等，来确定有机化合物的结构。

四、有机化学与其他科学的关系

在现代科技中，生物技术、信息技术和新材料科学被列为当今三大前沿科学。而农业科学是以生物学为核心的综合性科学，涉及一系列的基础学科，其中与有机化学的关系甚为密切。

从 20 世纪初开始，人类就致力于满足日益增长的衣食住行的基本需求。如合成了多种农药、肥料、药物、食品添加剂等，以满足人们在农业、医疗和食品等领域的需求。农业科学不能没有有机化学的支撑，譬如，研制低毒高效与环境友好的新农药离不开有机化学；为了使作物的农艺学性状、果实色泽、果实大小、品质风味、抗逆能力等符合人们的需求，就要对作物的生长发育进行人工调控，而植物生长调控剂的研制也离不开有机化学；为了提高农产品的附加值，对农副产品进行深加工，以及改善食品的色香味等都与有机化学密切相关。为了提高防治疾病的有效性，药物的研制和开发需要有机化学。因此，有机化学与人们的生活与生存息息相关。

其他科学的发展促进了有机化学的发展，同样，有机化学的发展也促进了其他科学的进步和深入发展。例如，农业科学是生命科学的一个重要组成部分，现代生命科学正在向分子水平上发展，也就是说，要从分子水平上认识生命过程并研究生命现象。要使生命科学的研究及其应用得到迅速发展，化学的理论、观点和方法在整个生命科学中起着不可缺少的作用。农业和生物学工作者也一定要具备较多的有机化学知识。同时，农业科学在发展过程中不断地遇到新的课题，要解决相关的难题，又给化学家提出了研究任务，进一步丰富有机化学的研究内容，从而推动有机化学的发展。

第二节　有机化合物中的共价键

碳是组成有机物的主要元素，在元素周期表中位于第二周期第四主族，介于典型金属与典型非金属之间。它所处的特殊位置，使得它具有不易失去电子形成正离子，也不易得到电子形成负离子的特性，故在形成化合物时更倾向于形成共价键。大多数有机物分子里的碳原子跟其他原子是以共价键相结合的，因此了解共价键的基本性质对学习有机化学有重要意义。

一、碳原子的杂化与成键方式

碳的电子构型是 $1s^2 2s^2 2p^2$，依照价键（VB）理论，只能和两个其他原子形成两个共价键。但在有机化合物中，碳原子总是四价。为解释之，鲍林（Pauling）于 1931 年在价键理论的基础上提出了杂化轨道理论。根据杂化轨道理论，碳原子在与其他原子成键时，先经过电子的跃迁，形成 4 个价电子，然后进行轨道杂化。由于碳原子有 4 个可成键的轨道和 4 个价电子，它可以形成 4 个共价键；碳原子有 sp 杂化（即由 2s 和 1 个 2p 轨道杂化而成）、sp^2 杂化（即由 2s 和 2 个 2p 轨道杂化而成）和 sp^3 杂化（即由 2s 和 3 个 2p 轨道杂化而成）三种方式。

碳原子杂化轨道的类型和空间构型如表 0-1 所示。

表 0-1　碳原子的三种杂化与空间构型

杂化类型	电负性	每一杂化轨道含 s 和 p 成分	键角	形成分子的几何构型	实例
sp	大	$\frac{1}{2}$ s, $\frac{1}{2}$ p	180°	直线	C_2H_2
sp^2	中	$\frac{1}{3}$ s, $\frac{2}{3}$ p	120°	平面三角	C_2H_4
sp^3	小	$\frac{1}{4}$ s, $\frac{3}{4}$ p	109°28′	正四面体	CH_4

二、共价键的类型

共价键有单键和重键两种。按照成键轨道的方向不同，共价键可分为 σ 键和 π 键。

1. σ 键

两个碳原子之间可以形成 C—C 单键，它是 σ 键，是成键的原子轨道沿着其对称轴的方向以"头碰头"的方式相互重叠而形成的键。构成 σ 键的电子，称为 σ 电子。

由于形成 σ 键的原子轨道是沿着对称轴的方向相互重叠的，故 σ 键的电子云分布似圆柱状。因此，用这种键连接的两个原子或基团，可以绕键轴自由旋转，σ 键不致发生断裂。另外，由于成键的原子轨道是沿着对称轴的方向相互重叠的，所以重叠程度最大，即 σ 键比较牢固，在化学反应中比较稳定，不易断裂。σ 键存在于一切共价键中。

2. π 键

在形成共价重键时，成键原子除了以 σ 键相互结合外，未杂化的 p 轨道也会相互平行重叠。且成键的两个 p 轨道的方向恰好与联结两个原子的轴垂直，这种以"肩并肩"方式重叠的键称为 π 键。构成 π 键的电子称为 π 电子。

π 键不能单独存在，必须与 σ 键共存。p 轨道从侧面重叠，在 π 键形成以后，就限制了 σ 键的自由旋转。而且电子云重叠程度较小，键能较小，发生化学反应时，π 键易断裂。π 键的电子云分散暴露在两核连线的上下两方呈平面对称，π 键的电子云离原子核较远，受核的约束较小。因此，π 键的电子云具有较大的流动性，易受外界的影响而发生极化，具有较强的化学活性。

此外，配位键也属于共价键范畴，但通常所说的共价键的类型仅包括 σ 键和 π 键。

三、共价键的性质

共价键的性质又称为共价键的参数。它是进一步了解分子的结构和性质非常重要的物理量。

1. 键长

成键原子之间的核间距称为键长，单位为 nm（10^{-9}m）。键长与原子半径大小和化学键类型有关，同一化学键在不同的化合物中的键长可能不同。

2. 键能

键能是指气态分子 A 与 B 结合成气态 A—B 分子时所放出的能量，或 A—B 分子离解成气态原子所吸收的能量（单位为 kJ·mol^{-1}）。常用键能（E_B）来衡量共价键的强度，在标准状态下：

$$AB(g) \longrightarrow A(g) + B(g) \quad \Delta H^{\ominus} = E_B$$

对于双原子分子来说，键能等于离解能；对于多原子分子，其键能等于离解能的平均值。E_B 越大，共价键越牢固。见表 0-2。

表 0-2　常见共价键的键长与键能

键	键长/nm	键能/kJ·mol^{-1}	键	键长/nm	键能/kJ·mol^{-1}
C—H	0.109	413.8	C=C	0.134	610.0
C—N	0.147	304.6	C≡C	0.120	836.8
C—O	0.143	357.7	C=O	0.123	736.0（醛）
C—S	0.181	272.0			748.0（酮）
C—F	0.141	484.9	C=N	0.127	758.9
C—Cl	0.177	338.6	C≡N	0.115	880.2
C—Br	0.194	284.5	O—H	0.096	462.8
C—I	0.213	217.6	N—H	0.104	390.8
C—C	0.154	345.6	S—H	0.135	347.3

3. 键角

分子中相邻两个共价键在空间所夹的角度称为键角。键角反映了分子的空间结构。在有机化合物中，键角不仅与碳原子的杂化方式有关，还与原子上所连的原子和基团的性质有关。见表 0-3。

表 0-3　几种常见分子的键角和分子形状

化合物类型	分子形状	键角	化合物类型	分子形状	键角
水	V 形	$\alpha = 105°$	乙炔 —C≡C—	直线	$\alpha = 180°$
氨	三角形	$\alpha = 107°$	苯	平面	$\alpha = 120°$
甲烷	正四面体	$\alpha = 109°28'$	环戊烷	碳原子不在一个平面上	因分子结构而异
乙烯	平面	$\alpha = 107°$ $\beta = 118°$	环己烷		

4. 偶极矩

偶极矩包括键的偶极矩（键矩）和分子偶极矩。它是衡量化学键与分子极性的物理量。

键矩：两个电负性不同的原子所组成的极性键的正、负电荷中心之间的距离 d 与其电荷 q 的乘积：

$$\mu = qd$$

偶极矩的 SI 单位是 C·m（库仑·米）。而过去习惯使用的单位是德拜（D），1D＝3.338×10^{-30} C·m。

分子偶极矩：分子中各个化学键偶极矩的向量和。偶极矩是一个向量，有大小和方向。

共价键的极性大小可用偶极矩（键矩）μ 来表示。键的极性和分子的极性对物质的熔点、沸点和溶解度都有很大的影响，键的极性也能决定发生在这个键上的反应类型，甚至还能影响到附近键的反应活性。

四、共价键的断裂方式

在有机化学反应中，总是伴随着旧共价键的断裂和新共价键的形成过程。共价键有两种断裂方式，即均裂和异裂。

1. 均裂

在共价键断裂时，如果共用电子对均等地分配给两个成键原子，这种断裂方式称为均裂。均裂生成两个带有未成对电子的原子或基团，称为自由基。例如：

$$A:B \longrightarrow A\cdot + B\cdot$$

自由基性质很活泼，可以继续引起一系列反应，称为自由基反应，也叫链反应。

2. 异裂

在共价键断裂时，如果共用电子对完全转移给成键原子的一方，这种断裂方式称为异裂。异裂生成正离子和负离子。例如：

$$A:B \longrightarrow A^+ + B^-$$

有机化学反应中带电荷的碳正离子与碳负离子很活泼，可进一步发生一系列反应，称为离子型反应。应该指出的是，有机化学中的"离子型"反应，一般发生在极性分子之间，通过极性共价键的异裂形成一个离子型的中间体而完成，不同于无机物的离子反应。

五、有机化学反应类型与反应历程

根据共价键的断裂方式，有机反应分为两大类：自由基反应类型和离子型反应类型。共价键均裂生成自由基而引发的反应称为自由基反应；共价键异裂生成离子而引发的反应称为离子型反应。

离子型反应根据反应实际类型的不同，又可分为亲电反应和亲核反应。在反应过程中能接受电子（这些电子属于另一反应物分子）的试剂称为亲电试剂。例如金属离子和氢质子都是亲电试剂，它们是缺少电子的，容易进攻反应物上带负电荷的原子或基团，由这些试剂进攻而发生的反应称为亲电反应。反之，另一类试剂如氢氧根负离子能供给电子，进攻反应物中带部分正电荷的原子而发生反应，这种试剂称为亲核试剂。由亲核试剂进攻而发生的反应叫做亲核反应。

亲电反应又可再分为亲电加成反应和亲电取代反应；亲核反应也可再分为亲核加成反应和亲核取代反应。这将在以后的章节中详加讨论。

另外，在有机化学反应中，共价键断裂所产生的自由基、碳正离子与碳负离子的活性都很高，不能稳定存在，难以将它们分离出来，科学家用特殊的化学或物理手段，已经证明它们的确存在。这些寿命很短的自由基或离子被称为活性中间体，对活性中间体的研究有助于人们探究有机反应历程（也称有机反应机理）。

有机反应历程是从反应物到生成物所经历的过程。有机反应一般不是从反应物直接到生成物，中间可能经历若干步骤，每一步都有可能生成一些不稳定的活性中间体。如能窥探到这些中间体，就可以推断反应机理。研究有机反应的机理，目的是从本质上认识和把握有机反应，以便确定最佳反应路线和反应条件，控制反应按所需方向进行。另外，还可帮助我们了解有机反应的内在联系，以便归纳、总结、记忆大量有机反应。

第三节 有机化合物的分子结构

有机化合物大多数是共价键化合物，共价键具有饱和性和方向性，且组成有机化合物的碳原子是四价的。碳原子可以互相连接成开链状或环状，可以以单键、双键或三键互相连接或与其他元素的原子相连接。正确写出有机化合物的结构式是掌握有机化学知识的基础，下面介绍几种常见的书写有机化合物分子结构式的方法。

（1）价键式　在价键式中，每一元素符号代表该元素的一个原子，原子之间的每一价键都用一短线表示。例如：

乙醇　　　　乙烯　　　　乙炔　　　　苯

该书写方法的优点是分子中各原子之间的结合关系看起来很清楚，但缺点是书写很烦琐。

（2）结构简式　在价键式的基础上，将单键省去（环状化合物中环上的单键不能省去），有相同原子时，要把它们合在一起，其数目用阿拉伯数字表示，并把它们写在该原子的元素符号的右下角。例如：

CH_3CH_2OH　　　　$H_2C=CH_2$　　　　$HC\equiv CH$

乙醇　　　　乙烯　　　　乙炔　　　　苯

研究一个有机分子不仅仅局限在结构式上，还要进一步了解分子的空间几何形象。为了表示有机分子的立体形象，很早就有多种立体模型出现。其中最常见的是凯库勒（Kekule）模型（球棍模型）或斯陶特（Stuart）模型（比例模型）。凯库勒模型是用不同颜色小球代表不同的原子，以小棍表示原子之间的共价键。这种模型可以清楚地表示出分子中各个原子的连接顺序和共价键的方向和键角，对初学者了解简单分子的立体形象是很有帮助的。斯陶特模型则是按照原子半径和键长的比例制成的。它能够比较正确地反映出分子中各原子的连接情况，因此，立体感更真实，但它表示的价键分布却不如凯库勒模型明显。下面分别用这两种模型表示甲烷分子的立体结构（图 0-1）。

由于上述模型的图画起来非常麻烦，所以，要在纸平面上表示出有机分子的立体形象，通常采用透视式或费歇尔（Fischer）投影式。透视式的写法是，碳原子所连接的四个原子或基团，用实线表示在纸的平面上，实楔线表示伸出纸平面前面，虚楔线表示在纸平面的后面。因人面对模型的位置和角度不同，因此可以画出不同的透视式。下面是分子 CH_3CH

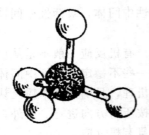 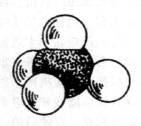

凯库勒模型(球棍模型)　　　　斯陶特模型(比例模型)

图 0-1　甲烷分子的模型

(Br)C₂H₅ 的几种透视式：

$$\begin{array}{cccc}
\text{CH}_3 & \text{CH}_3 & \text{CH}_3 & \text{CH}_3 \\
| & | & | & | \\
\text{C} & \text{H—C—Br} & \text{Br—C—H} & \text{Br—C} \\
/\ \backslash & | & | & /\ \backslash \\
\text{C}_2\text{H}_5\ \text{Br} & \text{C}_2\text{H}_5 & \text{C}_2\text{H}_5 & \text{H}\ \text{C}_2\text{H}_5
\end{array}$$

费歇尔投影式的书写规则将在后面的章节中介绍。

第四节　有机化学中的酸碱理论

有机化学中的酸碱理论是有机化学基本理论的重要内容之一，目前广泛应用于有机化学的是布朗斯特（J. N. Brönsted）酸碱质子理论和路易斯（G. N. Lewis）酸碱电子理论。

一、布朗斯特酸碱质子理论

布朗斯特认为，凡是能给出质子的分子或离子都是酸；凡是能与质子结合的分子或离子都是碱。酸失去质子，剩余的基团就是它的共轭碱；碱得到质子生成的物质就是它的共轭酸。例如，乙酸溶于水的反应可表示如下：

$$\text{CH}_3\text{COOH} + \text{H}_2\text{O} \rightleftharpoons \text{CH}_3\text{COO}^- + \text{H}_3\text{O}^+$$

在正反应中，CH_3COOH 是酸，CH_3COO^- 是它的共轭碱；H_2O 是碱，H_3O^+ 是它的共轭酸。对逆反应来说，H_3O^+ 是酸，H_2O 是它的共轭碱；CH_3COO^- 是碱，CH_3COOH 是它的共轭酸。

在共轭酸碱中，一种酸的酸性越强，其共轭碱的碱性就越弱，因此，酸碱的概念是相对的，某一物质在一个反应中是酸，而在另一反应中可以是碱。例如，H_2O 对 CH_3COO^- 来说是酸，而 H_2O 对 NH_4^+ 则是碱：

$$\text{H}_2\text{O} + \text{CH}_3\text{COO}^- \rightleftharpoons \text{CH}_3\text{COOH} + \text{OH}^-$$
（酸）　　（碱）　　　　（共轭酸）　　（共轭碱）

$$\text{H}_2\text{O} + \text{NH}_4^+ \rightleftharpoons \text{NH}_3 + \text{H}_3\text{O}^+$$
（碱）　　（酸）　　　（共轭碱）　（共轭酸）

酸的强度，通常用离解平衡常数 $K_a^\ominus$ 或 $pK_a^\ominus$ 表示；碱的强度则用 $K_b^\ominus$ 或 $pK_b^\ominus$ 表示。在水溶液中，酸的 $pK_a^\ominus$ 与共轭碱的 $pK_b^\ominus$ 之和为14。

在酸碱反应中，总是较强的酸把质子传递给较强的碱。例如：

$$\text{RONa} + \text{H}_2\text{O} \rightleftharpoons \text{ROH} + \text{NaOH}$$
（较强碱）（较强酸）　（较弱酸）（较弱碱）

二、路易斯酸碱电子理论

路易斯酸碱理论认为酸是能接受外来电子对的电子接受体；碱是能给出电子对的电子给予体。因此，酸和碱的反应可用下式表示：

$$A + :B \rightleftharpoons A:B$$

A 是路易斯酸，它至少有一个原子具有空轨道，具有接受电子对的能力，在有机反应中常称为亲电试剂；B 是路易斯碱，它至少含有一对未共用电子对，具有给予电子对的能力，在有机反应中常称为亲核试剂。酸和碱反应生成的 AB 叫做酸碱加合物。

常见的路易斯酸有下列几种类型：可以接受电子对的分子如 BF_3、$AlCl_3$、$SnCl_2$、$ZnCl_2$、$FeCl_3$ 等；金属离子如 Li^+、Ag^+、Cu^{2+} 等；正离子如 R^+、RCO^+、Br^+、NO_2^+、H^+ 等。常见的路易斯碱有下列几种类型：具有未共用电子对的化合物如 $H_2\ddot{O}:$、$\ddot{N}H_3$、$R\ddot{N}H_2$、$R\ddot{O}H$、$R\ddot{O}R'$、$R\ddot{S}H$ 等；负离子如 X^-、OH^-、RO^-、SH^-、R^- 等。

路易斯碱与布朗斯特碱两者没有多大区别，但路易斯酸要比布朗斯特酸概念广泛得多。例如，在 $AlCl_3$ 分子中，Al 的外层电子只有六个，它可以接受另一对电子。

$$AlCl_3 + Cl^- \rightleftharpoons AlCl_4^-$$

$AlCl_3$ 是路易斯酸，Cl^- 是路易斯碱，而 $AlCl_4^-$ 是酸碱加合物。从路易斯酸碱理论出发，所有的金属离子都是路易斯酸，而与金属离子结合的负离子或中性分子则都是路易斯碱。因此，无机物的酸、碱、盐都是酸碱加合物。对有机物来说，也可以看成是酸碱加合物。例如，甲烷 CH_4 可以看成酸 H^+ 和碱 CH_3^- 的加合物；乙醇 CH_3CH_2OH 可以看成酸 H^+ 和碱 $CH_3CH_2O^-$ 的加合物。大部分无机反应和有机反应，都可以设想为一种路易斯酸碱反应。

第五节　有机化合物的分类

有机化合物的分类，一种是按碳架不同分类，另一种是按官能团不同分类。

一、根据碳架不同分类

1. 开链化合物

在开链化合物中，碳原子互相结合形成链状，这类化合物又称脂肪族化合物。如：

$CH_3CH_2CH_3$　　$CH_3CH=CH_2$　　$CH_2=CH-CH=CH_2$　　CH_3CH_2OH　　$CH_3CH_2OCH_2CH_3$
　丙烷　　　　　丙烯　　　　　1,3-丁二烯　　　　　　乙醇　　　　　　乙醚

2. 碳环化合物

碳环化合物分子中含有由碳原子组成的碳环。它们又可分为两类：

（1）脂环化合物　它们的化学性质与脂肪族化合物相似，因此称脂环族化合物。如：

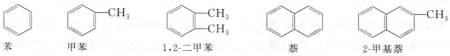

　甲基环丙烷　　环丁烷　　环戊烷　　环己烷　　1,3-环戊二烯

（2）芳香族化合物　这类化合物大多数都含有芳环，它们具有与开链化合物和脂环化合物不同的化学特性。如：

苯　　甲苯　　1,2-二甲苯　　萘　　2-甲基萘

（3）杂环化合物 在这类化合物分子中，组成环的元素除碳原子以外还含有其他元素的原子（如氧、硫、氮），这些原子通常称为杂原子。如：

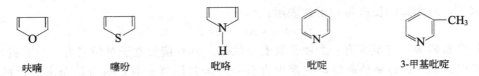

呋喃　　　噻吩　　　吡咯　　　吡啶　　　3-甲基吡啶

二、根据官能团不同分类

官能团是分子中比较活泼而又易起化学反应的原子或基团，它决定化合物的主要化学性质。含有相同官能团的化合物在化学性质上基本是相同的。因此，只要研究该类化合物中的一个或几个化合物的性质后，即可了解该类其他化合物的性质。常见的官能团见表0-4。

表 0-4　常见的官能团及其代表化合物

化合物类别	官能团结构	官能团名称	实例
烯烃	$\diagdown$C=C$\diagup$	双键	$H_2C=CH_2$（乙烯）
炔烃	—C≡C—	三键	$HC≡CH$（乙炔）
卤代烃	—X	卤素	$CH_3CH_2—X$（卤乙烷）
醇	—OH	羟基	CH_3CH_2OH（乙醇）
酚	—OH	羟基	C$_6$H$_5$—OH（苯酚）
醚	(C)—O—(C)	醚键	$C_2H_5—O—C_2H_5$（乙醚）
醛	—CHO	醛基	$CH_3—CHO$（乙醛）
酮	$\underset{\underset{O}{\|\|}}{-C-}$	酮基	CH_3COCH_3（丙酮）
羧酸	—COOH	羧基	CH_3COOH（乙酸）
胺	—NH$_2$	氨基	$CH_3CH_2—NH_2$（乙胺）
硝基化合物	—NO$_2$	硝基	C$_6$H$_5$—NO$_2$（硝基苯）
腈	—CN	氰基	CH_3CN（乙腈）
硫醇	—SH	巯基	$CH_3CH_2—SH$（乙硫醇）
硫酚	—SH	巯基	C$_6$H$_5$—SH（苯硫酚）
磺酸	—SO$_3$H	磺酸基	C$_6$H$_5$—SO$_3$H（苯磺酸）

按碳架或官能团分类，各有其优缺点。本书是将这两种分类方式结合起来使用，先按碳架分类讨论各类烃的化合物，再按碳架与官能团分类结合起来讨论烃的衍生物。

本章知识点归纳

有机化学研究的对象是有机化合物，有机化合物则是"碳氢化合物及其衍生物"。有机化学与人类社会生活有着密切关系。

有机化合物与无机化合物在性质上有较大的差异。有机化合物一般具有易燃烧；熔、沸点低；难溶于水，易溶于有机溶剂；同分异构现象普遍存在；反应速率慢；副反应多，产物复杂等特点。

研究有机化合物的基本程序是：先进行分离纯化，然后通过元素定性和定量分析、质谱分析等确定其分子式，再应用现代物理分析技术确定有机物的分子结构。

有机分子大部分是共价键化合物，共价键有σ键和π键。σ键比较牢固，可以围绕键轴自由旋转；π键重叠程度较小，离核较远，易极化，所以，π键比较活泼。π键不能单独存在，必须与σ键共存，且不能自由旋转。

共价键具有饱和性和方向性，因此有机分子具有一定的立体形状。通常用 Kekule 模型和 Stuart 模型表示有机分子的结构。书写时则用透视式或投影式表示有机分子的立体形状。

有机反应可以看成是共价键的断裂和新键的形成。共价键的断裂有均裂和异裂两种方式。均裂产生自由基，这类反应称为自由基反应类型；异裂产生离子，这类反应称为离子型反应类型。

有机化学中的酸、碱理论是理解有机反应本质的基本理论之一。在反应中，凡是能给出质子的分子或离子都是布朗斯特酸，凡是能与质子结合的分子或离子都是布朗斯特碱。所谓布朗斯特酸碱反应就是质子由酸到碱的转移；路易斯酸是能接受电子对的电子接受体，路易斯碱则是能给出电子对的电子给予体。大部分有机反应可以看成是路易斯酸碱反应。

有机化合物可按碳骨架分为开链、碳环和杂环化合物三大类，又可按官能团进行分类。一般是将两种分类方法结合起来使用。

习 题

1. 写出符合下列条件且分子式为 C_5H_{10} 的所有化合物的结构式。
   （1）开链状化合物　　　　（2）碳环化合物
2. 指出下列化合物中带"＊"号碳原子的杂化轨道类型。

　　　　　$*CH_3CH_3$　　　　$HC^*\equiv CH$　　　　$H_2C^*=CH_2$　　　　(苯环)＊

3. 下列化合物哪些是极性分子？哪些是非极性分子？
   （1）CH_4　（2）CH_2Cl_2　（3）CH_3CH_2OH　（4）CH_3OCH_3　（5）CCl_4　（6）CH_3CHO
   （7）$HCOOH$
4. 下列各化合物中各含一主要官能团，试指出该官能团的名称及所属化合物的类别。
   （1）CH_3CH_2Cl　（2）CH_3OCH_3　（3）CH_3CH_2OH　（4）CH_3CHO　（5）$CH_3CH=CH_2$
   （6）$CH_3CH_2NH_2$　（7）C_6H_5CHO　（8）C_6H_5OH　（9）C_6H_5COOH　（10）$C_6H_5NH_2$
5. σ键和π键是怎样构成的？它们各有哪些特点？
6. 下列化合物哪些易溶于水？哪些易溶于有机溶剂？
   （1）CH_3CH_2OH　（2）CCl_4　（3）$C_6H_5NH_2$　（4）CH_3CHO　（5）$HCOOH$　（6）$NaCl$
7. 胰岛素是由 21 个氨基酸组成 A 链和 30 个氨基酸组成 B 链，通过 3 个二硫键联结而成的蛋白质分子。若已知其相对分子质量为 5734，含硫量为 3.4%，请问一个胰岛素分子中含有多少个硫原子？

8. 下列反应中何者是布朗斯特酸？何者是布朗斯特碱？

(1) $CH_3CCH_3 + H_2SO_4 \rightleftharpoons CH_3CCH_3 + HSO_4^-$
       $\parallel$ $\parallel$
       O ^+OH

(2) $CH_3CCH_3 + CH_3O^- \rightleftharpoons CH_3CCH_2^- + CH_3OH$
       $\parallel$ $\parallel$
       O O

10. 指出下列分子或离子哪些是路易斯酸？哪些是路易斯碱？

(1) H_2O　(2) $AlCl_3$　(3) CN^-　(4) SO_3　(5) CH_3OCH_3　(6) CH_3^+　(7) CH_3O^-

(8) $CH_3CH_2NH_2$　(9) H^+　(10) Ag^+　(11) $SnCl_2$　(12) Cu^{2+}

第一章 饱和烃

Chapter 01

只由碳和氢两种元素组成的有机化合物称为烃类化合物,简称烃。其他有机化合物可以看成是烃的衍生物。所以一般认为烃是有机化合物的母体。

饱和烃分子中的碳原子都是以单键相连,碳原子的其余价键完全被氢原子所饱和。

饱和烃分子中的碳原子以开链连接成直链或分叉链的称为烷烃;碳原子相互连接成环状结构的称为环烷烃。

饱和脂肪烃分子中只含有 C—Cσ 键和 C—Hσ 键,由于碳和氢的电负性相近,C—H 键极性很小。σ 键轨道重叠程度大,键比较牢固,键能较大,一般不易断裂。因此,除个别化合物外,饱和脂肪烃的化学性质都比较稳定。

第一节 烷 烃

烷烃是饱和烃。饱和烃是含氢最多的烃。在饱和烃分子中和碳原子结合的氢原子数目已达到最高限度,不可能再增加,因而叫饱和烃。

一、烷烃的通式、同系列和同分异构现象

最简单的烷烃是甲烷,分子式是 CH_4,接下来依次是乙烷(C_2H_6)、丙烷(C_3H_8)、丁烷(C_4H_{10})、戊烷(C_2H_{12})……烷烃的通式为 C_nH_{2n+2},其中 n 为碳原子数目。从理论上讲,n 可以很大,目前已知的烷烃中,n 已大于 100。从烷烃的例子可以看出,任何两个相邻的烷烃的分子组成都相差 1 个 CH_2,不相邻的则相差两个或多个 CH_2。这些具有同一通式、结构和性质相似、相互间相差一个或几个 CH_2 的一系列化合物称为同系列。同系列中的各个化合物互为同系物。相邻同系物组成上相差 CH_2 叫做系列差。

有机化合物中除了烷烃同系列之外,还有其他同系列,同系列是有机化学的普遍现象。同系列中各个同系物(特别是高级同系物)具有相似的结构和性质,在每一同系列里只要研究几个典型的或有代表性的化合物的性质之后,就可以推知同系列中其他同系物的基本性质,可以从特殊性找出普遍性规律,为我们学习研究有机物提供了方便。同系物虽有共性,但每个具体化合物也可能有个性,尤其是同系列中头一个化合物往往有突出的个性。因此除了要了解同系物的共性外,也要了解具体化合物的个性。只有这样,才有可能全面了解,这是我们学习有机化学的基本方法之一。

在烷烃的同系列中,甲烷分子中的 4 个氢原子是等同的,所以用一个甲基取代任何一个氢原子,都得到唯一的产物乙烷;乙烷分子中的 6 个氢原子也是等同的,所以用甲基取代任何 1 个氢原子也得到唯一的产物丙烷。丙烷分子中有两类氢原子,一类是连在两端碳原子上的六个氢原子,其中任意 1 个氢原子用甲基取代时,都得到 4 个碳原子成一直链的正丁烷;另一类是连接在中间碳原子上的 2 个氢原子,其中任一氢原子用甲基取代时,得到含有支链

的异丁烷。在烷烃同系列中，从丁烷起就有同分异构现象。

$$CH_3-CH_2-CH_3 \begin{cases} \xrightarrow{\text{两端任一氢被甲基取代}} CH_3-CH_2-CH_2-CH_3 \quad \text{正丁烷(b.p -0.5℃)} \\ \xrightarrow{\text{中间任一氢被甲基取代}} CH_3-\underset{\underset{CH_3}{|}}{CH}-CH_3 \quad \text{异丁烷(b.p -10.2℃)} \end{cases}$$

很明显，这两种丁烷结构上的差异是由于分子中碳原子连接方式不同而产生的，我们把分子式相同而构造式不同所产生的同分异构现象叫做构造异构；这种由于碳链的构造不同而产生的同分异构现象又称为碳链异构。

分子构造：分子中原子相互结合的顺序和方式。表示分子构造的式子称为构造式。

同理，戊烷有 3 种同分异构体，它们的构造式表示如下：

$$CH_3-CH_2-CH_2-CH_2-CH_3 \qquad CH_3-\underset{\underset{CH_3}{|}}{\overset{\overset{CH_3}{|}}{CH}}-CH_2-CH_3 \qquad CH_3-\underset{\underset{CH_3}{|}}{\overset{\overset{CH_3}{|}}{C}}-CH_3$$

正戊烷（b.p 36.1℃）　　　　异戊烷（b.p 28℃）　　　　新戊烷（b.p 9.5℃）

在烷烃中从丁烷起才有同分异构现象，这是因为甲烷、乙烷和丙烷只有一种结合方式，没有第二种结合方式。而从丁烷起，随着分子中碳原子数的增加，碳原子间就有更多的连接方式，异构体的数目增加很快，己烷有 5 个同分异构体，庚烷有 9 个，壬烷有 35 个，而十一烷有 159 个，三十烷有 4111646763 个。

分析下面烷烃分子中碳原子和氢原子的连接情况：

$$\overset{1°}{CH_3}-\overset{2°}{CH_2}-\overset{3°}{CH}-\overset{4°}{\underset{\underset{CH_3}{|}}{\overset{\overset{CH_3}{|}}{C}}}-CH_3$$

其中有的碳只与 1 个碳原子相连，我们把它叫做第一碳原子，或叫伯（一级）碳原子，可用 1°表示；直接与 2 个碳原子相连的，叫做第二碳原子，或叫仲（二级）碳原子，可用 2°表示；直接与 3 个碳原子相连的，叫做第三碳原子，或叫叔（三级）碳原子，可用 3°表示；直接与 4 个碳原子相连的，叫做第四碳原子，或叫季（四级）碳原子，可用 4°表示。

在上述 4 种碳原子中，除了第四碳原子以外，其他的都连接有氢原子，所以我们把分别和第一、第二、第三碳原子相连的氢原子称为第一（伯）、第二（仲）、第三（叔）氢原子。不同类型的氢原子的活泼性不同。

思考题 1-1　写出庚烷（C_7H_{16}）的同分异构体的构造式，并标出各异构体的 1°、2°、3°、4°碳原子。

二、烷烃的命名

有机化合物数目很多，结构有比较复杂，为了识别它们，势必要求有一个合理的命名法来命名。有机化合物的命名法的基本要求是必须能够反映出分子结构，使我们看到化合物名称即可以写出它的构造式，或者看到构造式就能叫出它的名称。烷烃的命名法是有机化合物命名法的基础。所以要特别注意。

烷烃常用的命名法有普通命名法和系统命名法两种。

1. 普通命名法（习惯命名法）

一般只适用于简单、含碳较少的烷烃，基本原则如下。

① 根据分子中碳原子的数目称"某烷"。碳原子数在十以内时，用天干字甲、乙、丙、丁、戊、己、庚、辛、壬、癸表示；碳原子数在十个以上时，则以十一、十二、十三……表示。例如：

$$CH_3CH_2CH_2CH_2CH_3 \qquad CH_3(CH_2)_{11}CH_3$$
$$\text{己烷} \qquad\qquad\qquad \text{十三烷}$$

② 为了区别异构体，直链烷烃称"正"某烷；在链端第二个碳原子上连有一个甲基且无其他支链的烷烃，称"异"某烷；在链端第二个碳原子上连有两个甲基且无其他支链的烷烃，称"新"某烷。例如：戊烷的三种异构体，分别称为正戊烷、异戊烷、新戊烷。

$$CH_3CH_2CH_2CH_2CH_3 \qquad CH_3CHCH_2CH_3 \qquad CH_3-\underset{CH_3}{\overset{CH_3}{\underset{|}{\overset{|}{C}}}}-CH_3$$
$$\qquad\qquad\qquad\qquad\qquad \underset{CH_3}{|}$$
$$\text{正戊烷} \qquad\qquad \text{异戊烷} \qquad\qquad \text{新戊烷}$$

2. 烷基的命名

烷烃分子去掉一个氢原子而剩下的原子团叫做烷基。烷基的名称由相应的烷烃而来。烷基通式为 C_nH_{2n+1}，通常用 R— 表示，所以烷烃也可用 RH 表示。

常见烷基如下：

$$CH_3— \qquad CH_3CH_2— \qquad CH_3CH_2CH_2— \qquad (CH_3)_2CH— \qquad CH_3CH_2CH_2CH_2—$$
$$\text{甲基} \qquad \text{乙基} \qquad\quad \text{丙基} \qquad\qquad \text{异丙基} \qquad\qquad \text{正丁基}$$

$$(CH_3)_3C— \qquad (CH_3)_2CHCH_2— \qquad CH_3CH_2CH(CH_3)— \qquad (CH_3)_3CCH_2— \qquad (CH_3)_2CHCH_2—$$
$$\text{叔丁基} \qquad\quad \text{异丁基} \qquad\qquad \text{仲丁基} \qquad\qquad \text{新戊基} \qquad\quad \text{异戊基}$$

3. 系统命名法

为了找出一个较普遍适用的命名法，1982 年在日内瓦开了国际化学会议，拟定了系统的有机化合物的命名法，叫做日内瓦命名法，其基本精神是体现化合物的系列和结构的特点。后来由国际纯粹和应用化学联合会（International Union of Pure and Applied Chemistry，IUPAC）作了几次修订。我国现在使用的有机化学命名法是参考国际纯粹和应用化学联合会命名原则，并结合我国的文字特点于 1960 年制定，1980 年由中国化学会加以增减修订的《有机化学物质的系统命名原则》。

在系统命名法中，对于直链烷烃的系统命名法与普通命名法相同，只是把"正"字取消。对于结构复杂的烷烃，则按以下原则命名。

(1) **主链的选定** 在分子中选择一个最长的碳链作为主链，根据主链所含的碳原子数叫做某烷。主链以外的其他烷基看作主链上的取代基，同一分子中若有两条以上等长的主链时，则应选取连接取代基最多的碳链作为主链。例如：

$$\underset{\underset{\underset{CH_3}{|}}{CH-CH_3}}{\overset{1}{\overline{CH_3CH_2CH_2-CH-CH_2CH_3}}} \qquad\qquad \overset{2}{\underset{\underset{CH_3}{|}}{CH_3CH_2CH_2-\overline{CH}\,|\,CH_2CH_3}}$$

正确的选择是 2，不是 1

(2) **主链的编号** 从距离支链最近的一端开始，将主链上的碳原子用阿拉伯数字编号。例如：

第一章 饱和烃

$$\underset{1}{CH_3}\underset{2}{CH_2}\underset{3}{CH}\underset{4}{CH_2}\underset{5}{CH_2}\underset{6}{CH_2}\underset{7}{CH_3}$$
$$\underset{|}{\underset{CH_3}{}}$$

3-甲基庚烷

如果含有几个相同的取代基时,要把它们合并起来。取代基的数目用二、三、四……表示,写在取代基的前面,其位次必须逐个注明,位次的数字之间要用逗号隔开。例如:

$$CH_3-\underset{\underset{CH_3}{|}}{\overset{\overset{CH_3}{|}}{C}}-\underset{\underset{CH_3}{|}}{CH}-CH-CH_2-CH_3$$

2,2,3,4-四甲基己烷

如果含有几个不同取代基时,取代基排列的顺序,是将"次序规则"(见第二章第一节)所规定的"较优"基团列在后面。几种烃基的优先次序为 $(CH_3)_3C—>(CH_3)_2CH—>CH_3CH_2CH_2—>CH_3CH_2—>CH_3—$(">"表示优先于)。例如,甲基与乙基相比,则乙基为较优基团。因此乙基应排在甲基之后;丙基与异丙基相比,异丙基为较优基团,应排在丙基之后。

$$CH_3-CH-CH_2-CH_2-CH-CH_2-CH_2-CH-CH_2-CH_2-CH_3$$
$$\quad\quad|\quad\quad\quad\quad\quad\quad|\quad\quad\quad\quad\quad\quad|$$
$$\quad\quad CH_3\quad\quad\quad\quad\quad CH_2CH_3\quad\quad\quad\quad CH(CH_3)_2$$

2-甲基-5-乙基-8-异丙基十二烷

当主链上有几个取代基,并有几种编号的可能时,应当选取取代基具有"最低系列"的那种编号。所谓"最低系列"指的是碳链以不同方向编号,得到两种或两种以上的不同编号的系列,则逐次比较各系列的不同位次,最先遇到的位次最小者,定为"最低系列"。例如:

$$\underset{6}{CH_3}-\underset{5}{\underset{1'}{CH}}-\underset{4}{CH_2}-\underset{3}{\underset{4'}{CH}}-\underset{2}{\overset{\overset{CH_3}{|}}{\underset{\underset{CH_3}{|}}{C}}}-\underset{1}{CH_3}$$
$$\quad\quad|\quad\quad\quad\quad\quad|\quad\quad|$$
$$\quad\quad CH_3\quad\quad\quad CH_3\quad CH_3$$

2,2,3,5-四甲基己烷

上述化合物有两种编号方法,从右向左编号,取代基的位次为 2,2,3,5;从左向右编号,取代基的位次为 2,4,5,5。逐个比较每个取代基的位次,第一个均为 2,第二个取代基编号分别为 2 和 4,因此应该从右向左编号。又如:

$$\underset{11}{CH_3}-\underset{10}{CH}-\underset{9}{CH_2}-\underset{8}{CH}-\underset{7}{\overset{\overset{CH_3}{|}}{C}}-\underset{6}{CH_2}\underset{5}{CH_2}-\underset{4}{CH}-\underset{3}{CH}-\underset{2}{CH}-\underset{1}{CH_3}$$

2,3,7,7,8,10-六甲基十一烷(而不是 2,4,5,5,9,10-六甲基十一烷)

(3) 写全称 将支链的位置和名称写在母体名称的前面,阿拉伯数字和汉字之间必须加一半字线隔开。

思考题 1-2 用系统命名法命名下列化合物。

(1) $(CH_3)_2CH(CH_2)_4CH(CH_3)CH_2C(CH_3)_3$

(2) $CH_3CH_2CH—CH—CH—CH_2CH_3$
         $\quad\quad\quad\quad|\quad\ \ |\quad\ \ |$
         $\quad\quad\quad\ CH_3\ C_2H_5\ CH_2CH_3$

思考题 1-3 用普通命名法命名下列化合物。

(1) $CH_3—CH—CH_2—CH_2—CH_3$
         $\quad\quad\ \ |$
         $\quad\quad\ CH_3$

(2) $\quad\quad\quad\ CH_3$
    $\quad\quad\quad\ \ |$
    $CH_3—C—CH_2—CH_3$
    $\quad\quad\quad\ \ |$
    $\quad\quad\quad\ CH_3$

思考题 1-4 写出下列化合物的构造式。
(1) 3,3-二甲基戊烷　(2) 2,2,3-三甲基丁烷

三、烷烃的分子结构

1. 甲烷和乙烷的分子结构

分子结构：包括分子构造和分子的立体构造（构型）。

分子立体构造（构型）：是指具有一定构造的分子中原子在空间的排列状况。

甲烷的结构式一般写成 CH_4，这只能说明分子中有四个氢原子与碳原子相连，而没有表示出氢原子与碳原子在空间的相对位置，即不能说明甲烷分子的构型。

范霍夫（Van't Hoff）和勒贝尔（Le Bel）同时提出碳正四面体的概念，他们根据大量实证材料，认为碳原子相连的 4 个原子或原子团不是在一个平面上，而是立体的，在空间分布成四面体。近代物理方法测定，甲烷分子为一正四面体结构，碳原子位于正四面体中心，4 个氢原子位于正四面体的 4 个顶点。4 个碳氢键的键长都为 0.109nm，键能为 414.9 kJ·mol^{-1}，所有 H—C—H 的键角都是 109.5°。甲烷分子的正四面体结构见图 1-1。

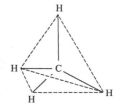

图 1-1　甲烷分子正四面体结构示意图

从碳原子的杂化轨道理论也可以理解甲烷分子的正四面体结构。在形成甲烷分子时，4 个氢原子的轨道沿着碳原子的 4 个杂化轨道的对称轴方向接近，实现最大程度的重叠，形成四个等同的 C—H σ键。如图 1-2 所示。

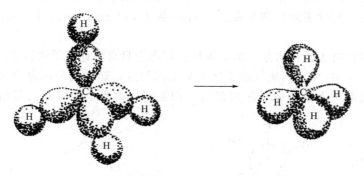

图 1-2　甲烷分子形成示意图

乙烷分子中的碳原子也是以 sp^3 杂化的。两个碳原子各以 1 个 sp^3 轨道重叠形成 C—C σ键，2 个碳原子又各以 3 个 sp^3 杂化轨道分别与氢原子的 1s 轨道重叠形成 6 个等同的 C—H σ键。如图 1-3 所示。

从乙烷分子形成示意图可以看出，C—H 或 C—C 键中成键原子的电子云是沿着它们的

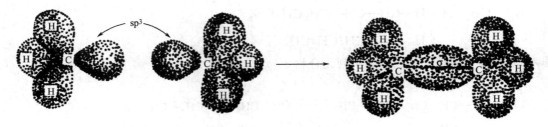

图 1-3　乙烷分子形成示意图

轴向重叠的，只有这样才能达到最大程度重叠。成键原子绕键轴作相对旋转时，并不影响电子云的重叠程度，不会破坏 σ 键，单键可以自由旋转。

由于碳的价键分布呈四面体形，而且碳碳单键可以自由旋转，所以 3 个碳以上烷烃分子中的碳链不是像构造式那样表示的直线形，而是以如图 1-4 所示的锯齿形或其他可能的形式存在。所以所谓"直链"烷烃是指分子中无支链。碳碳单键的键长是 0.154nm，键能为 345.6kJ·mol^{-1}。

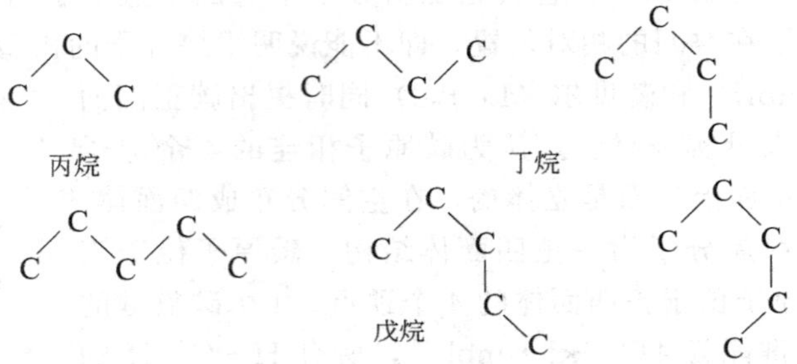

图 1-4　烷烃锯齿形结构

2. 乙烷及其同系物的构象

物质是运动的。在常温下，乙烷分子中的两个碳原子围绕着 C—C σ 键相对自由旋转，在旋转中 1 个碳原子上的 3 个氢原子与另一个碳原子的 3 个氢原子之间可以相互处于不同的位置，形成许多不同的空间排列形式。这种由于原子或原子团绕键轴旋转而产生的分子中的原子或原子团在空间的不同排列形象，叫做构象（conformation），同一分子的不同构象称为构象异构体。

乙烷分子可以有无数种构象，但从能量的观点看只有两种极限式构象：交叉式构象和重叠式构象。图 1-5(a) 中，两组氢原子处于交错的位置，这种构象叫做交叉式构象。交叉式构象中的两个碳原子上的氢原子距离最远，相互间斥力最小，因而内能最低，稳定性也最

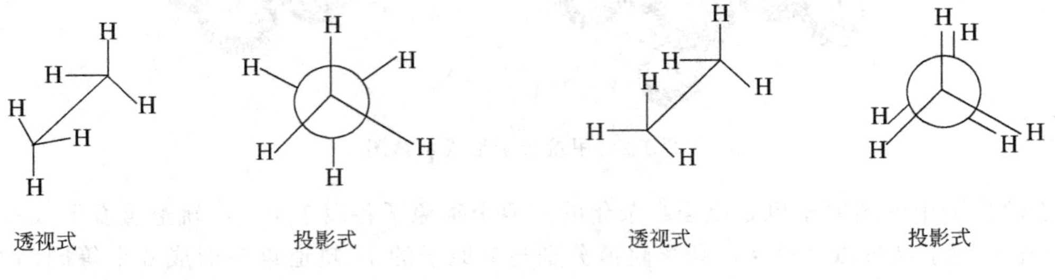

透视式　　　投影式　　　　　　透视式　　　投影式

(a) 交叉式构象　　　　　　　　(b) 重叠式构象

图 1-5　乙烷分子的交叉式和重叠式构象

大，这种构象称为优势构象。图 1-5(b) 中，两组氢原子相互重叠，这种构象叫做重叠式构象。重叠式构象中的两个碳原子上的氢原子两两相对，相互间斥力最大，内能最高，也最不稳定。其他构象内能介于二者之间。

表示构象可以用透视式或纽曼（Newman）投影式。透视式比较直观，所有的原子和键都能看见，但较难画好；纽曼投影式则是我们把眼睛对准 C—C 键轴的延长线上观察，圆心表示距观察者较近的一个碳原子，圆圈表示距观察者较远的另一个碳原子，每个碳原子上所连接的 3 个氢原子再分别表示出来（图 1-5）。

交叉式与重叠式的构象虽然内能不同，但差别较小，约为 $12.5 \text{kJ} \cdot \text{mol}^{-1}$。在接近绝对零度的低温时，分子主要以交叉式存在。而在室温时，分子间的碰撞能产生 $83.7 \text{kJ} \cdot \text{mol}^{-1}$ 的能量，足使两种构象之间以极快的速度转变。因此，在室温时可以把乙烷看作交叉式与重叠式以及介于二者之间的无数种构象异构体的平衡混合物，每种构象存在的时间虽不相同，但都很短暂，不过受能量制约而趋向处于能量极小值或其附近的构象。由于各种构象在室温下能迅速转化，因而不能分离出乙烷的某一构象异构体。

由于不同的构象内能不同，构象异构体之间的转化需要克服一定能垒才能完成。由此可见，所谓单键的自由旋转并不是完全自由的。乙烷分子中碳碳单键相对旋转时，分子内能的变化见图 1-6。

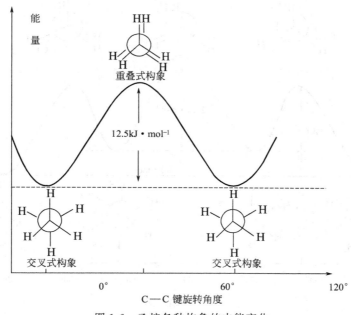

图 1-6　乙烷各种构象的内能变化

丁烷的构象也是无数的，我们主要讨论四个构象。

丁烷可以看作是乙烷分子中的两个碳原子各有一个氢原子被一个甲基取代后的产物，当绕 C2—C3 σ键旋转 360°时，每旋转 60°可以得到一种有代表性的构象。如图 1-7 所示。

在上述 6 种构象中，Ⅱ 与 Ⅵ 相同，Ⅲ 与 Ⅴ 相同，所以实际上有代表性的构象为 Ⅰ、Ⅱ、Ⅲ、Ⅳ 四种。它们分别叫做全重叠式、邻位交叉式、部分重叠式、对位交叉式。丁烷几种构象的内能高低顺序为：全重叠式＞部分重叠式＞邻位交叉式＞对位交叉式。对位交叉式是优势构象式，两个较大基团甲基相距最远。全重叠式两个较大基团甲基相距最近，相互排斥作用最强，是最不稳定构象。丁烷的各种构象之间的能量差别也不大，在室温下仍可通过σ键

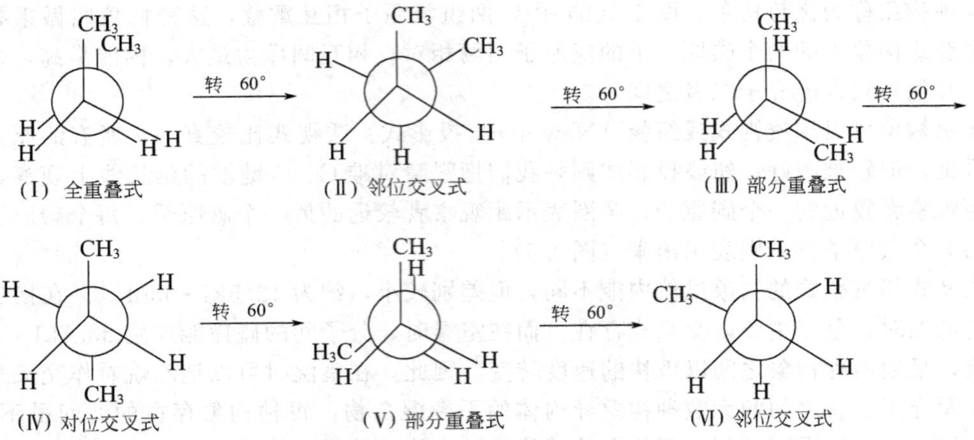

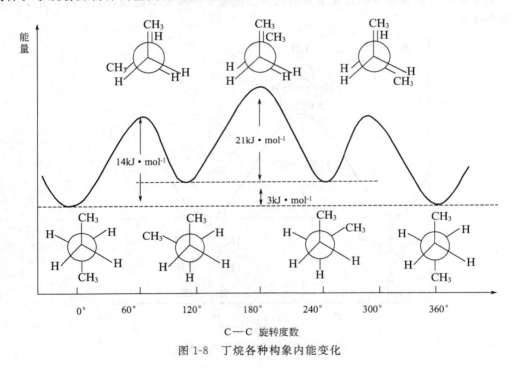

(I) 全重叠式　(II) 邻位交叉式　(III) 部分重叠式

(IV) 对位交叉式　(V) 部分重叠式　(VI) 邻位交叉式

图 1-7　丁烷的四种构象式

的旋转相互转变，形成以优势构象为主的各构象平衡混合物，因而室温下不能分离出各构象异构体。丁烷各异构体内能变化的曲线如图 1-8 所示。

图 1-8　丁烷各种构象内能变化

脂肪族化合物的构象都与乙烷及丁烷的构象相当。占优势的构象通常为反交叉式。

思考题 1-5　写出 1,2-二氯乙烷的对位交叉式构象。

思考题 1-6　画出丁烷以 C1—C2 为轴旋转时的极限构象，指出哪种为优势构象。

四、烷烃的物理性质

在有机化学中，物理性质通常是指物理状态、颜色、气味、熔点、沸点、密度、溶解度、折射率、光谱性质和偶极矩等。单一的、纯净的有机化合物，在一定的条件下其物理性质都是固定不变的，这些数值称为物理常数。通过物理常数的测定，可以鉴定有机化合物的纯度和分子结构。已知的有机化合物的物理常数有专门手册可以查阅。表 1-1 列出了一些正烷烃（直链烷烃）的物理常数。从表中可以看出，随着烷烃分子中碳原子数的递增，物理性质呈现出规律性的变化。

表 1-1 烷烃的物理常数

名称	结构式	熔点/℃	沸点/℃	相对密度 d_4^{20}
甲烷	CH_4	−182.4	−164	
乙烷	CH_3CH_3	−183.3	−88.6	
丙烷	$CH_3CH_2CH_3$	−189.7	−42	0.5005
丁烷	$CH_3CH_2CH_2CH_3$	−138	−0.5	0.579
戊烷	$CH_3(CH_2)_3CH_3$	−129.7	36	0.626
己烷	$CH_3(CH_2)_4CH_3$	−95	69	0.660
庚烷	$CH_3(CH_2)_5CH_3$	−90.5	98	0.684
辛烷	$CH_3(CH_2)_6CH_3$	−57	126	0.703
壬烷	$CH_3(CH_2)_7CH_3$	−54	151	0.718
癸烷	$CH_3(CH_2)_8CH_3$	−30	174	0.730
十一烷	$CH_3(CH_2)_9CH_3$	−26	196	0.740
十二烷	$CH_3(CH_2)_{10}CH_3$	−10	216	0.749
十三烷	$CH_3(CH_2)_{11}CH_3$	−6	234	0.757
十四烷	$CH_3(CH_2)_{12}CH_3$	5.5	252	0.764
十五烷	$CH_3(CH_2)_{13}CH_3$	10	266	0.769
十六烷	$CH_3(CH_2)_{14}CH_3$	18	280	0.775
十七烷	$CH_3(CH_2)_{15}CH_3$	22	292	0.777
十八烷	$CH_3(CH_2)_{16}CH_3$	28	308	0.777
十九烷	$CH_3(CH_2)_{17}CH_3$	32	320	0.778
二十烷	$CH_3(CH_2)_{18}CH_3$	36	343	0.778

从表列出的烷烃的物理常数中，我们可清楚地看出，它们的物理性质是随相对分子质量的增加而呈规律性的变化。

1. 物质状态

在常温常压（25℃、$1.013×10^2$ kPa）下，C_1～C_4 的直链烷烃是气体，C_5～C_{16} 的直链烷烃是液体，C_{17} 以上的直链烷烃是固体。

2. 沸点

直链烷烃的沸点随相对分子质量的增加而有规律的升高。碳链的分支对沸点有显著影响。在同数碳原子的烷烃异构体中，直链异构体的沸点最高，支链越多，沸点越低（见表 1-1）。

烷烃分子中只有 C—C 键和 C—H 键，由于碳和氢的电负性相近，C—H 键的极性很小，而且碳的四价在空间对称分布，所以烷烃是非极性分子。在非极性分子中，分子之间的吸引力主要是由范德华力产生的。范德华力的大小又与分子中原子的数目和大小成正比，相对分子质量大者分子间的接触面也大。所以，烷烃分子中碳原子数越多，范德华力也越大。直链烷烃的沸点随相对分子质量的增加而有规律的升高，但范德华力只有在近距离内才能有效作用，随距离的增加范德华力很快减弱。在支链烷烃中，由于支链的阻碍，分子间不能像正烷烃那样靠得很近，因此它们之间的范德华力较正烷烃弱，沸点也较正烷烃低。

3. 熔点

烷烃的熔点基本上也是随相对分子质量增加而升高。不过含奇数碳原子的烷烃和含偶数碳原子的烷烃分别构成两条熔点曲线,一般对称性大的烷烃熔点要高些。随着相对分子质量的增加,两条曲线逐渐趋于一致。如图1-9所示。

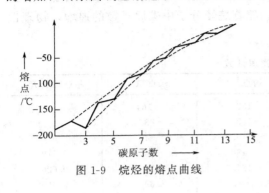

图1-9 烷烃的熔点曲线

烷烃的熔点也主要是由分子间的色散力所决定的。固体分子的排列很有秩序,分子排列紧密,色散力强。固体分子间的色散力,不仅取决于分子中原子数目的多少,而且也取决于它们在晶体中的排列状况。X射线结构分析证明:固体直链烷烃的晶体中,碳链为锯齿形;由奇数碳原子组成的锯齿状链中,两端的甲基处在同一边,由偶数碳原子组成的锯齿状链中,两端的甲基处在相反的位置。偶数碳原子的烷烃有较大的对称性,因而使偶数碳原子链比奇数碳原子链更为紧密,链间的作用力增大,所以偶数碳原子的直链烷烃的熔点比相邻的奇数碳原子的直链烷烃的熔点要高一些。

4. 溶解度

烷烃是非极性分子,根据"相似相溶"经验规律,烷烃不溶于水,而易溶于有机溶剂(如苯、四氯化碳、氯仿、乙醚等)。

5. 相对密度

由于烷烃分子间的作用力很弱,排列疏松,单位体积内所容纳的分子数少,因此相对密度较低。烷烃是有机化合物中相对密度最小的一类化合物,无论是液态烷烃还是固态烷烃,相对密度均小于1.0。随着烷烃分子中碳原子数目的增加,烷烃的密度也逐渐增大,后近于0.8左右。

思考题 1-7 戊烷的所有异构体中,哪一个异构体的沸点最低,哪一个异构体的沸点最高?

五、烷烃的化学性质

烷烃是饱和烃,分子中的C—C σ键和C—H σ键是非极性键或弱极性键,键能较高,又不易极化,因此烷烃的化学性质是不活泼的,烷烃与强酸、强碱、活泼金属、强氧化剂和强还原剂都不发生反应。烷烃的这种惰性使其常用作有机溶剂(如石油醚)、润滑剂(如石蜡、凡士林)等。但这种惰性是相对的,在一定条件下,如光、热、催化剂和压力等作用下,烷烃也能发生一些化学反应。

1. 氧化与燃烧

烷烃在空气中完全燃烧时,生成二氧化碳和水,并放出大量的热。如:

$$CH_4 + 2O_2 \longrightarrow CO_2 + 2H_2O + 890 \text{kJ} \cdot \text{mol}^{-1}$$

$$C_nH_{2n+2} + \frac{3n+1}{2}O_2 \longrightarrow nCO_2 + (n+1)H_2O + 热能$$

烷烃主要用作燃料,这就是汽油和柴油作为内燃机燃料的依据。

烷烃于室温下,一般不与氧化剂反应,与空气中的氧也不起反应。如果控制反应条件,在金属氧化物或金属盐催化下进行氧化,则可得到部分氧化产物,如醇、醛、酸等。高级烷烃氧化得高级脂肪酸。高级脂肪酸可代替动物油脂制造肥皂。

$$RCH_2CH_2R + O_2 \xrightarrow[120\sim150℃]{锰盐} RCOOH + RCOOH$$

氧化还原反应在无机反应中是以电子得失而体现的,而有机化合物多为共价键,在有机反应中无明显的电子得失,故在有机化学中的氧化反应一般是指分子中得到氧或失去氢的反应;还原反应一般是指分子中得到氢或失去氧的反应。

2. 热裂反应

把烷烃在没有氧气的条件下受热到 400℃ 以上时,分子中 C—C σ 键和 C—H σ 键都发生断裂成较小的分子。这种烷烃在隔绝空气的条件下进行的分解叫热裂反应。

烷烃的热裂是一个复杂的反应。烷烃热裂可生成小分子烃,也可脱氢转变为烯烃和氢。

$$CH_3CH_2CH_2CH_3 \xrightarrow{热裂} \begin{cases} CH_2=CHCH_2CH_3 + CH_3CH=CHCH_3 + H_2 \\ CH_2=CHCH_3 + CH_4 \\ CH_2=CH_2 + CH_3CH_3 \end{cases}$$

热裂反应主要用于生产燃料,在石油工业上很有意义。近年来热裂已为催化裂化所代替,工业上利用催化裂化把高沸点的重油转变为低沸点的汽油,从而提高石油的利用率,增加汽油的产量,提高汽油的质量。

3. 卤代反应及自由基取代反应历程

(1) 卤代反应 烷烃中的氢原子被其他元素的原子或基团所替代的反应称取代反应。被卤素取代的反应称为卤代反应。

烷烃有实用价值的卤代反应是氯代和溴代反应。因为氟代反应非常剧烈且大量放热,不易控制,碘代反应则较难发生。卤素反应的活性次序为:

$$F_2 > Cl_2 > Br_2 > I_2$$

烷烃与氯气在室温和黑暗中不起反应,但在光照或加热条件下,可剧烈反应,生成氯代烷烃及氯化氢。例如:

$$CH_4 + Cl_2 \xrightarrow[\text{或}\triangle]{\text{光}} CH_3Cl + HCl$$

甲烷氯代反应较难停留在一取代阶段。一氯甲烷可继续氯代生成二氯甲烷、三氯甲烷、四氯化碳。因此所得产物是氯代烷的混合物,工业上把这种混合物作为溶剂使用。

$$CH_4 \xrightarrow[\text{光或}\triangle]{Cl_2} CH_3Cl \xrightarrow[\text{光或}\triangle]{Cl_2} CH_2Cl_2 \xrightarrow[\text{光或}\triangle]{Cl_2} CHCl_3 \xrightarrow[\text{光或}\triangle]{Cl_2} CCl_4$$

但反应条件对反应产物的组成影响很大,通过控制一定的反应条件和原料的用量比,可以使主要产物为其中一种氯代烷。若反应温度控制在 400~500℃,甲烷与氯气之比为 10∶1 时,则主要产物为一氯甲烷;若控制甲烷与氯气之比为 0.263∶1 时,则主要生成四氯化碳。

(2) 自由基取代反应历程 反应历程是研究反应所经历的过程,反应历程又称反应机理,它是有机化学理论的主要组成部分。

反应历程是在综合大量实验事实的基础上提出的一种理论假设。如果这种假设能完满地解释实验事实和所观察到的现象,并且根据这种假设所做的推论又能被新的实验事实所证实,那么这种理论假设就是该反应的反应历程。

事实证明了甲烷和氯的反应是一个典型的自由基(也称游离基)反应。

氯气与甲烷反应有如下实验事实:

① 甲烷和氯气混合物在室温下及黑暗处长期放置并不发生化学反应。

② 将氯气用光照射后,在黑暗处放置一段时间再与甲烷混合,反应不能进行;若将氯气用光照射,迅速在黑暗处与甲烷混合,反应立即发生,且放出大量的热量。

③ 若将甲烷用光照射后,在黑暗处迅速与氯气混合,也不发生化学反应。

从上述实验事实可以看出，甲烷氯代反应的进行与光对氯气的影响有关。在光照射下氯分子吸收能量，使其共价键发生均裂，产生两个活泼氯原子（氯自由基），使反应开始。

$$Cl:Cl \xrightarrow{光} 2Cl \cdot \qquad 链引发$$

这个氯自由基很活泼，原因是其最外层电子只有七个，为了趋于构成最外层八个电子的稳定结构，它便夺取甲烷分子中的一个氢原子，生成一个新的甲基自由基和氯化氢。

$$CH_4 + Cl \cdot \longrightarrow CH_3 \cdot + HCl$$

甲基自由基与氯自由基一样，非常活泼，它的碳原子为了趋向于稳定结构，当甲基自由基与氯分子相碰撞时，它从氯分子中夺取一个氯原子，生成一氯甲烷，同时产生新的氯自由基。

$$CH_3 \cdot + Cl:Cl \longrightarrow CH_3Cl + Cl \cdot$$

新的氯自由基不但可以夺取甲烷分子中的氢，也可以夺取氯甲烷分子中的氢，生成氯甲基自由基。如此一环扣一环使链传递下去，生成一氯甲烷、二氯甲烷、三氯甲烷、四氯化碳等。这种由自由基引起的、连续循环进行的反应称自由基取代反应，又称链锁反应。

$$\left.\begin{array}{l} CH_3Cl + Cl \cdot \longrightarrow \cdot CH_2Cl + HCl \\ \cdot CH_2Cl + Cl:Cl \longrightarrow CH_2Cl_2 + Cl \cdot \\ Cl \cdot + CH_2Cl_2 \longrightarrow \cdot CHCl_2 + HCl \\ \cdot CHCl_2 + Cl:Cl \longrightarrow CHCl_3 + Cl \cdot \\ Cl \cdot + CHCl_3 \longrightarrow \cdot CCl_3 + HCl \\ \cdot CCl_3 + Cl:Cl \longrightarrow CCl_4 + Cl \cdot \end{array}\right\} 链增长$$

在自由基反应中，虽然只有少数自由基就可以引起一系列反应，但反应不能无限制地进行下去。因为随着反应的进行，氯气和甲烷的含量不断降低，自由基的含量相对增加，自由基之间的碰撞机会也增加，产生了自由基之间的结合，导致反应的终止。

$$\left.\begin{array}{l} Cl \cdot + Cl \cdot \longrightarrow Cl:Cl \\ CH_3 \cdot + CH_3 \cdot \longrightarrow CH_3CH_3 \\ CH_3 \cdot + Cl \cdot \longrightarrow CH_3Cl \end{array}\right\} 链终止$$

……

由此可见，反应的最终产物是多种卤代烃的混合物。

从上述反应的全过程可以看出，自由基反应通常用链的引发、传递和终止三个阶段表示。在链的引发阶段，是吸收能量开始产生自由基的过程。一般地讲，这种反应是由光照、辐射、热分解或过氧化物所引起的。在链的增长阶段，是反应连续进行的阶段，其特点是产生取代物和新的自由基；在链的终止阶段，是自由基相互结合，使反应终止。

由此可见自由基反应的一个最显著特点是通过自由基而进行的，一切有利于自由基的产生和传递的因素都是有利于反应的。

甲烷的氯代反应还可以从能量变化上加以说明。从键的解离能数值，我们可以计算出它的能量变化：

$$\begin{array}{ccccc} CH_3-H & + & Cl-Cl & \longrightarrow & CH_3-Cl & + & H-Cl \\ 434.7 & & 242.4 & & 351.1 & & 430.5 \end{array}$$

反应热 $\Delta H = (434.7 + 242.4) - (351.1 + 430.5)\ kJ \cdot mol^{-1} = -104.5\ kJ \cdot mol^{-1}$。式中负号（－）表示反应是放热的，正号（＋）表示反应是吸热的。各步反应的 ΔH 可计算如下：

(1) $Cl-Cl \longrightarrow 2Cl \cdot \qquad \Delta H_1 = +242.4\ kJ \cdot mol^{-1}$
    242.4

(2) $Cl \cdot + CH_3-H \longrightarrow CH_3 \cdot + HCl \qquad \Delta H_2 = 434.7 - 430.5 = +4.2\ kJ \cdot mol^{-1}$
    434.7   430.5

(3) $CH_3 \cdot + Cl-Cl \longrightarrow CH_3-Cl + Cl \cdot$ $\Delta H_3 = 242.4 - 351.1 = -108.7 kJ \cdot mol^{-1}$
       242.4   351.1

从上述数据可以算出，反应的第一、第二步是吸热反应，所以链的引发需要光照或高温加热来提供能量。但总的反应是放热反应，因此，链锁反应一旦引发，反应即可迅速进行。甲烷和氯自由基反应生成一氯甲烷的能量变化见图1-10。

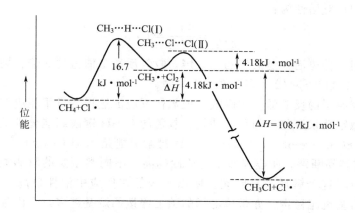

图 1-10 甲烷与氯自由基生成一氯甲烷的能量变化曲线图

根据分子运动论，要使两种分子（或离子）之间发生反应，分子间一定要发生碰撞，只有足够能量和适当取向的分子的碰撞才能有效发生反应，这种分子叫做活化分子。活化分子所具有的能量与反应物分子平均能量的差值称为活化能。见图 1-10，$E_{(Ⅰ)} = 16.7 kJ \cdot mol^{-1}$ 时，过渡态（Ⅰ）（反应物过渡到产物的中间状态）与反应物的内能差。

从图可以看出，氯自由基和甲烷作用只需较小的活化能（$16.7 kJ \cdot mol^{-1}$）即可形成过渡态（Ⅰ），由过渡态（Ⅰ）产生甲基自由基。甲基自由基与氯作用只需 $4.18 kJ \cdot mol^{-1}$ 的能量即可形成过渡态（Ⅱ），生成一氯甲烷，释放出 $108.7 kJ \cdot mol^{-1}$ 的热量。逆反应不能自发进行。尽管此反应是放热反应，但链引发需要较高的活化能，因此反应只有在光照或高温加热时才能进行。

其他烷烃的卤代反应历程和甲烷氯代反应历程一样，都是自由基反应。只不过，对于高级、复杂的烷烃，其卤代反应更加复杂，最终的产物是由多种物质组成的混合物。

例如氯与丙烷的反应，由于丙烷分子中存在伯氢和仲氢，因此得到两种不同的氯代产物 1-氯丙烷和 2-氯丙烷，其产物比例如下：

$$CH_3CH_2CH_3 + Cl_2 \xrightarrow[\text{或}\triangle]{\text{光}} CH_3CH_2CH_2Cl + CH_3CHCH_3$$
$$\qquad\qquad\qquad\qquad\qquad\qquad\qquad\qquad |$$
$$\qquad\qquad\qquad\qquad\qquad\qquad\qquad\qquad Cl$$
$$\qquad\qquad\qquad\qquad\quad\text{1-氯丙烷}\qquad\text{2-氯丙烷}$$
$$\qquad\qquad\qquad\qquad\quad 45\%\qquad\qquad 55\%$$

丙烷分子中有六个伯氢和两个仲氢，氯自由基与伯氢相遇的机会为仲氢的三倍，但一氯产物中 2-氯丙烷反而比 1-氯丙烷多，说明仲氢比伯氢活性大，更容易被取代。伯氢与仲氢的相对活性为：

$$\frac{伯氢}{仲氢} = \frac{45/6}{55/2} = 1 : 3.8$$

氯与异丁烷的反应也生成两种产物，产物比例如下：

$$\underset{\text{异丁烷}}{CH_3-\underset{\underset{CH_3}{|}}{\overset{\overset{CH_3}{|}}{C}}-H} + Cl_2 \xrightarrow{\text{光} \atop \text{或}\triangle} \underset{\underset{63\%}{\text{2-甲基-1-氯丙烷}}}{CH_3-\underset{\underset{CH_2Cl}{|}}{\overset{\overset{CH_3}{|}}{C}}-H} + \underset{\underset{37\%}{\text{2-甲基-2-氯丙烷}}}{CH_3-\underset{\underset{CH_3}{|}}{\overset{\overset{CH_3}{|}}{C}}-Cl}$$

伯氢与叔氢的相对活性为：

$$\frac{\text{伯氢}}{\text{叔氢}} = \frac{63/9}{37/1} = 1:5$$

实验结果表明：仲氢活性是伯氢的 3.8 倍，叔氢活性是伯氢的 5 倍。烷烃中各种氢的活性顺序为：叔（3°）氢＞仲（2°）氢＞伯（1°）氢。

烷烃分子中氢原子的反应活性次序或者说氯代反应的选择性可用相应 C—H 键的解离能大小和自由基的稳定性来解释。伯氢、仲氢、叔氢的 C—H 键解离能分别是 $410 kJ \cdot mol^{-1}$、$397 kJ \cdot mol^{-1}$、$380 kJ \cdot mol^{-1}$，甲烷中 C—H 键解离能是 $434 kJ \cdot mol^{-1}$。C—H 键解离能越小，C—H 键越容易断裂，所连氢原子的活性越高，不同类型氢的解离能不同，3°氢的解离能最小，故反应时这个键最容易断裂。所以三级氢在反应中活性最高。自由基越容易形成，所形成的自由基也越稳定，亦带单电子的碳上连接的烷基越多，自由基越稳定；经历最稳定自由基历程的反应，形成的产物越多。

从自由基的稳定性来说，稳定性次序为：3°R·＞2°R·＞1°R·＞CH₃·。一般来讲，自由基越稳定，越容易生成，其反应速率越快。由于大多数自由基只在反应的瞬间存在，寿命很短，所以稳定性是相对的。

思考题 1-8 丁烷氯代可得 1-氯丁烷和 2-氯丁烷，根据产率计算伯氢和仲氢的相对反应活性。

$$CH_3CH_2CH_2CH_3 + Cl_2 \xrightarrow{\text{光}} \underset{\text{1-氯丁烷 (28\%)}}{CH_3CH_2CH_2CH_2Cl} + \underset{\text{2-氯丁烷 (72\%)}}{CH_3CH_2\underset{\underset{Cl}{|}}{C}HCH_3}$$

六、烷烃的来源和用途

烷烃的工业来源主要是石油、天然气、油田气和煤矿的坑气。

石油的化学成分比较复杂，主要是由多种烃类组成的复杂混合物。通常是把石油分馏成若干馏分来使用。天然气、油田气一般是甲烷等低沸点的烃类。

由于石油资源的不断减少，利用蕴藏丰厚的煤资源来转化得到烃类复杂混合物也是一种发展趋势。

纯度比较高的烷烃一般是通过合成方法来制取的。如烯烃的催化加氢、卤代烷的还原、卤代烷与有机金属化合物的偶联。

某些动植物体中也有少量烷烃存在，如在烟草叶上的蜡中含有二十七烷和三十一烷，白菜叶上的蜡含有二十九烷，苹果皮上的蜡含二十七烷和二十九烷。此外，某些昆虫的外激素就是烷烃。所谓"昆虫外激素"，是同种昆虫之间借以传递信息而分泌的化学物质。例如有一种蚁，它们通过分泌一种有气味的物质来传递警戒信息，经分析，这种物质含有正十一烷和正十三烷。如雌虎蛾引诱雄虎蛾的性外激素是 2-甲基十七烷，这样人们就可合成这种昆虫性外激素并利用它将雄虎蛾引至捕集器中将它们杀死。昆虫激素的作用往往是专一的，所以可利用它只杀死某一种昆虫而不伤害其他昆虫，这便是近年来发展起来的第三代农药。

第二节 环 烷 烃

环烷烃是指碳链为环状的饱和烃类。环烷烃及其衍生物广泛存在于自然界中，石油中含有环己烷、甲基环己烷、甲基环戊烷等，植物香精油中含有大量不饱和脂环烃及其含氧衍生物。单环烷烃的通式为 C_nH_{2n}，与单烯烃互为同分异构体。

一、环烷烃的分类、异构和命名

1. 根据碳原子的饱和程度

可分为：饱和脂环烃和不饱和脂环烃。例如：

环戊烷　　环戊烯　　环辛炔

2. 按分子中碳环的数目

大致分为单环烷烃和多环烷烃两大类型。

（1）单环烷烃　只有一个碳环的烷烃属于单环烷烃。在单环烷烃体系中，又可按环的大小分为：大环（十二元环以上），中环（八至十二元环），普通环（五至七元环），小环（三至四元环）。已知最大的环是三十元环，在自然界普遍存在的单环烷烃是五元环和六元环。

最简单的环烷烃是环丙烷，从含四个碳的环烷烃开始，除具有相应的烯烃同分异构体外，还有碳环异构体，如分子式为 C_5H_{10} 的环烷烃具有五种碳环异构体。

环戊烷　　　　　　甲基环丁烷　　　　　乙基环丙烷

1,2-二甲基环丙烷　　　1,1-二甲基环丙烷

为了书写方便，上述结构式可分别简化为：

当环上有两个以上取代基时，还有立体异构。

单环烷烃的命名与烷烃基本相同，只是在"某烷"前加一"环"字，环烷烃若有取代基时，它所在位置的编号仍遵循最低系列原则。只有一个取代基时"1"字可省略。

当简单的环上连有较长的碳链时，可将环当作取代基。例如：

3-甲基-1-环丙基戊烷

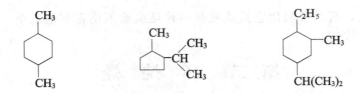

1,4-二甲基环己烷　　1-甲基-2-异丙基环戊烷　　1-甲基-2-乙基-5-异丙基环己烷

(2) 多环烷烃　含有两个或多个碳环的环烷烃属于多环烷烃。多环烷烃又按环的结构、位置分为桥环、螺环等。

① 桥环　桥环烷烃分子中环共用的碳原子称为"桥头碳原子"。从一个桥头到另一个桥头的碳链称为"桥",简单桥环烷烃的命名原则是:按桥环母体的碳原子总数称为二环某烷;在"二环"两字之后,用方括号注上各桥(两个环的有三条桥)所含的碳原子数(桥头碳原子不计入),大数在前,数字间用下角圆点隔开;编号时自桥头碳原子开始,沿最长的桥编到另一桥头碳原子,再循次长桥编到开始桥头碳原子,最短的桥上碳原子最后编号。例如:

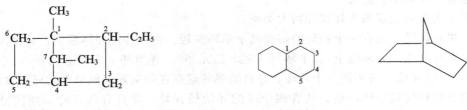

1,7-三甲基-2-乙基二环[2.2.1]庚烷　　二环[4.4.0]癸烷　　二环[2.2.1]庚烷

② 螺环　螺环烷烃分子中共用的碳原子称为"螺原子"。螺环烷烃的命名原则是:a.按两个环的碳原子总数命名为螺某烷;b.在螺字后用方括号注明两个环中除了螺原子以外的碳原子数目,小的数字写在前,数字间用下角圆点分开;c.环碳原子编号从小环中与螺原子相邻的碳原子开始,通过螺原子到大环,并使取代基的位次尽可能小。例如:

5-甲基螺[3.4]辛烷　　　　　　1,6-二甲基螺[3.5]壬烷

思考题 1-9　写出含五个碳原子的环烷烃的所有异构体,并命名。

思考题 1-10　命名下列化合物。

(1)　　(2)　　(3)

二、环烷烃的物理性质

常温常压下,环丙烷、环丁烷为气体,环戊烷至环十一烷是液体,其他高级环烷烃为固体。环烷烃的熔点、沸点和相对密度均比相应的烷烃高一些,但相对密度仍小于1.0,不溶于水,易溶于有机溶剂。环烷烃的物理常数列于表1-2。

表1-2 环烷烃的物理性质

名称	结构式	熔点/℃	沸点/℃	相对密度 d_4^{20}	折射率 n_D^{20}
环丙烷	$(CH_2)_3$	−127.6	−32.7	0.720(−70℃)	1.3799
环丁烷	$(CH_2)_4$	−50	12	0.689	1.4260
环戊烷	$(CH_2)_5$	−93.9	49.2	0.746	1.4065
环己烷	$(CH_2)_6$	6.5	80.7	0.778	1.4266
环庚烷	$(CH_2)_7$	−12	118.5	0.8098	1.4436
环辛烷	$(CH_2)_8$	14.3	148.5	0.8349	1.4586

三、环烷烃的化学性质

环烷烃的化学性质与烷烃相似,但含三元环和四元环的小环环烷烃有一些特殊的化学性质,和烯烃相似,它们容易开环生成链状化合物。五元以上的环烷烃,化学性质和链烷烃相似,不易发生开环反应。

1. 开环反应

环烷烃中环丙烷和环丁烷能与氢气、溴、卤化氢等试剂发生开环反应,而环戊烷和环己烷却不易发生或不能发生类似的开环反应。

(1) 催化加氢 小环烷烃的性质与烯烃类似,在催化剂存在下能发生加氢反应,生成烷烃。

$$\triangle + H_2 \xrightarrow[80℃]{Ni} CH_3CH_2CH_3$$

$$\square + H_2 \xrightarrow[200℃]{Ni} CH_3CH_2CH_2CH_3$$

环戊烷需要用活性高的铂为催化剂在300℃以上才能加成。环己烷、环庚烷在此条件下不发生加氢反应。

$$\pentagon + H_2 \xrightarrow[300℃]{Pt} CH_3CH_2CH_2CH_2CH_3$$

由催化加氢反应可以看出,三元环和四元环都比较容易开环。它们都不太稳定。

(2) 加溴 环丙烷在室温下与溴发生加成反应生成1,3-二溴丙烷。

$$\triangle + Br_2 \xrightarrow{CCl_4} \underset{\underset{Br}{|}}{CH_2}CH_2\underset{\underset{Br}{|}}{CH_2}$$

在加热条件下环丁烷与溴发生加成反应,生成1,4-二溴丁烷。

$$\square + Br_2 \xrightarrow{\triangle} \underset{\underset{Br}{|}}{CH_2}CH_2CH_2\underset{\underset{Br}{|}}{CH_2}$$

(3) 加卤化氢 环丙烷、环丁烷与卤化氢发生加成反应生成卤代烷,环丙烷的烷基衍生物与卤化氢等不对称试剂加成时,环的破裂发生在含氢最多和含氢最少的两个碳原子之间,氢原子加到含氢较多的成环碳原子上，卤原子加到含氢较少的成环碳原子上。环戊烷、环己烷不易发生反应。

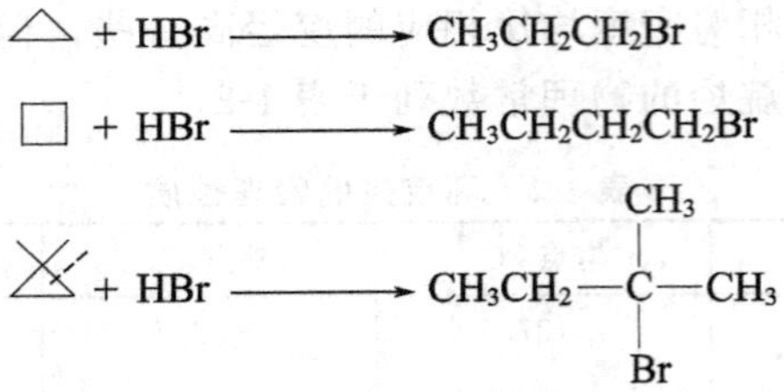

△ + HBr ⟶ CH₃CH₂CH₂Br

□ + HBr ⟶ CH₃CH₂CH₂CH₂Br

$\triangleleft$ + HBr ⟶ CH₃CH₂—C(CH₃)(CH₃)—Br

以上反应环丙烷在常温即能进行，环丁烷常温与卤化氢不反应。

2. 取代反应

环戊烷、环己烷等在光或热的作用下可发生取代反应。

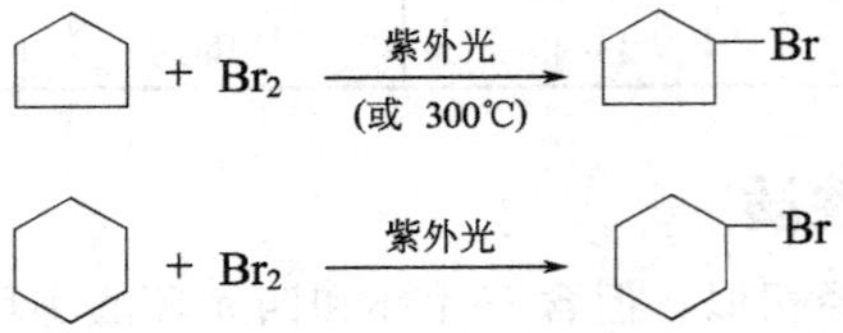

○ + Br₂ ─紫外光(或 300℃)→ ○—Br

⬡ + Br₂ ─紫外光→ ⬡—Br

环丙烷与溴在光照下反应，除生成少量取代产物外，主要得到的却是加成产物。

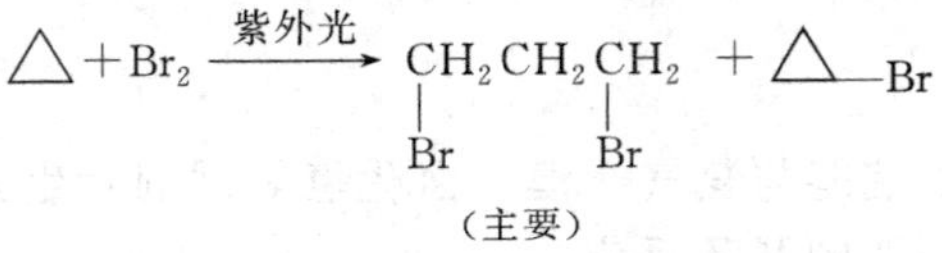

△ + Br₂ ─紫外光→ CH₂(Br)CH₂CH₂(Br) + △—Br
（主要）

3. 氧化反应

在常温下，环烷烃与一般氧化剂（如高锰酸钾水溶液，臭氧等）不起反应，即使环丙烷也不能使高锰酸钾溶液褪色。因此可用高锰酸钾鉴别环烷烃和烯烃。但是在加热时或在催化剂存在下，用空气中的氧气或硝酸等强氧化剂氧化环己烷等，则发生环的破裂生成二元酸。

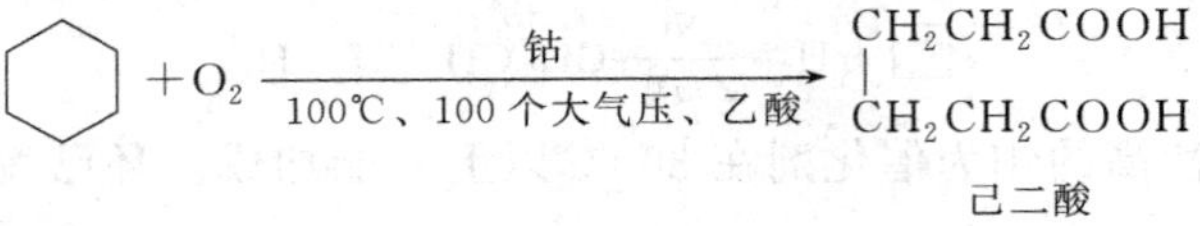

⬡ + O₂ ─钴 / 100℃、100个大气压、乙酸→ CH₂CH₂COOH | CH₂CH₂COOH
己二酸

己二酸是合成尼龙-66 的单体。

思考题 1-11 用化学方法区别下列化合物：乙烷、乙烯、环丙烷。

四、环烷烃的分子结构

从环烷烃的化学性质可以看出：三元环和四元环不稳定，五元环和六元环稳定。1885年拜耳（Baeyer A）根据碳价四面体的概念提出了张力学说。他认为构成环的所有碳原子都应位于同一平面上，各环烷烃的键角偏离正常键角（109.5°）。构成碳环时 C—C 键必须向内压缩或向外扩张，这就使每个环都产生恢复正常键角的角张力（angle strain）。

角张力的存在使环变得不稳定，其中环丙烷的角张力最大，最不稳定，环丁烷次之。根据这一学说，环戊烷最稳定，环己烷则不如它稳定，这是与事实不符的。近代测试结果表明，五元环及以上的环烷烃的成环碳原子不在同一个平面上，其键角接近于正常键角，基本上没有角张力，相应的环称为"无张力环"。

环的稳定性的大小反映了分子内能的不同，内能越大，环越不稳定。根据热力学试验得知，各种环烷烃在燃烧时由于环的大小不同，燃烧热不同，表 1-3 给出了一些环烷烃的燃烧热数值。所谓燃烧热就是指分子燃烧时放出的热量，它的大小反映出分子内能的高低。

表 1-3 环烷烃的燃烧热

名称	分子燃烧热 /kJ·mol^{-1}	每个 CH_2 燃烧热 /kJ·mol^{-1}	名称	分子燃烧热 /kJ·mol^{-1}	每个 CH_2 燃烧热 /kJ·mol^{-1}
环丙烷	2091	697.0	环癸烷	6635.0	663.5
环丁烷	2744.8	686.2	环十一烷	7289.7	662.7
环戊烷	3320.0	664.0	环十二烷	7912.8	659.4
环己烷	3951.0	658.5	环十三烷	8582.6	660.2
环庚烷	4636.1	662.3	环十四烷	9219.0	658.5
环辛烷	5308.0	663.5	环十五烷	8883.5	658.9
环壬烷	5979.6	664.4	环十六烷	11180.9	657.7

由热化学实验测得：含碳原子数不同的环烷烃中，每个 CH_2 的燃烧热是不同的。从环烷烃的燃烧热数值可以看出，由环丙烷到环戊烷，随着环增大，每个 CH_2 的燃烧热依次减低，这说明环越小能量越高，所以不稳定。由环己烷开始，每个 CH_2 的燃烧热趋于恒定，而且和烷烃分子每个 CH_2 的燃烧热（658.6kJ·mol^{-1}）相当接近，所以较稳定。

近代电子理论认为，烷烃分子中每个碳原子都采取 sp^3 杂化，且它们都沿着轨道对称轴相互重叠，形成稳定的 C—C σ 键，两个 C—C σ 键间的夹角约为 109.5°。而在环烷烃中，每个碳原子也采取 sp^3 杂化，形成 C—C σ 键的情况要比烷烃复杂得多。

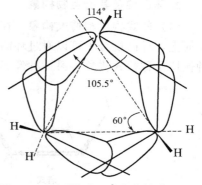

图 1-11 环丙烷中 sp^3 杂化轨道示意图

据测定，环丙烷分子中 C—C—C 键角为 105.5°，H—C—H 键角为 114°。可见，相邻碳原子的 sp^3 杂化轨道为形成环丙烷必须将正常键角压缩成 105.5°，这就使分子本身产生一种恢复正常键角的角张力。角张力的存在是环丙烷不稳定的重要原因。此外，轨道重叠程度越大，形成的键越牢固。显然在形成 105.5°键角时，其轨道重叠不及正常的 109.5°大，实际上呈弯曲状，所以人们常把这种键称为弯曲键或香蕉键。见图 1-11。

环丁烷与环丙烷类似，分子内也存在角张力，但比环丙烷小些。为降低扭转张力（由于 C—C 间处于重叠式构象引起的张力），环丁烷通常呈折叠状构象，这种非平面结构可减少 C—H 键的重叠，其稳定性比环丙烷大一些。

环丁烷　　　　　　环戊烷

环戊烷、环己烷分子中的碳原子不在一个平面上，碳碳 σ 键的夹角接近或保持 109.5°，分子中既无角张力，又无扭转张力，所以都比较稳定。

五、环烷烃的立体化学

1. 环烷烃的顺反异构

环烷烃中由于环的存在限制了 C—C σ 键的自由旋转，如果有两个或两个以上的环碳原子连有不同取代基时，就会得到不同构型，产生顺反异构。例如1,2-二甲基环丙烷就有两种异构体。取代基在环平面同侧的称为顺式，在异侧的称为反式。

顺-1,2-二甲基环丙烷　　　　　　　　　　　反-1,2-二甲基环丙烷

思考题 1-12　写出下列化合物的构型式：
(1) 顺-1-甲基-2-氯环戊烷　　　(2) 反-1-甲基-3-异丙基环己烷

2. 环己烷及其衍生物构象

(1) 船式构象和椅式构象　在环己烷分子中碳原子以 sp^3 杂化，六个碳原子不在同一个平面上，环己烷分子可以通过环的扭动而产生构象异构，其中最典型的有两种极限构象：一种像椅子称椅式构象，另一种像船形称船式构象。

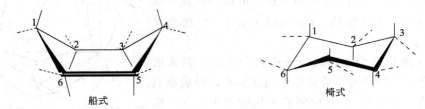

船式　　　　　　　　　　　　　椅式

在第一种构象中，C2、C3、C5、C6 在同一个平面上，C1、C4 在平面的同侧，整个分子像一条小船，C1、C4 为船头，所以叫船式构象。在第二种构象中，C1、C3、C5 在一个平面上，C2、C4、C6 在另一个平面上，这两个平面相互平行，相距 0.05nm，整个分子像一把椅子，所以叫椅式构象。

比较环己烷的船式构象和椅式构象：船式构象中两个船头碳原子 C1 和 C4 上的氢原子相距很近，只间隔 0.183nm，比它们的范德华半径之和 0.25nm 小得多，因此相互之间斥力较大；而在椅式构象中相邻的两个碳原子上的氢都处于邻位交叉式，没有扭转张力，六个碳原子均能满足正四面体结构，没有角张力，所有氢都处在相距最远的位置，没有空间位阻。船式构象中，C2—C3 和 C5—C6 上的 C—H 是全重叠式，因而具有扭转张力。所以船式构象不如椅式构象稳定，环己烷及其衍生物在一般情况下都以椅式构象存在，椅式构象为环己烷的优势构象。见图 1-12。

环己烷的船式构象和椅式构象之间能相互转换，通常的环己烷就处于这两种构象的转换

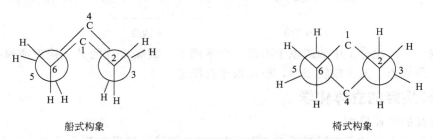

船式构象　　　　　　　　　　　椅式构象

图 1-12　环己烷的船式和椅式构象的纽曼投影式

平衡中。由于船式构象远没有椅式构象稳定，环己烷几乎都是以椅式构象存在，因此在讨论环己烷结构时通常只考虑椅式构象。

（2）平伏键和直立键　环己烷的6个碳原子分处于两层平行的平面，以此平行面为环平面考察各化学键。每个碳原子上有两个化学键，一个 a 键，一个 e 键。环己烷椅式构象中的 12 个 C—H 键可分为两类：与分子对称轴平行的 6 个 C—H 键称为直立键或 a 键（axial 的简写），其中 3 个朝上 3 个朝下；另外 6 个键与对称轴成 109.5°的角度称为平伏键或 e 键（equatorial 的简写）。如图 1-13 所示。

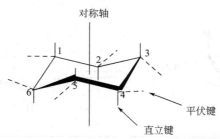

图 1-13　环己烷椅式构象中的直立键和平伏键

（3）椅式构象环的翻转　椅式构象也有两种构象，由于分子的热运动，在常温下，通过 C—C 键的不断扭动，环己烷的一种椅式构象可以转变到另一种椅式构象，而且这种翻转进行得非常快，这两种椅式构象每秒钟可以翻转约 106 次，像这样的环形转变就叫做转环作用。翻转以后原来的 e 键变为 a 键，a 键变为 e 键。

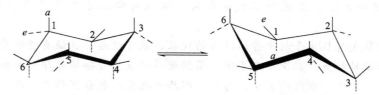

（4）取代环己烷的构象　取代环己烷以取代基在 e 键上的椅式构象为优势构象，所有以 a 键相连的氢原子之间的距离要比以 e 键相连的氢原子之间的距离近得多，一取代环己烷的取代基可以占据 a 键，也可以占据 e 键，这两种构象异构体可以通过环的翻转互相转变，达到平衡。在平衡体系中稳定的构象是优势构象，一般情况下，e 键取代的构象是优势构象。例如，在甲基环己烷的构象中，甲基处于 e 键的约占 95%，处于 a 键的约占 5%，而在叔丁基环己烷中，叔丁基处于 e 键的构象则接近 100%。

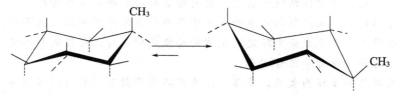

对于多元取代环己烷，一般来说，最稳定的构象应是取代基在 e 键上最多的椅式构象，尤其是大的取代基处于 e 键上更为稳定。例如：1,2-二甲基环己烷，有顺反两种异构体，顺式异构体中，两个甲基一个在 a 键上，另一个在 e 键上，这种构象叫做 ae 型；而在反式异构体中，两个甲基都可以处在 a 键上，也可以都处在 e 键上，分别叫作 aa 型或 ee 型，而 ee 型为优势构象。

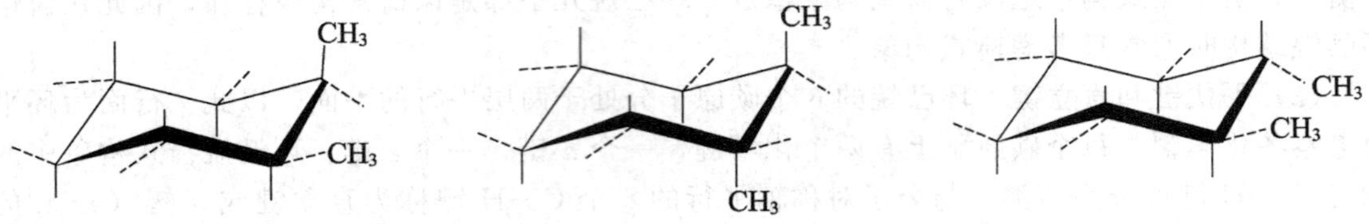

$$\text{顺式}(ae) \qquad \text{反式}(aa)\,(\text{不稳定}) \qquad \text{反式}(ee)$$

又如顺-1-甲基-4-叔丁基环己烷的两种椅式构象中，叔丁基处在 e 键的构象要比处在 a 键上稳定得多。

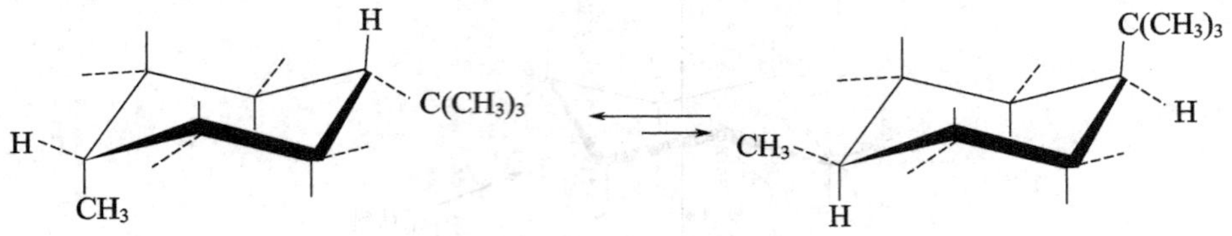

思考题 1-13 写出叔丁基环己烷和顺-1-甲基-4-乙基环己烷的优势构象式。

本章知识点归纳

由碳氢两种元素组成的化合物称为烃。烷烃的通式为 C_nH_{2n+2}，通过烷烃了解同系列、同系物、同系差的含义。烷烃分子中去掉一个氢原子，剩余的基团叫烷基（R—）。烷烃通常用普通命名法和系统命名法来命名。烷烃的命名原则是学习有机化合物命名的基础。

同分异构现象是有机化合物中普遍存在的现象，从丁烷起，烷烃有碳链异构，碳原子数越多，异构体的数目越多。在烷烃分子中，根据碳原子直接连接的碳原子个数可将碳原子分为：一级、二级、三级、四级碳原子，与相应碳原子相连的氢分别称为一级、二级、三级氢原子。

烷烃的物理性质（沸点、熔点、溶解度和密度等）随着相对分子质量的增加而呈现规律性变化。

烷烃分子中碳原子以 sp^3 杂化轨道成键，sp^3 杂化轨道的键角为 $109.5°$，碳原子四个价键指向以碳原子为中心的四面体的四个顶点。烷烃分子中都是 σ 键，因此烷烃的化学性质比较稳定。但在一定条件下可以发生卤代反应等。烷烃的卤代反应是自由基取代反应。自由基反应多属于链锁反应，通常包括链的引发、链的增长和链的终止三个阶段。

构象是由于单键的自由旋转而产生的分子中各原子或基团不同的空间排布。乙烷的构象式中，交叉式最稳定，重叠式最不稳定；丁烷的构象式中，对位交叉式最稳定，完全重叠式最不稳定，最稳定的构象称为优势构象。

脂环烃分为单环和多环两大类，多环又按共用碳原子数不同分为螺环和桥环。单环烃通式为 C_nH_{2n}，与单烯烃互为同分异构体。单环烃的命名原则与相应的烷烃类似，只是在某烷前冠以"环"字，环上有取代基时尽可能取小的编号；环烷烃除碳链异构外还有顺反异构。

环烷烃中小环存在很大张力，不稳定，易发生开环加成反应，性质与烯烃相似。环戊烷与环己烷分子中不存在张力，环非常稳定，在光照和加热的条件下，可发生卤代反应，与开链烃的性质相似。常温下环烷烃不与高锰酸钾等氧化剂反应，常用来区别烯烃与环烷烃。

环己烷有船式和椅式两种典型构象，椅式构象为优势构象，椅式构象C—H键分为a键和e键，较大基团处在e键上更为稳定，取代基处于e键上越多构象越稳定。

阅读材料

重要的烷烃

1. 甲烷

甲烷的主要来源是天然气、沼气、坑气等。甲烷为无色、无臭的易燃气体，与空气、氧气或氯气等能生成易爆的混合物。甲烷在空气中的爆炸极限为5%～16%。甲烷主要用作燃料和用于炭黑、氢、乙炔、甲醛等的制造，在工业上是合成氨和甲醇的原料。

2. 乙烷

乙烷存在于油田气、天然气、炼厂气和焦炉气中。乙烷为无色、无臭的易燃气体，乙烷在空气中的爆炸极限为3.2%～12.45%。工业上的主要用途是用于制乙烯、氯乙烯、氯乙烷。也可作为冷冻剂、核燃料等。

3. 丙烷

丙烷存在于石油、天然气和油田气中。丙烷为无色、无臭的易燃气体。丙烷在空气中爆炸极限为2.1%～9.5%。丙烷的主要用途是以液化气的形式用作燃料。也用于制造乙烯、丙烯、含氧化合物和低级硝基烷。

4. 丁烷

丁烷和异丁烷都是轻汽油的成分。丁烷为无色、无臭易燃气体。在空气中的爆炸极限为1.9%～8.5%。除和丙烷的混合物作为液化石油气燃料外，工业上还用来制乙烯、丙烯和丁二烯等。

5. 辛烷值简介

辛烷值是衡量燃料质量优劣的主要指标之一。汽油在汽缸内燃烧不完全，机器强烈震动而发生爆炸或爆震，这会降低发动机的功率并损伤发动机。燃料引起爆震的倾向，用辛烷值来表示。不同化学结构的烃类，具有不同的抗爆震能力。异辛烷（2,2,4-三甲基戊烷）的抗爆性较好，辛烷值给定为100。正庚烷的抗爆性差，辛烷值给定为0。这两种标准燃料以不同的体积比混合起来，可得到各种不同的抗震性等级的混合液，在相同发动机工作条件下，与待测燃料进行对比。抗震性与样品相等的混合液中所含异辛烷百分数，即为该样品的辛烷值。汽油辛烷值大，抗震性好，质量也好。烷烃通过异构化或裂化反应能提高产物的支链化程度，也就提高了汽油的质量。一些烃的辛烷值见表1-4。

表1-4　烃的辛烷值

化合物	辛烷值	化合物	辛烷值
庚烷	0	苯	101
2-甲基戊烷	24	甲苯	110
辛烷	71	2,2,3-三甲基戊烷	116
2,2,4-三甲基戊烷	100	对二甲苯	128

1. 用系统命名法命名下列化合物。
   (1) (CH$_3$)$_2$CHCH$_2$CH$_2$CH$_3$
   (2) (CH$_3$CH$_2$)$_2$CHCH$_3$
   (3) (CH$_3$)$_3$CCH$_2$CH$_2$CH$_3$
   (4) (CH$_3$)$_2$CHCH(C$_2$H$_5$)C(CH$_3$)$_3$
   (5) (CH$_3$)$_2$CHCH$_2$CH$_2$CH(C$_2$H$_5$)$_2$
   (6) (CH$_3$)$_2$CHCH$_2$CHCH(CH$_3$)$_2$

   (7)   (8) 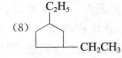   (9)   (10)

   (注：(9)(10)图为结构图)

2. 写出下列化合物的结构式。
   (1) 异庚烷
   (2) 新戊烷
   (3) 2-甲基-4-乙基壬烷
   (4) 2,2,4-三甲基-3-乙基戊烷
   (5) 叔丁基环戊烷
   (6) 顺-1-甲基-4-异丙基环己烷
   (7) 反-1-甲基-2-氯环戊烷
   (8) 2,3-二甲基-4-仲丁基辛烷
   (9) 2,3-二甲基-3-乙基-4-异丙基壬烷
   (10) 反-1,2-二甲基环丙烷
   (11) 二环[3.2.1]辛烷

3. 写出分子式为 C$_7$H$_{16}$ 烷烃的各种异构体，并正确命名。

4. 写出下列烷烃的可能结构式。
   (1) 由一乙基和一个叔丁基组成
   (2) 由一个异丙基和一个仲丁基组成
   (3) 含有四个甲基且相对分子质量为 86 的烷烃
   (4) 相对分子质量为 100，且同时含有 1°、3°、4° 碳原子的烷烃

5. 不查手册，将下列各组化合物沸点按从高到低排列。
   (1) 2,2-二甲基戊烷，2-甲基庚烷，正庚烷，正戊烷，2-甲基己烷，正己烷
   (2) 辛烷，己烷，2,2,3,3-四甲基丁烷，3-甲基庚烷，3,3-二甲基戊烷，3-甲基己烷

6. 将下列自由基稳定性由大到小排列。
   (1) CH$_3$CHCH$_2$CH$_2$·   (2) CH$_3$Ċ—CH$_2$CH$_3$ (3) CH$_3$ĊHCH$_3$ (4) CH$_3$·
              | | |
             CH$_3$ CH$_3$ CH$_3$

7. 画出 2,3-二甲基丁烷的几个极限构象式，并指出哪个是优势构象式。

8. 画出顺-1-甲基-2-异丙基环己烷和反-1-甲基-2-叔丁基环己烷的优势构象式。

9. 完成下列反应方程式。
   (1) △ + Br$_2$ $\xrightarrow{\text{室温}}$
   (2) ⬠ + Br$_2$ $\xrightarrow{\text{室温}}$
   (3) ⬠ + Cl$_2$ $\xrightarrow[\text{500°}]{\text{光或}}$
   (4) △ + HBr ⟶
   (5) (CH$_3$)$_3$C—C(CH$_3$)$_3$ + Cl$_2$ $\xrightarrow{\text{光照}}$

第二章 不饱和烃

Chapter 02

第一节 单烯烃

烯烃是指分子中含有 C=C 键的烃类化合物，按含双键的数目可分为单烯烃、二烯烃、多烯烃。单烯烃是指分子中含有一个碳碳双键的烃，其通式为 C_nH_{2n}，与单环环烷烃相同，含同数碳原子的单烯烃和单环环烷烃互为构造异构体，它们都比含同碳数的烷烃少两个氢原子，即含有一个不饱和度，属于不饱和烃。烯烃的多数反应在双键上发生，碳碳双键是烯烃的官能团。

一、单烯烃的结构

乙烯是最简单的单烯烃，分子式为 C_2H_4，构造式为 $H_2C=CH_2$。

根据杂化轨道理论，乙烯分子中的碳原子以 sp^2 杂化方式参与成键，这 3 个杂化轨道同处在一个平面上。2 个碳原子各用 1 个 sp^2 轨道相互重叠，形成 1 个 sp^2-sp^2 碳碳 σ 键，每个碳原子的其余两个 sp^2 轨道分别与氢原子的 1s 轨道重叠形成四个 sp^2-s 碳氢 σ 键，分子中 6 个原子及所形成的 5 个 σ 键都在同一个平面上。两个碳原子各剩有 1 个未参与杂化的 2p 轨道垂直于五个 σ 键所在的平面，2 个 p 轨道彼此"肩并肩"重叠形成 π 键，π 键电子云对称分布在分子平面的上方和下方，如图 2-1 所示。

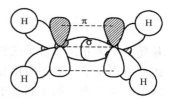

图 2-1 乙烯分子中的 σ 键和 π 键

由此可见，碳碳双键是由一个 σ 键和一个 π 键组成的，这两种键的成键方式不同。σ 键是轨道沿轴方向进行重叠，电子云呈轴对称，重叠程度大，碳碳结合较紧，键能较高（C—C 单键键能为 $361.0 kJ·mol^{-1}$），而 π 键是 p 轨道肩并肩重叠，电子云呈平面对称，重叠程度小，π 键键能比 σ 键键能小（C=C 双键键能为 $612.5 kJ·mol^{-1}$，π 键键能为 $612.5-361.0=251.5 kJ·mol^{-1}$），所以 π 键不如碳碳 σ 键稳定，比较容易断裂，这也是烯烃化学反应活泼的重要原因。另外由于 π 键的形成，以双键相连的两个碳原子之间不能再以 C—C σ 键为轴"自由旋转"，否则 π 键将被断键。

为了书写方便，双键一般用两条短线表示。但是必须理解这两条短线的含义不同，一条是代表 σ 键，另一条是代表 π 键。

二、单烯烃的同分异构现象和命名

1. 单烯烃的构造异构

与烷烃相似，含有 4 个或 4 个以上碳原子的烯烃都存在碳链异构，例如：

$$CH_2=CH-CH_2-CH_3 \qquad CH_2=\underset{\underset{CH_3}{|}}{C}-CH_3$$

1-丁烯　　　　　　　　2-甲基丙烯（异丁烯）

与烷烃不同的是，烯烃分子中存在双键，在碳骨架不变的情况下，双键在碳链中的位置不同，也可产生异构体，如下式中的 1-丁烯和 2-丁烯，这种异构现象称为官能团位置异构。

$$CH_2=CH-CH_2-CH_3 \qquad CH_3-CH=CH-CH_3$$
$$\text{1-丁烯} \qquad\qquad \text{2-丁烯}$$

无论是碳链异构还是官能团位置异构，都是由于原子在分子中的排列和结合的顺序不同而产生的，即成键顺序不同引起的，所以都属于构造异构。

另外，含相同碳原子数目的单烯烃和单环环烷烃也互为同分异构体，例如丙烯和环丙烷、丁烯与环丁烷和甲基环丙烷等，它们也属于构造异构。

2. 烯烃的顺反异构

与烷烃不同，由于烯烃双键不能绕键轴自由旋转，所以当两个双键碳原子各连有两个不同的原子或基团时，会产生两种不同的空间排列方式。例如 2-丁烯：

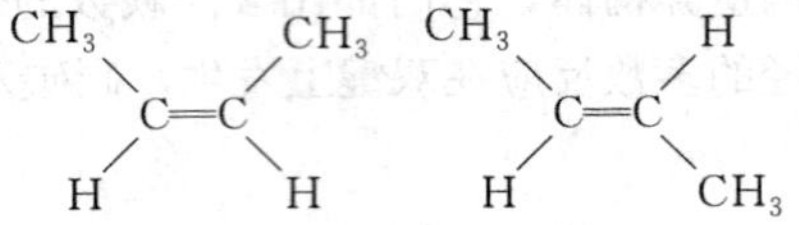

简写为：

Ⅰ 顺-2-丁烯
(沸点3.5℃)

Ⅱ 反-2-丁烯
(沸点0.88℃)

显然，Ⅰ和Ⅱ虽然分子式相同，构造亦相同，但它们是两种不同的化合物。这是由于双键中的 π 键限制了 σ 键的自由旋转，使得两个甲基和两个氢原子在空间有两种不同的排列方式。两个相同基团（如Ⅰ和Ⅱ中的两个甲基或两个氢原子）在双键同一侧的称为顺式，在双键异侧的称为反式。这种由于分子中原子或基团在空间的排布方式不同而产生的同分异构现象，称为顺反异构，也称几何异构。通常，分子中原子或基团在空间的排布方式称为构型，因此顺反异构属于构型异构，是立体异构的一种。

那么是不是任何烯烃都有顺反异构呢？

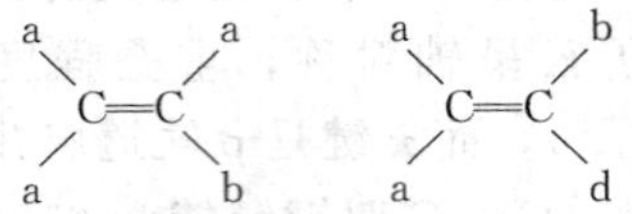

假如 a、b、d 分别代表不同的原子或基团，观察上述化合物发现它们只有一种排列方式，并无顺、反异构体。由此可见并不是所有的烯烃都有顺反异构现象，只有当双键同碳上连接两个不同的原子或基团时才有顺反异构现象。

三、单烯烃的命名

1. 烯烃的系统命名法

烯烃的命名多采用系统命名法，个别简单的单烯烃可以按普通命名法命名：

$$CH_2=CH_2 \qquad CH_3-CH=CH_2 \qquad CH_2=\underset{\underset{CH_3}{|}}{C}-CH_3$$
$$\text{乙烯} \qquad\qquad \text{丙烯} \qquad\qquad \text{异丁烯}$$

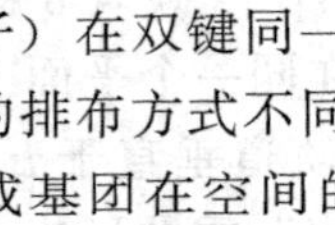

烯烃的系统命名法基本上与烷烃相似，其要点如下。

（1）选主链　选择含有双键的最长碳链作为主链，支链作为取代基，按主链中所含碳原子的数目命名为"某烯"。

(2) 编号 从距离双键最近的一端开始依次用阿拉伯数字1，2，3，…给主链编号，双键的位次用两个双键碳原子编号较小的碳原子的号数表示，写在"某烯"之前，并用半字线相连。

(3) 命名 取代基的位次、数目、名称写在"某烯"名称之前，其原则和书写格式同烷烃。例如：

$$CH_2=C-CH_2CH_3 \quad\quad CH_3-C-CH=CHCH_3 \quad\quad CH_3-CH=C-CH_2 \quad\quad$$
$$\quad\quad |\quad\quad\quad\quad\quad\quad\quad |\quad\quad\quad\quad\quad\quad\quad\quad |\quad\quad\quad\quad\quad$$
$$\quad CH_2CH_3\quad\quad\quad\quad\quad CH_3\quad\quad\quad\quad\quad CH_3\, CH_2CH_3$$

2-乙基-1-戊烯　　　　4,4-二甲基-2-戊烯　　　3-甲基-2-乙基-1-丁烯　　3-甲基环己烯

与烷烃不同，当烯烃主链碳原子数多于十个时，命名时汉字数字与烯字之间应加一个"碳"字（烷烃不加碳），称为"某碳烯"，例如：

$$CH_3(CH_2)_4CH=CH(CH_2)_4CH_3$$

6-十二碳烯

烯烃去掉一个氢原子后剩下的一价基团称为某烯基，烯基的编号自去掉氢原子的碳原子开始。如：

$$CH_2=CH-\quad\quad CH_3CH=CH-\quad\quad CH_2=CHCH_2-$$

乙烯基　　　　1-丙烯基（丙烯基）　　2-丙烯基（烯丙基）

2. 烯烃的顺反异构体的命名

烯烃顺反异构体的命名可采用两种方法——顺反命名法和 Z,E-命名法。

(1) 顺反命名法 当与双键相连的两个碳原子上连有相同的原子或基团时，例如上面的 Ⅰ 和 Ⅱ，可采用顺反命名法。两个相同原子或基团处于双键同一侧的，称为顺式，反之称为反式，书写时分别冠以顺、反，并用半字线与化合物名称相连。例如：

顺-2-戊烯　　　　　　　反-2-戊烯

(2) Z,E-命名法 当与两个双键碳原子所连接的四个原子或基团均不相同时，则不能用顺反命名法命名，而应采用 Z,E-命名法。例如：

Ⅲ　(E)-1-氯-2-溴丙烯　　　Ⅳ　(Z)-2-甲基-1-氯-1-丁烯

对于这类烯烃，在系统命名法中采用"Z"、"E"来表示。"Z"表示在碳碳双键上的优先基团在双键同一侧，称为 Z 式（Z 是德文 Zusammen 的字首，同侧之意）；"E"表示在碳碳双键上的优先基团在双键相反两侧（E 是德文 Entgegen 的字首，相反之意）。书写时将 Z 或 E 加括号放在烯烃名称之前，同时用半字线与烯烃名称相连，即得全称。

那么优先基团又是怎样确定的呢？化学家们是根据"次序规则"来定序的，其内容如下：

① 将与双键碳原子直接相连的原子按原子序数大小排列，原子序数大者为"较优"基

第二章　不饱和烃

团；若为同位素，则质量高者为"较优"基团；未共用电子对（：）被规定为最小（原子序数定位 0）。例如，一些原子的优先次序为（式中">"表示优先于）：

$$I>Br>Cl>S>P>F>O>N>C>D>H>:$$

对于Ⅲ，因为 Cl>H，Br>C，两个"较优"基团（Cl 和 Br）位于双键的异侧，所以为 E 式。

② 如果与双键碳原子直接相连的原子的原子序数相同，则用外推法看与该原子相连的其他原子的原子序数，比较时，按原子序数由大到小排列，先比较最大的，如相同，再顺序比较居中的、最小的；如仍相同，再依次外推，直至比较出较优基团为止。

例如Ⅳ中，与双键碳原子相连 CH_3— 和 CH_3CH_2— 的第一个原子都是碳原子，但在 CH_3— 中与碳相连的是 H、H、H，而在 CH_3CH_2— 中与该碳相连的是 C、H、H，因此 CH_3CH_2— 为较优基团，两个较优基团（Cl 和 CH_3CH_2—）位于双键的同侧，所以为 Z 式。

依此则一些基团的优先次序为：

$(CH_3)_3C$—　$CH_3CH_2CH(CH_3)$—　$(CH_3)_2CH$—>$CH_3CH(CH_3)CH_2$—
$CH_3CH_2CH_2CH_2$—　$CH_3CH_2CH_2$—　CH_3CH_2—　CH_3—

③ 当基团含有重键时，可以认为双键或三键相连的原子是以单键与两个或三个原子相连。例如：

基团：—CH=CH_2　—C(H)=O　—C(=O)OH　—C≡CH　—C≡N

可分别看作：（结构式略）

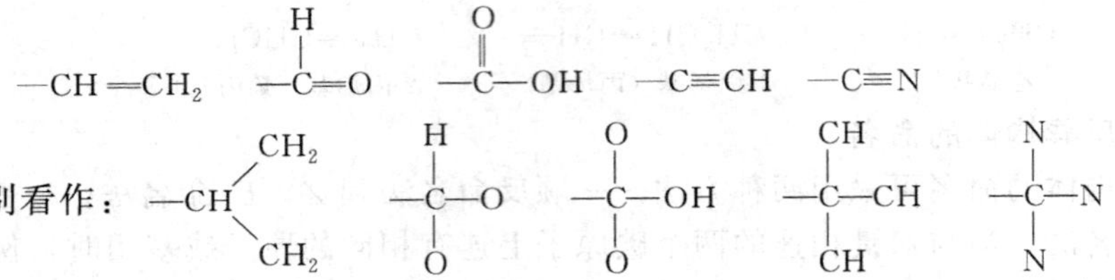

例如：（E）-3-乙基-1,3-戊二烯 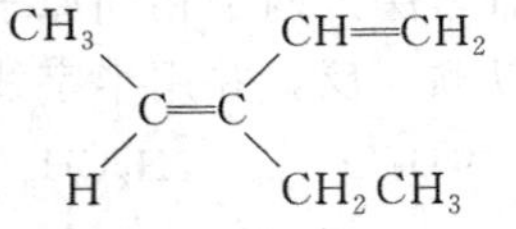　（Z）-3-乙基-1,3-戊二烯

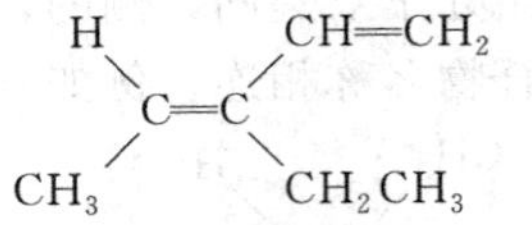

Z，E-命名法适用于所有烯烃的顺反异构体，它和顺反命名法所依据的规则不同，彼此之间没有必然的联系。顺式可以是 Z，也可以是 E，反之亦然。如：

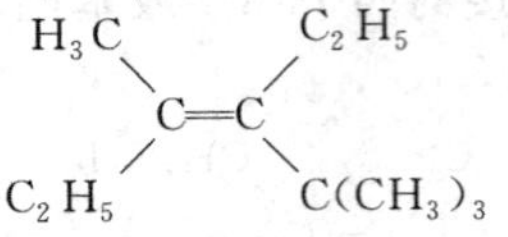

反-2，2，4-三甲基-3-乙基-3-己烯　　　　顺-3-甲基-2-溴-2-戊烯
（Z）-2，2，4-三甲基-3-乙基-3-己烯　　　（Z）-3-甲基-2-溴-2-戊烯

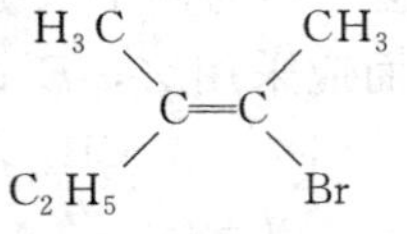

四、单烯烃的物理性质

烯烃和烷烃具有基本相似的物理性质，它们一般是无色，其沸点和相对密度等也随着相对分子质量的增加而递升，含相同碳原子数目的直链烯烃的沸点比支链的高。顺式异构体的沸点比反式的高，熔点比反式的低。在常温下，含 $C_2 \sim C_4$ 的烯烃为气体，$C_5 \sim C_{18}$ 的烯烃为液体，C_{19} 以上的烯烃为固体。烯烃的相对密度都小于 1。难溶于水，而易溶于非极性和弱极性的有机溶剂，如石油醚、乙醚、四氯化碳和苯等。一些烯烃的物理常数见表 2-1。

表 2-1 一些烯烃的物理常数

名称	熔点/℃	沸点/℃	相对密度 d_4^{20}
乙烯	−169.5	−103.7	0.3840
丙烯	−185.2	−47.4	0.5193
1-丁烯	−185.4	−6.3	0.5951
顺-2-丁烯	−138.9	3.7	0.6213
反-2-丁烯	−105.6	0.88	0.6042
异丁烯	−140.4	−6.9	0.5902
1-戊烯	−165.2	30.0	0.6405
1-己烯	−139.8	63.4	0.6731
1-庚烯	−119.0	93.6	0.6970

五、单烯烃的化学性质

单烯烃的化学性质与烷烃不同，它很活泼，主要体现在碳碳双键上。其原因是因为双键中的 π 键是由碳原子的 p 轨道"肩并肩"重叠而成的，一方面原子轨道的重叠程度较小，π 键的强度比 σ 键低得多；另一方面是所形成的 π 电子云分布在成键原子的上方和下方，原子核对 π 电子的束缚较弱，易受外界影响发生极化，容易断裂发生加成、氧化、聚合等反应。因此双键是烯烃化学反应的中心。受碳碳双键的影响，与双键碳相邻的碳原子上的氢（称为 α-氢原子）亦表现出一定的活泼性。

1. 加成反应

加成反应是烯烃的典型反应。在反应中 π 键断开，双键上的两个碳原子和其他原子或基团结合，形成两个较强的 σ 键，这类反应称为加成反应。

$$\mathrm{\underset{}{\overset{}{C}}{=}\underset{}{\overset{}{C}} + X{-}Y \longrightarrow \underset{X}{\overset{}{C}}{-}\underset{Y}{\overset{}{C}}}$$

（1）催化加氢　常温常压下，烯烃很难同氢气发生反应，但是在催化剂（如铂、钯、镍等）存在下，烯烃与氢气发生加成反应，生成相应的烷烃。这是因为催化剂可以降低加氢反应的活化能，使反应容易进行（图 2-2）。

$$R{-}CH{=}CH_2 + H_2 \xrightarrow{\text{催化剂}} R{-}CH_2CH_3$$

氢化反应是放热反应，这是因为形成两个 C—H σ 键所放出的能量比断裂一个 H—H σ 键和一个 —C=C— 键所吸收的能量大，可见烷烃比它相应的烯烃稳定。1mol 不饱和化合物氢化时放出的热量称为氢化热。例如，顺-2-丁烯和反-2-丁烯氢化的产物都是丁烷，反式比顺式少放出 $4.2\mathrm{kJ\cdot mol^{-1}}$ 的热量，意味着反式的内能比顺式少 $4.2\mathrm{kJ\cdot mol^{-1}}$，所以反-2-丁烯更稳定。通过测定不同烯烃的氢化热，可以比较烯烃的相对稳定性。氢化热越小的烯烃越稳定。

烯烃的催化加氢在工业上和科学研究中都具有重要意义，如油脂氢化制硬化油、人造奶油等；为除去粗汽油中的少量烯烃杂质，可进行催

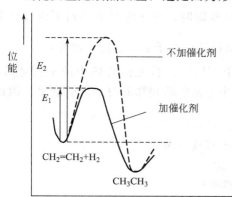

图 2-2　催化剂对烯烃氢化中活化能的影响

化氢化反应，将少量烯烃还原为烷烃，从而提高油品的质量。

（2）亲电加成反应　由于π键较弱，π电子受核束缚较小，结合较松散，可作为电子源因而易受到正电荷或部分带正电荷的缺电子试剂（称为亲电试剂）的进攻而发生反应。这种由亲电试剂的进攻而引起的加成反应称为亲电加成反应。与单烯烃发生亲电加成的试剂主要有：卤素单质（Cl_2、Br_2）、卤化氢、硫酸及水等。

① 与卤素加成　烯烃与卤素发生加成生成邻二卤代物，反应在常温下就可以迅速、定量进行，这是制备邻二卤代物的最好方法。例如，将烯烃气体通入溴的四氯化碳溶液后，溴的红棕色马上消失，表明发生了加成反应。在实验室中，常利用这个反应来检验烯烃的存在。

$$H_2C = CH_2 \xrightarrow[CCl_4]{Br_2} H_2C-CH_2 \atop \ |\ |\ \atop Br\ Br$$

相同的烯烃和不同的卤素进行加成时，卤素的活性顺序为：氟＞氯＞溴＞碘。氟与烯烃的反应太剧烈，得到的大部分是分解物；碘与烯烃难以发生加成反应，所以一般所谓烯烃与卤素的加成，实际上是指加溴或加氯。

卤素与烯烃加成，形成二卤代物，这两个卤原子是同时加上去的还是分两步加上去的呢？下面以乙烯和溴的加成反应为例，来说明烯烃和卤素加成的反应历程。

将乙烯通入含有氯化钠的溴水溶液中，所得的产物除了预期生成的1,2-二溴乙烷外，还生成1-氯-2-溴乙烷和2-溴乙醇。

$$CH_2 = CH_2 + Br_2 \xrightarrow{NaCl, H_2O} BrCH_2CH_2Br + BrCH_2CH_2Cl + BrCH_2CH_2OH$$

如果加成是一步进行的，即生成物只有1,2-二溴乙烷，现产物中还有1-氯-2-溴乙烷和2-溴乙醇，说明反应是分步进行的。既然反应是分布进行的，那么首先加上去的是正离子还是负离子呢？这与烯烃的π键性质有关。烯烃中的π电子是一个电子源，它作为一个碱，首先应与卤素正离子反应，而且从三种产物中都含有溴原子，可以预测Cl^-和OH^-不可能参加第一步反应，因此推断Cl^-和OH^-是在反应的第二步才加上去的，但是难以理解的是卤素是一个非极性化合物，怎么能解离出正离子呢（X^+）？

实验证明，当把干燥的乙烯通入溴的无水四氯化碳溶液中（置于玻璃容器中）时，不易发生反应，若置于涂有石蜡的玻璃容器中时，则更难反应。但当加入一点水时，就容易发生反应，溴水的颜色褪去。这说明溴与乙烯的加成反应是受极性物质如水、玻璃（弱碱性）的影响的。其原因是在极性的环境中，烯烃中π电子云容易发生极化，极化后双键的一个碳原子带微量正电荷（δ^+，$H_2\overset{\delta^+}{C}=\overset{\delta^-}{CH_2}$），当$Br_2$在接近双键时，在π电子的影响下也发会生极化（$\overset{\delta^+}{Br}-\overset{\delta^-}{Br}$），由于带微正电荷的溴原子比带微负电荷的溴原子更不稳定，因此：

第一步，被极化的溴分子中带微正电荷的溴原子（Br^{δ^+}）首先向乙烯中的π键进攻，形成环状溴鎓离子中间体，由于π键的断裂和溴分子中σ键的断裂都需要一定的能量，因此反应速率较慢，是决定加成反应速率的一步。

$$Br-Br + CH_2=CH_2 \xrightarrow{慢} \underset{\underset{Br}{|}}{CH_2-CH_2} + Br^-$$
$$\text{溴鎓离子}$$

第二步，溴负离子或氯负离子、水分子进攻溴鎓离子生成产物，这一步反应是离子之间的反应，反应速率较快。

$$\begin{CD} \text{CH}_2\text{—CH}_2 \\ \text{Br}^+ \end{CD} \xrightarrow[\text{快}]{\text{Br}^-} \begin{matrix} \text{CH}_2\text{—CH}_2 \\ | \quad\quad | \\ \text{Br} \quad \text{Br} \end{matrix}$$

$$\xrightarrow[\text{快}]{\text{Cl}^-} \begin{matrix} \text{Cl} \\ | \\ \text{CH}_2\text{—CH}_2 \\ | \\ \text{Br} \end{matrix}$$

$$\xrightarrow[\text{快}]{\text{HÖH}} \begin{matrix} ^+\text{OH}_2 \\ | \\ \text{CH}_2\text{—CH}_2 \\ | \\ \text{Br} \end{matrix} \xrightarrow{-\text{H}^+} \begin{matrix} \text{OH} \\ | \\ \text{CH}_2\text{—CH}_2 \\ | \\ \text{Br} \end{matrix}$$

上面的加成反应实质上是亲电试剂 Br^+ 对 π 键的进攻引起的，所以叫做亲电加成反应。由于加成是由溴分子发生异裂后生成的离子进行的，故这类加成又称为离子型亲电加成反应。

② 与卤化氢加成　烯烃与卤化氢加成，得到一卤代物。

$$\text{CH}_2\text{=CH}_2 + \text{HX} \longrightarrow \text{CH}_3\text{CH}_2\text{X}$$

不同卤化氢与相同的烯烃进行加成时，反应活性顺序为：$\text{HI} > \text{HBr} > \text{HCl}$，氟化氢一般不与烯烃加成。

烯烃与卤化氢的加成反应历程和烯烃与卤素的加成相似，也是分两步进行亲电加成反应。不同的是第一步由亲电试剂 H^+ 进攻 π 键，且不生成卤鎓离子，而是生成碳正离子中间体，然后 X^- 进攻碳正离子生成产物。

$$\diagdown\text{C}=\text{C}\diagup + \text{H—X} \xrightarrow{\text{慢}} -\overset{|}{\underset{\text{H}}{\text{C}}}-\overset{|}{\underset{+}{\text{C}}}- + \text{X}^-$$

$$-\overset{|}{\underset{\text{H}}{\text{C}}}-\overset{|}{\underset{+}{\text{C}}}- + \text{X}^- \xrightarrow{\text{快}} -\overset{|}{\underset{\text{H}}{\text{C}}}-\overset{|}{\underset{\text{X}}{\text{C}}}-$$

乙烯是对称分子，不论氢离子或卤离子加到哪一个碳原子上，得到的产物都是一样的。但是丙烯等不对称的烯烃与卤化氢加成时，可能得到两种不同的产物。

$$\text{CH}_3\text{—CH}=\text{CH}_2 + \text{HX} \longrightarrow \begin{cases} \text{CH}_3\text{—CH—CH}_3 \quad \text{2-卤代丙烷} \\ \quad\quad\quad\quad | \\ \quad\quad\quad\quad \text{X} \\ \text{CH}_3\text{—CH}_2\text{—CH}_2 \quad \text{1-卤代丙烷} \\ \quad\quad\quad\quad\quad\quad | \\ \quad\quad\quad\quad\quad\quad \text{X} \end{cases}$$

实验证明，丙烯与卤化氢加成的主要产物是 2-卤代丙烷。1868 年俄国化学家马尔科夫尼科夫（Markovnikov）在总结了大量实验事实的基础上，提出了一条重要的经验规则：不对称烯烃与不对称试剂发生加成反应时，氢原子总是加到含氢较多的双键碳原子上。通常称这个取向规则为马尔科夫尼科夫规则，简称马氏规则。应用马氏规则可以预测不对称烯烃与不对称试剂加成时的主要产物。例如：

加成反应的取向，实质上是个反应速率的问题。在加成反应的两步中，第一步即生成碳

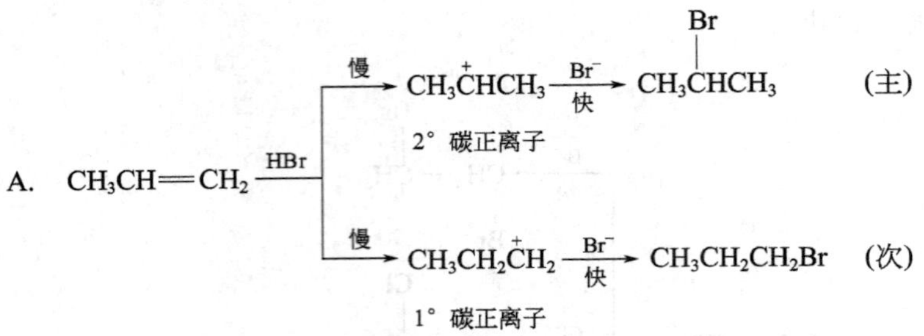

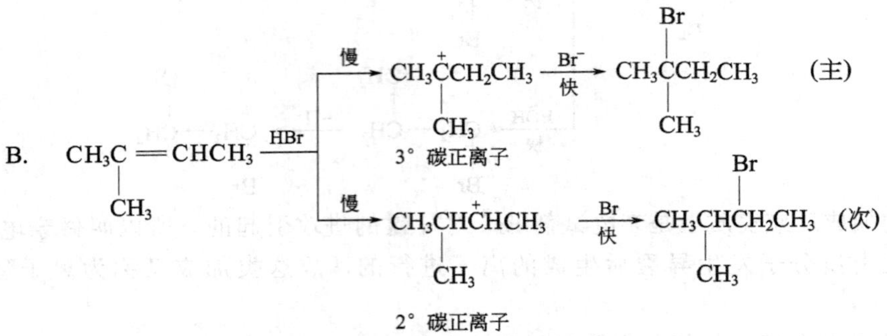

A. $CH_3CH=CH_2$ $\xrightarrow{HBr}$
- 慢 → $CH_3\overset{+}{C}HCH_3$ $\xrightarrow[快]{Br^-}$ $CH_3\underset{Br}{C}HCH_3$ （主）
  2° 碳正离子
- 慢 → $CH_3CH_2\overset{+}{C}H_2$ $\xrightarrow[快]{Br^-}$ $CH_3CH_2CH_2Br$ （次）
  1° 碳正离子

B. $CH_3\underset{CH_3}{C}=CHCH_3$ $\xrightarrow{HBr}$
- 慢 → $CH_3\underset{CH_3}{\overset{+}{C}}CH_2CH_3$ $\xrightarrow[快]{Br^-}$ $CH_3\underset{CH_3}{\overset{Br}{C}}CH_2CH_3$ （主）
  3° 碳正离子
- 慢 → $CH_3\underset{CH_3}{CH}\overset{+}{C}HCH_3$ $\xrightarrow[快]{Br^-}$ $CH_3\underset{CH_3}{CH}CH_2CH_3$ 带Br （次）
  2° 碳正离子

正离子的一步是决定速率的步骤，它的快慢决定了加成的取向，如丙烯与溴化氢加成（反应A），产物主要是 2-溴丙烷，说明氢离子加在 C1 上形成 2°碳正离子的速率比氢离子加在 C2 上形成 1°碳正离子的速率快。同理从反应 B 可知，形成 3°碳正离子的速率比形成 2°碳正离子的速率快，总的来说，碳正离子的生成速率顺序是 3°>2°>1°。

为什么会有这样的顺序呢？为什么不对称烯烃与卤化氢加成总是加在含氢较多的双键碳上呢？我们可以从诱导效应和碳正离子的结构与稳定性来解释。

在多原子分子中，当两个直接相连的原子的电负性不同时，由于电负性较大的原子吸引电子的能力较强，两个原子间的共用电子对偏向于电负性较大的原子，使之带有部分负电荷（用 δ^- 表示），另一原子则带有部分正电荷（用 δ^+ 表示）。在静电引力作用下，这种影响能沿着分子链诱导传递，使分子中成键电子云向某一方向偏移。例如，在 1-氯丙烷分子中：

$$\overset{\delta\delta\delta^+}{\underset{3}{CH_3}} \rightarrow \overset{\delta\delta^+}{\underset{2}{CH_2}} \rightarrow \overset{\delta^+}{\underset{1}{CH_2}} \rightarrow \overset{\delta^-}{Cl}$$

由于氯的电负性比碳大，因此 C—Cl 键的共用电子对向氯原子偏移，使氯原子带部分负电荷（δ^-），碳原子 C1 带部分正电荷（δ^+）。在静电引力作用下，相邻 C1—C2 键本来对称共用的电子对也向氯原子方向偏移，使得 C2 上也带有很少的正电荷，同样依次影响的结果，C3 上也多少带有部分正电荷。图中箭头所指的方向是电子偏移的方向。

像 1-氯丙烷这样，当不同原子间形成共价键时，由于成键原子的电负性不同，共用电子对会偏向于电负性大的原子使共价键产生极性，而且这个键的极性可以通过静电作用力沿着碳链在分子内传递，使分子中成键电子云向某一方向发生偏移，这种效应称为诱导效应，用符号 I 表示。

诱导效应是一种静电诱导作用，其影响随距离的增加而迅速减弱或消失，诱导效应在一个 σ 体系传递时，一般认为每经过一个原子，即降低为原来的 1/3，经过三个原子以后，影响就极弱了，超过五个原子后便可忽略不计了。诱导效应具有叠加性，当几个基团或原子同时对某一键产生诱导效应时，方向相同，效应相加；方向相反，效应相减。此外，诱导效应沿单键传递时，只涉及电子云密度分布的改变，共用电子对并不完全转移到另一原子上。

诱导效应的强度由原子或基团的电负性决定，一般以氢原子作为比较基准。比氢原子电负性大的原子或基团表现出吸电性，称为吸电子基，具有吸电诱导效应，一般用 $-I$ 表示；比氢原子电负性小的原子或基团表现出供电性，称为供电子基，具有供电诱导效应，一般用 $+I$ 表示。常见原子或基团的诱导效应强弱次序为：

吸电诱导效应（$-I$）：$-NO_2>-COOH>-F>-Cl>-Br>-I>-OH>RC{\equiv}C->C_6H_5->R'CH{=}CR-$。

供电诱导效应（$+I$）：$(CH_3)_3C->(CH_3)_2CH->CH_3CH_2->CH_3-$。

上面所讲的是在静态分子中所表现出来的诱导效应，称为静态诱导效应，它是分子在静止状态的固有性质，没有外界电场影响时也存在。

在化学反应中，分子受外电场的影响或在反应时受极性试剂进攻的影响而引起的电子云分布的改变，称为动态诱导效应。

根据诱导效应就不难理解马氏规则，例如当丙烯与 HCl 加成时，丙烯分子中的甲基是一个供电子基，甲基表现出向双键供电子，结果使双键上的 π 电子云发生极化，π 电子云发生极化的方向与甲基供电子方向一致，这样，含氢原子较少的双键碳原子带部分正电荷（δ^+），含氢原子较多的双键碳原子则带部分负电荷（δ^-）。加成时，进攻试剂 HBr 分子中带正电荷的 H^+ 首先加到带负电荷的（即含氢较多的）双键碳原子上，然后，Br^- 才加到另一个双键碳上，产物符合马氏规则。

$$CH_3 \rightarrow \overset{\delta^+}{CH} = \overset{\delta^-}{CH_2} + \overset{\delta^+}{H} - \overset{\delta^-}{Br} \longrightarrow [CH_3 - \overset{+}{CH} - CH_3] \overset{Br^-}{\longrightarrow} CH_3\underset{\underset{Br}{|}}{CH}CH_3$$

马氏规则也可以由反应过程中生成的活性中间体碳正离子的稳定性来解释。例如，丙烯和 HBr 加成，第一步反应生成的碳正离子中间体有两种可能：

$$CH_3-CH{=}CH_2 + HBr \xrightarrow{-Br^-} \begin{array}{l} [CH_3-\overset{+}{CH}-CH_3] \quad I \\ [CH_3-CH_2-CH_2^+] \quad II \end{array}$$

究竟生成哪一种碳正离子，这取决于碳正离子的相对稳定性。根据物理学上的规律，一个带电体系的稳定性取决于所带电荷的分散程度，电荷越分散，体系越稳定。丙烯分子中的甲基是一个供电子基，表现出供电诱导效应，甲基的成键电子云向缺电子的碳正离子方向移动，使碳正离子的正电荷减少一部分，因而使其正电荷得到分散，体系趋于稳定。因此，带正电荷的碳上连接的烷基越多，供电诱导效应越大，碳正离子的稳定性越高。

一般烷基碳正离子的稳定性次序为：叔>仲>伯>甲基正离子，即 $3°>2°>1°>CH_3^+$。例如：

$$(CH_3)_3C^+ > (CH_3)_2CH^+ > CH_3CH_2^+ > CH_3^+$$

因此，在上述丙烯和 HBr 加成过程中，根据碳正离子的稳定性次序，由于 $2°$ 碳正离子（Ⅰ）比 $1°$ 碳正离子（Ⅱ）稳定，所以 $2°$ 碳正离子更容易生成为该加成反应的主要中间体。$2°$ 碳正离子一旦生成，很快与 Br^- 结合，生成 2-溴丙烷，符合马氏规则。

但在过氧化物存在下，溴化氢与不对称烯烃的加成是反马氏规则的。例如，在过氧化物存在下丙烯与溴化氢的加成，生成的主要产物是 1-溴丙烷，而不是 2-溴丙烷。

$$CH_3-CH{=}CH_2 + HBr \xrightarrow{\text{过氧化物}} CH_3CH_2CH_2Br$$

第二章 不饱和烃

这种由于过氧化物的存在而引起烯烃加成取向的改变，称为过氧化物效应。该反应是自由基加成反应，不是亲电加成反应。过氧化物容易解离，产生烷氧基自由基，这是链的引发阶段；烷氧基自由基和 HBr 反应，生成溴自由基，继而与烯烃作用，使其 π 键均裂产生烷基自由基，最后与氢自由基结合得到产物并产生新的溴自由基，反应周而复始，这是链的增长阶段；自由基相互结合，链反应终止。具体反应历程如下：

$$R-O:O-R \longrightarrow 2R-O\cdot$$

$$R-O\cdot + H-Br \longrightarrow R-OH + Br\cdot$$

$$CH_2=CH-CH_3 + Br\cdot \longrightarrow \begin{cases} \overset{H}{\underset{H}{C}}-CH_2CH_3 \xrightarrow{HBr} CH_3CH_2CH_2Br + Br\cdot \\ \text{1°碳自由基(不稳定)} \quad\quad \text{次要产物} \\[6pt] \overset{H_3C}{\underset{H}{C}}-CH_3 \xrightarrow{HBr} H_3C-\underset{Br}{CH}-CH_3 + Br\cdot \\ \text{2°碳自由基(较稳定)} \quad\quad \text{主要产物} \end{cases}$$

应该指出的是，过氧化物效应仅限于 HBr 与不对称烯烃的加成，HCl 和 HI 与不对称烯烃的加成反应没有过氧化物效应。这是因为 H—Cl 键的键能较高，较难解离，不易形成氯自由基；H—I 键虽容易解离，但形成的碘自由基比较稳定，不与烯烃发生加成反应。

③ 与硫酸加成　烯烃与冷的浓硫酸混合，反应生成硫酸氢酯，硫酸氢酯水解生成相应的醇。例如：

$$CH_2=CH_2 + HOSO_3H \longrightarrow CH_3CH_2OSO_3H \xrightarrow[\triangle]{H_2O} CH_3CH_2OH + H_2SO_4$$
$$\text{硫酸氢乙酯}$$

不对称烯烃与硫酸的加成反应，遵守马氏规则。

$$CH_3-CH=CH_2 + HOSO_3H \longrightarrow CH_3\underset{OSO_3H}{CHCH_3} \xrightarrow[\triangle]{H_2O} CH_3\underset{OH}{CHCH_3} + H_2SO_4$$
$$\text{硫酸氢异丙酯} \quad\quad \text{异丙醇}$$

这是工业上制备醇的方法之一，其优点是对烯烃的原料纯度要求不高，技术成熟，转化率高，但由于反应需使用大量的酸，易腐蚀设备，且后处理困难。由于硫酸氢酯能溶于浓硫酸，因此可用来提纯某些化合物。例如，烷烃一般不与浓硫酸反应，也不溶于硫酸，用冷的浓硫酸洗涤烷烃和烯烃的混合物，可以除去烷烃中的烯烃。

④ 与水加成　在酸（常用硫酸或磷酸）催化下，烯烃与水直接加成生成醇。不对称烯烃与水的加成反应也遵从马氏规则。例如：

$$CH_2=CH_2 + HOH \xrightarrow[300℃,7MPa]{H_3PO_4/硅藻土} CH_3CH_2OH$$

$$CH_3-CH=CH_2 + HOH \xrightarrow[200℃,2MPa]{H_3PO_4/硅藻土} CH_3\underset{OH}{CHCH_3}$$
$$\text{异丙醇}$$

上述反应也是醇的工业制法之一，称为烯烃的水合反应（直接水合法）。此法简单、价格低廉，但对设备要求较高，尤其是需要选择合适的催化剂。

2. 聚合反应

聚合是烯烃的重要化学反应，这种反应是在催化剂或引发剂的作用下，使烯烃双键打开，并按一定方式把相当数量的烯烃分子连接成长链大分子，生成的产物称为聚合物，亦称为高分子化合物，反应中的烯烃分子称为单体。现代有机合成工业中，常用的重要烯烃单体有乙烯、丙烯、异丁烯、氯乙烯、苯乙烯等。例如，在齐格勒-纳塔（Ziegler-Natta）催化剂 [$TiCl_4$-$Al(C_2H_5)_3$] 等的作用下，乙烯、丙烯可以聚合为聚乙烯、聚丙烯。

$$n CH_2=CH_2 \xrightarrow{TiCl_4\text{-}Al(C_2H_5)_3} +CH_2-CH_2+_n$$
聚乙烯

$$n CH_3-CH=CH_2 \xrightarrow{TiCl_4\text{-}Al(C_2H_5)_3} +\underset{\underset{CH_3}{|}}{CH}-CH_2+_n$$
聚丙烯

很多高分子聚合物均有广泛的用途，如聚乙烯是一种电绝缘性能好、用途广泛的塑料；聚氯乙烯用作管材、板材等；聚1-丁烯用作工程塑料；聚四氟乙烯称为塑料王，广泛用于电绝缘材料、耐腐蚀材料和耐高温材料等。

3. 氧化反应

烯烃可看作一个电子源，它容易给出电子，自身被氧化，氧化产物与烯烃结构、氧化剂和氧化条件有关。

（1）**高锰酸钾氧化** 用稀的碱性或中性高锰酸钾溶液，在较低温度下氧化烯烃时，在双键处引入两个羟基，生成邻二醇。反应过程中，高锰酸钾溶液的紫色褪去，并且生成棕褐色的二氧化锰沉淀，所以这个反应可以用来鉴定烯烃。

$$R-CH=CH_2 + KMnO_4 + H_2O \xrightarrow[\text{或中性}]{\text{稀 }OH^-} R-\underset{\underset{OH}{|}}{CH}-\underset{\underset{OH}{|}}{CH_2} + MnO_2\downarrow + KOH$$

若用酸性高锰酸钾溶液氧化烯烃，不仅碳碳双键完全断裂，同时双键上的氢原子也被氧化成羟基，生成含氧化合物。

$$R-CH=CH_2 \xrightarrow[H_2SO_4]{KMnO_4} R-\underset{\underset{O}{\|}}{C}-OH + O=\underset{\underset{OH}{|}}{C}-OH \longrightarrow CO_2\uparrow + H_2O$$
羧酸

$$\underset{R'}{\overset{R}{}}C=CHR'' \xrightarrow{KMnO_4}{H^+} \underset{R'}{\overset{R}{}}C=O + R''COOH$$
酮　　羧酸

由于不同结构的烯烃，氧化产物不同，因此通过分析氧化得到的产物，可以推测原来烯烃的结构。

（2）**臭氧氧化** 将含有6%～8%臭氧的氧气在低温下（-86℃）通入烯烃的非水溶液中，臭氧能迅速定量地氧化烯烃，迅速生成糊状臭氧化物，这个反应称为臭氧化反应。由于臭氧化合物不稳定易爆炸，因此反应过程中不把它从溶液中分离出来，可以直接在溶液中水解生成醛、酮和过氧化氢。为防止产物醛被过氧化氢氧化，水解时通常加入还原剂（如 H_2/Pt，或锌粉）。

$$\underset{R'}{\overset{R}{>}}C=CH-R'' \xrightarrow{O_3} \underset{R'}{\overset{R}{>}}C\underset{O-O}{\overset{O}{<}}\overset{R''}{\underset{H}{>}}C \xrightarrow{Zn/H_2O} \underset{R'}{\overset{R}{>}}C=O + O=\underset{R''}{\overset{H}{>}}C-R''$$

臭氧化物　　　　　　酮　　　　醛

$$\underset{CH_3}{\overset{CH_3C=CHCH_3}{|}} \xrightarrow[(2) Zn/H_2O]{(1) O_3} \underset{CH_3}{\overset{CH_3C=O}{|}} + CH_3CHO$$

根据烯烃臭氧化所得到的产物，也可以推测原来烯烃的结构。

例如一未知烯烃臭氧化后还原水解，得到等物质的量的丁醛和甲醛，说明双键在链端为 1-戊烯。

$$CH_3CH_2CH_2CHO + HCHO \xleftarrow[(2) Zn/H_2O]{(1) O_3} CH_2=CHCH_2CH_2CH_3$$

又如氧化产物中含两个羰基，说明原料为一环烯。

$$\text{环己烷-1,2-二甲醛} \xleftarrow[(2) Zn/H_2O]{(1) O_3} \text{环己烯}$$

（3）催化氧化　将乙烯与空气或氧气混合，在银催化下，乙烯被氧化生成环氧乙烷，这是工业上生产环氧乙烷的主要方法。

$$CH_2=CH_2 + O_2 \xrightarrow[250℃]{Ag} CH_2-CH_2 \atop \underset{O}{\diagdown \diagup}$$

环氧乙烷是重要的有机合成中间体，用它可以制造乙二醇、合成洗涤剂、乳化剂、抗冻剂、塑料等。

4. α-氢原子的卤代反应

烯烃的性质集中表现在双键的加成上。烯烃上的烷基也具有烷的性质，在烷基上的反应主要是 α-氢原子的卤代。烯烃与卤素在室温下可发生双键的亲电加成反应，但在高温（500～600℃）时，则主要发生 α-氢原子被卤原子取代的反应。例如，丙烯与氯气在约 500℃ 主要发生取代反应，生成 3-氯-1-丙烯。

$$CH_3CH=CH_2 \xrightarrow{Br_2} \begin{cases} \xrightarrow[\text{低温}]{CCl_4\text{溶液}} CH_3\overset{Br}{\underset{|}{C}}H\overset{Br}{\underset{|}{C}}H_2 & \text{（离子型加成反应）} \\ \xrightarrow[500\sim600℃]{\text{气相}} BrH_2CHC=CH_2 & \text{（自由基取代反应）} \end{cases}$$

这是工业上生产 3-氯-1-丙烯的方法。它主要用于制备甘油、环氧氯丙烷和树脂等。

与烷烃的卤代反应相似，烯烃的 α-氢原子的卤代反应也是受光、高温、过氧化物（如过氧化苯甲酸）引发，进行自由基型取代反应。如果用 N-溴代丁二酰亚胺（N-bromo succinimide，NBS）为溴化剂，在光或过氧化物作用下，则 α-溴代可以在较低温度下进行。

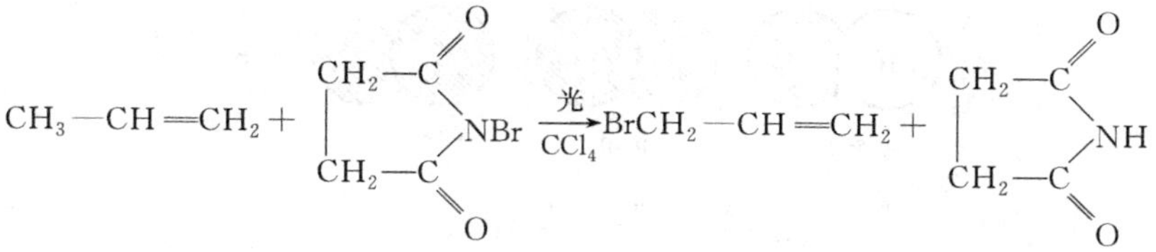

$$CH_3-CH=CH_2 + \begin{matrix} CH_2-C \\ | \quad\quad \\ CH_2-C \end{matrix}\begin{matrix} O \\ \| \\ \\ \| \\ O \end{matrix}NBr \xrightarrow[CCl_4]{光} BrCH_2-CH=CH_2 + \begin{matrix} CH_2-C \\ | \quad\quad \\ CH_2-C \end{matrix}\begin{matrix} O \\ \| \\ \\ \| \\ O \end{matrix}NH$$

六、重要的烯烃

1. 乙烯

乙烯是一种稍带甜味的无色气体，沸点−103.7℃，微溶于水，与空气能形成爆炸性混合物，其爆炸极限是2%～29%。

乙烯是重要的有机合成原料，可以用来大规模生产许多化工产品和中间体，例如塑料、橡胶、树脂、涂料、溶剂等，所以乙烯的产量被认为是衡量一个国家石油化学工业发展水平的标志。

乙烯是植物的内源激素之一，许多植物器官中都含有微量的乙烯，它能抑制细胞的生长，促进果实成熟和促进叶片、花瓣、果实等器官脱落，所以乙烯可用作水果的催熟剂，当需要的时候，可以用乙烯人工加速果实成熟。另一方面，在运输和储存期间，则希望果实减缓成熟，可以使用一些能够吸收或氧化乙烯的药剂来控制乙烯的含量以延长储存期，保持果实的鲜度。

2. 丙烯

常温下，丙烯是一种无色、无臭、稍带有甜味的气体。相对分子质量42.08，相对密度0.5139（20/4℃），冰点−185.3℃，沸点−47.4℃。易燃，爆炸极限为2%～11%。不溶于水，溶于有机溶剂，是一种低毒类物质。

丙烯是三大合成材料的基本原料，主要用于生产丙烯腈、异丙烯、丙酮和环氧丙烷等。丙烯在特定的催化剂作用下可以聚合。聚丙烯是一种新型塑料，为白色无臭无毒的固体，其透明度比聚乙烯好，具有良好的力学性能、耐热性和耐化学腐蚀性等优点，广泛用于国防、工业、农业和日常生活用品中。丙烯在氨存在下氧化得到丙烯腈，丙烯腈是制造腈纶（人造羊毛）的单体。聚丙烯腈纤维（人造羊毛）的商品名为腈纶，外国商品名为奥纶（Orlon）。人造羊毛的问世及其产品的工业化，不仅基本解决了有史以来人类为穿衣发愁的困扰，而且节约了大量的耕地去用于粮食生产，从而间接地缓解了粮食的供求矛盾。

第二节　炔　烃

分子中含有碳碳三键的烃称炔烃，通式为C_nH_{2n-2}。根据三键在分子中所处位置的不同，炔烃可分为以下三种：三键在分子链的端位，称为端炔烃；在碳链中间，称为内炔烃；与双键共存时，称为烯炔。此外，只有大环分子（一般指8个碳原子以上）才有环炔烃。

一、炔烃的结构和命名

炔烃中最简单的成员是乙炔，分子式为C_2H_2，构造式为HC≡CH。乙炔分子中，每个碳原子都是以 sp 杂化方式参与成键，2个碳原子各以1个 sp 杂化轨道互相重叠，形成碳碳 σ 键，每个碳原子又各用其余的1个 sp 轨道分别与1个氢原子的1s 轨道重叠，形成碳氢 σ 键。所有 σ 键都在同一条线上，键角为180°，如图2-3所示。

此外，2个碳原子还各有2个相互垂直的未杂化的2p 轨道，其对称轴彼此平行，相互"肩并肩"重叠形成两个相互垂直的 π 键，从而构成了碳碳三键（图2-4）。两个 π 键电子云

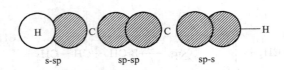

$$H \overset{\sigma}{-} C \overset{\sigma}{-} C \overset{\sigma}{-} H$$

图 2-3 乙炔分子中的 σ 键

对称地分布在碳碳 σ 键周围，呈圆筒形（图 2-5）。其他炔烃中的三键，也都是由 1 个 σ 键和 2 个 π 键组成的。

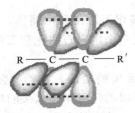

图 2-4 乙炔分子中 π 键的形成及电子云分布

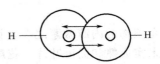

图 2-5 乙炔的分子模型

现代物理方法证明，乙炔分子中所有原子都在一条直线上，碳碳三键的键长为 0.121nm，比碳碳双键的键长短，这是由于两个碳原子之间的电子云密度较大，使 2 个碳原子较之乙烯更为靠近。但三键的键能只有 836.8kJ·mol^{-1}，比 3 个 σ 键的键能和（345.6kJ·mol^{-1}×3）要小，这主要是因为 p 轨道是侧面重叠，重叠程度较小所致。

由于三键的几何形状为直线型，三键碳上只可能连有一个取代基，因此炔烃不存在顺反异构现象，炔烃异构体的数目比含相同碳原子数目的烯烃少。

炔烃的命名法有两种。一种是把乙炔作为母体，其同系物的炔烃作为乙炔的衍生物来命名，如：

$$C_2H_5C{\equiv}CC_2H_5 \qquad\qquad CH_2{=}CH{-}C{\equiv}CH$$
　　二乙基乙炔　　　　　　　　　乙烯基乙炔

较复杂的炔烃采用系统命名法，规则与烯烃相似，也是取含三键最长的碳链为主链，编号由距三键最近的一端开始，结尾用"炔"字代替"烯"字。例如：

$$CH_3CH_2C{\equiv}CH \qquad (CH_3)_2CHC{\equiv}CCH_3 \qquad (CH_3)_2CHC{\equiv}CH$$
　　1-丁炔　　　　　　4-甲基-2-戊炔　　　　　　3-甲基-1-丁炔

分子中同时含有双键和三键的化合物称为烯炔。命名时，选择包括双键和三键均在内的碳链为主链，编号时从靠近不饱和键（双键或三键）的一端开始，使不饱和键的编号尽可能小，书写时先烯后炔。

$$CH_3{-}CH{=}CH{-}C{\equiv}CH \qquad CH_3{-}C{\equiv}C{-}CH{=}CH_2$$
　　3-戊烯-1-炔　　　　　　　　　1-戊烯-3-炔

双键和三键处在相同的位次时，应使双键的编号最小。

$$CH_2{=}CH{-}CH_2{-}C{\equiv}CH$$
1-戊烯-4-炔（不叫 4-戊烯-1-炔）

二、炔烃的物理性质

炔烃是低极性的化合物，它的物理性质与烷、烯烃相似，即沸点随着相对分子质量的增大而有规律的变化。简单炔烃的沸点、熔点以及相对密度，一般比碳原子数相同的烷烃和烯烃高一些。这是由于炔烃分子较短小、细长，在液态和固态中，分子可以彼此靠得很近，分子间的范德华作用力很强。炔烃在水中的溶解度很小，但易溶于石油醚、乙醚、苯和四氯化碳等有机溶剂中。见表 2-2。

表 2-2 一些炔烃的物理常数

名称	熔点/℃	沸点/℃	相对密度 d_4^{20}
乙炔	−80.8	−84.0	0.6208
丙炔	−101.5	−23.2	0.7062
1-丁炔	−125.7	8.1	0.6784
2-丁炔	−32.3	27.0	0.6910
1-戊炔	−90.0	40.2	0.6901
2-戊炔	−101	56.1	0.7107
3-甲基-1-丁炔	−89.7	29.4	0.6660
1-己炔	−131.9	71.3	0.7155
1-庚炔	−81.0	99.7	0.7328

三、炔烃的化学性质

炔烃具有不饱和的三键，化学性质和烯烃相似，也有加成、氧化和聚合等反应，所以三键是炔烃的官能团。但由于炔烃中的 π 键和烯烃中的 π 键在强度上有差异，造成两者在化学性质上有差别，即炔烃的亲电加成反应活泼性不如烯烃，且炔烃三键碳上的氢显示一定的酸性。炔烃的主要化学反应如下：

$$R-C\equiv C-H \quad \begin{array}{l}\leftarrow 炔氢的弱酸性\\ \leftarrow 炔烃的加成反应\\ \leftarrow 炔烃的氧化反应\end{array}$$

1. 加成反应

（1）加氢与还原　在常用的催化剂如铂、钯的催化下，炔烃和足够量的氢气反应生成烷烃，反应难以停止在烯烃阶段。

$$R-C\equiv C-R' \xrightarrow[Pd]{H_2} R-CH=CH-R' \xrightarrow[Pd]{H_2} R-CH_2CH_2-R'$$

如果只希望得到烯烃，可使用活性较低的催化剂。常见的有林德拉（Lindlar）催化剂。林德拉催化剂是把钯沉积于碳酸钙上，加少量乙酸铅和喹啉使之部分毒化，从而降低催化剂的活性。值得一提的是，林德拉催化剂不仅可以使炔烃的还原停留在烯烃阶段，更重要的是由此可以得到顺式构型的烯烃，若要生成反式烯烃，需用金属钠/液氨还原等方法。

$$C_2H_5C\equiv CC_2H_5 + H_2 \xrightarrow[\text{喹啉}]{Pd/CaCO_3} \begin{array}{c}C_2H_5 \quad C_2H_5\\ \diagdown \quad \diagup \\ C=C \\ \diagup \quad \diagdown \\ H \quad H\end{array}$$

$$C_2H_5C\equiv CC_2H_5 + H_2 \xrightarrow[-33℃]{Na/NH_3} \begin{array}{c}C_2H_5 \quad H\\ \diagdown \quad \diagup \\ C=C \\ \diagup \quad \diagdown \\ H \quad C_2H_5\end{array}$$

（2）亲电加成　炔烃可以像烯烃一样发生亲电加成，如加卤素、卤化氢、水等反应。

① 加卤素　炔烃和卤素（主要是氯和溴）发生亲电加成反应，反应是分步进行的，先加一分子卤素生成二卤代烯，然后继续加成得到四卤代烷烃。

$$HC\equiv CH \xrightarrow{Br_2} \underset{\underset{Br}{|}}{HC}=\underset{\underset{Br}{|}}{CH} \xrightarrow{Br_2} \underset{\underset{Br}{|}}{HC}-\underset{\underset{Br}{|}}{\overset{\overset{Br}{|}}{CH}}$$
$$\text{1,2-二溴乙烯} \quad \text{1,1,2,2-四溴乙烷}$$

与烯烃一样，炔烃与红棕色的溴溶液反应生成无色的溴代烃，所以此反应可用于炔烃的鉴别。

反应能否停留在烯烃这一步呢？从1,2-二溴乙烯的结构可以看出，在烯烃双键的两侧各连有一个吸电子基卤素，使得双键上电子云密度降低，从而亲电加成活性降低，因此加成反应可以停留在第一步。

那么烯烃和炔烃与卤素的亲电加成反应活性哪个高呢？实验表明：烯烃可使溴的四氯化碳溶液立刻褪色，炔烃却需要几分钟才能使之褪色，乙炔甚至需在光或三氯化铁催化下才能加溴。这是因为乙炔的π键比乙烯的π键强些，不易受亲电试剂的接近而极化，所以乙炔较乙烯的亲电加成反应活性小，难发生亲电加成反应，因此当分子中同时存在双键和三键时，首先进行的是双键加成。例如在低温、缓慢加入溴的条件下，三键可以不参与反应。

$$CH_2=CH-CH_2-C\equiv CH + Br_2 \longrightarrow \underset{\underset{Br}{|}}{CH_2}-\underset{\underset{Br}{|}}{CH}-CH_2-C\equiv CH$$
$$\text{4,5-二溴-1-戊炔}$$

但是当双、三键处于共轭时，向优先生成共轭体系的方向加成。

$$H_2C=\underset{\underset{H}{|}}{C}-C\equiv CCH_3 \xrightarrow{Br_2} H_2C=\underset{\underset{H}{|}}{C}-\underset{\underset{Br}{|}}{\overset{\overset{Br}{|}}{C}}=CCH_3$$
$$\text{3,4-二溴-1,3-戊二烯}$$

② 加卤化氢　炔烃与卤化氢加成的速率比烯烃慢，反应是分两步进行的，先加一分子卤化氢，生成卤代烯烃，后者继续与卤化氢加成，生成二卤代烷烃，产物符合马氏规则。加成反应可以停留在第一步。

例如：乙炔与碘化氢反应，首先生成碘乙烯。碘乙烯不活泼，反应可以停留在第一步。在较强烈的条件下，碘乙烯进一步加成生成1,1-二碘乙烷。

$$CH\equiv CH \xrightarrow{HI} CH_2=CHI \xrightarrow{HI} CH_3-CHI_2$$
$$\qquad\qquad\quad \text{碘乙烯} \qquad \text{1,1-二碘乙烷}$$

不对称的炔烃与卤化氢加成符合马氏规则，氢加在含氢较多的三键碳上。

$$CH_3CH_2C\equiv CH \xrightarrow{HBr} CH_3CH_2\underset{\underset{Br}{|}}{C}=CH_2 \xrightarrow{HBr} CH_3CH_2\underset{\underset{Br}{|}}{\overset{\overset{Br}{|}}{C}}-CH_3$$
$$\qquad\qquad\qquad\qquad \text{2-溴-1-丁烯} \qquad\qquad \text{2,2-二溴丁烷}$$

乙炔和氯化氢的加成要在氯化汞催化下才能顺利进行。例如：

$$CH\equiv CH \xrightarrow[HgCl_2]{HCl} CH_2=CHCl \xrightarrow[HgCl_2]{HCl} CH_3-CHCl_2$$
$$\qquad\qquad\qquad \text{氯乙烯} \qquad\quad \text{1,1-二氯乙烯}$$

氯乙烯是合成聚氯乙烯塑料的单体。

③ 加水　在稀硫酸水溶液中，用汞盐作为催化剂，炔烃可以和水发生加成反应。炔烃与水的加成遵从马氏规则，生成羟基与双键碳原子直接相连的加成产物，称为烯醇。具有这种结构的化合物很不稳定，容易发生重排，形成稳定的羰基化合物。

$$RC\equiv CH + HOH \xrightarrow[H_2SO_4]{HgSO_4} \left[\begin{array}{c} RC=CH_2 \\ | \\ OH \end{array} \right] \xrightarrow{重排} R-\underset{\underset{O}{\|}}{C}-CH_3$$

例如，乙炔在10％硫酸和5％硫酸汞水溶液中发生加成反应，生成乙醛，这是工业上生产乙醛的方法之一。

$$CH\equiv CH + HOH \xrightarrow[H_2SO_4]{HgSO_4} [CH_2=CH-OH] \xrightarrow{重排} CH_3-CHO$$
乙烯醇   乙醛

除乙炔得到乙醛外，其他炔烃与水加成均得到酮。

$$\text{环己炔} \xrightarrow[H_2SO_4]{H_2O, HgSO_4} \text{环己酮}$$

$$H_2C=CH-C\equiv CH \xrightarrow[H_2SO_4]{H_2O, HgSO_4} H_2C=CH-\underset{\underset{O}{\|}}{C}-CH_3$$

2. 氧化反应

炔烃可被高锰酸钾等氧化剂氧化，生成羧酸或二氧化碳。一般"RC≡"部分氧化成羧酸；"≡CH"氧化为二氧化碳。

$$RC\equiv CH \xrightarrow[H^+]{KMnO_4} R-\underset{\underset{O}{\|}}{C}-OH + CO_2\uparrow + H_2O$$

$$RC\equiv CR' \xrightarrow[H^+]{KMnO_4} R-\underset{\underset{O}{\|}}{C}-OH + R'-\underset{\underset{O}{\|}}{C}-OH$$

反应后高锰酸钾溶液的紫色消失，因此，这个反应可用来检验分子中是否存在三键。根据所得氧化产物的结构，还可推知原炔烃的结构。

3. 金属炔化物的生成

乙炔与金属钠作用放出氢气并生成乙炔钠，反应式如下：

$$HC\equiv CH \xrightarrow[110℃]{Na} NaC\equiv CH \xrightarrow[190℃]{Na} NaC\equiv CNa$$
+H₂   +H₂
乙炔钠   乙炔二钠

反应类似于酸或水与金属钠的反应，说明乙炔具有酸性。为什么乙炔具有酸性呢？这是因为杂化碳原子的电负性随s成分的增加而增大，其次序为 $sp>sp^2>sp^3$。乙炔中的碳为sp杂化，轨道中的s成分较大，核对电子的束缚能力强，电子云靠近碳原子，使 $\overset{\delta^+}{H}-\overset{\delta^-}{C}\equiv CH$ 分子中碳氢的极性增加，氢具有酸性，可以被金属取代生成金属炔化物。例如，将乙炔通入银氨溶液或亚铜氨溶液中，则分别析出白色和红棕色的炔化物沉淀。

$$CH\equiv CH + 2Ag(NH_3)_2NO_3 \longrightarrow AgC\equiv CAg\downarrow + 2NH_4NO_3 + 2NH_3$$
乙炔银（白色）

$$CH\equiv CH + 2Cu(NH_3)_2Cl \longrightarrow CuC\equiv CCu\downarrow + 2NH_4Cl + 2NH_3$$
乙炔亚铜（红棕色）

不仅乙炔，凡是有 RC≡CH 结构的炔烃（末端炔烃）都可进行此反应，且上述反应非常灵敏，现象明显，可被用来鉴别乙炔和末端炔烃。烷烃、烯烃和 R—C≡C—R′ 类型的炔烃均无此反应。

四、重要的炔烃——乙炔

乙炔是最重要的炔烃，它不仅是重要的有机合成原料，而且又大量地用作高温氧炔焰的燃料。工业上可用煤、石油或天然气作为原料生产乙炔。

纯的乙炔是有麻醉作用、并带有乙醚气味的无色气体。与乙烯、乙烷不同，乙炔在水中具有一定的溶解度，易溶于丙酮。乙炔是一种不稳定的化合物，液化乙炔经碰撞、加热可发生剧烈爆炸，乙炔与空气混合，当它的含量达到3%～70%时，会剧烈爆炸。为避免爆炸危险，一般可用浸有丙酮的多孔物质（如石棉、活性炭）吸收乙炔后一起储存在钢瓶中，这样可便于运输和使用。乙炔和氧气混合燃烧，可产生2800℃的高温，用以焊接或切割钢铁及其他金属。

乙炔在催化剂作用下，也可以发生聚合反应。与烯烃不同，它一般不聚合成高聚物，例如，在氯化亚铜和氯化铵的作用下，可以发生二聚或三聚作用。这种聚合反应可以看作是乙炔的自身加成反应：

$$CH{\equiv}CH + CH{\equiv}CH \xrightarrow{Cu_2Cl_2 / NH_4Cl} CH_2{=}CH{-}C{\equiv}CH \xrightarrow{Cu_2Cl_2 / NH_4Cl} CH_2{=}CH{-}C{\equiv}C{-}CH{=}CH_2$$

乙烯基乙炔　　　　　　　　二乙烯基乙炔

乙炔可与HCN、RCOOH等含有活泼氢的化合物发生加成反应，反应的结果可以看作是这些试剂的氢原子被乙烯基（$CH_2{=}CH{-}$）所取代，因此这类反应称为乙烯基化反应。其反应历程不是亲电加成，而是亲核加成。烯烃不能与这些化合物发生加成反应。

$$CH{\equiv}CH + HCN \xrightarrow{Cu_2Cl_2} CH_2{=}CH{-}CN$$

丙烯腈

丙烯腈是工业上合成腈纶和丁腈橡胶的重要单体。

第三节　二　烯　烃

分子中含有两个或两个以上双键的烃类化合物称为多烯烃。其中含有两个双键的称为二烯烃或双烯烃，通式为 C_nH_{2n-2}，与碳原子数相同的炔烃是同分异构体。

一、二烯烃的分类和命名

根据二烯烃分子中两个双键的相对位置不同，可将二烯烃分为三种类型。

(1) 两个双键连在同一个碳原子上，即具有 $-C{=}C{=}C-$ 结构的二烯烃称为累积二烯烃。例如

$$CH_2{=}C{=}CH_2 \qquad 丙二烯$$

(2) 两个双键被两个或两个以上的单键隔开，即具有 $-C{=}CH(CH_2)_nCH{=}C-$（$n{\geqslant}1$）结构的二烯烃称为孤立二烯烃，它们的性质与一般烯烃相似。例如

$$CH_2{=}CH{-}CH_2{-}CH{=}CH_2 \qquad 1,4{-}戊二烯$$

(3) 两个双键被一个单键隔开，即具有 $-C{=}CH{-}CH{=}C-$ 结构的二烯烃称为共轭二烯烃。例如

$$CH_2{=}CH{-}CH{=}CH_2 \qquad 1,3{-}丁二烯$$

在以上三种类型的二烯烃中，累积二烯烃不稳定，本书不作深入讨论；孤立二烯烃的性质与一般单烯烃相似，而共轭二烯烃在结构和性质上较为特殊，在理论和实际应用上都很重要，因此三类二烯烃中着重讨论共轭二烯烃。

多烯烃的系统命名法可按以下步骤进行。选取含双键最多的最长碳链为主链，称为"某几烯"，主链碳原子的编号从距离双键最近的一端开始，按双键位置由小到大的顺序在主链名称前注明多个双键的位置。

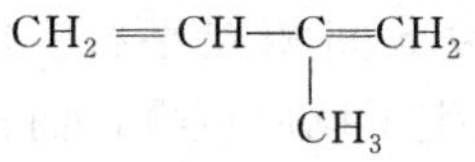

$$CH_2=CH-C=CH_2 \qquad CH_2=CH-CH_2-CH=CH_2$$
$$\qquad\qquad\ \ |\qquad\qquad\qquad\qquad\qquad\ \ |$$
$$\qquad\qquad\ CH_3 \qquad\qquad\qquad\qquad\qquad CH_3$$

2-甲基-1,3-丁二烯（异戊二烯） 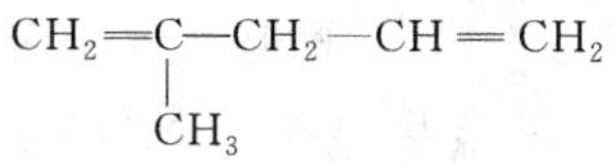   2-甲基-1,4-戊二烯

与单烯烃一样，多烯烃的双键两端连接的原子或基团各不相同时，也存在顺反异构现象。命名时要逐个标明其构型。例如，3-甲基-2,4-庚二烯有四种构型式：

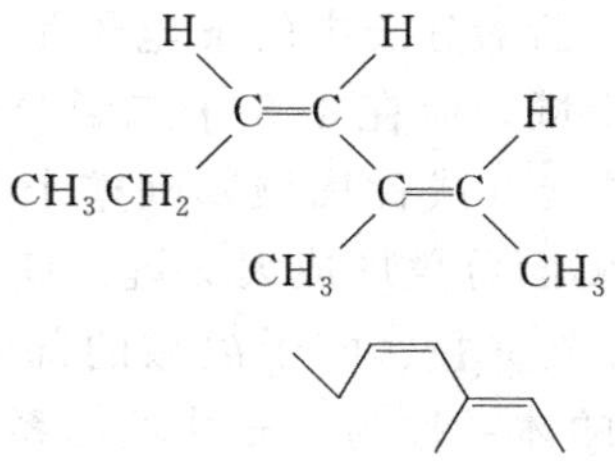

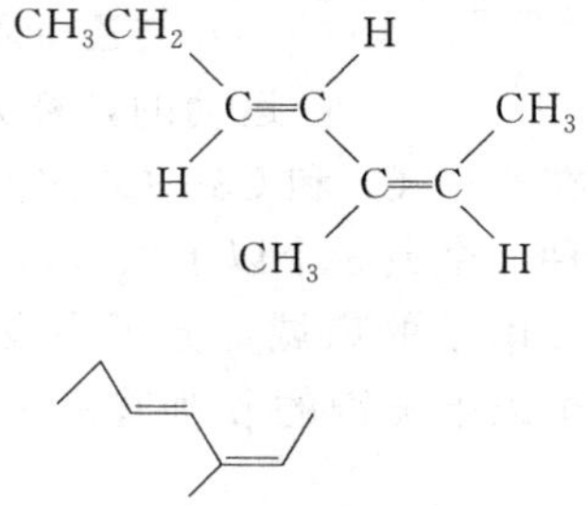

简写为：

顺,顺-3-甲基-2,4-庚二烯   反,反-3-甲基-2,4-庚二烯
(2E,4Z)-3-甲基-2,4-庚二烯   (2Z,4E)-3-甲基-2,4-庚二烯

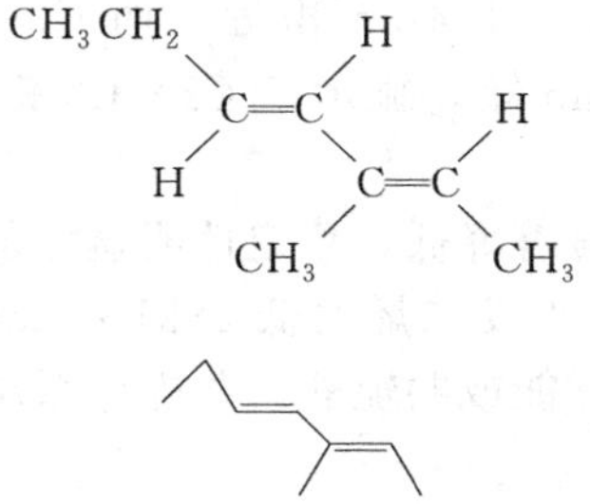

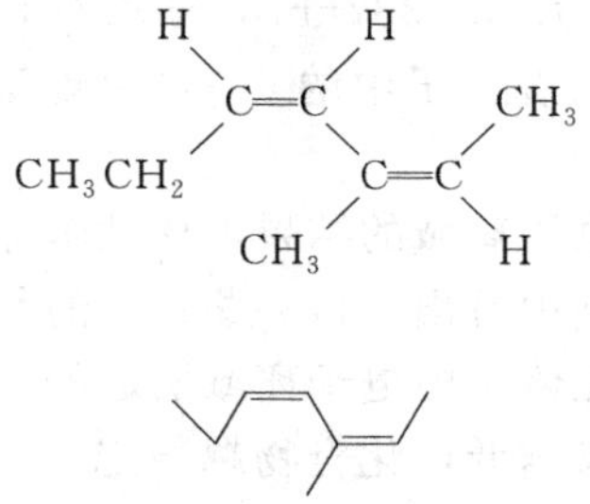

简写为：

顺,反-3-甲基-2,4-庚二烯   反,顺-3-甲基-2,4-庚二烯
(2E,4E)-3-甲基-2,4-庚二烯   (2Z,4Z)-3-甲基-2,4-庚二烯

二、1,3-丁二烯的结构和共轭效应

烯烃的氢化热反映出烯烃的稳定性。例如，1,3-戊二烯（共轭二烯烃）、1,4-戊二烯（孤立二烯烃）和1,2-戊二烯（累积二烯烃）分别加氢时，它们的氢化热是明显不同的：

$$CH_2=CH-CH=CHCH_3 + H_2 \longrightarrow CH_3CH_2CH_2CH_2CH_3 \qquad 氢化热为 -226 kJ·mol^{-1}$$
$$CH_2=CHCH_2CH=CH_2 + H_2 \longrightarrow CH_3CH_2CH_2CH_2CH_3 \qquad 氢化热为 -254 kJ·mol^{-1}$$
$$CH_2=C=CH-CH_2CH_3 + H_2 \longrightarrow CH_3CH_2CH_2CH_2CH_3 \qquad 氢化热为 -297 kJ·mol^{-1}$$

三种产物相同，1,3-戊二烯的氢化热比1,4-戊二烯低 28 kJ·mol^{-1}，说明 1,3-戊二烯体系能量比 1,4-戊二烯低，分子更稳定；而 1,2-戊二烯的氢化热比 1,4-戊二烯高，在这三种二烯烃中是最不稳定的。那么为什么共轭二烯烃较稳定呢？

1,3-丁二烯是最简单的共轭二烯烃，下面以它为例来说明共轭二烯烃的结构特点。

价键理论认为，在 1,3-丁二烯分子中，四个碳原子都是 sp^2 杂化的，相邻碳原子之间以 sp^2 杂化轨道相互轴向重叠形成三个 C—C σ 键，其余的 sp^2 杂化轨道分别与氢原子的 1s

轨道重叠形成六个 C—H σ键。这些 σ 键都处在同一平面上，即 1,3-丁二烯的四个碳原子和六个氢原子都在同一个平面上。

此外，每个碳原子还有一个未参与杂化的 p 轨道，这些 p 轨道垂直于分子平面且彼此间相互平行。因此，不仅 C1 与 C2、C3 与 C4 的 p 轨道发生了侧面重叠，而且 C2 与 C3 的 p 轨道也发生了一定程度的重叠（但比 C1—C2 或 C3—C4 之间的重叠要弱一些），形成了包含四个碳原子的四个 π 电子的大 π 键。见图 2-6。

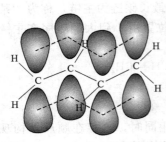

图 2-6 1,3-丁二烯分子中 p 轨道重叠示意图

与乙烯不同的是，乙烯分子中的 π 电子是在两个碳原子间运动的，称为 π 电子定域，而在 1,3-丁二烯分子中，π 电子云并不是"定域"在 C1—C2 和 C3—C4 之间，而是扩展（或称离域）到整个共轭双键的四个碳原子周围。这种 3 个或 3 个以上的 p 轨道彼此从侧面重叠形成大 π 键，使电子的活动范围扩大的现象称为 π 电子的离域，分子中发生原子轨道重叠、电子离域的部分称之为共轭体系。由两个或两个以上 π 键的 p 轨道相互重叠而成的体系称为 π-π 共轭体系，1,3-丁二烯属于此类共轭体系。

由于 π 电子的离域，不但使 C1 与 C2、C3 与 C4 之间的电子云密度增大，也部分地增大了 C2 与 C3 之间的电子云密度，使之与一般的碳碳 σ 键不同，具有了部分双键的性质；而且使得共轭分子中单、双键的键长趋于平均化。例如，1,3-丁二烯分子中 C1—C2、C3—C4 的键长为 0.1337nm，与乙烯的双键键长 0.134nm 相近；而 C2—C3 的键长为 0.147nm，比乙烷分子中的 C—C 单键键长 0.154nm 短，显示了 C2—C3 键具有某些"双键"的性质。

同样由于电子离域的结果，使共轭体系的能量显著降低，稳定性明显增加，这可以从上述氢化热的数据中看出。1,3-戊二烯的氢化热比 1,4-戊二烯的低 $28kJ \cdot mol^{-1}$，这种能量差值是由于共轭体系内电子离域引起的，故称为离域能或共轭能。共轭体系越长，离域能越大，体系的能量越低，化合物越稳定。

像 1,3-丁二烯这样，由于共轭体系内原子的相互影响，引起键长和电子云分布的平均化，体系能量降低，分子更稳定的现象，称为共轭效应，用符号 C 表示。共轭效应具有如下特点。

(1) 共平面性。共轭体系中所有原子都在同一平面上。
(2) 键长趋于平均化。
(3) 共轭体系能量显著降低，稳定性明显增加。
(4) 共轭效应能沿共轭链传递，且其强度不因共轭链的增长而减弱；当共轭体系的一端受到电场的影响时，这种影响将一直传递到共轭体系的另一端，同时在共轭链上产生电荷正负交替的现象。

$$A^+ \cdots\cdots \overset{..}{C}H_2\!\!=\!\!CH\!-\!\overset{..}{C}H\!\!=\!\!CH_2$$
$$\quad\quad\quad\quad \delta^- \quad\;\; \delta^+ \quad\;\; \delta^- \quad\;\; \delta^+$$

共轭效应又有吸电子共轭效应和给电子共轭效应之分。与共轭体系相连的原子或基团的电负性较大时，如—NO_2、—CN、—SO_3H、—CHO、—COR、—COOH 等，体现出吸电子共轭效应，一般用—C 表示；与共轭体系相连的原子或基团有未共用电子对时，如—NR_2、—NHR、—NH_2、—OH、—OR、—X 等，体现出给电子共轭效应，一般用+C 表示。

共轭体系有多种类型，最常见且最重要的共轭体系除了上面讲到的 π-π 共轭体系（1，3-丁二烯）外，还有 p-π 共轭体系。p-π 共轭体系的结构特征是单键的一侧是 π 键，另一侧有平行的 p 轨道。例如：

$$CH_2=CH-\ddot{C}l \qquad CH_2=CH-CH_2^+ \qquad CH_2=CH-CH_2^- \qquad CH_2=CH-CH_2\cdot$$
氯乙烯　　　　　烯丙基正离子　　　　烯丙基负离子　　　　烯丙基自由基

电子的离域不仅存在于 π-π 共轭体系和 p-π 共轭体系中，分子中的 C—H σ 键也能与处于共轭位置的 π 键、p 轨道发生侧面部分重叠，产生类似的电子离域现象。例如 $CH_3-CH=CH_2$ 中 CH_3- 的 C—H σ 键与 $-CH=CH_2$ 中的 π 键发生 σ-π 共轭（图 2-7）和 $(CH_3)_3C^+$ 中 CH_3- 的 C—H σ 键与碳正离子的 p 轨道都能发生 σ-p 共轭（图 2-8），统称为超共轭效应。超共轭效应比 π-π 和 p-π 共轭效应弱得多。

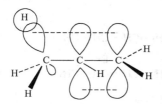

图 2-7　丙烯分子中的超共轭

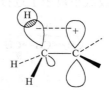

图 2-8　碳正离子的超共轭

在前面讨论碳正离子的稳定性时，提到丙烯的甲基具有给电子性，其实这种给电子性主要是 σ-π 超共轭效应的结果。碳正离子中带正电的碳具有三个 sp^2 杂化轨道，此外还有一个空的 p 轨道。与碳正原子相连的烷基的 C—H σ 键可以与此空 p 轨道有一定程度的重叠，这就使 σ 电子离域并扩展到空 p 轨道上。这种超共轭效应的结果使碳正离子的正电荷有所分散，增加了碳正离子的稳定性。和碳正原子相连的 C—H 键越多，能起超共轭效应的 C—H σ 键就越多，越有利于碳正原子上正电荷的分散，使碳正离子更趋于稳定。比较伯、仲、叔碳正离子，叔碳正离子的 C—H σ 键最多，仲次之，伯更次之，而 CH_3^+ 则不存在 C—H σ 键，因而也不存在超共轭效应。所以碳正离子的稳定性次序为：3° > 2° > 1° > CH_3^+。

超共轭效应、共轭效应和诱导效应都是分子内原子间相互影响的电子效应。它们常同时存在，利用它们可以解释有机化学中的许多问题。

三、共轭二烯烃的化学性质

共轭二烯烃除具有单烯烃的性质外，由于是共轭体系，还表现出一些特殊的化学性质。

1. 共轭二烯烃的 1，2-加成和 1，4-加成

与单烯烃相似，共轭二烯烃也容易与卤素、卤化氢等亲电试剂进行亲电加成反应，也可催化加氢，加成产物一般可得两种。

$$CH_2=CH-CH=CH_2 + Br_2 \longrightarrow \underset{\underset{Br\ \ Br}{|\ \ \ |}}{CH_2-CH-CH-CH_2} + \underset{\underset{Br\ \ \ \ \ \ \ \ \ Br}{|\ \ \ \ \ \ \ \ \ \ \ |}}{CH_2-CH=CH-CH_2}$$
$$\text{1,2-加成} \qquad\qquad \text{1,4-加成}$$

$$CH_2=CH-CH=CH_2 + HBr \longrightarrow \underset{\underset{Br}{|}}{CH_2-CH-CH_2-CH_3} + \underset{\underset{Br}{|}}{CH_2-CH=CH-CH_3}$$

共轭二烯烃与一分子亲电试剂加成时，有两种加成方式：一种是断开一个 π 键，亲电试剂的两部分加到双键的两端，另一双键不变，这称为 1，2-加成；另一种是试剂加在共轭双烯两端的碳原子上，同时在 C2—C3 原子之间形成一个新的 π 键，这称为 1，4-加成。

共轭二烯烃的亲电加成反应也是分两步进行的。例如1,3-丁二烯与溴化氢的加成，第一步是亲电试剂 H^+ 的进攻，加成可能进攻 C1 或 C2 上，将生成两种碳正离子Ⅰ或Ⅱ：

$$CH_2=CH-CH=CH_2 + H^+Br^- \longrightarrow \begin{array}{l} CH_2=CH-\overset{+}{C}H-CH_3 + Br^- \quad Ⅰ \\ CH_2=CH-CH_2-\overset{+}{C}H_2 + Br^- \quad Ⅱ \end{array}$$

在碳正离子Ⅰ中，带正电荷的碳原子为 sp^2 杂化，它的空 p 轨道可以和相邻 π 键的 p 轨道发生重叠，形成包含 3 个碳原子的缺电子大 π 键 π_3^2，由于 π 电子的离域，使得正电荷分散到 3 个碳原子上，体系能量降低。

$$\overset{+}{CH_2}-CH=CH-CH_3$$

而在碳正离子Ⅱ中，带正电荷的碳原子的空 p 轨道不能和 π 键的 p 轨道发生重叠，正电荷得不到分散，体系能量较高，因此碳正离子Ⅰ比碳正离子Ⅱ稳定，所以加成反应的第一步主要是通过形成碳正离子Ⅰ进行的。

$$\underset{4}{\overset{\delta+}{CH_2}}\underset{3}{-CH}=\underset{2}{\overset{\delta+}{CH}}-\underset{1}{CH_3} + Br^- \begin{array}{l} \xrightarrow{1,2-加成} CH_2=CH-CHBr-CH_3 \\ \xrightarrow{1,4-加成} BrCH_2-CH=CH-CH_3 \end{array}$$

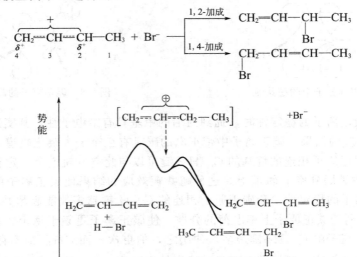

图 2-9　1,2-和 1,4-加成反应进程中的势能变化

共轭二烯烃的 1,2-加成和 1,4-加成是同时发生的，产物的比例与反应物的结构、反应温度等有关，一般随反应温度的升高和溶剂极性的增加，1,4-加成产物的比例增加。环状共轭二烯由于空间因素的影响，与亲电试剂发生加成时，主要产物为 1,4-加成产物。如图 2-9 所示。

2. 双烯合成

1928 年，德国化学家狄尔斯（Diels O.）和阿尔德（Alder K.）在研究 1,3-丁二烯和顺丁烯二酸酐的相互作用时发现了一类反应——共轭二烯烃与含有双键或三键的化合物能发生 1,4-加成反应，生成六元环状化合物，这类反应称为狄尔斯-阿尔德反应，又称为双烯合成反应。

狄尔斯-阿尔德反应的反应物分为两部分，一部分提供共轭双烯，称为双烯体，另一部分提供不饱和键，称为亲双烯体。最简单的此类反应是1,3-丁二烯与乙烯作用生成环己烯。

$$\text{双烯体} + \text{亲双烯体} \xrightarrow{200℃} \text{产物}$$

狄尔斯-阿尔德反应是一步完成的。反应中反应物分子彼此靠近，互相作用，形成一个环状过渡态，然后逐渐转化为产物分子，即旧键的断裂与新键的形成是同一步骤中完成的，具有这种特点的反应称为协同反应。在协同反应中，没有活泼中间体如碳正离子、碳负离子、自由基等生成。实践证明，亲双烯体上连有吸电子取代基（如硝基、羧基、羰基等）和双烯体上连有给电子取代基时，反应容易进行。

本章知识点归纳

分子中含有碳碳重键（碳碳双键或碳碳三键）的烃类化合物，称为不饱和烃，其中含碳碳双键的称为烯烃，含碳碳三键的称为炔烃。

单烯烃的通式为 C_nH_{2n}，碳碳双键是烯烃的官能团。炔烃和具有相同碳原子数的二烯烃是同分异构体，通式均为 C_nH_{2n-2}，碳碳三键是炔烃的官能团。

烯烃和炔烃除存在碳链异构外，还存在因官能团位置不同而产生的官能团位置异构。碳链异构和官能团位置异构都是由于分子中原子之间的连接方式不同而产生的，属于构造异构。由于双键不能自由旋转，当每个双键碳上连接的两个原子或基团均不相同时，烯烃还可产生顺反异构，属构型异构。顺反异构的命名可以采用两种方法：顺、反命名法和 Z、E 命名法。炔烃不存在顺反异构现象。

烯烃分子中双键碳原子均为 sp^2 杂化，双键中含1个σ键和1个π键。炔烃分子中三键碳原子均为 sp 杂化，三键中含1个σ键和2个π键。由于π键电子云受核约束力小，流动性大，易给出电子，容易被亲电试剂进攻，因此，烯烃和炔烃能发生亲电加成反应，但由于炔烃的π键比烯烃的π键强些，不易受亲电试剂的接近而极化，所以炔烃一般比烯烃活性小。亲电加成方向遵守马氏规则。亲电加成反应历程分两步进行，活性中间体为碳正离子，其稳定性次序为 3°＞2°＞1°＞CH_3^+。在过氧化物存在下，烯烃与 HBr 发生自由基加成反应，得到反马式规则的加成产物。

除亲电加成外，烯烃和炔烃还可进行催化加氢、聚合、氧化等反应。烯烃的高锰酸钾氧化和臭氧氧化，以及炔烃的高锰酸钾氧化可用于烯烃和炔烃的结构推断。烯烃在光照或高温时可发生α-H卤代反应。分子中带有炔氢的炔烃有微弱的酸性，与银氨溶液或亚铜氨溶液反应，生成白色或红棕色沉淀，用于炔氢的鉴别。

二烯烃分为累积二烯烃、孤立二烯烃和共轭二烯烃。其中共轭二烯烃最为重要，共轭二烯烃中单重键交替排列的体系称为π-π共轭体系。由于共轭体系内原子间的相互影响，引起键长和电子云分布的平均化，体系能量降低，分子更稳定的现象称为共轭效应。

共轭二烯烃除具有烯烃的一般性质外，由于共轭效应的影响还表现出一些特殊的化学性质，如双烯合成反应、与亲电试剂发生1,2-加成和1,4-加成反应。

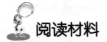 **阅读材料**

烯烃复分解反应

烯烃复分解反应是指烯烃在某些过渡金属（如钨、钼、铼、钌等）配合物的催化下，发生双键断裂，重新组合成新烯烃的反应。烯烃复分解反应在英文中称为 metathesis，这个词是交换位置的意思，因此把该反应形象地比喻为一场交换舞伴的舞蹈。

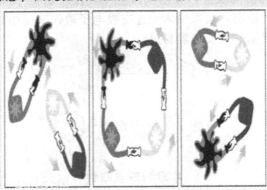

注：图片形象地表示一对舞者（烯烃），在催化剂作用下，和另一对舞者（另一烯烃）连成环状，接着相互改变搭档（形成两个新的烯烃）。

烯烃复分解反应广泛应用在化学工业，主要用于研发药物和先进聚合物材料。

关于烯烃复分解反应的研究可以追溯到 20 世纪 50 年代中期，在随后 20 多年里，所发展的催化剂均为多组分催化剂，如 MoO_3/SiO_2、Re_2O_7/Al_2O_3、WC_{16}/Bu_4Sn 等，但由于这些催化体系通常需要苛刻的反应条件和很强的路易斯酸性条件，使得反应对底物允许的功能基团有很大限制。20 世纪 70 年代初期，伊夫·肖万（Yves Chauvin）提出了烯烃与金属卡宾通过 [2+2] 环加成形成金属杂环丁烷中间体的相互转化过程。在 20 世纪 70 年代末、80 年代初，烯烃复分解反应单组分均相催化剂被发现，如钨和钼的卡宾配合物，特别是 Schrock 催化剂，具有比以往烯烃复分解反应催化剂更易引发、更高反应活性和更温和反应条件的特点。经过近半个世纪的努力，金属卡宾催化的烯烃复分解反应已经发展成为标准的合成方法并得到广泛应用，Grubbs 催化剂的反应活性以及对反应底物的适用性已经和传统的碳碳键形成方法（如 Diels-Alder 反应、Wittig 反应，曾分别获得诺贝尔化学奖）相媲美。

2005 年法国科学家伊夫·肖万（Yves Chauvin）和美国科学家罗伯特·格拉布(Robert H. Grubbs)、理查德·施罗克（Richard R. Schrock）3 人因为发展了烯烃复分解反应在有机合成中的应用而共享了 2005 年度的诺贝尔化学奖。

 习 题

1. 命名下列化合物。

(1) $CH_3CH_2CH\underset{\underset{C_2H_5}{|}}{\overset{\overset{CH_3}{|}}{C}}=CH_2$ 　　(2) 环己烯取代 C_2H_5

(3) $(H_3C)_2HC\underset{C_2H_5}{\overset{CH_3}{C}}=\underset{Br}{\overset{}{C}}$

(4) (cis-CH=CH-CH=CH structure)

(5) $\underset{Cl}{\overset{Br}{C}}=\underset{CH_2CH_3}{\overset{H}{C}}$

(6) $C_6H_5\underset{CH_3}{\overset{}{CH}}-C\equiv CH$

(7) $H_2C=CH\underset{C_2H_5}{\overset{}{CH}}C\equiv CH$

(8) $CH_3C\equiv C\underset{C_2H_5}{\overset{}{CH}}CH_3$

2. 写出下列化合物的结构式。
　(1) 顺-3-甲基-2-戊烯　　　(2) 2-甲基-1,3-丁二烯　　　(3) 3-甲基-3-戊烯-1-炔
　(4) 异戊二烯　　　(5) 1-甲基环戊烯　　　(6) 顺-3-正丙基-4-己烯-1-炔

3. 下列化合物哪些有顺反异构体？写出其全部异构体的构型式。
　(1) $C_2H_5CH=CHCH_3$　　(2) $C_2H_5CH=C(CH_3)_2$　　(3) $CH_2=CH-CH=CHCH_3$

4. 下列化合物与 HBr 发生亲电加成反应生成的活性中间体是什么？排出各活性中间体的稳定次序。
　(1) $CH_2=CH_2$　　(2) $CH_2=CHCH_3$　　(3) $CH_2=C(CH_3)_2$　　(4) $CH_2=CHCl$

5. 完成下列反应式。

(1) (1-methylcyclohexene) $\xrightarrow{HCl}$

(2) $CH_3C\equiv CCH_2CH_3 \xrightarrow[H^+]{KMnO_4}$

(3) $HC\equiv CCH_3 \xrightarrow[HgSO_4/H_2SO_4]{H_2O}$

(4) $CH_3\underset{CH_3}{\overset{CH_3}{C}}=CH_2 + HBr \xrightarrow{过氧化物}$

(5) (1-methyl-4-ethylcyclohexene) $\xrightarrow[(2)\ Zn/H_2O]{(1)\ O_3}$

(6) $CH_3-C\equiv C-CH_3 \xrightarrow[\text{Lindlar 催化剂}]{H_2}$

(7) (maleic anhydride) + $H_2C=CH-CH=CH_2 \xrightarrow{\Delta}$

(8) $\underset{CH_2}{\overset{CH_2}{\|}} + \underset{CH_2}{\overset{CH_2}{HC}}\underset{}{\overset{}{=}}\underset{}{\overset{}{CH}} \xrightarrow{\Delta}$

(9) $CH_3CH=CHCH_3 \xrightarrow[OH^-]{KMnO_4}$

(10) $CH_3CH=\underset{CH_3}{\overset{}{C}}CH_3 \xrightarrow{\text{冷浓}\ H_2SO_4}$

6. 用简单化学方法鉴别。

    (1) 丙烷，丙烯，丙炔，环丙烷

    (2) 环己烷，环己烯，乙基环丙烷

7. 以乙炔为原料合成 4-氰基环己烯。

8. 某烃 A 的分子式为 C_5H_{10}，室温它与溴水不发生反应，在紫外光下与溴作用得到 B(C_5H_9Br)；将 B 与氢氧化钠的醇溶液作用得到 C(C_5H_8)；C 经臭氧氧化并在锌粉存在下水解得到戊二醛。写出 A、B、C 的结构式。

9. 化合物 A、B、C 的分子式均为 C_5H_8，它们都能使溴水褪色，A 能与硝酸银的氨溶液反应生成沉淀，而 B、C 无。A、B 经氢化都生成正戊烷，而 C 吸收 1mol 氢后变成 D(C_5H_{10})；B 与高锰酸钾作用生成乙酸和丙酸；C 与臭氧作用得到戊二醛；试推 A、B、C、D 的可能结构式。

芳香烃

Chapter 03

芳香烃广泛存在于自然中,与人类的生活、生产密切相关,在农业生产、生命科学、医学等重要领域有着广泛的应用。如煤烟和汽车尾气中引起人体致癌的主要化合物苯并芘属于稠环芳烃,许多天然化合物如甾醇、性激素的分子结构中常常含有氢化菲的碳环结构等。早期的芳香族化合物是指分子结构中含苯环的具有芳香气味的一类化合物,这是因为最初从树脂、精油等天然物质中得到的化合物具有芳香气味,其结构中都含有苯环,因而得名。随着有机化学的发展,发现许多具有芳香气味的化合物,其分子结构中不一定含有苯环,而结构中含苯环的化合物,也不一定具有芳香气味,且陆续发现许多化合物虽不具有苯环结构,但具有与苯相似的化学性质及电子结构,因此,"芳香"一词虽仍沿用至今,但已包含更广阔的含义。现代有机化学理论将具有特殊稳定性的不饱和环状化合物称为芳香化合物。具有芳香性的烃类化合物称为芳香烃。

芳香烃按其结构可以分为苯系芳烃和非苯芳烃。

苯系芳烃是指分子中含有苯环结构的烃类化合物。按照苯环的数目可以分为单环芳烃和多环芳烃两类。其中多环芳烃按环的连接方式又可分为三种类型。

1. 单环芳烃

分子中仅含一个苯环的芳烃,包括苯、苯的同系物及苯取代的不饱和烃。例如:

苯　　甲苯　　间二甲苯　　苯乙烯

2. 多环芳烃

分子中含多个苯环的芳烃,按苯环的连接方式可分为联苯烃、稠环芳烃及苯代脂烃。

联苯烃

二联苯　　　　1,4-联三苯

稠环芳烃

萘　　　　蒽　　　　菲

苯代脂烃

二苯甲烷　　　　二苯乙烯

非苯芳烃指分子中不含苯环结构,但结构和性质与苯环相似的环状烃。

本章重点讨论单环芳烃和稠环芳烃。

第一节 单环芳烃

一、苯的结构

近代 X 射线和光谱实验证明，苯分子中六个碳原子和六个氢原子均在同一平面上，每个键角都是 120°，碳碳键键长完全相同，都是 0.140nm，介于单键与双键之间。碳氢键键长为 0.108nm。

杂化轨道理论认为：苯环中 6 个 C 原子均为 sp^2 杂化状态，相邻 C 原子上的 sp^2 杂化轨道互相重叠，形成 6 个均等的 C—C σ 键，每个 C 原子又各用一个 sp^2 杂化轨道与氢原子的 s 轨道互相重叠，形成 C—H σ 键。由于每个 C 原子处于 sp^2 杂化，所以，相邻 C—C σ 键和 C—H σ 键之间键角为 120°，且由于 sp^2 杂化轨道都处于同一平面内，所以苯环中 6 个 C 原子和 6 个 H 原子共平面，没有杂化的 p 轨道互相平行且垂直于 σ 键所在平面，它们以"肩并肩"的形式互相重叠形成环状闭合大 π 键（图 3-1）共轭体系。大 π 键的电子云像两个轮胎分布在分子平面的上下。

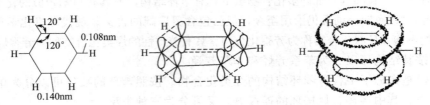

图 3-1 苯分子的结构

由于苯环中 sp^2 杂化的 C 原子形成了环状闭合的共轭结构，电子高度离域，使得苯化学性质与电子结构不同于烯烃中 sp^2 杂化的 C 原子。在一般条件下，苯难被高锰酸钾等氧化剂氧化，也不易与卤素、卤化氢等进行加成反应，但却易发生取代反应。并且苯环具有较高的热稳定性，加热到 900℃ 也不分解。苯环这种虽为不饱和的 sp^2 杂化的 C 原子，却在化学反应中不易发生加成、氧化反应，而易进行取代反应，对热较稳定的特性，被称为芳香性。

苯的特殊芳香稳定性，可从它的共轭能或离域能得到证明。苯的氢化热为 208.5kJ·mol^{-1}，环己烯的氢化热为 119.7kJ·mol^{-1}，理论上环己三烯的氢化热应为环己烯的三倍，即 359.1kJ·mol^{-1}，但实际上，苯的氢化热比环己烯三倍氢化热低 150.6kJ·mol^{-1}，这一氢化热差值即为苯的共轭能或离域能。这说明苯环中 3 个双键的闭合环状共轭，使苯分子的内能大大下降，比链状共轭的 1，3，5-己三烯的内能还要低。因此具有特殊的稳定性。

自 1825 年英国物理学家和化学家 Farady M（法拉第）从照明气中分离出苯后，人们一直在探索苯的结构表达式。其中由德国化学家 Kekule（1858 年）提出的苯的环状结构是目前书籍和文献中应用最多的苯表达式。

简写式

此环状结构由 3 个 C=C 和三个 C—C 交替排列而成，可以说明苯分子的组成及原子相互连接次序，并表明碳原子是 4 价的，6 个氢原子的位置等同，能够解释苯的一元取代产物只有一种的实验事实。但 Kekule 式不能解释苯在一般条件下不能发生类似烯烃的加成、氧化反应；此外，按 Kekule 式，苯的邻位二元取代产物，应有以下两种异构体存在：

但多种实验证明邻位二元取代物只有一种。因此 Kekule 式也存在一定的局限。1986 年 Copper（科柏）提出自旋耦合价键理论，认为苯是两种微观结构混合的平衡结构。

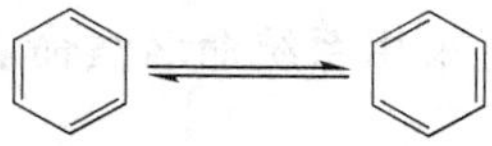

关于苯的结构及其表达方式已经讨论了 100 多年，但仍未得到满意的结果，除 Kekule 式外，环状结构式  目前也被广泛采用，该式表达了 p 电子离域作用和电子云的均匀分布，对碳碳键长的均等性和苯环的完全对称性做出了很好的说明。

思考题 3-1 常见的苯的表达式有哪些？各有什么优缺点？

二、单环芳烃及衍生物的命名

1. 单环芳烃的命名

简单烷基苯常采用习惯命名法，即一般以苯作为母体，烷基作为取代基，称为"某基苯"，基字可省略。例如：

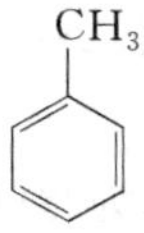

甲（基）苯 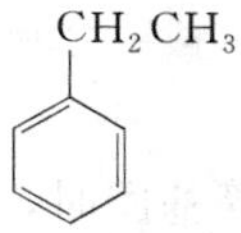   乙（基）苯 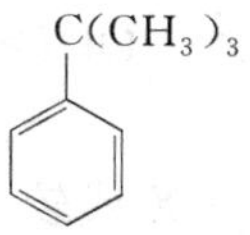   叔丁（基）苯 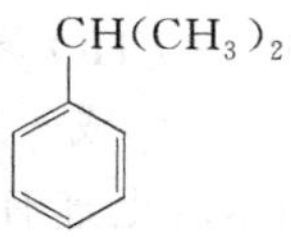   异丙（基）苯

当苯环上有两个烷基时，由于位置不同，产生三种同分异构体。命名时，两个烷基的相对位置可用"邻"（o）、"间"（m）、"对"（p）表示，也可用数字表示。用数字表示时，若烷基不同，一般较简单的烷基所在位置编号为 1。例如：

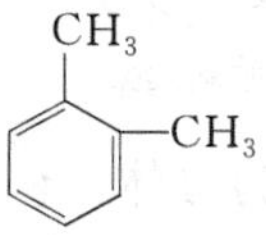

1,2-二甲（基）苯　　　1,3-二甲（基）苯　　　1,4-二甲（基）苯
邻二甲苯或 o-二甲苯　　间二甲苯或 m-二甲苯　　对二甲苯或 p-二甲苯

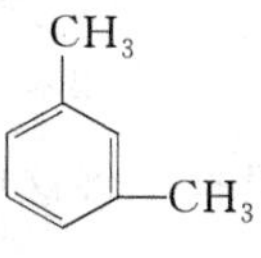

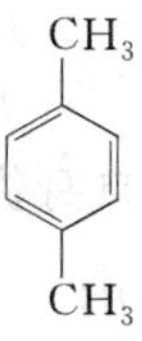

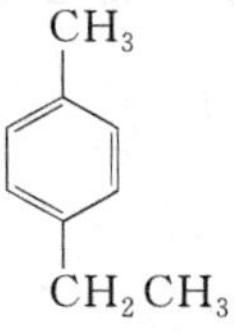

1-甲基-4-乙基苯　　　　1-乙基-3-异丙基苯
对乙基甲苯　　　　　　间异丙基乙苯

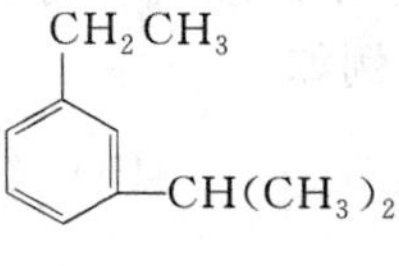

多元烷基苯中，由于烷基的位置不同，产生多种同分异构体。如三个烷基相同的三元烷基苯有三种同分异构体，命名时，三个烷基的相对位置可用"连、均、偏"来表示，也可用数字表示。例如：

连三甲苯(1,2,3-三甲苯)　　均三甲苯(1,3,5-三甲苯)　　偏三甲苯(1,2,4-三甲苯)

2. 系统命名法

复杂的烷基苯及不饱和烃基苯可采用系统命名法命名，把苯作为取代基。例如：

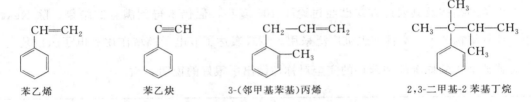

苯乙烯　　苯乙炔　　3-(邻甲基苯基)丙烯　　2,3-二甲基-2-苯基丁烷

芳烃分子中去掉一个氢原子后剩余的基团叫做芳基，以 Ar— 表示。常见的芳基有苯基，以 ⌬—、C_6H_5— 或 Ph— 表示，苯甲基或苄基，以 ⌬—CH_2— 或 $C_6H_5CH_2$— 表示。

3. 芳烃衍生物的命名

有机化合物分子中常存在两种或多种不同的官能团，IUPAC 组织规定了各种母体官能团的优先顺序。在这个顺序表中，前面出现的为母体，后面出现的为取代基。

—COOH＞—CHO＞—C=O＞—OH＞—C=C—或—C≡C—＞—NH_2＞—OR＞—Ph＞—R＞—X，—NO_2 或 —NO

因此，当苯环上连有 —NO_2、—X 或较小的烷基等基团时，通常以苯为母体，称为某基苯（"基"字常省略）。例如：

硝基苯　　溴苯　　亚硝基苯

当苯环上连有比自身优先的官能团时，将这些官能团作为母体。例如：

苯酚　　苯胺　　苯磺酸　　苯甲酸

当苯环上有两个或更多不同取代基时，按上述的顺序，确定母体官能团，其位置编号为1，其他基团作为取代基。例如：

邻硝基氯苯　　对羟基苯甲酸　　邻氯苯甲醛
(1-氯-2-硝基苯)　　(4-羟基苯甲酸)　　(2-氯苯甲醛)

思考题 3-2 命名下列化合物：

(1) [结构式：苯环上有 CH₃、CH₂CH₃、CH(CH₃)₂ 取代基]
(2) [结构式：苯基-C(CH₃)(CH(CH₃)₂)-CH₃]
(3) [结构式：苯基-CH(CH₃)-C(CH₃)=CH₂]
(4) [结构式：邻硝基苯酚]
(5) [结构式：间溴苯甲醛]
(6) [结构式：2-氯-5-硝基苯磺酸]

三、单环芳烃的物理性质

单环芳烃大多具有特殊气味，通常为无色液体，相对密度在 0.86～0.93，不溶于水，易溶于有机溶剂，如乙醚、石油醚、乙醇等。单环芳烃本身也是良好的有机溶剂。单环芳烃具有一定的毒性，当与皮肤长期接触时，会因脱水或脱脂而引起皮炎，长期吸入其蒸气，能损坏造血器官及神经系统，使用时应注意防护。一些常见的单环芳烃的物理常数列于表 3-1 中。

表 3-1 单环芳烃的物理常数

名称	熔点/℃	沸点/℃	相对密度 d_4^{20}	折射率
苯	5.5	80.1	0.8786	1.5011
甲苯	-95	110.6	0.8669	1.4961
乙苯	-95	136.2	0.8670	1.4959
正丙苯	-99.5	159.2	0.8620	1.4920
异丙苯	-96	152.4	0.8618	1.4915
邻二甲苯	-25.2	144.4	0.8802	1.5055
间二甲苯	-47.9	139.1	0.8642	1.4972
对二甲苯	13.3	138.4	0.8611	1.4958
连三甲苯	-25.4	176.1	0.8944	1.5139
均三甲苯	-44.7	164.7	0.8652	1.4994
偏三甲苯	-43.8	169.4	0.8758	1.5048
苯乙烯	-30.6	145.2	0.9060	1.5468
苯乙炔	-44.8	142.4	0.9821	1.5485

四、单环芳烃的化学性质

1. 取代反应

苯环中 6 个 sp^2 杂化的 C 原子上未杂化的 p 轨道 "肩并肩"重叠形成环状闭合共轭结构，电子高度离域。此环状闭合 π 电子云分布在苯环平面的两侧，流动性大，易引起亲电试剂的进攻发生亲电取代反应。其中以卤代、硝化、磺化和傅-克反应较为重要。

(1) **卤代反应** 在铁粉或卤化铁等路易斯酸催化下，苯与卤素作用生成卤代苯，该反应称为卤代反应。

$$\text{C}_6\text{H}_6 + \text{Br}_2 \xrightarrow[55\sim60℃]{\text{Fe 或 FeBr}_3} \text{C}_6\text{H}_5\text{Br} + \text{HBr}$$

卤素与苯发生取代反应的活泼次序是：氟＞氯＞溴＞碘。由于氟代反应太剧烈，不易控制。碘代反应不仅太慢，而且生成的碘化氢是还原剂，可使反应逆转。因此，实际的卤代反应主要指氯代及溴代反应。

在较强烈条件下，卤代苯可继续与卤素反应，主要生成邻、对位产物。例如：

$$\text{C}_6\text{H}_5\text{Cl} + \text{Cl}_2 \xrightarrow{\text{FeCl}_3} \text{邻-C}_6\text{H}_4\text{Cl}_2 + \text{对-C}_6\text{H}_4\text{Cl}_2$$

苯与卤素的取代反应属于亲电取代反应，以溴代反应为例，介绍其反应历程如下：
首先溴分子和溴化铁作用，生成亲电试剂溴正离子和四溴化铁配离子。

$$\text{Fe} + \text{Br}_2 \longrightarrow \text{FeBr}_3$$

$$\text{Br-Br} + \text{FeBr}_3 \rightleftharpoons \text{Br}^+ + [\text{FeBr}_4]^-$$

溴正离子进攻苯环上环状闭合的 π 电子云，生成一个不稳定的芳基正离子中间体（或 σ-配合物），该步反应较慢，是取代反应速率决定步骤。

$$\text{C}_6\text{H}_6 + \text{Br}^+ \underset{}{\overset{\text{慢}}{\rightleftharpoons}} \left[\text{σ-配合物} \right]$$

形成的芳基正离子中间体，由于 C—Br 键的形成，原有环状闭合的大 π 键被打破，余下的四个 π 电子分布在五个碳原子上，是不稳定的缺电子共轭体系。

芳基正离子非常不稳定，在四溴化铁配离子的作用下，迅速脱去一个质子生成溴苯，恢复到稳定的苯环结构。

$$\left[\begin{array}{c} \text{H} \\ \text{Br} \end{array} \right]^+ + [\text{FeBr}_4]^- \xrightarrow{\text{快}} \text{C}_6\text{H}_5\text{Br} + \text{FeBr}_3 + \text{HBr}$$

此取代反应中，由亲电试剂（Br^+）进攻富电子的苯环是决定反应速率的步骤，因此苯环上的取代反应属于亲电取代反应。

（2）硝化反应　苯与浓硝酸和浓硫酸的混合物共热，苯环上的氢原子被硝基（—NO_2）取代生成硝基苯。

$$\text{C}_6\text{H}_6 + \text{HNO}_3 \xrightarrow[50\sim60℃]{\text{浓 H}_2\text{SO}_4} \text{C}_6\text{H}_5\text{NO}_2 + \text{H}_2\text{O}$$

硝基苯

在硝化反应中，HNO_3 在浓硫酸的作用下生成硝基正离子（NO_2^+），硝基正离子是一个亲电试剂，进攻苯环的 π 键，发生亲电取代反应，反应历程如下：

$$\text{HO-NO}_2 + 2\text{H}_2\text{SO}_4 \rightleftharpoons \text{NO}_2^+ + \text{H}_3\text{O}^+ + 2\text{HSO}_4^-$$

$$\text{C}_6\text{H}_6 + \text{NO}_2^+ \overset{\text{慢}}{\rightleftharpoons} \left[\begin{array}{c} \text{H} \\ \text{NO}_2 \end{array} \right]^+$$

$$\left[\begin{array}{c} \text{H} \\ \text{NO}_2 \end{array} \right]^+ + \text{HSO}_4^- \xrightarrow{\text{快}} \text{C}_6\text{H}_5\text{NO}_2 + \text{H}_2\text{SO}_4$$

硝基苯继续硝化比苯困难，需用硝化能力更强的发烟硝酸和浓硫酸的混合物，并提高反应温度，主要生成间二硝基苯。

$$\text{C}_6\text{H}_5\text{NO}_2 + \text{浓 HNO}_3 \xrightarrow[100\sim110℃]{\text{浓 H}_2\text{SO}_4} \text{间-C}_6\text{H}_4(\text{NO}_2)_2$$

间二硝基苯

(3) 磺化反应　苯与发烟硫酸在室温下作用，或与98%的浓硫酸共热，苯环上的氢原子可被磺酸基（—SO_3H）取代生成苯磺酸。

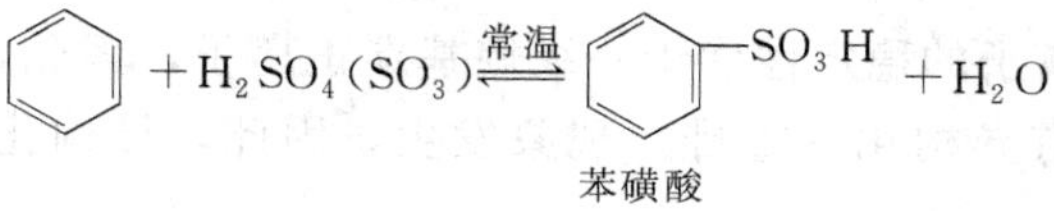

$$\text{C}_6\text{H}_6 + H_2SO_4(SO_3) \underset{}{\overset{常温}{\rightleftharpoons}} \text{C}_6\text{H}_5\text{-SO}_3\text{H} + H_2O$$

苯磺酸

磺酸基是强极性基团，具有强的亲水性，有机物中引入磺酸基后，水溶性显著增强。在合成染料、药物或洗涤剂时，常引入磺酸基以增加染料、药物的水溶性。苯磺酸是一种强酸，易溶于水而难溶于有机溶剂。

磺化反应是一个可逆反应，通常条件下可以达到平衡，苯磺酸通过热的水蒸气，可以水解脱去磺酸基。磺化反应的可逆性在有机合成中十分有用，可利用这个反应把芳环上某些位置保护起来，再进行其他反应，最后加热水解脱去磺酸基。

磺化反应中，一般认为SO_3是亲电试剂，反应历程如下：

$$2H_2SO_4 \rightleftharpoons SO_3 + H_3^+O + HSO_4^-$$

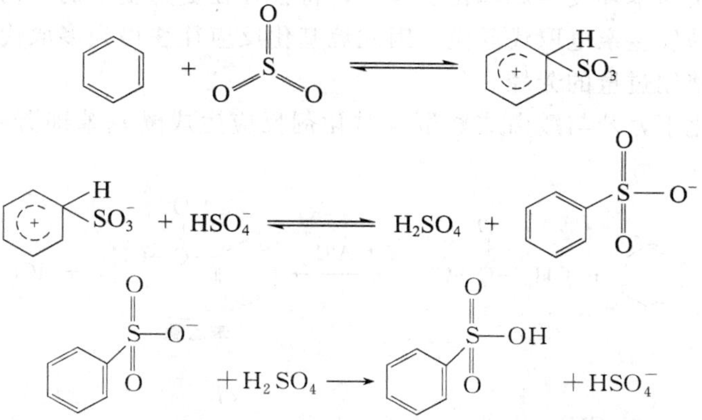

（反应历程图示）

苯磺酸继续磺化非常困难，需用磺化能力更强的发烟硫酸，并提高反应温度，主要生成间二苯磺酸。

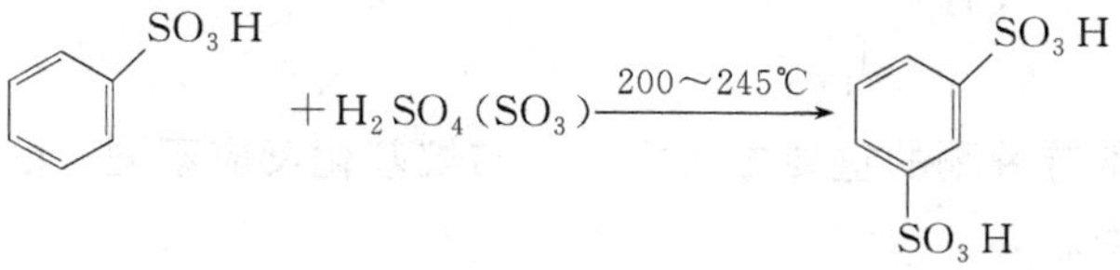

$$\text{C}_6\text{H}_5\text{SO}_3\text{H} + H_2SO_4(SO_3) \xrightarrow{200\sim245℃} \text{间二苯磺酸}$$

间二苯磺酸

(4) 傅瑞德尔-克拉夫茨反应　在路易斯酸催化下，苯环上的氢被烷基或酰基取代的反应称傅瑞德尔-克拉夫茨反应（Friedel-Crafts，简称傅-克反应）。

傅-克烷基化反应中，常用的烷基化试剂为卤代烷，有时也用醇、烯等。常用的催化剂是无水$AlCl_3$、$FeCl_3$、$ZnCl_2$、BF_3等路易斯酸或质子酸，其中以无水$AlCl_3$的活性最高。

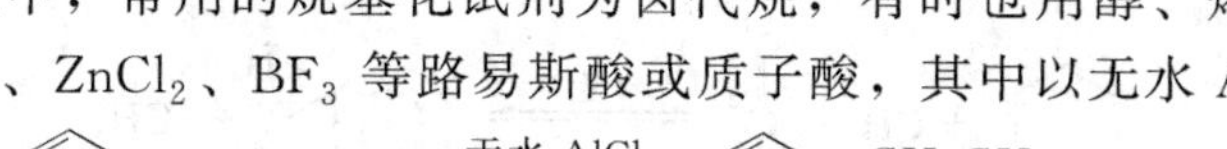

$$\text{C}_6\text{H}_6 + CH_3CH_2Cl \xrightarrow[0\sim25℃]{\text{无水}\ AlCl_3} \text{C}_6\text{H}_5\text{-}CH_2CH_3 + HCl$$

在傅-克烷基化反应中，无水$AlCl_3$等路易斯酸与卤代烷作用生成烷基正离子，烷基正离子是亲电试剂，进攻苯环发生亲电取代反应。其反应历程如下：

$$Cl-CH_2CH_3 + AlCl_3 \rightleftharpoons CH_3CH_2^+ + AlCl_4^-$$

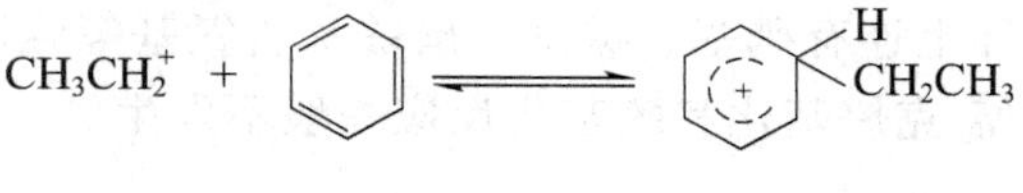

$$CH_3CH_2^+ + \text{C}_6\text{H}_6 \rightleftharpoons [\text{C}_6\text{H}_6\text{-}CH_2CH_3]^+$$

第三章　芳香烃

$$\underset{H}{\underset{|}{\overset{\oplus}{C_6H_5}}}-CH_2CH_3 + AlCl_4^- \rightleftharpoons C_6H_5-CH_2CH_3 + AlCl_3 + HCl$$

由于二级烷基碳正离子的稳定性优于一级烷基碳正离子，因此，3个碳以上的卤代烷进行烷基化反应时，常伴有异构化（重排）现象发生，因此，异构化的产物往往成为主要产物。例如：

$$CH_3CH\cdot\overset{\oplus}{C}H_2 \xrightarrow{\text{重排}} CH_3\overset{\oplus}{C}HCH_3$$

$$C_6H_6 + CH_3CH_2CH_2Cl \xrightarrow{\text{无水 }AlCl_3} C_6H_5-CH(CH_3)_2 + C_6H_5-CH_2CH_2CH_3$$

异丙苯(65%~69%)　　正丙苯(31%~35%)

更高级的卤代烷与苯环发生烷基化反应时，将会存在更为复杂的异构化现象。

烷基苯比苯更易发生亲电取代反应，因此烷基化反应往往得到多取代烷基苯。要想得到一元烷基苯，必须使用过量的芳烃。

在路易斯酸催化下，苯与酰卤或酸酐等酰化剂反应生成酰基苯即芳香酮，称为傅-克酰基化反应。

$$C_6H_6 + CH_3-\underset{O}{\overset{\|}{C}}-Cl \xrightarrow{\text{无水 }AlCl_3} C_6H_5-\underset{O}{\overset{\|}{C}}-CH_3 + HCl$$

苯乙酮

$$C_6H_6 + (CH_3CO)_2O \xrightarrow{\text{无水 }AlCl_3} C_6H_5-\underset{O}{\overset{\|}{C}}-CH_3 + CH_3COOH$$

酰基化反应是制备芳香酮的重要方法之一。与烷基化反应不同，酰基化反应不发生异构化，不生成多取代产物。

酰基化反应的历程：

$$CH_3-\underset{O}{\overset{\|}{C}}-Cl + AlCl_3 \rightleftharpoons CH_3-\underset{O}{\overset{\|}{C^+}} + [AlCl_4]^-$$

$$C_6H_6 + CH_3-\underset{O}{\overset{\|}{C^+}} \xrightarrow{\text{慢}} \underset{H}{\underset{|}{\overset{\oplus}{C_6H_5}}}-\underset{O}{\overset{\|}{C}}-CH_3$$

$$\underset{H}{\underset{|}{\overset{\oplus}{C_6H_5}}}-\underset{O}{\overset{\|}{C}}-CH_3 + [AlCl_4]^- \xrightarrow{\text{快}} C_6H_5-\underset{O}{\overset{\|}{C}}-CH_3 + AlCl_3 + HCl$$

值得注意的是，当苯环上连有硝基、羰基、磺酸基、氰基等强吸电子基团时，苯环上π电子云密度将大大降低，傅-克烷基化和酰基化反应一般不发生。

2. 苯环侧链上的取代反应

苯环侧链为烷基时，在紫外光照射或高温条件下，侧链烷基上的 H 原子可被卤素取代。与烷烃的卤代反应历程相同，为自由基取代反应。

$$C_6H_5CH_3 \xrightarrow[\text{或高温}]{+Cl_2, \text{光照}} C_6H_5CH_2Cl \xrightarrow[\text{光照或高温}]{Cl_2} C_6H_5CHCl_2 \xrightarrow[\text{光照或高温}]{Cl_2} C_6H_5CCl_3$$

氯化苄　　苯二氯甲烷　　苯三氯甲烷

当侧链为两个或两个碳以上的烷基时，α-H 优先被取代，是主要取代产物。

$$C_6H_5CH_2CH_3 \xrightarrow[\text{或高温}]{+Cl_2, \text{光}} C_6H_5CHClCH_3 + C_6H_5CH_2CH_2Cl$$

α-氯代乙苯(91%)　　β-氯代乙苯(9%)

可以看出，控制不同的反应条件，可以得到不同的反应产物。如在铁或三卤化铁为催化剂时，卤代反应发生在苯环上（属于亲电取代反应），且生成邻位取代和对位取代产物。

$$C_6H_5CH_3 \xrightarrow{Fe \text{ 或 } FeCl_3} \text{邻氯甲苯} + \text{对氯甲苯}$$

思考题 3-3　写出下列反应的主要产物。

(1) 苯 $\xrightarrow[\text{无水 } AlCl_3]{CH_3CH_2CH_2CH_2CH_2Cl}$

(2) 苯 + (CH$_3$CO)$_2$O $\xrightarrow{\text{无水 } AlCl_3}$

(3) 间二异丙苯 $+Br_2 \xrightarrow{\text{光}}$

(4) 异丙苯 $+Br_2 \xrightarrow{Fe}$

(5) 环戊基苯 $+ Cl_2 \xrightarrow{h\nu}$

---

3. 氧化反应

苯环在一般条件下不易被氧化。而苯环上的侧链却易被氧化，氧化反应总是发生在 α-碳原子上，在一般情况下，不论侧链长短（或侧链上连有其他基团，如—CH$_2$Cl、—CHCl$_2$、—CH$_2$OH、—CHO、—CH$_2$NO$_2$ 等），α-碳原子总被氧化成羧基。常用的氧化剂有高锰酸钾、重铬酸钾、稀硝酸等。

$$C_6H_5CH_3 \xrightarrow[\Delta]{KMnO_4/H^+} C_6H_5COOH \text{（苯甲酸）}$$

第三章　芳香烃　71

$$\underset{\text{邻苯二甲酸}}{\text{o-CH}_3\text{C}_6\text{H}_4\text{CH}_2\text{CH}_3} \xrightarrow[\triangle]{\text{KMnO}_4/\text{H}^+} \text{o-C}_6\text{H}_4(\text{COOH})_2$$

若侧链的 α-碳原子上无氢原子时，侧链不能被氧化。

$$\text{p-CH}_3\text{C}_6\text{H}_4\text{C}(\text{CH}_3)_3 \xrightarrow[\triangle]{\text{KMnO}_4/\text{H}^+} \text{p-HOOCC}_6\text{H}_4\text{C}(\text{CH}_3)_3$$

在剧烈的条件下，苯环可被氧化生成顺丁烯二酸酐。

$$2\,\text{C}_6\text{H}_6 + 9\text{O}_2 \xrightarrow[400\sim500\text{℃}]{\text{V}_2\text{O}_5} 2\,\underset{\text{顺丁烯二酸酐}}{\begin{pmatrix}\text{HC-C}\\ \|\quad\ \ \ \diagdown\\ \text{HC-C}\end{pmatrix}\text{O}} + 4\text{CO}_2 + 4\text{H}_2\text{O}$$

4. 加成反应

由于苯环上电子的高度离域，使得苯环的大 π 键非常稳定，不易发生加成反应。只有在特定条件下，如催化剂、高温、高压或光照下，可与氢、卤素等加成，表现出一定的不饱和性，且苯环的加成不会停留在环己二烯或环己烯的阶段。

$$\text{C}_6\text{H}_6 + 3\text{H}_2 \xrightarrow[180\sim250\text{℃}]{\text{Ni 加压}} \text{环己烷}$$

$$\text{C}_6\text{H}_6 + 3\text{Cl}_2 \xrightarrow[\text{或紫外线}]{\text{光}} \text{C}_6\text{H}_6\text{Cl}_6\,(\text{六氯环己烷})$$

六氯环己烷又称六氯化苯，分子式为 $C_6H_6Cl_6$，俗称六六六，它曾作为农药大量使用，由于残毒严重而逐渐被淘汰，大多数国家已禁止使用。

苯环上加氢、加卤素属于自由基型的加成反应。

思考题 3-4 完成下列反应式。

(1) 2-乙基-4-叔丁基甲苯 $\xrightarrow{\text{KMnO}_4/\text{H}^+}$

(2) 3-乙基苯乙烯 $\xrightarrow{\text{KMnO}_4/\text{H}^+}$

(3) 甲苯 $+3\text{H}_2 \xrightarrow[\text{加热、加压}]{\text{Ni}}$

五、苯环上亲电取代反应的定位规律

1. 定位规律

大量的实验事实表明，当苯环上已连有一个取代基（—Z）时，新引入的取代基进入的难易程度及进入位置与原取代基（—Z）有关，且所得二元取代产物往往仅有一种或两种的比例较高，为主要产物。例如：

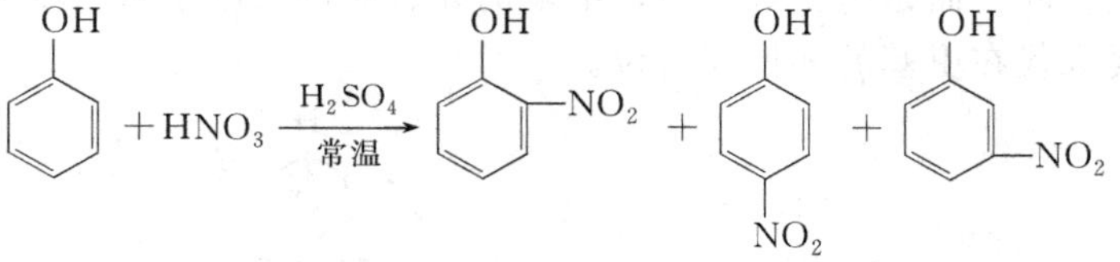

苯酚 + HNO₃ →(H₂SO₄/常温) 邻硝基苯酚(55%) + 对硝基苯酚(45%) + 间硝基苯酚(痕量)

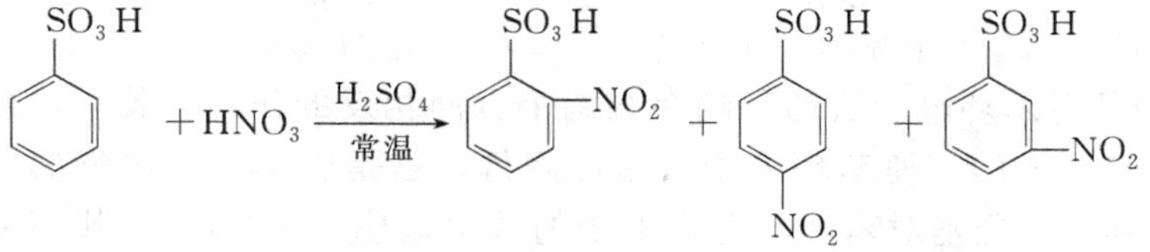

苯磺酸 + HNO₃ →(H₂SO₄/常温) 邻硝基苯磺酸(21%) + 对硝基苯磺酸(7%) + 间硝基苯磺酸(72%)

上述实验事实说明，苯环上已有的取代基可以影响第二个取代基进入苯环的难易，同时，影响第二个基团进入苯环的位置，这种现象称为苯环取代基的定位效应。

根据大量实验结果，将苯环上取代基分为两类。

(1) 邻、对位定位基　这类定位基能使第二个取代基主要进入其邻位和对位，且一般都使苯环活化（卤素除外）。常见的邻、对位定位基（定位能力由强到弱排列）有：

—O⁻、—NR₂、—NHR、—NH₂、—OH、—OR、—NHCOCH₃、—OCOCH₃、—R(—CH₃)、—X(Cl、Br、I) 等。

此类定位基与苯环相连的原子通常带负电荷，或具有孤对电子或为饱和原子（—CCl₃ 和—CF₃ 除外）。因此具有使苯环电子云密度增强的作用。

(2) 间位定位基　这类定位基能使第二个取代基主要进入其间位，且一般都使苯环钝化。常见的间位定位基（定位能力由强到弱排列）有：

—$\overset{+}{N}H_3$、—$\overset{+}{N}$(CH₃)₃、—NO₂、—C≡N、—SO₃H、—CHO、—COR、—COOH、—CONH₂ 等

此类定位基与苯环相连的原子一般带有正电荷，或具有不饱和键或具有强吸电子能力（如—CCl₃、—CF₃ 等）。因此具有使苯环电子云密度减小的作用。

2. 定位规律的理论解释

在苯分子中，苯环闭合大 π 键电子云是均匀分布的。当苯环上有一取代基后，取代基对苯环产生的诱导效应或共轭效应使苯环上电子云密度发生变化，从而使苯环上各位置电子云密度不同。因此，原有取代基会影响苯环发生亲电取代反应的难易以及引入基团进入苯环的位置。下面分别讨论两类定位基对苯环的影响及其定位效应。

(1) 邻、对位定位基　这类定位基与苯环相连的原子通常带负电荷，或具有孤对电子或为饱和原子（—CCl₃ 和—CF₃ 除外）。这些原子或基团能够通过 p-π 共轭效应或 +I 诱导效应，向苯环供电子，使苯环电子云密度增大，因此，有利于亲电取代反应的发生，能够使苯

第三章　芳香烃

环活化。下面以—CH₃、—OH 和—X 为例进行简要的解释。

① 甲基　甲基具有供电子的诱导效应（+I），向苯环提供电子。此外，甲基的三个 C—Hσ 键与苯环的 π 键形成的 σ-π 超共轭体系同样使 C—H 键 σ 电子云向苯环转移。这两种效应均使苯环上电子云密度增加，使由正电荷引发的亲电取代反应变得容易，因此甲苯比苯更易发生亲电取代反应。此外，由于同种电荷相互排斥结果，使得苯环上 6 个 C 原子的电子云增加并不完全相同，而是呈交替排列，甲基的邻、对位上电子云密度的较大。因此，新进入的取代基主要取代在甲基的邻位和对位。

诱导效应（+I）　　　超共轭效应

② 羟基　羟基对苯环电子云的影响存在两个方向相反的作用。其一，羟基对苯环表现出吸电子诱导效应（−I），使苯环电子云密度降低，这是由于羟基中氧的电负性比碳的电负性大造成的。其二，羟基对苯环具有供电子的共轭效应（+C），使苯环上电子云密度增高。羟基氧原子上 p 轨道上的未共用电子对可以与苯环上的 π 电子云形成 p-π 共轭体系，使氧原子上的电子云向苯环转移。这两种效应同时存在，但供电子的共轭效应（+C）大于吸电子的诱导效应（−I），所以两种效应共同作用的结果是羟基使苯环电子云密度增加，并在邻、对位增加较多，所以新进入的取代基主要取代羟基的邻位和对位。羟基是一个较强的邻、对位定位基，因此，苯酚比苯更容易进行亲电取代反应。

共轭效应（+C）与诱导效应（−I）

其他与苯环相连的带有未共用电子对的基团，如—$\ddot{\text{N}}$H₂、—$\ddot{\text{N}}$(CH₃)₂、—$\ddot{\text{O}}$CH₃ 等对苯环的电子效应与羟基类似。

③ 卤素　与羟基相似，卤素对苯环具有吸电子诱导效应（−I）和供电子 p-π 共轭效应（+C）。与羟基不同的是，卤素的电子诱导效应（−I）强于供电子 p-π 共轭效应（+C），因此两种效应共同作用的结果是卤素使苯环电子云密度降低，所以卤素对苯环上亲电取代反应有致钝作用，为致钝基团，亲电取代比苯困难。但当亲电试剂进攻苯环时，动态共轭效应起主导作用，供电子的共轭效应（+C）又使卤素的邻位和对位电子云密度高于间位，因此邻、对位产物为主要产物。

第三、第四、第五周期卤素的 p 轨道因轨道半径大于第二周期碳元素 p 轨道半径，根据分子轨道能量相近匹配原则，卤素中的 Cl、Br、I 对苯环的 +C 效应远小于第二周期的羟基和氨基；而处于第二周期的 F 虽然与同周期的羟基、氨基相似，对含碳共轭体系有较强的 +C 效应，但因其 −I 效应是所有取代基中最强者，故其 +C 效应仍然小于 −I 效应。

（2）间位定位基　这类定位基与苯环相连的原子通常带正电荷，或不饱和键或具有强吸电子能力（如—CCl₃、—CF₃ 等）。这些原子或基团能够通过吸电子的 p-π 共轭效应（−C）或吸电子的诱导效应（−I），使苯环电子云密度减小，不利于亲电取代反应的发生，能够使苯环钝化。下面以—NO₂ 为例进行简要的解释。

氮原子的电负性比碳大，因此硝基对苯环具有强吸电子诱导效应（$-I$）；同时存在吸电子的 π-π 共轭效应（$-C$）。两种电子效应均使苯环上电子云密度降低，尤其是硝基的邻、对位降低得更多。因此，硝基不仅使苯环钝化，亲电取代反应比苯困难，而且主要得到间位产物。

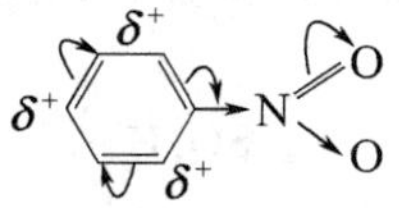

其他间位定位基，如氰基、羧基、羰基、磺酸基等对苯环也具有类似硝基的电子效应。

思考题 3-5 将下列化合物按硝化反应的活性由强到弱次序排列。

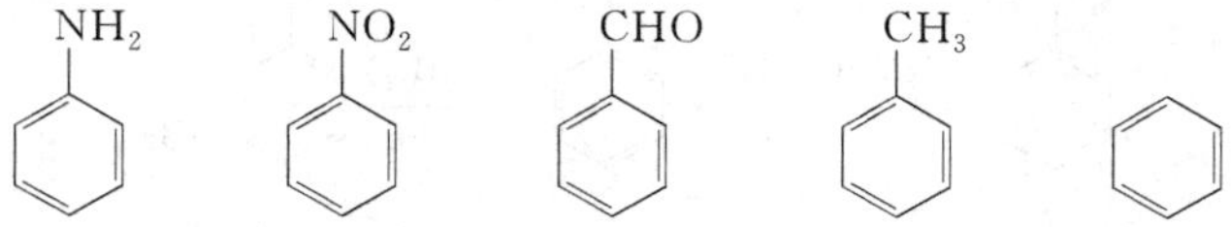

$C_6H_5NH_2$　　$C_6H_5NO_2$　　C_6H_5CHO　　$C_6H_5CH_3$　　C_6H_6

---

3. 二元取代苯的定位规则

苯环上已有两个取代基，第三个取代基进入苯环的位置，将由苯环上原有两个取代基的定位效应共同决定。

苯环上原有两个定位基团的定位效应一致时，新导入基团进入苯环的位置由原有两个定位基共同决定。

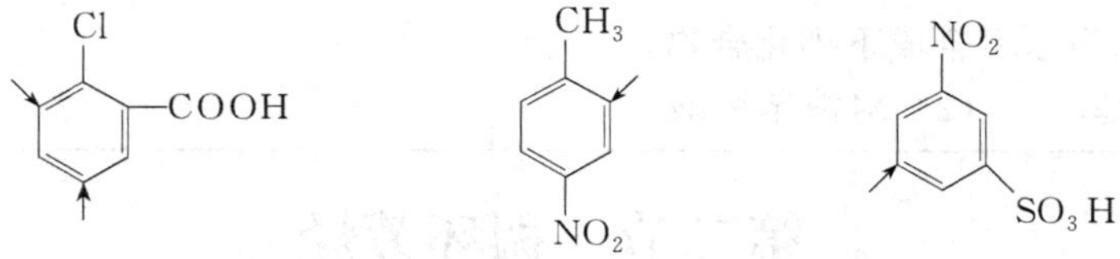

苯环上原有两个取代基定位效应不一致时，有两种情况。

① 两个取代基属于不同类型，其定位效应不一致时，新导入基团进入苯环的位置由邻对、位定位基决定。

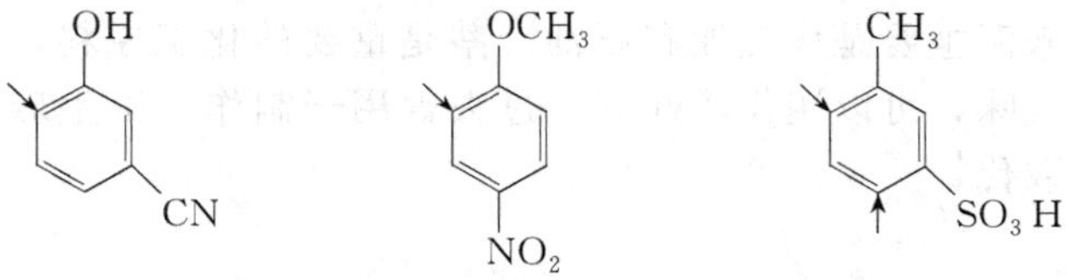

② 苯环上原有两个取代基属于同一类型，定位效应不一致时，新导入基团进入苯环的位置由定位能力强的定位基决定。若定位能力接近，则得到混合物。

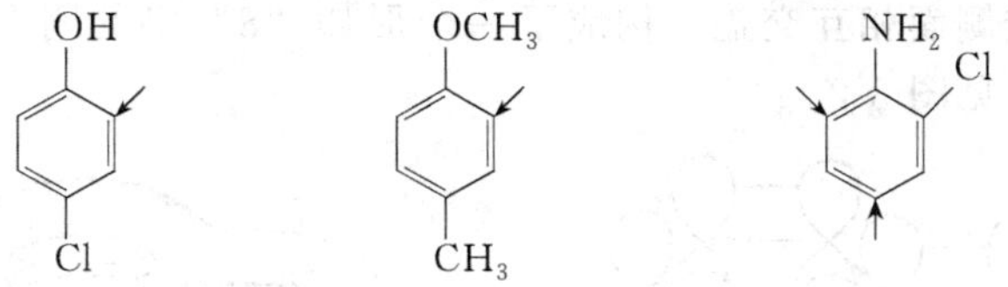

4. 定位规律的应用

对定位规律的了解与掌握，有助于人们预测反应的主要产物，从而更好地完成目标化合物的合成，例如，应用定位规律，我们可以判断出下列化合物进行亲电取代反应时，取代反应的主要产物。

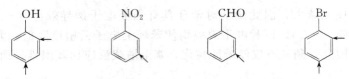

定位规律有助于选择合理的合成路线，例如，以苯为原料合成间氯苯磺酸，合理的合成路线应是先磺化，后氯代。

又例如，以甲苯为原料合成间溴苯甲酸，合理的合成路线应是先氧化，后溴代。

思考题 3-6 用箭头标出下列化合物硝化反应时，硝基进入苯环的主要位置：

思考题 3-7 以苯为原料合成下列化合物。
（1）对溴硝基苯　　（2）对溴苯甲酸

第二节　稠环芳烃

一、萘

萘是光亮的片状结晶，熔点 80.2℃，沸点 218℃，有特殊气味，易升华，不溶于水，易溶于有机溶剂。萘的来源主要是煤焦油和石油。萘是重要的化工原料，主要用于合成染料、农药等。萘因有特殊气味，可以用作防蛀剂，过去曾用于制作"卫生球"，但因其可能的致癌作用，现已被樟脑取代。

1. 萘的结构

萘的分子式为 $C_{10}H_8$。萘是由两个苯环共用两个碳原子稠合而成。物理方法已证明，萘与苯相似，所有的碳、氢原子处于同一平面，10 个碳原子的 p 轨道都垂直于 σ 键所在的平面，它们相互平行并在侧面相互交盖，构成了一个形如"8"字的闭合的共轭体系。因此萘同苯一样具有芳香性。见图 3-2。

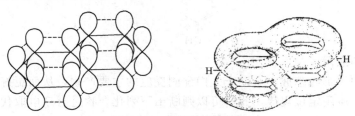

图 3-2　萘的分子结构

萘的芳香性比苯差，这是由于萘分子中两个共用碳上的 p 轨道除了彼此重叠外，还分别与相邻的另外两个碳上的 p 轨道重叠，使得萘环上 π 电子云分布的均匀性比苯要差。这一点已从萘的电子离域能及键长得到证实，萘的离域能约为 $254.98kJ \cdot mol^{-1}$，比两个单独苯的离域能（$150.48kJ \cdot mol^{-1}$）的总和（$300.96kJ \cdot mol^{-1}$）低。萘分子中碳碳键长也不完全等同。萘分子中碳碳键长数据如下：

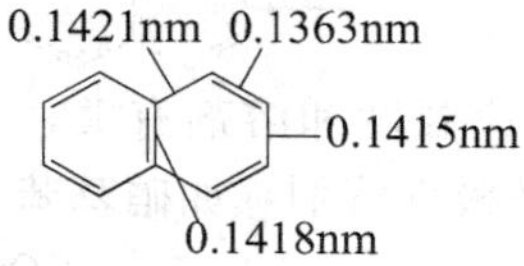
0.1421nm
0.1363nm
0.1415nm
0.1418nm

2. 萘衍生物的命名

萘环上各碳原子的位置并不完全等同，萘衍生物命名时，编号方式如下：

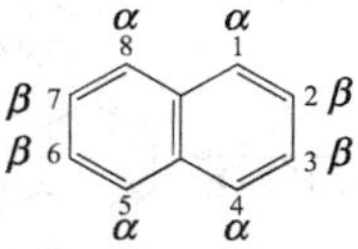
α 8
α 1
β 7
2 β
β 6
3 β
5 α
4 α

其中，1、4、5、8 位置相同，称为 α-位；2、3、6、7 位置相同，称为 β-位。命名时以母体取代基的位置尽可能小为原则，兼顾取代基的位置尽可能小。例如：

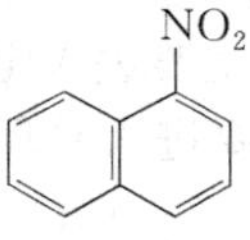
NO2

1-硝基萘

α-硝基萘

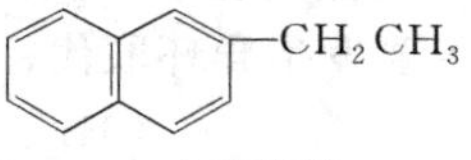
CH2CH3

2-乙基萘

β-乙基萘

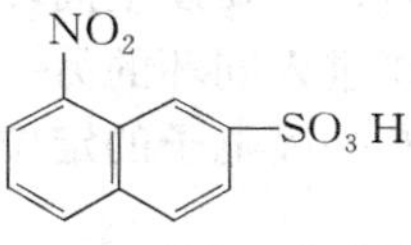
NO2
SO3H

8-硝基-2-萘磺酸

3. 萘的化学性质

萘具有芳香性，化学性质与苯相似，可以发生亲电取代反应、氧化反应和还原反应。

（1）取代反应　萘比苯更易发生亲电取代反应。实验测定，萘环的 α-位电子云密度比 β-位高，α-位取代有较小的活化能，因此亲电取代主要发生在 α-位。

在氯化铁催化下，将氯气通入萘的苯溶液中，主要生成 α-氯萘。

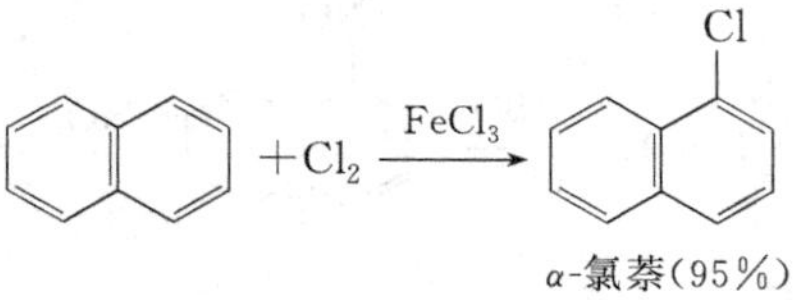
+Cl2
FeCl3
Cl

α-氯萘(95%)

萘用混酸进行硝化，主要生成 α-硝基萘。α-硝基萘是合成染料和农药的中间体。

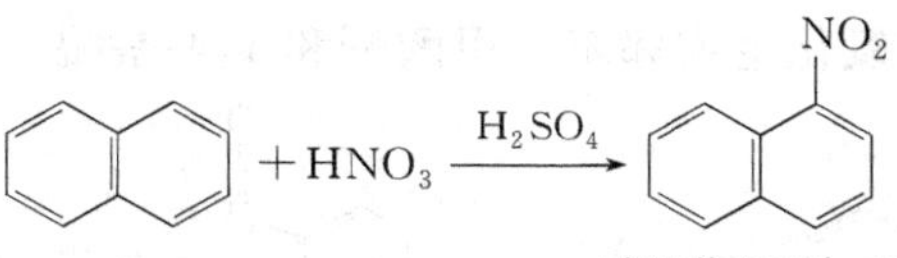
+HNO3
H2SO4
NO2

α-硝基萘(90%～95%)

萘在较低的温度下磺化，主要生成 α-萘磺酸。在较高温度时磺化，主要生成 β-萘磺酸。这是由于 1 位与 8 位相距很近（迫位），当较大的磺酸基进入 1 位后，比较拥挤，成为热力学不稳定产物（动力学控制产物）。β-位（2 位）取代虽有较大活化能，但较大取代基进入 β-位后，避免了 α-位取代的拥挤现象，故成为热力学稳定产物（热力学控制产物）。

因磺化反应是可逆的，温度升高使最初生成的 α-萘磺酸转化为对热更为稳定的 β-萘磺酸。

$$\text{萘} + H_2SO_4 \xrightarrow{60℃} \alpha\text{-萘磺酸} \xrightarrow{160℃} \beta\text{-萘磺酸}$$

萘的傅-克酰基化反应产物与反应温度和溶剂有关，在低温和非极性溶剂（如 CS_2）中，产物以 α-异构体为主；在较高温度及极性溶剂（如硝基苯）中，产物以 β-异构体为主。例如：

$$\text{萘} + CH_3\text{COCl} \xrightarrow{AlCl_3} \begin{cases} \xrightarrow[CS_2]{-15℃} \text{1-乙酰萘}(75\%) + \text{2-乙酰萘}(25\%) \\ \xrightarrow[C_6H_5NO_2]{25℃} \text{2-乙酰萘}(90\%) \end{cases}$$

当萘环上已有取代基，进行二元亲电取代反应时，主要遵循如下定位规律：萘环上有一供电子的定位基时，主要发生同环取代（即取代发生在定位基所在的苯环上）。若定位基位于 α-位，取代基主要进入同环的另一 α-位。若定位基位于 β-位，取代基则主要进入定位基相邻的 α-位。当萘环上有一吸电子的定位基时，主要发生异环取代，取代基主要进入异环的两个 α-位。

$$\text{1-甲基萘} \xrightarrow[FeCl_3]{Cl_2} \text{1-甲基-4-氯萘}$$

$$\text{2-甲基萘} + HNO_3 \xrightarrow{H_2SO_4} \text{2-甲基-1-硝基萘}$$

$$\text{2-硝基萘} + HNO_3 \xrightarrow[150℃]{H_2SO_4} \text{1,7-二硝基萘} + \text{1,6-二硝基萘}$$

（2）氧化反应　由于萘的芳香性比苯差，所以萘比苯容易被氧化，主要发生在 α-位，在不同的条件下，可分别被氧化生成邻苯二甲酸酐和 1,4-萘醌。

$$\text{萘} + O_2 \xrightarrow[450℃]{V_2O_5} \text{邻苯二甲酸酐}$$

$$\text{萘} \xrightarrow[10\sim15℃]{CrO_3,CH_3COOH} \text{1,4-萘醌}$$

一般来说，萘氧化的产物为苯的衍生物，仍保留一个苯环，表明苯比萘稳定。

（3）还原反应　萘的芳香性比苯差，在还原反应中也可充分体现出来。不使用催化剂，金属钠在液氨和乙醇的混合物中，产生的新生态氢就可使萘发生加氢反应，生成1,4-二氢化萘或四氢化萘。

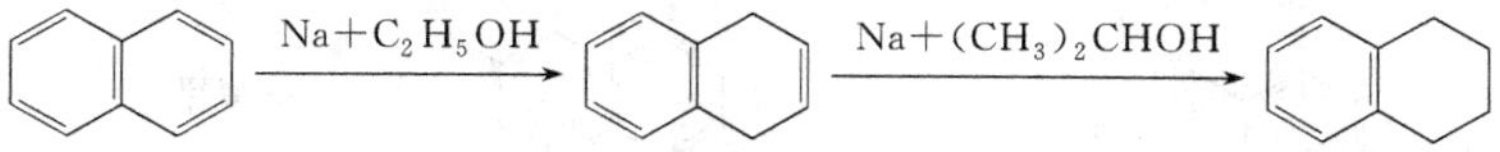

$$\text{萘} \xrightarrow{Na+C_2H_5OH} \text{1,4-二氢化萘} \xrightarrow{Na+(CH_3)_2CHOH} \text{四氢化萘}$$

四氢化萘含有苯环，若进一步加氢，便与苯的加氢条件一样。

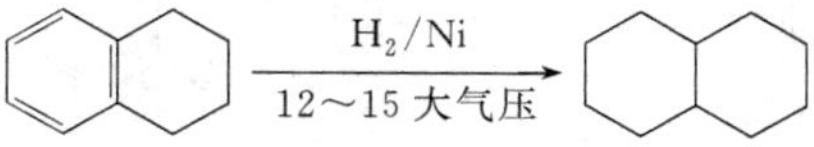

$$\text{四氢化萘} \xrightarrow[12\sim15\text{大气压}]{H_2/Ni} \text{十氢化萘}$$

思考题 3-8　命名下列化合物。

(1) 1-乙基-6-甲基萘结构式（CH₂CH₃ 在1位，CH₃ 在6位）

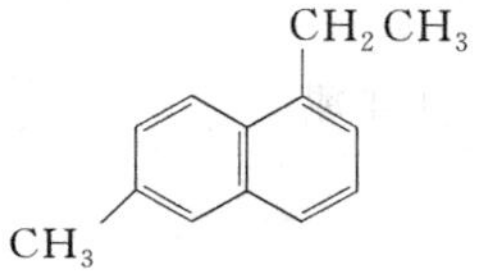

(2) 1-甲基-2-硝基-5-氯萘结构式

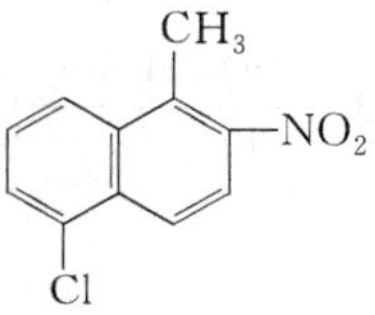

(3) 1-硝基-2-磺酸-5-甲基萘结构式

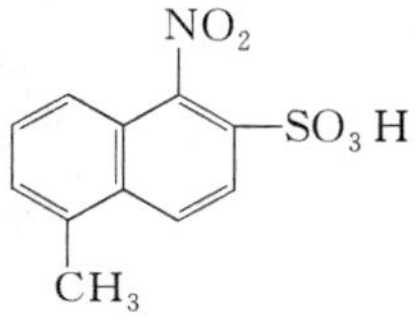

思考题 3-9　写出下列反应的主要产物。

(1) 1-甲基萘 $\xrightarrow[\triangle]{HNO_3/H_2SO_4}$

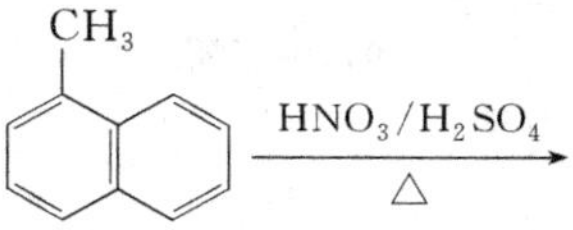

(2) 1-萘磺酸 $\xrightarrow{Br_2/FeBr_3}$

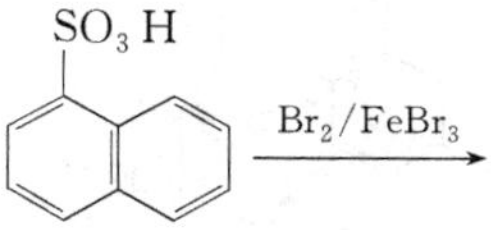

二、其他稠环芳烃

蒽和菲分子均由3个苯环稠合而成，互为同分异构体，分子式是 $C_{14}H_{10}$。蒽和菲分子中3个苯环都处在同一平面上，但其稠合位置不同，蒽和菲分子结构式如下所示。

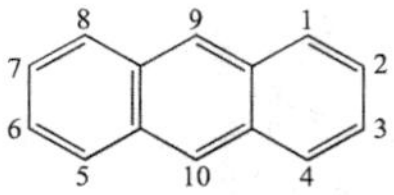

蒽的结构式 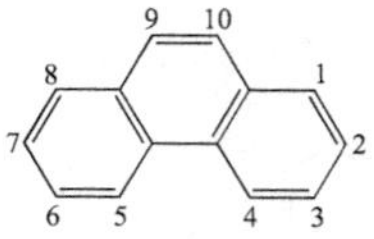　　菲的结构式

与萘相似，蒽和菲均是闭合共轭体系，但其环上电子云密度分布比萘环更加不均匀，所以蒽、菲的芳香性比萘差。其中蒽的离域能为 $349kJ \cdot mol^{-1}$，菲的离域能为 $381.63kJ \cdot mol^{-1}$，故菲的芳香性比蒽强。由离域能（每个苯环平均值）可知，苯、萘、菲、蒽的芳香性依次减弱。

在蒽分子中，1、4、5、8位相对共用碳原子的位置相等，称为 α-位；2、3、6、7位相对共用碳原子的位置相等，称为 β-位；9、10位相对共用碳原子的位置相等，称为 γ-位（或中位）。因此蒽的一元取代物有3种。

与蒽分子相似，菲分子中1、4、5、8位称为 α-位；2、3、6、7位称为 β-位；9、10位称为 γ-位，但菲分子中有5对相互对应的位置，即1与8，2与7，3与6，4与5，9与10，因此菲的一元取代物有5种异构体。

蒽和菲比苯更加活泼，其中9、10位（γ-位）的电子云密度最高，容易在9、10位发生取代反应、氧化反应和还原反应。

1. 亲电取代反应

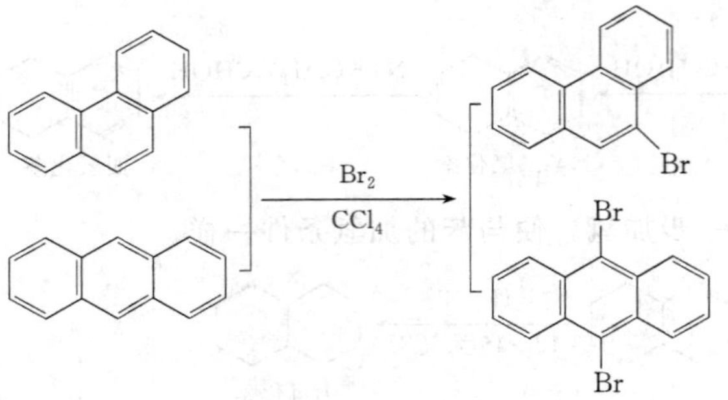

菲 $\xrightarrow[CCl_4]{Br_2}$ 9-溴菲

蒽 $\xrightarrow[CCl_4]{Br_2}$ 9,10-二溴蒽

2. 氧化反应

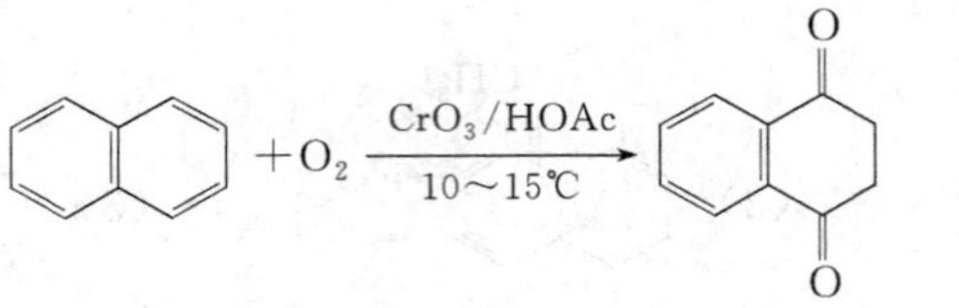

萘 $+ O_2 \xrightarrow[10\sim15℃]{CrO_3/HOAc}$ 1,4-醌

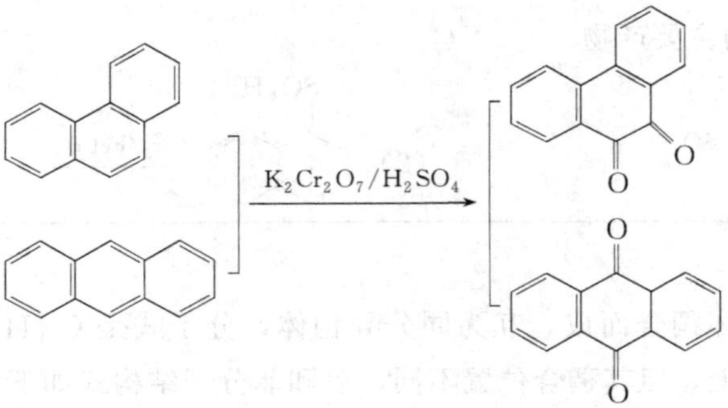

菲 $\xrightarrow{K_2Cr_2O_7/H_2SO_4}$ 9,10-菲醌

蒽 $\xrightarrow{K_2Cr_2O_7/H_2SO_4}$ 9,10-蒽醌

3. 还原反应

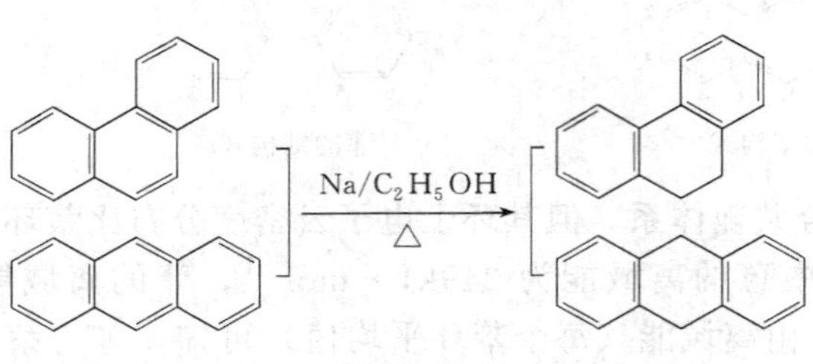

菲 $\xrightarrow[\Delta]{Na/C_2H_5OH}$ 9,10-二氢菲

蒽 $\xrightarrow[\Delta]{Na/C_2H_5OH}$ 9,10-二氢蒽

与菲不同的是，蒽还可以与马来酸酐发生 Diels-Alder 反应。

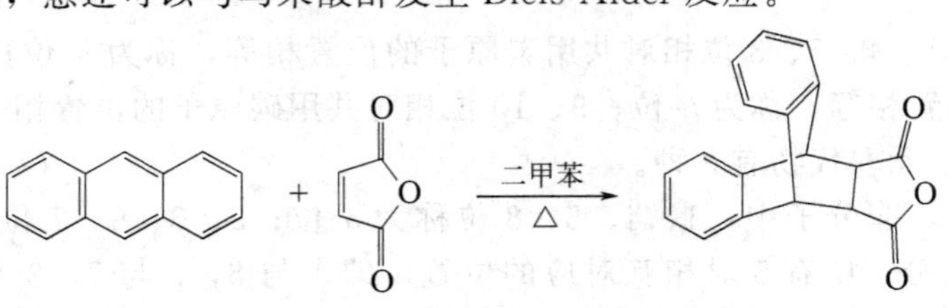

蒽 + 马来酸酐 $\xrightarrow[\Delta]{二甲苯}$ 产物

蒽和菲的衍生物非常重要，如蒽醌是一类重要的染料，如 9,10-蒽醌是生产阴丹士林系列染料的原料，中药大黄、番泻叶等的有效成分，也属于蒽醌类衍生物。

菲的分子结构对生物体生理生化作用具有重要意义。目前发现，一些重要的、对生物体具有特殊的生理作用的物质，如甾醇、生物碱、维生素、性激素分子中常含有环戊烷（并）多氢菲（甾环）的结构。例如，菲的氧化产物 9,10-菲醌，是治疗小麦锈病和甘薯黑斑病的农药，并可用作小麦、棉花的拌种剂。

除萘、蒽、菲外，煤焦油还含有一些其他稠环芳烃。例如：

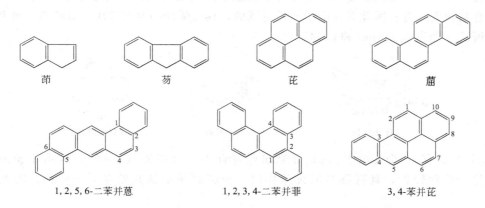

1,2,5,6-二苯并蒽　　　1,2,3,4-二苯并菲　　　3,4-苯并芘

煤、烟草、木材等不完全燃烧也会产生较多的稠环芳烃，研究证明，超过四个苯环的非线型稠合的稠环芳烃及其衍生物大多是有致癌活性和促进致癌的物质，常称为致癌芳烃，如苯并芘类稠环芳烃，特别是 3,4-苯并芘有强烈的致癌作用。机动车辆排出的废气，加工橡胶，熏制食品以及纸烟与烟草的烟气中均含有 3,4-苯并芘。据报道，一包香烟内含有 $0.32\mu g$ 的 3,4-苯并芘，研究表明 3,4-苯并芘需经细胞微粒体中的混合功能氧化酶激活才具有致癌性。通过各种途径进入大气中的 3,4-苯并芘，总是和大气中各种类型微粒形成的气溶胶结合在一起，经呼吸道吸入肺部，进入肺泡甚至血液，导致肺癌和心血管疾病。

第三节　休克尔规则与非苯芳烃

一、休克尔（E. Hückel）规则

随着有机合成技术的发展，人们逐渐合成出一些化合物，其分子中不含苯环结构，但具有类似于苯的芳香性。这说明芳香性并非苯及其衍生物所特有。那么具有芳香性的化合物，在结构上应具有什么共同特点呢？1936 年，德国物理学家 E. Hückel 根据大量的实验结果，提出了一个判别芳香体系的规则，称为休克尔规则。

休克尔规则要点如下。

(1) 组成环的碳原子均为 sp^2 杂化且都处在同一平面上（此时每个碳原子上的 p 轨道可彼此重叠形成环状闭合大 π 键）；

(2) 形成的环状闭合大 π 键上 π 电子数符合 $4n+2$（其中 $n=0,1,2,3,\cdots$），具有与惰性气体相类似的闭壳层结构。

到目前为止，休克尔规则非常成功地解释了大量实验事实和预测新的芳香体系。凡不符合休克尔规则的体系，就不具有芳香性。例如：

环戊二烯　　　　环丁二烯　　　　环辛四烯

环戊二烯因分子中有一个碳原子为 sp^3，无法形成环状闭合大 π 键，不符合休克尔规则，因此不具备芳香性。环丁二烯、环辛四烯及 [16] 轮烯分子中碳原子均为 sp^2 杂化，但分别具有 4 个、8 个和 16 个 π 电子，不符合 $4n+2$ 体系（其中 $n=0, 1, 2, 3, \cdots$），因此它们都无芳香性。实际上，环辛四烯的 8 个碳原子并不是共面的，而是呈"澡盆形"，无法形成闭合共轭大 π 键，因此其 π 电子云是定域的，具有烯烃的典型性质，其碳碳单键和碳碳双键的键长分别为 0.134nm 和 0.147nm。

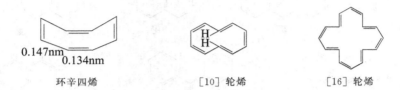

环辛四烯　　　　　　[10] 轮烯　　　　　　[16] 轮烯

[10] 轮烯有 10 个 π 电子，π 电子数虽然符合 $4n+2$ 规则（$n=2$），但由于轮内两个跨环氢原子相距较近，具有强烈的排斥作用，使碳原子不能共处在同一平面，因此无芳香性。

二、非苯芳烃

非苯芳烃是指分子中不含苯环结构，但显示一定芳香性的环状烃类物质。

[18] 轮烯的所有碳原子均为 sp^2 杂化且都处在同一平面上，形成闭环大 π 键，π 电子数为 18，符合 $4n+2$ 规则，具有芳香性。X 射线衍射结果显示，[18] 轮烯碳碳单键和碳碳双键的键长几乎相等，是典型的共轭结构。[18] 轮烯稳定性好，把它加热到 230℃ 仍不分解，是一个典型的大环非苯芳烃。

[18] 轮烯

除了化合物，某些离子（正或负离子），同样可以显示芳香性。例如，环丙烯正离子是最小的芳香体系，环丙烯正离子为平面结构，碳原子均为 sp^2 杂化，π 电子数为 2，符合休克尔规则（$n=0$），具有芳香性，环丙烯正离子是稳定的。现已合成了许多含取代基的环丙烯正离子的化合物。

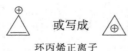

环丙烯正离子

环戊二烯负离子是最早认识的一个芳香负离子。其 5 个碳原子在同一平面，形成闭合大 π 键，π 电子数为 6，符合休克尔规则（$n=1$），所以具有芳香性。能同许多亲电试剂发生取代反应。

环戊二烯负离子

休克尔规则不仅适用于单环多烯体系,对周边共轭体系化合物、稠合多环共轭体系同样具有重要的指导意义。

思考题 3-10 利用休克尔规则判断下列化合物有无芳香性。

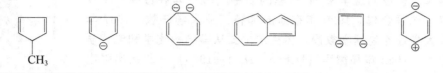

本章知识点归纳

芳香烃根据分子中是否含有苯环分为苯系芳烃和非苯芳烃。其中苯系芳烃依据苯环的数目和结合方式不同,分为单环芳烃、多环芳烃和稠环芳烃。

单环芳烃命名时,若苯环上连有简单烷基,以苯为母体;若连有烯基、炔基或复杂烷基,以烯烃、炔烃和烷烃为母体,苯作为取代基。苯的衍生物的命名依据IUPAC组织规定的母体次序进行命名。

稠环芳烃的命名原则与单环芳烃基本相似,仅编号有特殊的规定。

苯系芳香烃的结构特点,均含有苯环,苯环具有闭合大π键,大π键电子云高度离域,因此苯环非常稳定,一般条件下不易进行加成、氧化反应,而易发生取代反应。此性质称为"芳香性"。

苯及其同系物的苯环上容易发生卤代、硝化、磺化、傅-克烷基化和酰基化等亲电取代反应。在光照条件下,芳烃侧链的 α-H 易被卤素取代;含 α-H 的侧链易被氧化,α-碳原子被氧化成羧基;苯环只有在剧烈的氧化条件下才能被氧化;在特殊条件时,苯环大π键才可发生断裂,进行某些加成反应(如加氢、加卤素等)。

一元取代苯进行亲电取代反应时,第二个取代基进入苯环的位置,由苯环上原有取代基的性质决定,与第二个取代基的性质无关。苯环上原有的取代基叫做"定位基"。

根据大量的实验事实,定位基可分为邻、对位定位基和间位定位基两类。邻、对位定位基使第二个取代基主要进入其邻位和对位,并对苯环有致活作用(卤素除外),即亲电取代反应比苯容易;间位定位基使第二个取代基主要进入其间位,并对苯环有致钝作用,即亲电取代反应比苯困难。

二元取代苯进行亲电取代反应时,若原有的两个取代基为同一类,第三个取代基进入苯环的位置由定位能力强的定位基决定;若原有的两个取代基为不同类,第三个取代基进入苯环的位置由邻、对位定位基决定;在应用定位规则的同时,还要考虑到空间位阻的影响。

萘、蒽、菲是常见的稠环芳烃,都具有芳香性,但芳香性均比苯差。萘的加成、氧化及亲电取代反应均比苯容易,并且亲电取代反应主要发生在电子云密度高的 α-位。

休克尔规则是指均由 sp^2 杂化碳原子组成的平面单环多烯体系中,π电子数符合 $4n+2$ 规则时,便具有芳香性。

符合休克尔规则的环状烃均具有一定的芳香性。不含苯环结构而具有芳香性的环状烃称为非苯芳烃。

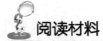

化学家休克尔

休克尔（Erich Armand Arthur Joseph Hückel），联邦德国物理化学家，1921年在P.德拜的指导下获博士学位。他在格丁根大学工作两年，曾任物理学家M.玻恩的助手。1922年在苏黎世工业大学再度与德拜合作。1930年在斯图加特工业大学任教。1937年任马尔堡大学理论物理学教授。休克尔主要从事结构化学和电化学方面的研究。1923年和德拜（Debye，1884—1966）一起提出强电解质溶液理论，推导出强电解质稀溶液中离子活度系数的数学表达式，也就是德拜-休克尔极限定律（Debye-Hückel's limiting law）。1931年提出了一种分子轨道的近似计算法（休克尔分子轨道法），主要用于π电子体系，对芳香烃的电子特性在理论上作出了解释，并总结出休克尔（Hückel's rule）规则。

休克尔

习 题

1. 命名下列化合物。

2. 写出下列化合物或基的结构式。
   (1) 2-甲基-3-苯基-1-戊烯
   (2) 2-甲基-5-溴苯甲酸
   (3) 2,3-二硝基-4-氯苯磺酸
   (4) 对溴苯甲酸
   (5) 2-乙基-6-氯萘甲醛
   (6) 3-甲基-8-溴-2-萘磺酸
   (7) 2-溴萘
   (8) 对甲苯基
   (9) 邻甲基苯乙炔

3. 将下列各组化合物按亲电取代反应的活性由强到弱次序排列。
   (1) 苯 甲苯 邻二甲苯 溴苯
   (2) 苯酚 苯甲酸 甲苯 硝基苯

(3) 苯甲酸　对苯二甲酸　对乙基苯甲酸　对甲基邻乙基苯

4. 用箭头标出下列化合物进行亲电取代反应时，取代基进入苯环的主要位置。

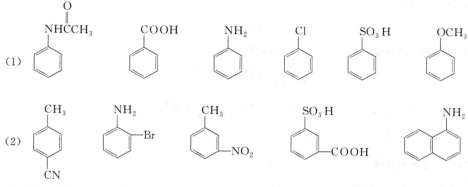

5. 完成下列反应式。

(1) 苯乙烷 $\xrightarrow{?}$ 对溴乙苯 $\xrightarrow{?}$ 2-硝基-4-溴乙苯 $\xrightarrow{KMnO_4/H^+}{\triangle}$?

(2) C$_6$H$_5$CH(CH$_3$)CH=CH$_2$ $\xrightarrow{Br_2}{CCl_4}$? $\xrightarrow{Cl_2}{光}$?

(3) 甲基环丙烷 $\xrightarrow{HBr}$? $\xrightarrow[无水\ AlCl_3]{苯}$? $\xrightarrow{Fe}{Br_2}$?

(4) 苯 + CH$_3$COCl $\xrightarrow{无水\ AlCl_3}$? $\xrightarrow{浓\ HNO_3}{浓\ H_2SO_4}$?

(5) C$_6$H$_5$CH$_2$CH$_2$CH$_2$COCl $\xrightarrow{无水\ AlCl_3}$?

(6) 苯 + O$_2$ $\xrightarrow{V_2O_5}{450℃}$? $\xrightarrow{乙炔}$?

(7) 萘 + O$_2$ $\xrightarrow{V_2O_5}{450℃}$? $\xrightarrow[无水\ AlCl_3]{苯}$?

(8) 萘 $\xrightarrow{浓\ HNO_3}{浓\ H_2SO_4}$? $\xrightarrow{Br_2}{Fe}$?

6. 用简便化学方法鉴别下列各组化合物。

　(1) 苯　甲苯　苯乙烯　苯乙炔

　(2) 苯　环己基苯　环己烷

7. 用指定的原料合成下列化合物（无机试剂可任选）。

　(1) 以苯为主要原料合成 间溴苯甲酸

(2) 以苯为主要原料合成 [3-溴硝基苯]

(3) 以苯和丙烯为原料合成 [2-氯-4-硝基异丙苯类化合物]

(4) 以甲苯为主要原料合成 [4-甲基-4'-硝基二苯甲烷]

(5) 以甲苯为主要原料合成 [邻硝基苯甲酸]

8. 根据休克尔规则判断下列各化合物是否具有芳香性。

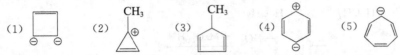

9. 某烃 A 的分子式为 C_9H_8，能与 $AgNO_3$ 的氨溶液反应生成白色沉淀。A 与 2mol 氢加成生成 B，B 被酸性高锰酸钾氧化生成 C（$C_8H_6O_4$）。在铁粉存在下 C 与 1mol 氯反应，得到的一氯代主要产物只有一种。试推测 A、B、C 的结构式。

10. 化合物 A 分子式为 C_8H_{10}，在三溴化铁催化下，与 1mol 溴作用只生成一种产物 B；B 在光照下与 1mol 氯反应，生成两种产物 C 和 D。试推测 A、B、C、D 的结构式。

11. 三种芳烃分子式均为 C_9H_{12}，氧化时 A 得到一元酸，B 得到二元酸，C 得到三元酸；进行硝化反应时，A 主要得到两种一硝基化合物，B 只得到两种一硝基化合物，而 C 只得到一种一硝基化合物。试推测 A、B、C 的结构式。

第四章 旋光异构

Chapter 04

旋光异构又称为对映异构，属于立体异构研究范畴。立体异构是相对于构造异构的一个概念，它是由于分子中原子或基团在空间的排列位置不同而引起的异构。广义上，立体异构分为对映异构和非对映异构两类，两者之间略有差异。其中对映异构是指构造相同而旋光性能不同的两个分子互成实物与镜像排列方式。非对映异构又包括顺反异构（即几何异构）和构象异构，与旋光性无关。顺反异构一般是指在有双键或小环结构（如环丙烷）的分子中，由于分子中双键或环的原子间的键的自由旋转受阻碍而存在不同的空间排列方式。构象异构是由于单键的旋转而使分子中的原子或基团在空间产生不同的排列方式。

前面已经讨论了构造异构、构象异构和顺反异构。本章主要讨论旋光异构。

第一节　旋光异构的基本概念

一、平面偏振光

普通光含有各种波长的射线，并在与其传播方向垂直的各个平面上振动，若使普通光通过一个尼科尔（Nicol）棱镜，大部分射线就被阻挡，只有与棱镜的晶轴平行振动的射线才能全部通过。这种通过棱镜后只能在一个平面上振动的光称为平面偏振光，简称偏振光（图 4-1）。

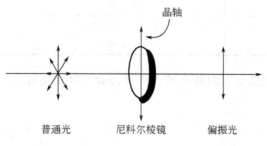

图 4-1　平面偏振光

二、旋光异构

实验研究表明，平面偏振光通过水、乙醇、乙醚等物质时，偏振光振动平面仍维持不变，通过剧烈运动后肌肉中形成的乳酸时，偏振光向右偏转 α，通过经由葡萄糖发酵形成的乳酸时，偏振光向左偏转 α，见图 4-2。这种能使偏振光的振动平面旋转的性质称为物质的旋光性。像乳酸这样，构造相同、旋光性不同，形成实物与镜像关系的两种分子的现象称为旋光异构现象，或称对映异构现象、光学异构现象。这种异构体称为对映异构体或称旋光异构体、光学异构体,简称对映体,见图 4-3。对映体是成对存在的,它们旋光能力相同,但旋光方向相反,具体见表 4-1。

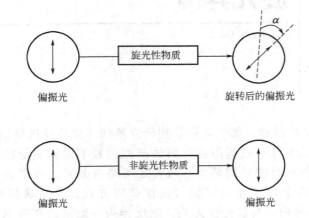

图 4-2 偏振光通过介质情况图

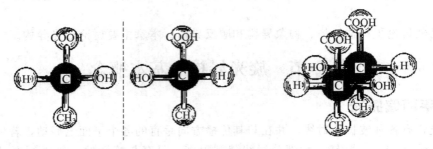

图 4-3 乳酸对映体示意图

表 4-1 对映体性质

物质名称	比旋光度	熔点/℃
右旋(+)-乳酸	$[\alpha]_D^{15}=+3.82$(水)	53
左旋(−)-乳酸	$[\alpha]_D^{15}=-3.82$(水)	53

特别地,平面偏振光振动方向转动的角度称为旋光度,用符号 α 表示。旋光度可以用旋光仪(如图 4-4)测出。

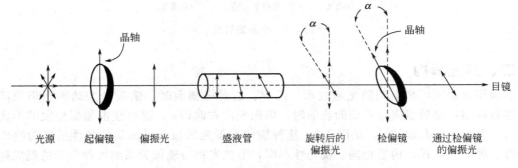

图 4-4 旋光仪的构造及其工作原理

另外，物质旋光度的大小与被测物质本身、溶液的浓度、盛液管的长度、测定时的温度、所用光源的波长以及溶剂的性质等因素有关。为了能更明确地反映某物质的旋光方向和旋光能力，比较物质间的旋光能力，后来采用比旋光度来表示物质的旋光性。通常规定被测溶液浓度为 $1g \cdot mL^{-1}$，盛液管长度为 1dm，温度为 t（一般为 20℃），所用光源波长为 λ（常用钠光，波长 589nm，标记为 D）条件下测得的旋光度称为比旋光度，用 $[\alpha]_\lambda^t$ 表示，它与旋光度之间有如下关系：

$$[\alpha]_\lambda^t = \frac{\alpha}{cl}$$

式中，t 为测定时的温度；α 为测得的旋光度（°）；c 为被测溶液的浓度（$g \cdot mL^{-1}$）；l 为盛液管的长度（dm）。

同时，在表示比旋光度时，不仅要注明所用光源的波长及测定时的温度，还要注明所用的溶剂。旋光方向用"+"、"−"表示，"+"表示右旋，"−"表示左旋，例如，用钠光灯作为光源，在 20℃时测定葡萄糖水溶液的比旋光度为+52.5°，应记作：

$$[\alpha]_D^{20} = +52.5°（水）$$

上式表明，该物质的比旋光度是在水中测定的，测定时溶液的温度是 20℃，所用的光是钠光灯，该物质使平面偏振光向右旋，比旋光度为 52.5°。

第二节　旋光异构与手性

一、旋光异构与手性的关系

旋光异构现象与分子的结构有密切的关系，产生旋光异构现象的结构原因是手性。什么是手性？如果把左手放到镜子面前，其镜像与右手相同，左、右手的关系是实物与镜像的关系，外貌极为相似（即互相对映）但又不能重合，物质的这种相对映但不能重合的特征称为物质的手性或手征性。有些物质是能与其镜像重合的，这类物质不具手性，称为非手性物质。

凡是手性分子都具有旋光性，即旋光性分子具有手性的结构特征。如从肌肉中得到的乳酸和葡萄糖经特种细菌作用发酵得到的乳酸分子结构，如图 4-3 所示。

两个乳酸分子的结构是实物与镜像的关系，相对映而不重合，即乳酸分子具有手性，是手性分子。

二、手性分子和判别手性分子的依据

在立体化学里，凡是与自身的镜像不能重合的分子是具有手性的分子，称为手性分子。凡是与镜像重合的分子，称为非手性分子。

一个化合物分子是否具有手性，能否与其镜像重合，与分子的对称性有关。只要考察分子的对称性就可判断分子是否具有手性。考察分子的对称性，主要有以下几种情况：

1. 对称面

对称面（符号 σ）：假如有一个平面可以把分子分割成互为镜像的两部分，该平面就是分子的对称面。如图 4-5 所示的分子中都存在对称面。

在 1,1-二氯乙烷分子中，对称面 σ 过 H、C、CH_3 三个质点，并平分∠ClCCl；在 (E)-1,2-二氯乙烯分子中对称面 σ 过所有原子。

2. 对称中心

若分子中有一点 i，过 i 点作任一直线，如果在离 i 等距离的两端有相同的原子存在，

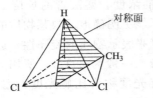 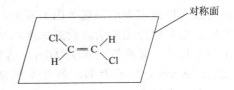

图 4-5　分子对称面示意图

则点 i 为分子的对称中心。如图 4-6 所示化合物中都存在对称中心。

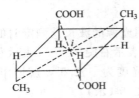 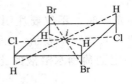

图 4-6　分子对称中心示意图

3. 对称轴（符号 C）

假如分子中有一条直线，当分子以此直线为轴旋转 $360°/n$ 后（$n=2$，3，4，…），得到的分子与原来的相同，这条直线就是 n 重对称轴，用 C_n 表示。如图 4-7 所示化合物中，(E)-1,2-二氯乙烯分子绕轴旋转 $180°$后和原来分子的形象一样，由于 $360°/180°=2$，这是二重对称轴；苯分子绕轴旋转 $60°$，即和原来分子形象相同，为六重对称轴（$360°/60°=6$）。

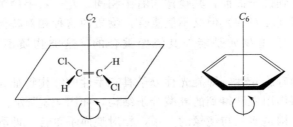

图 4-7　分子对称轴示意图

4. 交替对称轴（符号 S）

首先是分子通过一个轴，旋转 $360°/n$（$n=2$，3，4，…），然后用一个垂直于这个轴的镜面反射，如果得到的镜像与原分子的立体镜像相同，此轴为交替对称轴，用 S_n 表示。如图 4-8 所示化合物就有一个交替对称轴 S_2。

交替对称轴常和其他对称因素同时存在，如图 4-9 具有二重交替对称轴，同时也具有对

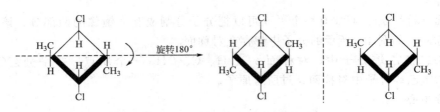

图 4-8　分子交替对称轴示意图

称中心。此外,还有四重交替对称轴,但这种对称因素较少见,在此从略。

根据分子具有的对称因素,可把化合物分为三类:凡具有对称面、对称中心和交替对称轴任何一种对称因素的化合物称为对称化合物;仅有简单对称轴而不具备其他对称因素的化合物称为非对称化合物;不具备任何对称因素的化合物称为不对称化合物。其中,非对称化合物和不对称化合物,它们的实物和镜像不能重合,因此不具备手性,是非手性分子。要判断一个分子是否有手性,一般情况下看它是否有对称面、对称中心或交替对称轴即可。当一个碳原子上所连的四个原子或基团各不相同时,它没有对称面、对称中心和交替对称轴,这个碳原子叫做手性碳原子或不对称碳原子,常用 C* 表示。例如乳酸和苹果酸的分子中都含有一个手性碳原子,酒石酸分子中则含有两个手性碳原子:

$$
\begin{array}{ccc}
\text{COOH} & \text{COOH} & \text{COOH} \\
\text{H—C*—OH} & \text{HO—C*—H} & \text{HO—C*—H} \\
\text{CH}_3 & \text{H—C—H} & \text{H—C*—OH} \\
& \text{COOH} & \text{COOH} \\
\text{乳酸} & \text{苹果酸} & \text{酒石酸}
\end{array}
$$

这三个有机酸分子都含有手性碳原子,又无对称面、对称中心和交替对称轴,是手性分子,都具有旋光性。因此,分子具有手性的必要和充分条件是无对称面、对称中心和交替对称轴。

第三节 含手性碳原子化合物的旋光异构

一、含一个手性碳原子化合物的旋光异构

1. 对映体与外消旋体

含一个手性碳原子的化合物一定是手性分子,一定存在对映异构现象,具有一对对映异构体,一个是左旋的,另一个是右旋的。例如,乳酸分子中含有一个手性碳原子(图 4-3),存在一对对映体。

2-溴丁烷分子也含有一个手性碳原子,属手性分子,也存在一对对映异构体(见图 4-9)。

镜子

图 4-9 2-溴丁烷对映体示意图

对映体除了对平面偏振光的旋转方向相反外,其他物理性质,如熔点、沸点、密度、折射率、溶解度等相同。除了与有光学活性的物质反应外,其化学性质也相同。

当把等量的(—)-2-溴丁烷和(+)-2-溴丁烷混合后,混合物使偏振光的旋转相互抵消,不显示出旋光性。这种由等量对映体组成的混合物叫做外消旋体,用(±)或"dl"表示,如外消旋 2-氯丁烷可记作(±)-2-溴丁烷或 dl-2-溴丁烷。

外消旋体(±)是一个混合物,它与对映体中的左旋体(—)或右旋体(+)相比较,外消旋体的化学性质一般与旋光异构体相同。但物理性质如旋光性、熔点、沸点、密度、折

射率、溶解度等不相同（见表 4-2）。

表 4-2 乳酸的物理性质

项 目	熔点/℃	$[\alpha]_D^{20}$（水）	pK_a
（+）-乳酸	28	+3.82°	3.79
（−）-乳酸	28	−3.82°	3.79
（±）-乳酸	18	0°	3.79

由上述内容可知，含一个手性碳原子化合物的分子具有手性，因而具有旋光性。它有两个旋光异构体，一个为左旋体，另一个为右旋体，它们的等量混合物可组成一个外消旋体。

2. 旋光异构体构型的表示方法

描述旋光异构体分子中的原子或基团在空间的排列方式时，常采用模型表示法、透视式表示法和 Fischer 投影式法。

（1）模型表示法　模型表示法是指用表示化学键的短棍连接画有原子或官能团的小球分子模型，该方法最直观，但是用起来不太方便，图 4-10 是 2-氯丁烷两个对映体的分子模型。

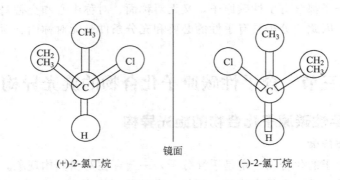

图 4-10　2-氯丁烷两个对映体分子模型

（2）透视式表示法　透视式表示法以虚线表示基团位于纸面的后方，以楔形线表示基团位于纸面的前方，实线相连的两个基团位于纸平面上，手性碳原子位于四面体的中心，但不写出"C"。这种表示方法也很直观，有立体感，但书写也不简洁。例如，2-氯丁烷两个对映体分子的透视式见图 4-11。

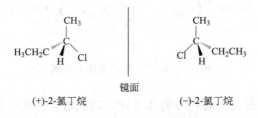

图 4-11　2-氯丁烷两个对映体分子透视式

（3）费歇尔投影式法　模型表示法和透视式表示法比较直观，立体感好，但书写起来比较麻烦，尤其是书写结构复杂的化合物就更加困难。因此，现在广泛使用的是一种比较简便的表示法——费歇尔（Fischer）投影式法。例如，2-氯丁烷的一对对映体可用费歇尔投影式表示，见图 4-12。

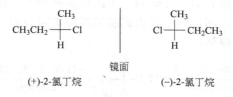

(+)-2-氯丁烷　　　　　(-)-2-氯丁烷

图 4-12　2-氯丁烷一对对映体费歇尔投影式

费歇尔投影式的投影规则如下：
① 将碳链竖起来，把氧化态较高的碳原子或命名时编号最小的碳原子放在最上端。
② 与手性碳原子相连的两个横键伸向前方，两个竖键伸向后方。
③ 横线与竖线的交点代表手性碳原子。
按此投影规则，乳酸的一对对映体的费歇尔投影式见图 4-13。

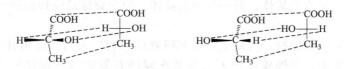

图 4-13　乳酸一对对映体的费歇尔投影式

费歇尔投影式是用平面式来表示分子的立体结构，看费歇尔投影式时必须注意"横前竖后"，即与手性碳原子相连的两个横键是伸向纸前方的，两个竖键是伸向纸后方的。表示某一化合物的费歇尔投影式只能在纸平面上平移，也能在纸平面上旋转180°或其整数倍，但不能在纸平面上旋转90°或其整数倍，也不能离开纸平面翻转，否则得到的费歇尔投影式就代表其对映体的构型。

判断两个费歇尔投影式是否表示同一构型，有以下几点可以利用。
① 若将其中一个费歇尔投影式在纸平面上旋转180°后，得到的投影式和另一投影式相同，则这两个投影式表示同一构型。如下述两个投影式表示同一构型：

$$\begin{array}{c} CH_3 \\ H-\!\!\!\!-\!\!\!\!-OH \\ C_2H_5 \end{array} \xrightarrow{\text{旋转 180°}} \begin{array}{c} C_2H_5 \\ HO-\!\!\!\!-\!\!\!\!-H \\ CH_3 \end{array}$$

② 若将其中一个费歇尔投影式在纸平面上旋转90°（顺时针或逆时针旋转均可）后，得到的投影式和另一投影式相同，则这两个投影式表示两种不同构型，二者是一对对映体。如下述两个投影式表示一对对映体：

$$\begin{array}{c} COOH \\ H-\!\!\!\!-\!\!\!\!-OH \\ CH_3 \end{array} \xrightarrow[\text{逆时针旋转 90°}]{\text{顺时针旋转 90°}} \begin{array}{c} H \\ H_3C-\!\!\!\!-\!\!\!\!-COOH \\ OH \end{array}$$

③ 若将其中一个费歇尔投影式的手性碳原子上的任意两个原子或基团交换偶数次后，得到的投影式和另一投影式相同，则这两个投影式表示同一构型。如下述化合物 Ⅰ 和 Ⅱ 表示同一构型：

$$\underset{\text{I}}{\begin{array}{c} CH_3 \\ H-\!\!\!\!-\!\!\!\!-Cl \\ C_2H_5 \end{array}} \xrightarrow[\text{第一次交换}]{-H \text{ 和 } -CH_3 \text{ 交换}} \begin{array}{c} H_3C-\!\!\!\!-\!\!\!\!-Cl \\ C_2H_5 \end{array} \xrightarrow[\text{第二次交换}]{-Cl \text{ 和 } -C_2H_5 \text{ 交换}} \underset{\text{II}}{\begin{array}{c} H \\ H_3C-\!\!\!\!-\!\!\!\!-C_2H_5 \\ Cl \end{array}}$$

若将其中一个费歇尔投影式的手性碳原子上的任意两个原子或基团交换奇数次后,得到的投影式和另一投影式相同,则这两个投影式表示两种不同构型,二者是一对对映体。如下述化合物Ⅲ和Ⅳ表示一对对映体:

$$\underset{\text{Ⅲ}}{\overset{CH_3}{\underset{C_2H_5}{H-\overset{|}{\underset{|}{C}}-Cl}}} \xrightarrow[\text{第一次交换}]{-H \text{ 和} -CH_3 \text{ 交换}} \underset{}{\overset{H}{\underset{C_2H_5}{H_3C-\overset{|}{\underset{|}{C}}-Cl}}} \xrightarrow[\text{第二次交换}]{-H \text{ 和} -C_2H_5 \text{ 交换}} \underset{}{\overset{C_2H_5}{\underset{H}{H_3C-\overset{|}{\underset{|}{C}}-Cl}}}$$

$$\xrightarrow[\text{第三次交换}]{-Cl \text{ 和} -CH_3 \text{ 交换}} \underset{\text{Ⅳ}}{\overset{C_2H_5}{\underset{CH_3}{Cl-\overset{|}{\underset{|}{C}}-H}}}$$

3. 构型的命名(标记)法

(1) 相对构型——D、L 标记法 已知 2-氯丁烷、乳酸等含一个手性碳原子的化合物有两个旋光异构体,一个为左旋体,另一个为右旋体。但左旋体是哪种构型?右旋体又是哪种构型?

在早期还没有方法测定时,为避免混淆和研究的需要,人为选择用甘油醛作为参比物,规定在费歇尔投影式中,手性碳原子上的羟基在碳链右侧的为右旋甘油醛,定为 D-构型,则它的对映体就是左旋的,定为 L-构型。

$$\underset{D-(+)-\text{甘油醛}}{\overset{CHO}{\underset{CH_2OH}{H-\overset{|}{\underset{|}{C}}-OH}}} \qquad \underset{L-(-)-\text{甘油醛}}{\overset{CHO}{\underset{CH_2OH}{HO-\overset{|}{\underset{|}{C}}-H}}}$$

规定了甘油醛的构型后,其他旋光性物质的构型就可通过一定的化学转变与甘油醛联系起来。凡可由 L-甘油醛转变而成的或是可转变成为 L-甘油醛的化合物,其构型必定是 L-构型的,凡可由 D-甘油醛转变而成的或是可转变成为 D-甘油醛的化合物,其构型必定是 D-构型的。需要注意的是,在转变的过程中不能涉及手性碳原子上键的断裂,否则就必须知道转变反应的历程。例如,右旋甘油醛通过下列步骤可转变成为左旋甘油酸和左旋乳酸,因为反应过程中并未涉及手性碳原子上键的断裂,所以生成的左旋甘油酸和左旋乳酸都应是 D-构型的。

$$\underset{D-(+)-\text{甘油醛}}{\overset{CHO}{\underset{CH_2OH}{H-\overset{|}{\underset{|}{C}}-OH}}} \xrightarrow{[O]} \underset{D-(-)-\text{甘油酸}}{\overset{COOH}{\underset{CH_2OH}{H-\overset{|}{\underset{|}{C}}-OH}}} \xrightarrow{[H]} \underset{D-(-)-\text{乳酸}}{\overset{COOH}{\underset{CH_3}{H-\overset{|}{\underset{|}{C}}-OH}}}$$

其他与甘油醛结构类似的化合物可同甘油醛对照,在费歇尔投影式中,手性碳原子上的两个横键原子或基团中较大的一个在碳链左侧的为 L-构型,在右侧的为 D-构型。例如:

$$\underset{L-2-\text{氯丙醛}}{\overset{CHO}{\underset{CH_3}{Cl-\overset{|}{\underset{|}{C}}-H}}} \qquad \underset{D-2-\text{氯丙醛}}{\overset{CHO}{\underset{CH_3}{H-\overset{|}{\underset{|}{C}}-Cl}}} \qquad \underset{L-2-\text{氨基丙酸}}{\overset{COOH}{\underset{CH_3}{H_2N-\overset{|}{\underset{|}{C}}-H}}} \qquad \underset{D-2-\text{氨基丙酸}}{\overset{COOH}{\underset{CH_3}{H-\overset{|}{\underset{|}{C}}-NH_2}}}$$

由于 D、L 标记法是相对于人为规定的标准物而言的,所以这样标记的构型又叫做相对构型。1951 年毕育特(J. M. Bijvoetetal)等人用 X 射线衍射法测定了右旋酒石酸铷钾的真实构型(也称绝对构型),发现其真实构型与其相对构型恰好相同。这意味着人为假定的甘油醛的相对构型就是其绝对构型,同时也表明用甘油醛作为参比物确定的其他旋光性物质的相对构型也就是其绝对构型。

D、L 标记法一般适用于含一个手性碳原子的化合物，对于含多个手性碳原子的化合物很不方便，且选择的手性碳原子不同，得到的结果可能不同，容易引起混乱。由于 D、L 标记法是以甘油醛作为参比物的，被标记的化合物必须与甘油醛有一定的联系，或者与甘油醛的结构类似才行。另外，有时一个化合物可以从两个不同构型的化合物转化而来，此时只好任意选定 D-或 L-构型。所以 D、L 标记法有很大的局限性。鉴于此，IUPAC 于 1970 年建议采用 R、S 标记法。但在标记氨基酸和糖类化合物的构型时，仍普遍采用 D、L 标记法。

(2) 绝对构型——R、S 标记法 R、S 标记法是根据手性碳原子上的四个原子或基团在空间的真实排列来标记的，因此用这种方法标记的构型是真实的构型，叫做绝对构型。R、S 标记法的规则如下：

① 按照次序规则，将手性碳原子上的四个原子或基团按先后次序排列，较优的原子或基团排在前面。

② 将排在最后的原子或基团放在离眼睛最远的位置，其余三个原子或基团放在离眼睛最近的平面上。

③ 按先后次序观察其余三个原子或基团的排列走向，若为顺时针排列，叫做 R-构型（R：rectus，拉丁文，右），若为逆时针排列，叫做 S-构型（S：sinister，拉丁文，左）。

例如，2-氯丁烷分子中手性碳原子上四个基团的先后次序为：—Cl>—C_2H_5>—CH_3>—H。将排在最后的—H 放在离眼睛最远的位置，其余的—Cl、—C_2H_5、—CH_3 放在离眼睛最近的平面上，按先后次序观察—Cl→—C_2H_5→—CH_3 的排列走向，顺时针排列的叫做 R-2-氯丁烷，逆时针排列的叫做 S-2-氯丁烷。

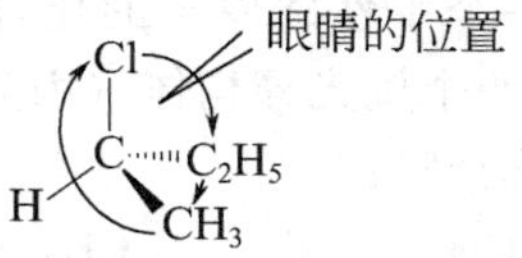

—Cl→—C_2H_5→—CH_3 为顺时针排列
R-2-氯丁烷

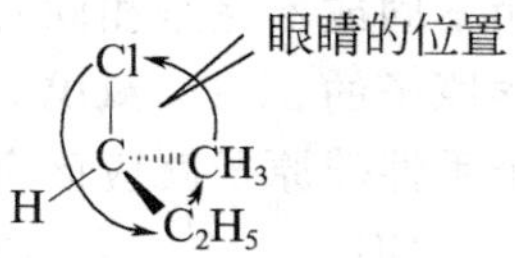

—Cl→—C_2H_5→—CH_3 为逆时针排列
S-2-氯丁烷

R、S 标记法也可以直接应用于费歇尔投影式的构型标记，关键是要注意"横前竖后"，即与手性碳原子相连的两个横键是伸向纸前方的，两个竖键是伸向纸后方的。观察时，将排在最后的原子或基团放在离眼睛最远的位置。例如：

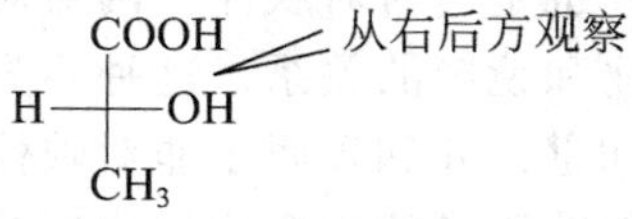

—OH→—COOH→—CH_3 为顺时针排列
R-乳酸

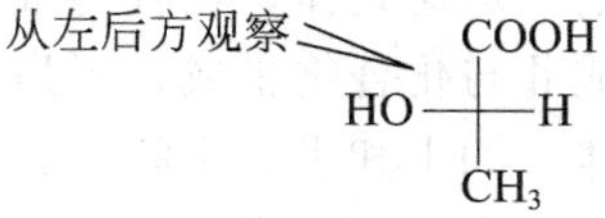

—OH→—COOH→—CH_3 为逆时针排列
S-乳酸

因为一对对映体分子中的两个手性碳原子互为镜影，即手性碳原子的构型是相反的，所以 2-氯丁烷或乳酸的一对对映体的构型分别是 R-构型和 S-构型。

值得注意的是，旋光性化合物的构型（R、S 或 D、L）和其旋光方向（-或+）没有必然的联系。旋光方向是旋光性化合物固有的性质，是用旋光仪实际测定的结果，而旋光性化合物的构型是用人为规定的方法确定的。根据化合物的构型能够做出这个化合物的空间模型，但不经测量不能知道这个化合物的旋光方向。但有一点可以肯定，一对对映体中的一个是左旋的，另一个必然是右旋的，一个是 R-构型，另一个必然是

S-构型。

还应强调指出，D、L 和 R、S 是两种不同的构型标记方法，它们之间也没有必然的联系。R、S 标记法是由分子的几何形状按次序规则确定的，它只与分子的手性碳原子上的原子和基团有关，而 D、L 标记法则是由分子与参比物相联系而确定的。D-构型或 L-构型的化合物若用 R、S 标记法来标记，可能是 R-构型的，也可能是 S-构型的。

另外，R、S 标记法有不易出错的优点，但它不能反映出立体异构体之间的构型联系，尤其是在研究糖类化合物和氨基酸的构型时。

4. 旋光异构体的命名

旋光异构体的命名由"构型＋旋光方向＋化合物名称"组成。例如，下列化合物称为 $(2R,3R)$-$(-)$-赤藓糖：

$$\begin{array}{c} \text{CHO} \\ \text{H}\!\!-\!\!\!-\!\!\text{OH} \\ \text{H}\!\!-\!\!\!-\!\!\text{OH} \\ \text{CH}_2\text{OH} \end{array}$$

手性化合物可以用"绝对构型"也可以用相对构型来标记，但目前除糖和氨基酸外，绝大部分旋光化合物都采用绝对构型。旋光方向是用旋光仪测定的。$(+)$ 或 (d) 表示右旋，$(-)$ 或 (l) 表示左旋。如果该化合物未测定旋光，这部分也可以省略。化合物的名称可以用系统命名法，也可以用普通命名法，具体视实际情况而定。

二、含两个手性碳原子化合物的旋光异构

1. 含两个不同手性碳原子化合物的旋光异构

2,3-二氯戊烷分子中含有两个不同的手性碳原子（不同的手性碳原子是指两个手性碳原子上连接的四个基团不同或不完全相同）。已知含一个手性碳原子的化合物有两个旋光异构体，则含两个手性碳原子的 2,3-二氯戊烷就应该有四个旋光异构体（因为每个手性碳原子有两种空间构型，两个手性碳原子就应该有四种空间构型）：

$$\begin{array}{cccc}
\text{CH}_3 & \text{CH}_3 & \text{CH}_3 & \text{CH}_3 \\
\text{H}\!-\!\text{Cl} & \text{Cl}\!-\!\text{H} & \text{H}\!-\!\text{Cl} & \text{Cl}\!-\!\text{H} \\
\text{H}\!-\!\text{Cl} & \text{Cl}\!-\!\text{H} & \text{Cl}\!-\!\text{H} & \text{H}\!-\!\text{Cl} \\
\text{C}_2\text{H}_5 & \text{C}_2\text{H}_5 & \text{C}_2\text{H}_5 & \text{C}_2\text{H}_5 \\
(2S,3R) & (2R,3S) & (2S,3S) & (2R,3R) \\
\text{I} & \text{II} & \text{III} & \text{IV}
\end{array}$$

化合物 I 和 II 是一对对映体，化合物 III 和 IV 也是一对对映体，两对对映体可组成两个外消旋体。化合物 I 或 II 与化合物 III 或 IV 不是实物和镜影的关系。这种不为实物和镜影关系的异构体叫做非对映体。如 I 和 III、I 和 IV、II 和 III、II 和 IV 属于非对映体。

用 R、S 标记法确定含两个或两个以上手性碳原子的化合物的构型时，过程与确定含一个手性碳原子的化合物的构型时一样，只是需要分别标出每一个手性碳原子的构型。例如，化合物（I）中 C2 上的四个基团的先后次序为—Cl＞—CHClC₂H₅＞—CH₃＞—H，将 H 放在离眼睛最远的位置，观察从—Cl→—CHClC₂H₅→—CH₃ 的走向，因为是逆时针排列，所以是 S-构型，因为标记的是 C2，所以用 2S 表示。同样，C3 上的四个基团的先后次序为—Cl＞—CHClCH₃＞—C₂H₅＞—H，将 H 放在离眼睛最远的位置，观察从—Cl→—CHClCH₃→—C₂H₅ 的走向，因为是顺时针排列，所以是 R-构型，因为标记的是 C3，所以用 3R 表示。即化合物 I 的构型是（2S,3R）。当两个手性碳原子在碳链中占有相等的位置时，可以不用在 R 和 S 前标明数字。

因为化合物Ⅰ和Ⅱ是一对对映体，分子中的两个手性碳原子互为镜影，即手性碳原子的构型是相反的，所以化合物Ⅱ的构型是（2R，3S）。而化合物Ⅰ和Ⅲ或Ⅳ是非对映体，分子中的两个手性碳原子的构型一个相同，另一个相反，所以化合物Ⅲ和Ⅳ的构型分别为（2S，3S）和（2R，3R）。

随着分子中手性碳原子数目的增加，旋光异构体的数目也会增多。其规律是，含一个手性碳原子的化合物有 $2^1=2$ 个旋光异构体，可组成 $2^{1-1}=1$ 个外消旋体，含两个不同手性碳原子的化合物有 $2^2=4$ 个旋光异构体，可组成 $2^{2-1}=2$ 个外消旋体，含 n 个不同手性碳原子的化合物有 2^n 个旋光异构体，可组成 2^{n-1} 个外消旋体。

2. 含两个相同手性碳原子化合物的旋光异构

2,3-二氯丁烷分子中含有两个相同的手性碳原子（相同的手性碳原子是指两个手性碳原子上连接的四个基团完全相同），假如和含两个不同手性碳原子的化合物一样，则2，3-二氯丁烷也应该有四个旋光异构体：

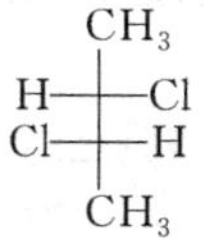

(2S,3S)	(2R,3R)	(2S,3R)	(2R,3S)
Ⅰ	Ⅱ	Ⅲ	Ⅳ

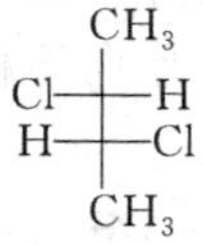

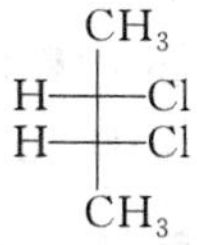

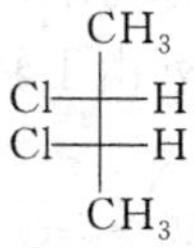

化合物Ⅰ和Ⅱ是一对对映体，可组成一个外消旋体。化合物Ⅲ和Ⅳ也互为实物和镜影的关系，似乎也是一对对映体，但将Ⅳ沿纸面旋转180°即可与Ⅲ完全重叠，它们实际上是同一构型的分子。事实上，在化合物Ⅲ或Ⅳ的分子中存在一个对称面，可以将分子分成互为实物和镜影关系的两部分，这两部分的旋光能力相同，但旋光方向相反，旋光性在分子内被完全抵消，因此不具有旋光性：

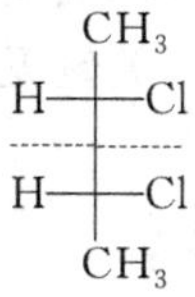

这种分子中虽然含有手性碳原子，但由于分子中存在对称因素，从而不显示旋光性的化合物叫做内消旋体，常用 i-或 $meso$-标记。

因为内消旋体的分子中存在对称面，两个手性碳原子互为实物与镜影的关系，即手性碳原子的构型是相反的，所以含两个相同手性碳原子的化合物的构型必然是（R，S）或（S，R）。由上可见，含两个相同手性碳原子的化合物有三个旋光异构体，一个为左旋体，一个为右旋体，一个为内消旋体。显然，含两个相同手性碳原子的化合物，其旋光异构体的数目要小于 2^n，外消旋体的数目也要小于 2^{n-1}。

三、含多个手性碳原子化合物的旋光异构

2,3,4,5-四氯戊醛有三个不对称碳原子，可写出八个旋光异构体。

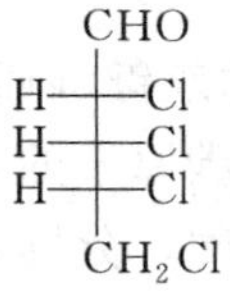

Ⅰ	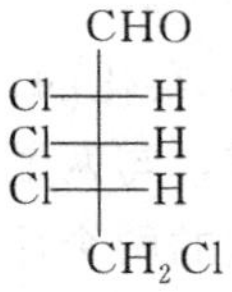 Ⅱ	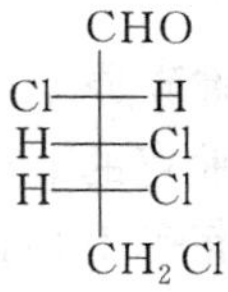 Ⅲ	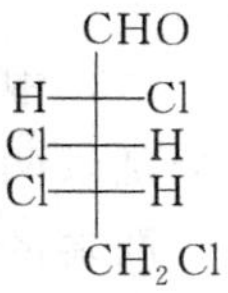 Ⅳ

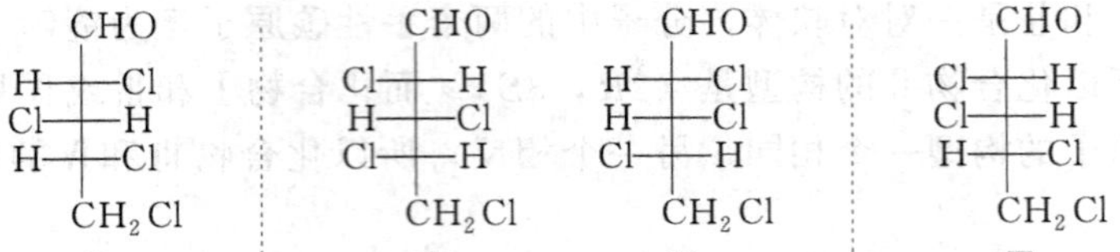

$$\begin{array}{cccc}
\text{CHO} & \text{CHO} & \text{CHO} & \text{CHO} \\
\text{H—Cl} & \text{Cl—H} & \text{Cl—H} & \text{Cl—H} \\
\text{Cl—H} & \text{H—Cl} & \text{Cl—H} & \text{Cl—H} \\
\text{H—Cl} & \text{Cl—H} & \text{H—Cl} & \text{Cl—H} \\
\text{CH}_2\text{Cl} & \text{CH}_2\text{Cl} & \text{CH}_2\text{Cl} & \text{CH}_2\text{Cl} \\
\text{V} & \text{VI} & \text{VII} & \text{VIII}
\end{array}$$

在这八个旋光异构体中，Ⅰ和Ⅱ、Ⅲ和Ⅳ、Ⅴ和Ⅵ、Ⅶ和Ⅷ是四对对映体。Ⅰ和Ⅲ、Ⅰ和Ⅴ、Ⅰ和Ⅶ都只有一个不对称碳原子的构型不同，这种多个不对称碳原子的构型不同的旋光异构体称为差向异构体。如果构型不同的不对称碳原子在链端，称为端基差向异构体。其他情况，分别根据构型不同的碳原子的位置编号称为 C_n 差向异构体。所以在上面八个结构式中，Ⅰ和Ⅲ、Ⅱ和Ⅳ是 C_2 差向异构体；Ⅰ和Ⅴ、Ⅱ和Ⅵ是 C_3 差向异构体；Ⅰ和Ⅶ、Ⅱ和Ⅷ是 C_4 差向异构体；没有端基差向异构体。

使一个旋光异构体转变成它的差向异构体的过程称为差向异构化。如果发生构型转化的是端基手性碳原子，称为端基差向异构化。差向异构化也可以通过碳正离子中间体或烯醇化过程完成。例如，下列由Ⅰ转变为Ⅲ的过程即为差向异构化：

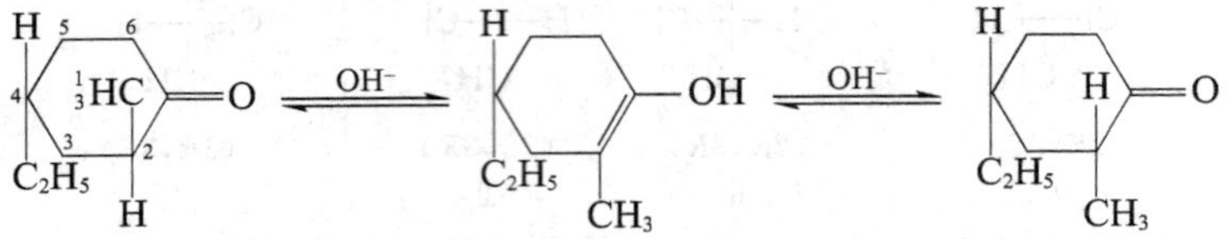

第四节　不含手性碳原子化合物的旋光异构

物质的旋光性是由于分子的手性引起的，分子的手性往往又是由于分子中含有手性碳原子造成的。但含有手性碳原子的分子不一定都具有手性，而具有手性的分子不一定都含有手性碳原子。判断一个化合物是否具有手性，关键是看其分子能否与其镜影完全重叠。下面介绍两类不含手性碳原子的手性化合物。

一、含手性轴化合物的旋光异构

1. 联苯型化合物

在联苯型分子中，两个苯环通过碳碳单键相连。当两个苯环的邻位上都连有体积较大的基团时，基团将阻碍两个苯环绕碳碳单键的自由旋转，使得两个苯环不能在同一平面上。当每一苯环上各连有不同的基团时，则分子中既无对称面又无对称中心，分子具有手性，也就具有旋光性。例如，2,2'-二羧基-6,6'-二硝基联苯分子就有一对对映体。

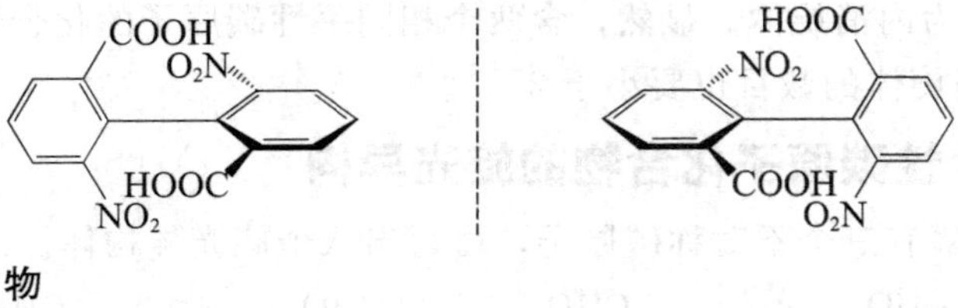

2. 丙二烯型化合物

在丙二烯型分子中，中间的双键碳原子是 sp 杂化的，两端的双键碳原子是 sp^2 杂化的。中间的双键碳原子分别以两个相互垂直的 p 轨道，与两端的双键碳原子的 p 轨道重叠形成两个相互垂直的 π 键。两端的双键碳原子上各连接的两个原子或基团，分别处在相互垂直的平面上。当两端的双键碳原子上各连有不同的原子或基团时，则分子中既无对称面又无对称中心，分子具有手性，也就具有旋光性。例如，1,3-二溴丙二烯分子就有一对对映体存在。

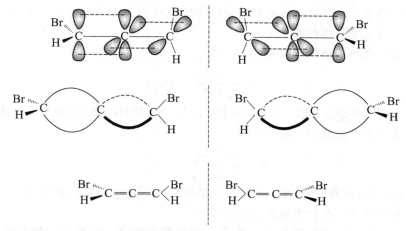

二、含手性面化合物的旋光异构

若某化合物分子内存在一个扭曲面，使分子呈现一种螺旋状的结构而表现出旋光性，这种化合物就称为含手性面的旋光异构体，螺旋有左手螺旋和右手螺旋，互为对映体。

通过光化学不对称合成法可以合成一系列的螺旋烃。这类光活异构体的旋光能力是惊人的。六螺苯的 $[\alpha]$ 值在氯仿中为 3700°，充分说明旋光性和分子结构的密切关系。有些分子因取代基团空间位阻较大，也会使分子产生扭曲的面而形成一对对映体。

第五节 手性化合物的制备

手性化合物通常可以通过外消旋体的拆分和不对称合成两条途径来制备。

一、外消旋体的拆分

在非手性条件下合成手性物质，得到的产物往往是外消旋体。例如，丙酸氯化得到的产物 α-氯丙酸是等量的左旋体和右旋体组成的外消旋体。

若要得到左旋体和右旋体，需要用某种方法将其分开。用某种方法将外消旋体分开成纯的左旋体和右旋体的过程称为外消旋体拆分。

拆分的方法很多，有机械分离法、微生物或酶析解法、诱导结晶法、柱色谱分离法和化学反应分离法，这里主要介绍化学反应分离法。

化学反应分离法应用较广，它的原理是把对映体转变成非对映体，然后加以分离。将对映体转变成非对映体的方法是使它们和某一旋光性化合物发生反应，生成非对映体。由于非对映体的物理性质不同，就可以用一般的物理方法把它们拆分开，然后去掉与它们发生反应的旋光性物质，就可得到纯左旋和右旋异构体。例如，拆分外消旋酸的步骤可用通式表示如下：

$$(\pm)\text{-RCOOH} + 2(+)\text{-R}'\text{NH}_2 \xrightarrow{\text{成盐}} \begin{Bmatrix} (+)\text{-RCOO}^- \ (+)\text{R}'\text{N}^+\text{H}_3 \\ (-)\text{-RCOO}^- \ (+)\text{R}'\text{N}^+\text{H}_3 \end{Bmatrix}$$
非对映体

$$\xrightarrow{\text{分级结晶}} \begin{array}{l} (+)\text{-RCOO}^- \ (+)\text{R}'\text{N}^+\text{H}_3 \xrightarrow{\text{HCl}} (+)\text{-RCOOH} + (+)\text{R}'\text{NH}_2 \\ (-)\text{-RCOO}^- \ (+)\text{R}'\text{N}^+\text{H}_3 \xrightarrow{\text{HCl}} (-)\text{-RCOOH} + (+)\text{R}'\text{NH}_2 \end{array}$$

二、不对称合成

拆分可以得到纯度很高的光学异构体，但操作起来很麻烦。最好的办法是直接合成出所需要的旋光异构体，即不对称合成。反应物分子中一个对称的结构单元，用一个试剂转化为一个不对称的结构单元，产生不等量对映异构体的反应称为不对称合成，又称为手性合成。不对称合成的反应效率有两种表示法。

（1）用产物的对映体过量比例 ee 表示，即

$$ee = \frac{A_1 - A_2}{A_1 + A_2} \times 100\%$$

式中，A_1 为产物对映体中过量的一种异构体的量；A_2 为产物对映体中另一种少量异构体的量。

（2）用产物的光学纯度 OP 表示，即

$$OP = \frac{[\alpha]_{实测}}{[\alpha]_{纯试样}} \times 100\%$$

式中，$[\alpha]_{实测}$ 为反应所得到的旋光产物的比旋光度；$[\alpha]_{纯试样}$ 为旋光异构体的比旋光度。

在实验误差范围内，两种表示法的结果相等。

不对称合成反应常使用纯手性化合物作为起始反应物之一；如果起始反应物是非手性的，可在这个反应物分子中引入一个手性中心使之成为手性物进入反应；也可以用手性试剂、手性溶剂、手性催化剂等促进不对称合成反应。丙酮酸用硼氢化钠还原得到2-羟基丙酸的外消旋体，如果在丙酮酸分子中引入一个具有手性的胺，变成有手性的酰胺后，再用硼氢化钠还原，由于羰基已处于手性环境，硼氢化钠从羰基平面的两边进攻羰基的机会不均等，就得到不等量的非对映体混合物，分离后再水解掉引入的手性胺，就能得到以需要的对映异构体含量居多的产物。

$$CH_3COCOOH + H_3N-\overset{C_2H_5}{\underset{H}{C}}-C_6H_5 \longrightarrow H_3C-\overset{}{\underset{\parallel}{C}}-CONH-\overset{C_2H_5}{\underset{H}{C}}-C_6H_5 \xrightarrow{NaBH_4}$$

$$\longrightarrow H_3C-\overset{OH}{\underset{H}{C}}-CONH-\overset{C_2H_5}{\underset{H}{C}}-C_6H_5 + H_3C-\overset{H}{\underset{OH}{C}}-CONH-\overset{C_2H_5}{\underset{H}{C}}-C_6H_5$$

不对称合成反应中，使用合适的手性条件可使产物光学纯度达到95%以上。

不对称合成反应广泛应用于有机化合物构型的测定、有机反应历程的探索以及酶催化活性的研究等领域。

本章知识点归纳

同分异构 ⎧ 构造异构（结构异构） ⎧ 碳链异构 ⎫
                                     ⎪ 官能团异构 ⎬ 分子中原子或官能团的连接顺序或方式不同
                                     ⎪ 位置异构 ⎪
                                     ⎩ 互变异构 ⎭
         ⎨ 立体异构 ⎧ 构象异构 ⎫
                      ⎪ 顺反异构 ⎬ 分子中原子或官能团的连接顺序或方式相同，但在空间的排列方式不同
                      ⎩ 旋光异构（对映异构）⎭

能使偏振光振动平面旋转的物质称为旋光性物质，旋转的角度称为旋光度，用"α"表示。使偏振光振动平面向左旋转的物质称为左旋体，用"$-$"或"l"表示；向右旋转的物

质称为右旋体,用"+"或"d"表示。

旋光度是变量,其大小与偏振光在光路中碰到旋光性物质分子的多少有关。若规定溶液的浓度为1g·mL^{-1},旋光管的长度为1dm,此时测得的旋光度称为比旋光度,它是一个常数,用$[\alpha]_\lambda^t$表示,与旋光度之间有如下关系:

$$[\alpha]_\lambda^t = \frac{\alpha}{cl}$$

若被测物质是液体,可用密度代替浓度计算。通过测定某一未知物的比旋光度,可初步推测该未知物为何种物质;通过测定某一已知物的比旋光度,还可计算该已知物的纯度;对于已知比旋光度的纯物质,测得其溶液的旋光度后,可利用上式求出溶液的浓度。

物质的旋光性是由分子的手性引起的,如果分子不能与其镜影重叠,这种分子就具有手性,也就具有旋光性。通常用对称面和对称中心这两个对称因素来判断分子是否具有手性。存在对称面或对称中心的分子没有手性,也没有旋光性;既无对称面又无对称中心的分子具有手性,也具有旋光性。

与四个不同的原子或基团连接的碳原子称为手性碳原子,多数旋光性物质的分子中都存在手性碳原子,但含手性碳原子的分子不一定具有手性,不含手性碳原子的分子不一定不具有手性。

分子的立体结构常用透视式或费歇尔投影式表示。透视式表示比较直观,但书写麻烦;费歇尔投影式以平面式表示分子的立体形象,因此只能在纸平面上平移,也能在纸平面上旋转180°或其整数倍,但不能在纸平面上旋转90°或其整数倍,也不能离开纸平面翻转。

分子的构型可用D、L标记法或R、S标记法确定。用D、L标记法确定分子的构型时,将费歇尔投影式中手性碳原子上的羟基在左侧的叫做L-构型,在右侧的叫做D-构型,这种构型也称为相对构型。用R、S标记法确定分子的构型时,按次序规则将手性碳原子上的四个原子或基团排序,将排在最后的原子或基团放在离眼睛最远的位置,按先后次序观察其余三个原子或基团的排列走向,顺时针排列的叫做R-构型,逆时针排列的叫做S-构型,这种构型也称为绝对构型。

互为实物和镜影关系的异构体叫做对映体,其中一个是左旋体,另一个是右旋体。对映体除旋光方向相反外,其他物理性质完全相同。对映体与非手性试剂的反应完全相同,但与手性试剂的反应速率不同。

不为实物和镜影关系的异构体叫做非对映体。非对映体的物理性质不同,化学性质基本相同,但反应速率不同。

等量的左旋体和右旋体组成的混合物叫做外消旋体,用(±)或"dl"表示。外消旋体不仅无旋光性,物理性质也与单纯的左旋体或右旋体不同。它不同于一般意义上的混合物,它有固定的物理常数。外消旋体的化学性质和相应的左旋体或右旋体基本相同。

分子中虽然含有手性碳原子,但由于分子中存在对称因素,从而不显示旋光性的化合物叫做内消旋体,常用i-或$meso$-标记。

含n个不同手性碳原子的化合物有2^n个旋光异构体,可组成2^{n-1}个外消旋体。含两个相同手性碳原子的化合物的旋光异构体的数目小于2^n,外消旋体的数目也小于2^{n-1}。

习 题

1. 下列各化合物可能有几个旋光异构体?若有手性碳原子,用"*"号标出。

(1) CH$_3$CHCH$_2$CH$_3$
　　　　|
　　　　OH

(2) CH$_3$CH=CHCH$_3$

2. 写出下列各化合物的所有对映体的费歇尔投影式，指出哪些是对映体，哪些是非对映体，哪个是内消旋体，并用 R、S 标记法确定手性碳原子的构型。

  (1) 2-甲基-3-戊醇   (2) 3-苯基-3-氯丙烯

  (3) 2,3-二氯戊烷   (4) 2,3-二氯丁烷

3. 写出下列各化合物的费歇尔投影式。

  (1) S-2-溴丁烷   (2) R-2-氯-1-丙醇

  (3) S-2-氨基-3-羟基丙酸   (4) 2S,3R-2,3,4-三羟基丁醛

  (5) 2R,3R-2,3-二羟基丁二酸   (6) 3S-2-甲基-3-苯基丁烷

4. 指出下列各组化合物是对映体，非对映体，还是相同分子。

[结构式图略：(1)—(8) 各组化合物的费歇尔投影式、楔形式或纽曼投影式]

5. 写出有最低相对分子质量的手性烷烃的所有对映体的费歇尔投影式，用 R、S 标记法确定手性碳原子的构型。

6. 用丙烷进行氯代反应，生成四种二氯丙烷 A、B、C 和 D，其中 D 具有旋光性。当进一步氯代生成三氯丙烷时，A 得到一种产物，B 得到两种产物，C 和 D 各得到三种产物。写出 A、B、C 和 D 的结构式。

7. D-(+)-甘油醛经氧化后得到（−）-甘油酸，后者的构型为 D-构型还是 L-构型？

8. 已知（+）-2-甲基-1-氯丁烷的比旋光度为 +1.64°，（−）-2-甲基-1-丁醇的比旋光度为 −5.756°。

  (1) 如果比旋光度为 +0.492° 此氯代烷按 S_N2 历程水解，产物的比旋光度是多少？

  (2) 如果按 S_N1 历程水解，旋光性产物的旋光纯度与反应物相比，将发生怎样的变化？

  (3) 如果此氯代烷为 S-构型，按 S_N2 历程水解的产物应具有何种构型？按 S_N1 历程水解的旋光性产物又具有何种构型？

第五章 卤代烃

Chapter 05

烃的卤素衍生物称为卤代烃,是烃分子中的氢原子被卤原子取代的化合物,其官能团为卤原子。按照分子中卤原子的种类,卤代烃可分为氟代烃、氯代烃、溴代烃和碘代烃。按照分子中卤原子的数目,卤代烃可分为一卤代烃、二卤代烃和多卤代烃。按照分子中烃基的类型,卤代烃可分为卤代烷烃、卤代烯烃、卤代炔烃和卤代芳烃。

第一节 卤代烷烃

一、卤代烷烃的分类和命名

根据分子中卤原子相连的碳原子的类型,卤代烷可分为一级卤代烷(伯卤代烷 RCH_2X)、二级卤代烷(仲卤代烷 R_2CHX)和三级卤代烷(叔卤代烷 R_3CX)。例如:

$$CH_3CH_2Br \qquad CH_3\underset{Br}{CH}CH_3 \qquad CH_3\underset{CH_3}{\overset{CH_3}{C}}Br$$

一级卤代烷(伯卤代烷)　　二级卤代烷(仲卤代烷)　　三级卤代烷(叔卤代烷)

简单的卤代烷可用普通命名法命名,即根据卤原子连接的烷基,称为"某基卤"或"卤(代)某烷"。例如:

$$CH_3Br \qquad CH(CH_3)_2Cl \qquad$$

甲基溴(溴甲烷)　　　异丙基氯(氯代异丙烷)　　环戊基溴(溴代环戊烷)

复杂的卤代烷可用系统命名法命名,其原则和烷烃的命名相似,即选择连有卤原子的最长碳链作为主链,称为"某烷",从靠近支链(烃基或卤原子)的一端给主链编号,把支链的位次和名称写在母体名称前,并按次序规则将较优基团排列在后。例如:

$$CH_3CH_2\underset{CH_2Br}{CH}CH_2CH_3$$

2-乙基-1-溴丁烷　　　　　　1-氯-4-溴环己烷

某些多卤代烷常用俗名或商品名。例如:

$$CHCl_3 \qquad\qquad C_6H_6Cl_6$$

氯仿　　　　　　六六六(林丹)

二、卤代烷烃的物理性质

纯净的卤代烷无色,有令人不愉快气味,蒸气有毒,应避免吸入体内。碘代烷易分解产生游离碘,久置后逐渐变为红棕色。卤代烷在铜丝上燃烧,能产生绿色火焰,这可作为鉴别卤代烷的简便方法。

卤代烷均不溶于水，可溶于醇、醚、烃等有机溶剂。某些卤代烷本身就是优良的溶剂。卤代烃的沸点，卤素相同时，随碳原子数的增加而升高；烃基相同时，其沸点随卤素从氯到碘而升高。卤代烷的沸点高于与其有相同烃基的烷烃。常温常压下，氯甲烷、氯乙烷、溴甲烷、氯乙烯等为气体，其他 C_{15} 以下一卤代烷均为液体，高级的卤代烷为固体。一氯代烃的相对密度小于1，比水轻。一溴代烃和一碘代烃的相对密度均大于1。同系列中，卤代烷相对密度随相对分子质量的增加而降低。这主要是卤原子在分子中质量分数逐渐减小的缘故。

常见卤代烷的一些物理常数见表5-1。

表5-1 卤代烷的物理常数

卤代烷	氯代烷		溴代烷		碘代烷	
	沸点/℃	相对密度 d_4^{20}	沸点/℃	相对密度 d_4^{20}	沸点/℃	相对密度 d_4^{20}
CH_3X	−24.2		3.5		42.4	2.279
CH_3CH_2X	12.3		38.4	1.440	72.3	1.933
$CH_3CH_2CH_2X$	46.6	0.890	71.0	1.335	102.5	1.747
$(CH_3)_2CHX$	34.8	0.859	59.4	1.310	89.5	1.705
$CH_3CH_2CH_2CH_2X$	78.4	0.884	101.6	1.276	130.5	1.617
$CH_3CH_2CHXCH_3$	68.3	0.871	91.2	1.258	120	1.595
$(CH_3)_2CHCH_2X$	68.8	0.875	91.4	1.261	121	1.605
$(CH_3)_3CX$	50.7	0.840	73.1	1.222	100(分解)	1.545
$CH_3(CH_2)_3CH_2X$	108	0.833	130	1.223	157	1.517
CH_2X_2	40	1.336	99	2.49	180(分解)	3.325
CHX_3	61	1.489	151	2.89	升华	4.008
CX_4	77	1.595	189.5	3.42	升华	4.320

三、卤代烷烃的化学性质

1. 亲核取代反应

(1) 被羟基取代　卤代烷与氢氧化钠或氢氧化钾的水溶液共热，卤原子被羟基取代生成醇。此反应也称为卤代烷的水解。

$$R-X + NaOH \xrightarrow[\triangle]{H_2O} R-OH + NaX$$

(2) 被烷氧基取代　卤代烷与醇钠的醇溶液作用，卤原子被烷氧基取代生成醚。此反应也称为卤代烷的醇解。

$$R-X + NaOR' \xrightarrow{ROH} R-OR' + NaX$$

卤代烷的醇解是合成混合醚的重要方法，称为 Williamson 合成法。

(3) 被氨基取代　卤代烷与氨（胺）的水溶液或醇溶液作用，卤原子被氨基取代生成胺。此反应也称为卤代烷的氨（胺）解。

$$R-X + NH_3 \xrightarrow{ROH} R-NH_2 + HX$$

由于产物具有亲核性，除非使用大过量的氨（胺），否则反应很难停留在一取代阶段。如果卤代烷过量，产物是各种取代的胺以及季铵盐。

$$RNH_2 \xrightarrow[ROH]{RX} R_2NH \xrightarrow[ROH]{RX} R_3N \xrightarrow[ROH]{RX} R_4N^+ X^-$$

(4) 被氰基取代　卤代烷与氰化钠或氰化钾的醇溶液共热，卤原子被氰基取代生成腈。腈可发生水解反应生成羧酸。

$$R-X + NaCN \xrightarrow[\triangle]{ROH} R-CN + NaX$$

$$R-CN + H_2O \xrightarrow[\triangle]{H^+} RCOOH$$

由于产物比反应物多一个碳原子,因此该反应是有机合成中增长碳链的方法。

(5) 被硝酸根取代　卤代烷与硝酸银的醇溶液作用,卤原子被硝酸根取代生成硝酸酯,同时产生卤化银沉淀。此反应可用于卤代烷的定性鉴定。

$$R-X + AgNO_3 \xrightarrow{ROH} R-ONO_2 + AgX\downarrow$$

2. 消除反应

卤代烷在 KOH 或 NaOH 等强碱的醇溶液中加热,分子中脱去一分子卤化氢生成烯烃。这种由分子中脱去一个简单分子(如 H_2O、HX、NH_3 等)的反应叫做消除反应。用符号 E (elimination) 表示。

$$RCH-CH_2 + KOH \xrightarrow[\triangle]{C_2H_5OH} RCH=CH_2 + KX + H_2O$$
$$\quad\;\;|\quad\;\;|$$
$$\quad\;\;H\quad X$$

当含有两个以上 β-C 原子的卤代烷发生消除反应时,将按不同方式脱去卤化氢,生成不同产物。大量实验事实证明,其主要产物是脱去含氢较少的 β-C 原子上的氢,生成双键碳原子上连有最多烃基的烯烃。这个规律称为查依采夫 (A. M. Saytzeff) 规律。例如:

$$\underset{\underset{H}{|}}{\overset{\beta}{C}H_3CH} \underset{\underset{Br}{|}}{\overset{\alpha}{C}H} \underset{\underset{H}{|}}{\overset{\beta}{C}H_2} \xrightarrow[\triangle]{NaOH-C_2H_5OH} CH_3CH=CHCH_3 + CH_3CH_2CH=CH_2$$
$$\qquad\qquad\qquad\qquad\qquad\qquad\qquad 81\% \qquad\qquad 19\%$$

卤原子是和 β-C 原子上的氢形成 HX 脱去的,这种形式的消除反应称 β-消除反应。

3. 与金属反应

卤代烷能与多种金属反应生成有机金属化合物,有机金属化合物是重要的有机合成试剂,使用较多的是格林纳 (Grignard) 试剂,简称格氏试剂。格氏试剂可通过一卤代烷在无水乙醚中与金属镁作用制得。

$$R-X + Mg \xrightarrow{无水乙醚} R-Mg-X$$

格氏试剂中的 C—Mg 键极性很强,化学性质非常活泼,能和多种化合物作用生成烃、醇、醛、酮、羧酸等物质。例如格氏试剂与 CO_2 作用,经水解后可制得羧酸:

$$RMgX + CO_2 \xrightarrow{无水乙醚} RC\underset{\underset{OMgX}{\|}}{\overset{O}{}} \xrightarrow[H^+]{H_2O} RC\underset{\underset{OH}{\|}}{\overset{O}{}} + Mg\underset{OH}{\overset{X}{\diagdown}}$$

由于格氏试剂能与许多含活泼氢的物质作用,生成相应的烷烃而使格氏试剂遭到破坏,因此在制备格氏试剂时必须避免与水、醇、酸、氨等物质接触。

$$RMgX + HY \longrightarrow RH + Mg\underset{Y}{\overset{X}{\diagdown}}$$

(Y=—OH、—OR、—X、—NH_2、—C≡CR 等)

4. 亲核取代反应历程

亲核试剂一般是带负电荷的离子或具有未共用电子对的基团。它们都具有较大的电子云密度,对带正电荷(碳)的部分有亲和作用。如负离子(HO^-、RO^-、CN^-、ONO_2^-)或带未共用电子对的分子(NH_3、NH_2R、NHR_2、NR_3)等都是常见的亲核试剂。由亲核试剂进攻而引起的取代反应叫做亲核取代反应,用符号 S_N (nucleophilic substitution) 表示。

实验表明，卤代烷的亲核取代反应可按两种反应历程进行，即单分子亲核取代（S_N1）和双分子亲核取代（S_N2）反应历程。

（1）**单分子亲核取代（S_N1）反应历程**　叔丁基溴在氢氧化钠水溶液中的水解反应是按 S_N1 历程进行的，反应速率仅与叔丁基溴的浓度成正比，与亲核试剂 OH^- 的浓度无关，在动力学上属于一级反应，称为 S_N1 反应。

$$v = k[(CH_3)_3CBr]$$

S_N1 反应分两步完成，第一步是 C—Br 键断裂生成碳正离子和溴负离子，第二步是碳正离子和 OH^- 结合生成醇。

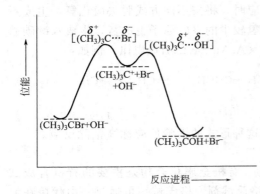

反应的能量变化如图 5-1 所示。

既然 S_N1 反应速率由第一步决定，因此在这步中生成的碳正离子中间体越稳定，反应越容易进行，反应速率越快。所以不同类型卤代烷按 S_N1 历程反应的活性次序为：

$$R_3C—X > R_2CH—X > RCH_2—X > CH_3—X$$

反应按 S_N1 历程反应进行时，有如下特点：

① 反应速率仅与 RX 浓度有关，与亲核试剂的浓度无关。

② 反应分两步进行。

③ 存在碳正离子中间体过程。

④ 碳正离子可以发生重排。

图 5-1　S_N1 反应历程中的能量变化

（2）**双分子亲核取代（S_N2）反应历程**　溴甲烷在氢氧化钠水溶液中的水解反应是按 S_N2 历程进行的，反应速率既与溴甲烷的浓度成正比，也与亲核试剂 OH^- 的浓度成正比，在动力学上属于二级反应，称为 S_N2 反应。

$$v = k[CH_3Br][OH^-]$$

S_N2 反应是通过形成过渡态一步完成的。

反应的能量变化如图 5-2 所示。

在 S_N2 反应中，亲核试剂从卤原子的背面进攻 α-C 原子，α-C 原子周围的空间阻碍将影响亲核试剂的进攻。所以 α-C 原子上的烃基越多，进攻的空间阻碍越大，反应速率越慢。另一方面，烷基具有斥电子性，α-C 原子上的烷基越多，该碳原子上的电子云密度也越大，越不利于亲核试剂的进攻。所以不同类型卤代烷按 S_N2 历程反应的活性次序为：

$$CH_3—X > RCH_2—X > R_2CH—X > R_3C—X$$

反应按 S_N2 历程进行时的特点如下：

① 反应速率不仅与 RX 浓度有关,与亲核试剂浓度也有关。

② 反应中新键的形成和旧键的断裂同时进行。

③ 产物构型翻转,发生瓦尔登转化。

另外,卤原子对亲核取代反应速率也有影响。当卤代烷分子中的烷基相同而卤原子不同时,其反应活性次序为:

$$R—I > R—Br > R—Cl$$

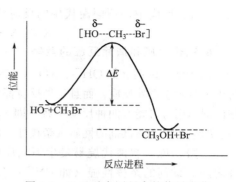

图 5-2 S_N2 反应历程中的能量变化

5. 消除反应历程

消除反应也有单分子消除(E1)和双分子消除(E2)两种反应历程。

(1) 单分子消除反应历程 与 S_N1 反应一样,E1 反应也是分两步进行的。

$$(CH_3)_3CBr \xrightarrow{\text{慢}} (CH_3)_3C^+ + Br^-$$

$$CH_3-\underset{\underset{CH_2-H}{|}}{\overset{\overset{CH_3}{|}}{C^+}} + OH^- \xrightarrow{\text{快}} CH_2=C\underset{CH_3}{\overset{CH_3}{{<}}} + H_2O$$

$$v = k[(CH_3)_3CBr]$$

整个反应速率取决于第一步中叔丁基溴的浓度,与试剂 OH^- 的浓度无关,故称为单分子消除反应历程,用 E1 表示。

与 S_N1 反应历程不同,E1 历程的第二步中 OH^- 不是进攻碳正离子生成醇,而是夺取碳正离子的 β-H 生成烯烃。显然,E1 和 S_N1 这两种反应历程是相互竞争、相互伴随发生的。例如,在 25℃ 时,叔丁基溴在乙醇溶液中反应得到 81% 的取代产物和 19% 的消除产物:

$$(CH_3)_3CBr + C_2H_5OH \xrightarrow{25℃} \underset{81\%}{(CH_3)_3C-OC_2H_5} + \underset{19\%}{(CH_3)_2C=CH_2}$$

从 E1 反应历程可以看出,不同卤代烷的反应活性次序和 S_N1 相同,即:

$$R_3C-X > R_2CH-X > RCH_2-X$$

(2) 双分子消除反应历程 E2 和 S_N2 也很相似,旧键的断裂和新键的形成同时进行,整个反应经过一个过渡态。

$$CH_3-\underset{\underset{H}{|}}{\overset{\overset{H}{|}}{C}}-CH_2-Br + OH^- \longrightarrow \left[CH_3-\underset{\underset{H\cdots OH}{|}}{\overset{\overset{H}{|}}{C}}=CH_2\cdots Br\right] \longrightarrow CH_3-CH=CH_2 + Br^- + H_2O$$

$$v = k[CH_3CH_2CH_2Br][OH^-]$$

整个反应速率既与卤代烷的浓度成正比,也与碱的浓度成正比,故称为双分子消除反应历程,用 E2 表示。

与 S_N2 反应历程不同,E2 历程中 OH^- 不是进攻 α-C 原子生成醇,而是夺取 β-H 原子生成烯烃。显然,E2 与 S_N2 这两种反应历程也是相互竞争、相互伴随发生的。例如:

$$(CH_3)_2CHCH_2Br \xrightarrow{RO^-} \underset{60\%}{\underset{CH_3}{\overset{CH_3}{{>}}}C=CH_2} + \underset{40\%}{ROCH_2CH(CH_3)_2}$$

第五章 卤代烃

在 E2 反应中，不同卤代烷的反应活性次序与 E1 相同，即：

$$R_3C-X > R_2CH-X > R-CH_2-X$$

6. 取代反应和消除反应的竞争

由于亲核试剂（如 OH^-、RO^-、CN^- 等）本身也是碱，所以卤代烷发生亲核取代反应的同时也可能发生消除反应，而且每种反应都可能按单分子历程和双分子历程进行。因此卤代烷与亲核试剂作用时可能有四种反应历程，即 S_N1、S_N2、E1、E2。究竟哪种历程占优势，主要由卤代烷烃的结构、亲核试剂的性质（亲核性、碱性）、溶剂的极性以及反应的温度等因素决定。

一般来说，叔卤代烷易发生消除反应，伯卤代烷易发生取代反应，而仲卤代烷则介于二者之间。试剂的亲核性强（如 CN^-）有利于取代反应，试剂的碱性强而亲核性弱（如叔丁醇钾）有利于消除反应。溶剂的极性强有利于取代反应，反应的温度升高有利于消除反应。

第二节 卤代烯烃和卤代芳烃

一、分类和命名

1. 分类

根据卤原子和不饱和碳原子的相对位置，卤代烯烃和卤代芳烃可分为三种类型。

（1）乙烯基型和芳基型卤代烃 例如：

$$CH_2=CH-X \qquad C_6H_5-X$$

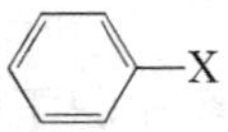

卤原子和不饱和碳原子直接相连

（2）烯丙基型和苄基型卤代烃 例如：

$$CH_2=CHCH_2-X \qquad C_6H_5-CH_2-X$$

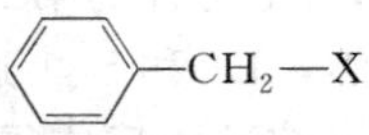

卤原子和不饱和碳原子之间相隔一个饱和碳原子

（3）隔离型卤代烯烃和卤代芳烃 例如：

$$CH_2=CH(CH_2)_n-X \qquad C_6H_5-(CH_2)_n-X \qquad n\geqslant 2$$

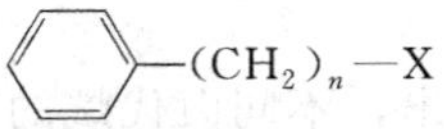

卤原子和不饱和碳原子之间相隔两个或两个以上饱和碳原子

2. 命名

卤代烯烃通常采用系统命名法命名，即以烯烃为母体，编号时使双键位置最小。例如：

$$CH_2=CHCH_2Cl \qquad CH_3CHCH=CCH_3 \text{（Br, CH_3）} \qquad \text{环己烯-Cl}$$

3-氯丙烯　　　　　2-甲基-4-溴-2-戊烯 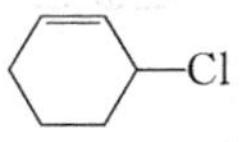　　　　3-氯环己烯

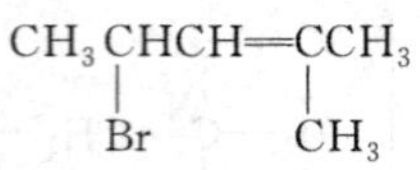

卤代芳烃的命名有两种方法。一是卤原子连在芳环上时，把芳环当作母体，卤原子作为取代基。二是卤原子连在侧链上时，把侧链当作母体，卤原子和芳环均作为取代基。例如：

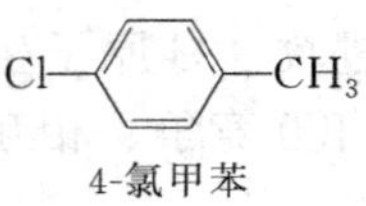

4-氯甲苯 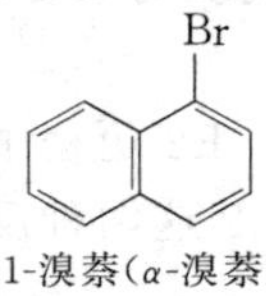　　　　　　　1-溴萘（α-溴萘）

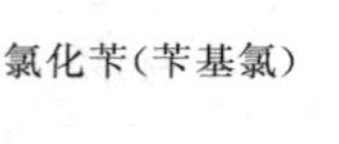

氯化苄（苄基氯） 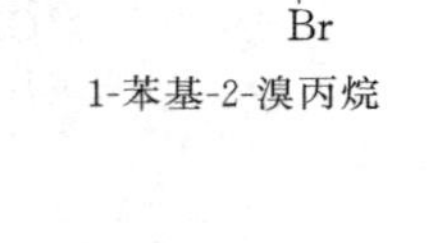　　　　1-苯基-2-溴丙烷

二、化学性质

三种类型的卤代烯烃和卤代芳烃分子中都具有两个官能团，除具有烯烃或芳烃的通性外，由于卤原子对双键或芳环的影响及影响程度不同，又表现出各自的反应活性。

1. 乙烯基型和芳基型卤代烃

这类卤代烃的结构特点是卤原子直接与不饱和碳原子相连，分子中存在 p-π 共轭体系。例如氯乙烯和氯苯分子中存在以下 p-π 共轭体系，见图 5-3。

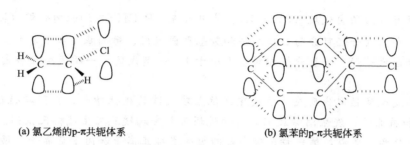

(a) 氯乙烯的 p-π 共轭体系　　　　　(b) 氯苯的 p-π 共轭体系

图 5-3　乙烯基型和芳基型卤代烃的 p-π 共轭体系

共轭效应使 C—Cl 键的键长缩短，键能增大，C—Cl 键难以断裂，卤原子的反应活性显著降低。因此卤原子的活性比相应的卤代烷弱，在通常情况下不与 NaOH、C_2H_5ONa、NaCN 等亲核试剂发生取代反应，甚至与硝酸银的醇溶液共热也不生成卤化银沉淀。

另外在乙烯基型卤代烃分子中，由于卤原子的诱导效应较强，C═C 双键上的电子云密度有所下降，所以乙烯基型卤代烃在进行亲电加成反应时较乙烯慢。

2. 烯丙基型和苄基型卤代烃

这类卤代烃的结构特点是卤原子与不饱和碳原子之间相隔一个饱和碳原子，无论是按 S_N1 还是按 S_N2 历程进行取代反应，由于共轭效应使 S_N1 的碳正离子中间体或 S_N2 的过渡态势能降低而稳定，使反应易于进行。所以烯丙基型和苄基型卤代烃的卤原子反应活性比相应的卤代烷要高，室温下即能与硝酸银的醇溶液作用生成卤化银沉淀。见图 5-4。

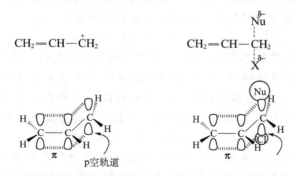

(a) 烯丙基碳正离子的 p-π 共轭体系　　(b) 烯丙基卤代烃的 S_N2 反应过渡态

图 5-4　烯丙基型卤代烃的碳正离子和 S_N2 反应过渡态

3. 隔离型卤代烯烃和卤代芳烃

隔离型卤代烯烃和卤代芳烃分子中的卤原子与碳碳双键或芳环相隔较远，彼此相互影响很小，化学性质与相应的烯烃或卤代烷相似。加热条件下可与硝酸银的醇溶液作用产生卤化

第五章　卤代烃

银沉淀。

综上所述，三类不饱和卤代烃的亲核取代反应活性次序可归纳如下：

烯丙基型卤代烃　　隔离型卤代烯烃　　乙烯基型卤代烃
　　＞　　　　　　　　＞
苄基型卤代烃　　　隔离型卤代芳烃　　芳基型卤代烃

本章知识点归纳

卤代烷烃可分为伯卤代烷（RCH_2X）、仲卤代烷（R_2CHX）和叔卤代烷（R_3CX）。

卤代烯烃和卤代芳烃可分为乙烯基型和芳基型卤代烃、烯丙基型和苄基型卤代烃、隔离型卤代烯烃和卤代芳烃。一氯代烷相对密度小于1，一溴代烷、一碘代烷及多卤代烷相对密度均大于1。

卤代烷易发生亲核取代反应。卤代烷β-位上碳氢键的极性增大，在强碱性试剂作用下，易脱去β-H和卤原子，发生消除反应。卤代烷还可与金属镁反应生成格氏试剂。

S_N1反应分两步完成，第一步是碳卤键断裂生成碳正离子和卤素负离子，第二步是碳正离子和亲核试剂结合。反应速率由第一步决定，这步中生成的碳正离子越稳定，反应越容易进行。不同卤代烷按S_N1历程反应的活性次序为：

$$R_3C-X > R_2CH-X > RCH_2-X > CH_3-X$$

S_N2反应是通过形成过渡态一步完成的。亲核试剂从卤原子背面进攻α-碳原子，该碳原子上烃基越多，空间阻碍越大，其上的电子云密度也越大，越不利于亲核试剂的进攻。不同卤代烷按S_N2历程反应的活性次序为：

$$CH_3-X > RCH_2-X > R_2CH-X > R_3C-X$$

一般叔卤代烷取代时主要按S_N1历程进行，伯卤代烷主要按S_N2历程进行，而仲卤代烷则既可按S_N1历程又可按S_N2历程进行。

乙烯基型和芳基型卤代烃分子中存在p-π共轭体系，卤原子的活性比相应的卤代烷弱，通常情况下不发生取代反应；烯丙基型和苄基型卤代烃的卤原子的反应活性比相应的卤代烷高；隔离型卤代烯烃和卤代芳烃的化学性质与相应的烯烃或卤代烷相似。

烃基相同卤原子不同的卤代烷烃，亲核取代反应活性次序为：

$$R-I > R-Br > R-Cl$$

有多种β-H的卤代烷发生消除反应时，主要产物是脱去含氢较少的β-C原子上的氢，生成双键碳原子上连有较多烃基的烯烃。这个规律称为查依采夫（A. M. Saytzeff）规律。E1反应也是分两步完成的，与S_N1反应不同的是，E1反应的第二步中亲核试剂（碱）不是进攻碳正离子，而是夺取β-H生成烯烃。不同卤代烷按E1历程反应的活性次序和S_N1相同：

$$R_3C-X > R_2CH-X > RCH_2-X$$

E2反应也是一步完成的，与S_N2反应不同的是，E2反应中亲核试剂（碱）不是进攻α-C原子，而是夺取β-H生成烯烃。不同卤代烷按E2历程反应的活性次序和E1相同：

$$R_3C-X > R_2CH-X > RCH_2-X$$

卤代烷发生亲核取代反应的同时也可能发生消除反应，哪种反应历程占优势，主要由卤代烃的结构、亲核试剂的性质（亲核性、碱性）、溶剂的极性以及反应的温度等因素决定。一般来说，叔卤代烷易发生消除反应，伯卤代烷易发生取代反应，仲卤代烷则介于二者之间。试剂的亲核性强（如CN^-）有利于取代反应，试剂的碱性强亲核性弱有利于消除反应。溶剂的极性强有利于取代反应，反应的温度升高有利于消除反应。

1. 命名下列化合物。

   (1) CH₃CH₂CH₂CH(Cl)CH(CH₂CH₃)...

   $CH_3CH_2CH_2CH(Cl)CH(CH_2CH_3)$ (写作 $CH_3CH_2CH_2\underset{Cl}{C}H\underset{CH_2CH_3}{C}H$)

   (2) $CH_2BrCH_2CH(CH_3)CH_2CH(Cl)CH_3$

   (3) $CH_3CH_2CHBrC(CH_3)=CH_2$

   (4) $CH\equiv CCH_2CH_2Cl$

   (5) 1-溴-2-乙基环戊烷结构

   (6) 2-溴萘

   (7) 2-氯-3-甲基-2-戊烯结构 (CH_3,Cl,CH_2CH_3,CH_3 取代烯烃)

   (8) 2-氯-4-甲基-1-乙基苯结构

2. 写出下列化合物的构造式。

   (1) 烯丙基氯   (2) 苄基溴
   (3) 碘仿   (4) 异丙基溴化镁
   (5) 间溴甲苯   (6) (E)-1-溴-3-苯基-2-丁烯

3. 完成下列反应式。

   (1) $CH_2=CHCH_3 \xrightarrow[NBS]{HBr} ? \xrightarrow{NaCN} ? \xrightarrow[H^+]{H_2O} ?$

   (2) $CH_3\underset{Cl}{C}HCH_2CH_2CH_3 \xrightarrow[CH_3CH_2OH]{KOH} ? \xrightarrow{Br_2} ?$

   (3) $ClCH=CHCH_2Cl \xrightarrow[ROH]{AgNO_3} ?$

   (4) 甲苯 $\xrightarrow[紫外光]{Cl_2} ? \xrightarrow[H_2O]{NaOH} ?$

   (5) $CH_2=CHCH_2CH_3 \xrightarrow{HCl} ? \xrightarrow{CH_3CH_2ONa} ?$

   (6) 溴苯 $\xrightarrow[无水乙醚]{Mg} ?$

4. 完成下列转化。

   (1) 2-溴丙烷转化成1,2,3-三氯丙烷
   (2) 2-氯丙烷转化成1-氯丙烷

5. 判断下列各反应的活性次序。

   (1) 氯化苄、对氯甲苯、1-苯基-2-氯乙烷与 $AgNO_3$ 乙醇溶液反应
   (2) 2-甲基-2-溴丁烷、2-甲基-3-溴丁烷、2-甲基-1-溴丁烷进行 S_N2 反应
   (3) 1-溴环戊烯、3-溴环戊烯、4-溴环戊烯与 $AgNO_3$ 乙醇溶液反应

6. 预测 2-溴丙烷与下列试剂反应的主要产物。

   (1) NaOH 水溶液   (2) NaOH 乙醇溶液
   (3) Mg, 无水乙醚   (4) 苯, 无水 $AlCl_3$
   (5) NH_3 (6) NaCN 乙醇溶液

(7) CH_3CH_2OK (8) $AgNO_3$ 乙醇溶液

7. 某烃 A 的分子式为 C_5H_{10}，不能使 Br_2—CCl_4 溶液褪色，在紫外光照射下与溴作用只得到一种一溴取代物 B（C_5H_9Br）。将化合物 B 与 KOH 的醇溶液作用得到 C（C_5H_8），化合物 C 经臭氧化并在 Zn 粉存在下水解得到戊二醛（$OCHCH_2CH_2CH_2CHO$）。写出化合物 A 的结构式及各步反应方程式。

8. 化合物 A 和 B，分子式为 $C_6H_{11}Cl$，都不溶于浓硫酸；A 脱氯化氢生成 C，C 经酸性高锰酸钾氧化生成 $HOOC(CH_2)_4COOH$；B 脱氯化氢生成 D，D 用酸性高锰酸钾氧化生成 $CH_3COCH_2CH_2CH_2COOH$，写出 A、B、C、D 的构造式。

第六章 醇、酚、醚

Chapter 06

醇、酚、醚是烃的含氧衍生物。醇和酚的官能团是羟基（—OH）。羟基直接与脂肪烃基相连的是醇类化合物，直接与芳基相连的是酚类化合物。例如：

CH₃CH₂OH　　

　　　醇　　　　　　　　　　　　　　　　　酚

醚的官能团是醚键（—O—），是醚键直接与两个烃基相连的化合物（R—O—R、Ar—O—Ar 或 R—O—Ar）。例如：

CH₃—O—CH₃

醚

第一节　醇

一、醇的分类和命名

1. 醇的分类

（1）按照羟基所连烃基的结构分为脂肪醇、脂环醇、芳香醇。例如：

CH₃CH₂OH　　　　　　　　　　　　　　　　　　　CH₂CH₂OH

脂肪醇　　　　　　　脂环醇　　　　　　　芳香醇

（2）按照羟基所连烃基的饱和程度，分为饱和醇和不饱和醇。例如：

CH₃CH₂CH₂OH　　　　　　　　CH₂=CH—CH₂OH

饱和醇　　　　　　　　　　　　　不饱和醇

（3）按照羟基所连碳原子的类型，分为伯醇（一级醇）、仲醇（二级醇）和叔醇（三级醇）。例如：

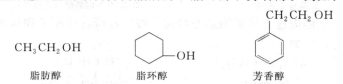

伯醇（一级醇）　　　　仲醇（二级醇）　　　　叔醇（三级醇）

（4）按照分子中羟基的数目，可把醇分为一元醇、二元醇和多元醇。例如：

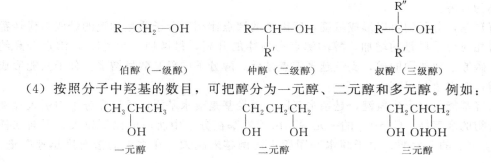

一元醇　　　　　　　　二元醇　　　　　　　　三元醇

2. 醇的命名

（1）**普通命名法** 普通命名法适用于结构简单的醇。在"醇"字前加上烃基的名称，"基"字一般可以省去。例如：

$$CH_3CHCH_3 \atop OH \qquad \bigcirc\!-\!OH \qquad CH_2=CHCH_2OH \qquad C_6H_5CH_2OH$$

　　异丙醇　　　　　环戊醇　　　　　烯丙醇　　　　　苄醇

（2）**系统命名法** 系统命名法命名适用于结构复杂的醇。首先选择连有羟基的最长碳链为主链，离羟基最近碳端给主链编号，按主链所含碳原子的数目称为"某醇"，取代基的位次、数目、名称以及羟基的位次分别标明于母体名称前。例如：

$$CH_3CHCH_2CHCH_3 \atop \quad CH_3 \quad\; OH \qquad\qquad H-C-OH \atop (CH_3)_3$$

　　　4-甲基-2-戊醇　　　　　　　S-3,3-二甲基-2-丁醇

不饱和醇的命名，应选择同时连有羟基和不饱和键的最长碳链为主链，按主链所含碳原子的数目称为"某烯醇"或"某炔醇"，其他原则与饱和醇相同。例如：

$$CH_2=CHCHCH_2OH \atop CH_3 \qquad\qquad CH_3CH_2\!\!\underset{\underset{CH_3}{|}}{C}\!\!=\!\!\underset{\underset{OH}{|}}{C}\!\!CHCH_3$$

　　　2-甲基-3-丁烯-1-醇　　　　　Z-3,4-二甲基-3-己烯-2-醇

芳香醇的命名，将芳环作为取代基，然后按脂肪醇来命名。例如：

$$C_6H_5CHCH_2OH \atop CH_3 \qquad\qquad C_6H_5CH=CHCH_2OH$$

　　　2-苯基-1-丙醇　　　　　　　3-苯基-2-丙烯醇（肉桂醇）

多元醇的命名，主链应连有尽可能多的羟基，按主链所含碳原子和羟基的数目称为"某二醇"、"某三醇"等。例如：

$$(CH_3)_2C\!\!-\!\!C(CH_3)_2 \atop OH\ OH \qquad\qquad CH_2CHCH_2 \atop OH\ OH\ \ OH$$

　　　2,3-二甲基-2,3-丁二醇　　　　　1,2,4-丁三醇

二、醇的物理性质

直链饱和一元醇中，$C_1 \sim C_4$ 的醇为具有酒味的流动液体，$C_5 \sim C_{11}$ 的醇为具有不愉快气味的油状液体，C_{12} 以上的醇为无臭无味的蜡状固体。二元醇和多元醇都具有甜味，故乙二醇有时称为甘醇。

醇含有羟基，分子间可以形成氢键，所以醇的沸点比相对分子质量相近的烃或卤代烃都要高。随着相对分子质量的增加，醇的沸点有规律的升高，每增加一个 CH_2，沸点升高约 $18 \sim 20 ℃$。碳原子数相同的醇，支链越多沸点越低。醇分子中羟基数目增多，分子间能形成更多的氢键，沸点也就更高。

醇中的羟基能与水形成氢键，是亲水基团，而烃基是疏水基团，所以在分子中引入羟基能增加化合物的水溶性。$C_1 \sim C_3$ 的一元醇，由于羟基在分子中所占的比例较大，可与水任意混溶。$C_4 \sim C_9$ 的一元醇，由于疏水基团所占比例越来越大，在水中的溶解度迅速降低。

C_{10} 以上的一元醇则难溶于水。一些常见醇的物理常数见表 6-1。

低级醇能和某些无机盐（$MgCl_2$、$CaCl_2$、$CuSO_4$ 等）形成结晶状的化合物，称为结晶醇，如 $MgCl_2 \cdot 6CH_3OH$、$CaCl_2 \cdot 4CH_3OH$、$CaCl_2 \cdot 4C_2H_5OH$ 等。结晶醇溶于水而不溶于有机溶剂，所以不能用无水 $CaCl_2$ 来除去甲醇、乙醇等中的水分。但利用这一性质，可将醇与其他有机物分离开来。

表 6-1 一些醇的物理常数

名称	结构式	熔点/℃	沸点/℃	相对密度 d_4^{20}	溶解度/[g·(100g)$^{-1}$ 水]	折射率 n_D^{20}
甲醇	CH_3OH	−97.8	65	0.7914	∞	1.3288
乙醇	CH_3CH_2OH	−117.3	78.5	0.7893	∞	1.3611
正丙醇	$CH_3CH_2CH_2OH$	−126.5	97.4	0.8035	∞	1.3850
异丙醇	$CH_3CH(OH)CH_3$	−89.5	82.4	0.7855	∞	1.3776
正丁醇	$CH_3(CH_2)_3OH$	−89.5	117.2	0.8098	7.9	1.3993
异丁醇	$(CH_3)_2CHCH_2OH$	−108	108	0.8018	8.5	1.3968
仲丁醇(dl)	$CH_3CH(OH)CH_2CH_3$	−115	99.5	0.8063	12.5	1.3978
叔丁醇	$(CH_3)_3COH$	25.5	82.3	0.7887	∞	1.3878
正戊醇	$CH_3(CH_2)_4OH$	−79	137.3	0.8144	2.7	1.4101
正己醇	$CH_3(CH_2)_5OH$	−52	158	0.8136	0.59	1.4641
环己醇	⌬—OH	25.1	161.1	0.9624	3.6	1.4650
烯丙醇	$CH_2=CHCH_2OH$	−129	97.1	0.8540	∞	1.4135
苯醇	$C_6H_5CH_2OH$	−15.3	205.3	1.0419(24)	约 4	1.5396
乙二醇	$HOCH_2CH_2OH$	−11.5	198	1.1088	∞	1.4318
丙三醇	$HOCH_2CH(OH)CH_2OH$	18	290(分解)	1.2613	∞	1.4746

三、醇的化学性质

醇的化学性质主要由官能团羟基所决定。羟基中的氧原子为不等性 sp^3 杂化，其中两个 sp^3 杂化轨道被两对未共用电子对占据，余下的两个 sp^3 杂化轨道分别与碳原子和氢原子形成 C—O 键和 C—H 键（见图 6-1）。

由于氧原子的电负性比碳原子和氢原子大，因此氧原子上的电子云密度偏高，易于接受质子，或作为亲核试剂发生某些化学反应。醇分子中的碳氧键和氧氢键均为较强的极性键，在一定条件下易发生键的断裂，碳氧键断裂能发生亲核取代反应或消除反应，氧氢键断裂能发生酯化反应。由于羟基吸电子诱导效应的影响，增强了 α-H 原子和 β-H 原子的活性，易于发生 α-H 的氧化和 β-H 的消除反应。综上所述，可归纳出醇的主要化学性质如下：

图 6-1 醇分子中氧的价键及未共用电子对分布示意图

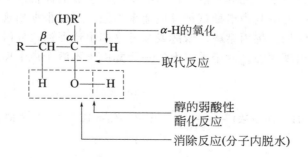

1. 弱酸性

醇能与钠、钾、镁、铝等活泼金属反应生成醇金属化合物并放出氢气和热量,也可与强碱作用给出质子,说明醇具有酸性。

$$ROH + Na \longrightarrow RONa + \frac{1}{2} H_2 \uparrow$$

$$ROH + NaNH_2 \longrightarrow RONa + NH_3 \uparrow$$

金属与醇反应没有与水那么剧烈,低级醇的反应进行很顺利,高级醇的反应进行很慢,甚至难以发生,说明醇(如乙醇 $pK_a = 17$)是比水($pK_a = 15.7$)弱的酸。这主要是由于醇分子中的烃基具有斥电子诱导效应($+I$),使氧氢键的极性比水弱所致。羟基 α-碳上的烷基增多,氧氢键的极性相应减弱,所以不同烃基结构的醇的酸性次序为:

$$水 > 甲醇 > 伯醇 > 仲醇 > 叔醇$$

由于醇的酸性比水弱,其共轭碱烷氧基(RO^-)的碱性就比 OH^- 强,所以醇盐遇水会分解为醇和金属氢氧化物:

$$RONa + H_2O \rightleftharpoons ROH + NaOH$$

上述反应为可逆反应,一般情况下,反应右向进行;但由于水能与醇、苯形成三元共沸物被除去,所以可使反应向生成醇钠方向进行,工业上可用此法制备醇钠。

在有机反应中,烷氧基既可作为碱性催化剂,也可作为亲核试剂进行亲核加成反应或亲核取代反应。

2. 卤代反应

醇分子中的 C—O 键是极性键,在亲核试剂的作用下易断裂,发生类似卤代烷的亲核取代反应。

(1)与氢卤酸的反应 醇与氢卤酸反应,分子中的碳氧键断裂,羟基被卤素取代生成卤代烃和水。

$$ROH + HX \rightleftharpoons RX + H_2O$$

这是卤代烃水解的逆反应。不同的醇与相同的氢卤酸反应,其活性次序为:

$$烯丙型醇、苄醇 > 叔醇 > 仲醇 > 伯醇$$

不同的氢卤酸与相同的醇反应,其活性次序为:$HI > HBr > HCl$。

醇与氯化氢反应时,需在脱水剂无水氯化锌存在下进行,实验室常用浓盐酸与无水氯化锌配成溶液,称卢卡斯(Lucas)试剂。例如:

$$CH_3CH_2CH_2CH_2OH \xrightarrow[\triangle]{浓\ HI} CH_3CH_2CH_2CH_2I$$

$$CH_3CH_2CH_2CH_2OH \xrightarrow[\triangle]{浓\ HBr,\ H_2SO_4} CH_3CH_2CH_2CH_2Br$$

$$CH_3CH_2CH_2CH_2OH \xrightarrow[\triangle]{浓\ HCl,\ 无水\ ZnCl_2} CH_3CH_2CH_2CH_2Cl$$

由于六个碳原子以下的一元醇可溶于卢卡斯试剂,生成的卤代烃不溶而出现浑浊或分层现象,而不同结构的一元醇与卢卡斯试剂反应速率不同,可以根据出现浑浊或分层现象的快慢便可鉴别出该醇的结构。烯丙型醇、苄醇或叔醇立即出现浑浊,仲醇要数分钟后才出现浑浊,而伯醇须加热才出现浑浊。六个碳以上的一元醇由于不溶于卢卡斯试剂,因此无法进行鉴别。

$$R-\underset{\underset{R''}{|}}{\overset{\overset{R'}{|}}{C}}-OH + HCl(浓) \xrightarrow[20℃]{无水\ ZnCl_2} R-\underset{\underset{R''}{|}}{\overset{\overset{R'}{|}}{C}}-Cl + H_2O \qquad 立即出现浑浊$$

$$R-\underset{R'}{\underset{|}{C}}HOH + HCl(浓) \xrightarrow[20℃]{无水\ ZnCl_2} R-\underset{R'}{\underset{|}{C}}H-Cl + H_2O \qquad 数分钟后出现浑浊$$

$$RCH_2OH + HCl(浓) \xrightarrow[\triangle]{无水\ ZnCl_2} RCH_2Cl + H_2O \qquad 室温下不浑浊$$

(2) 与无机酰卤的反应 醇与三卤化磷、五卤化磷或亚硫酰氯（氯化亚砜）反应生成相应的卤代烃。

$$CH_3CH_2CH_2OH + PI_3 \longrightarrow CH_3CH_2CH_2I + H_3PO_3$$

$$CH_3CH_2\underset{\underset{CH_3}{|}}{C}HOH + PBr_3 \longrightarrow CH_3CH_2\underset{\underset{CH_3}{|}}{C}HBr + H_3PO_3$$

$$CH_3CH_2OH + Cl-\overset{\overset{O}{\|}}{S}-Cl \longrightarrow CH_3CH_2Cl + SO_2\uparrow + HCl\uparrow$$

与三卤化磷的反应常用于制备溴代烃或碘代烃，与五氯化磷或亚硫酰氯的反应常用于制备氯代烃。这些反应具有速率快，条件温和，不易发生重排，产率较高的特点，与亚硫酰氯的反应还具有易于分离纯化的优点。

3. 脱水反应

醇在酸性质子酸（如 H_2SO_4、H_3PO_4 等）或 Lewis 酸（如 Al_2O_3 等）催化剂作用下，加热容易脱水，分子内脱水则生成烯烃，分子间脱水生成醚。

(1) 分子内脱水 醇在较高温度下加热，发生分子内的脱水反应，产物是烯烃。

$$C_2H_5OH \xrightarrow[\text{或}\ Al_2O_3,\ 360℃]{\text{浓}\ H_2SO_4,\ 170℃} CH_2=CH_2 + H_2O$$

不同结构的醇的反应活性大小为：叔醇＞仲醇＞伯醇。

$$CH_3-\underset{\underset{OH}{|}}{\overset{\overset{CH_3}{|}}{C}}-CH_3 \xrightarrow[80\sim90℃]{20\%\ H_2SO_4} \underset{\underset{CH_3}{|}}{\overset{\overset{CH_3}{|}}{C}}=CH_2$$

$$CH_3CH_2\underset{\underset{OH}{|}}{C}HCH_3 \xrightarrow[90\sim100℃]{66\%\ H_2SO_4} CH_3CH=CHCH_3 + H_2O$$

$$CH_3CH_2CH_2CH_2OH \xrightarrow[140℃]{75\%\ H_2SO_4} CH_2=CHCH_2CH_3 + H_2O$$

醇的分子内脱水属于消除反应，仲醇、叔醇中可能有两种脱水方向，主要产物方向应遵守查依采夫规则，生成较稳定的烯烃。例如：

$$CH_3CH_2CH_2\underset{\underset{OH}{|}}{C}HCH_3 \xrightarrow[87℃]{62\%\ H_2SO_4} \underset{80\%}{CH_3CH_2CH=CHCH_3} + \underset{20\%}{CH_3CH_2CH_2CH=CH_2} + H_2O$$

$$CH_3CH_2\underset{\underset{OH}{|}}{\overset{\overset{CH_3}{|}}{C}}CH_3 \xrightarrow[81℃]{46\%\ H_2SO_4} \underset{84\%}{CH_3CH=\underset{\underset{CH_3}{|}}{C}CH_3} + \underset{16\%}{CH_3CH_2\underset{\underset{CH_3}{|}}{C}=CH_2} + H_2O$$

对于某些醇，分子内脱水主要生成稳定的共轭烯烃。例如：

$$C_6H_5-CH_2-\underset{\underset{OH}{|}}{C}H-\underset{\underset{CH_3}{|}}{C}HCH_3 \xrightarrow[\triangle]{\text{浓}\ H_2SO_4} C_6H_5-CH=\underset{\underset{CH_3}{|}}{C}-CH_3$$

第六章 醇、酚、醚

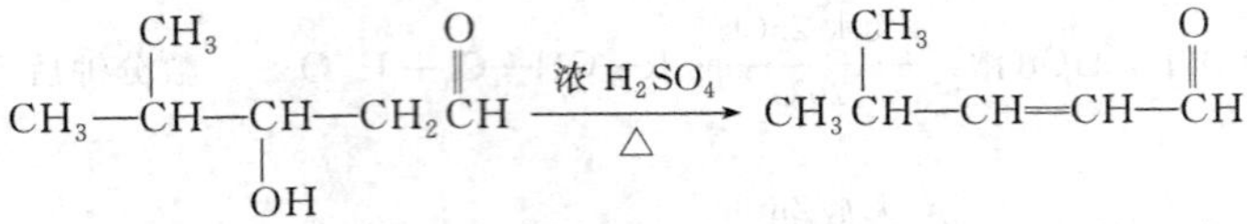

$$CH_3-\underset{OH}{\underset{|}{CH}}-CH_3-CH_2-\overset{O}{\overset{\|}{CH}} \xrightarrow[\triangle]{\text{浓 } H_2SO_4} CH_3-\underset{}{\underset{}{CH}}-CH=CH-\overset{O}{\overset{\|}{CH}}$$
（此处以结构式表示，见原图）

醇的消除反应一般按 E1 历程进行。由于中间体是碳正离子，所以某些醇会发生重排，主要得到重排的烯烃。例如：

$$CH_3CH_2OH \xrightarrow{H^+} CH_3\overset{+}{CH_2}OH_2 \xrightarrow{-H_2O} \overset{+}{CH_2}CH_2 \xrightarrow{-H^+} CH_2=CH_2$$

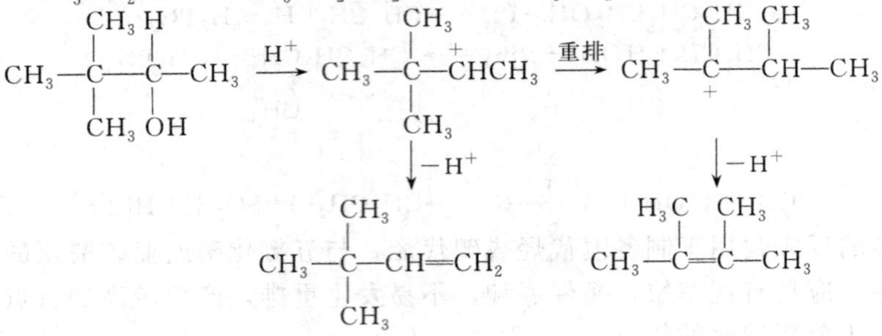

（2-甲基-2,3-丁二醇重排示意，见原图，产物 30% 与 70%）

为避免醇脱水生成烯烃时发生重排，通常先将醇制成卤代烃，再消除 H—X 来制备烯烃。若采用氧化铝为催化剂，醇在高温气相条件下脱水，往往也不发生重排。

（2）分子间脱水 醇在较低温度下加热，常发生分子间的脱水反应，产物为醚。例如：

$$CH_3CH_2\text{—}OH + HO\text{—}CH_2CH_3 \xrightarrow[\text{或 } Al_2O_3,\ 260℃]{\text{浓 } H_2SO_4,\ 130\sim150℃} CH_3CH_2\text{—}O\text{—}CH_2CH_3$$

这一反应常用于由伯醇制备对称醚，用仲醇来反应时，消除反应的产物（烯烃）将会增多，而叔醇则以消除反应为主。

当用不同的醇进行分子间的脱水反应时，一般情况下得到三种醚的混合物：

$$ROH + R'OH \xrightarrow[\triangle]{H^+} R\text{—}O\text{—}R + R\text{—}O\text{—}R' + R'\text{—}O\text{—}R'$$

所以，用分子间的脱水反应制备醚时，只能使用单一的醇制备对称醚。

4. 酯化反应

醇与羧酸或无机含氧酸生成酯的反应，称为酯化反应。

（1）与羧酸的酯化反应 醇和有机酸在酸性条件下，分子间脱去水生成酯。

$$RCOOH + R'OH \underset{}{\overset{H^+}{\rightleftharpoons}} RCOOR' + H_2O$$

此反应是可逆的，为提高酯的产率，可以减少某一产物的浓度，或增加某一种反应物的浓度，以促使平衡向生成酯方向移动。

（2）与无机含氧酸的酯化反应 常见的无机含氧酸有硫酸、硝酸、磷酸，反应生成无机酸酯。例如：

$$CH_3OH + HO\text{—}SO_2OH \xrightarrow{0℃} CH_3OSO_2OH$$
硫酸氢甲酯

$$2CH_3OSO_2OH \xrightarrow{\text{减压蒸馏}} CH_3OSO_2OCH_3 + H_2SO_4$$ 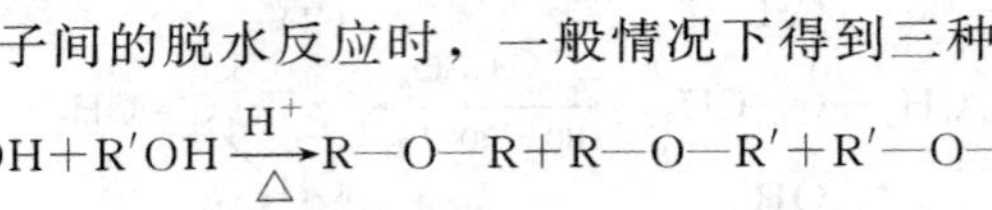
硫酸二甲酯

$$\begin{matrix} CH_2OH \\ CHOH \\ CH_2OH \end{matrix} + 3HONO_2 \rightleftharpoons \begin{matrix} CH_2ONO_2 \\ CHONO_2 \\ CH_2ONO_2 \end{matrix} + 3H_2O$$
三硝酸甘油酯（硝化甘油）

磷酸的酸性较硫酸、硝酸弱，一般不易直接与醇酯化。

低级醇的硫酸酯是常用的烷基化试剂，如硫酸二甲酯和硫酸二乙酯，在合成中经常使用，但毒性较大，要注意安全。硝酸酯受热易爆炸，亚硝酸酯也易分解，它们中的一些化合物可作为扩张心血管、缓解心绞痛的药物使用。某些磷酸酯，如葡萄糖、果糖等的磷酸酯是生物体内代谢过程中的重要中间产物，有的磷酸酯则是优良的杀虫剂、除草剂。

5. 氧化反应

在醇分子中，由于受到羟基吸电子诱导效应的影响，α-H 比较活泼，容易被氧化。

（1）加氧反应　在酸性条件下，伯醇或二级仲醇可被高锰酸钾或重铬酸钾氧化，伯醇一般先生成中间产物醛，继而被氧化成酸；仲醇被氧化成酮，酮在此条件下稳定，不再发生变化；叔醇中不含 α-H，在此条件下不氧化。因此，通过反应的颜色变化，可将叔醇与其他醇区别开。

$$CH_3CH_2OH \xrightarrow[K_2Cr_2O_7+H_2SO_4]{[O]} \left[CH_3-CH \begin{array}{c} OH \\ | \\ OH \end{array} \right] \xrightarrow{-H_2O} CH_3CHO \xrightarrow[K_2Cr_2O_7+H_2SO_4]{[O]} CH_3COOH$$

伯醇　　　　　　　　　　　　　　　　　　　　　乙醛　　　　　　　　乙酸

$$CH_3-CH-OH \xrightarrow[K_2Cr_2O_7+H_2SO_4]{[O]} \left[CH_3-C \begin{array}{c} OH \\ | \\ OH \end{array} CH_3 \right] \xrightarrow{-H_2O} CH_3-C=O$$
$$\hspace{2cm} | \hspace{11cm} |$$
$$\hspace{2cm} CH_3 \hspace{10.5cm} CH_3$$

仲醇　　　　　　　　　　　　　　　　　　　　　　　　　　　　　　丙酮

伯醇生成醛后，为了避免进一步被氧化，可以在反应过程中及时将生成的醛从反应体系中分出，但这种方法通常限于沸点在 100℃ 以下的醛，而且很难避免一些全部被氧化。

为了使伯醇经氧化停留在醛的阶段，或者在氧化醇时不影响碳碳双键，可采用一些特殊的氧化剂，如 MnO_2 或 CrO_3/吡啶（Py）等弱氧化剂，则能将一级醇或二级醇氧化为相应的醛或酮。

$$CH_2=CHCH_2OH \xrightarrow[Py]{MnO_2} CH_2=CHCHO$$

$$CH_3CH_2CH_2CH_2OH \xrightarrow[CH_2Cl_2]{CrO_3/Py} CH_3CH_2CH_2CHO$$

（2）脱氢反应　伯醇或仲醇的蒸气在高温下通过铜（或银、镍）催化剂的表面时，可脱氢分别生成醛或酮，这是催化氢化反应的逆过程，此反应多用于有机化工生产中合成醛或酮。

$$RCH_2OH \xrightleftharpoons[325℃]{Cu} RCHO + H_2$$

$$R_2CHOH \xrightleftharpoons[325℃]{Cu} R_2C=O + H_2$$

叔醇因无 α-氢原子，则不能发生脱氢反应。

第二节　酚

一、酚的分类和命名

1. 酚的分类

根据酚羟基所连的芳基不同，可分为苯酚、萘酚、蒽酚、菲酚等；根据所含酚羟基的数目不同，可分为一元酚和多元酚（二元及二元以上酚统称为多元酚）。

2. 酚的命名

酚的命名是根据羟基所连芳环的名称叫做"某酚",芳环上连接的其他基团为取代基,编号时从羟基所连的碳原子开始,例如:

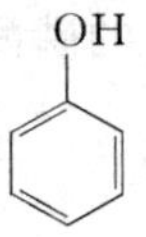

苯酚 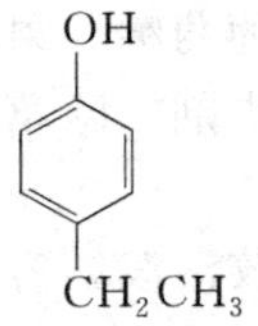　　　4-乙基苯酚 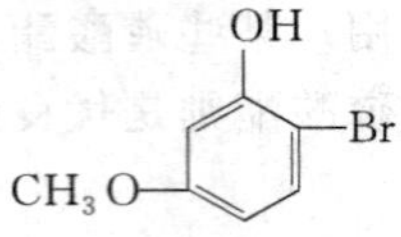　　　5-甲氧基-2-溴苯酚 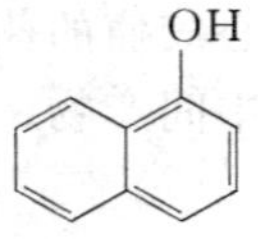　　　1-萘酚（α-萘酚） 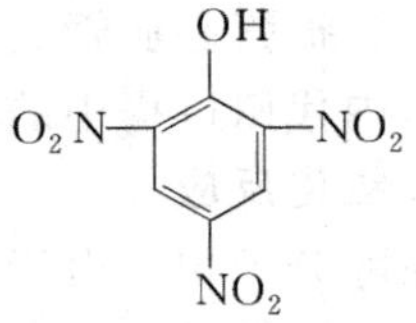　　　2,4,6-三硝基苯酚（苦味酸）

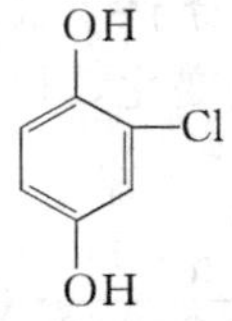

2-氯-1,4-苯二酚 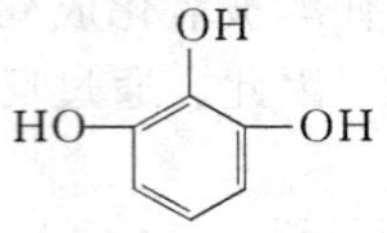　　　1,2,3-苯三酚（连苯三酚） 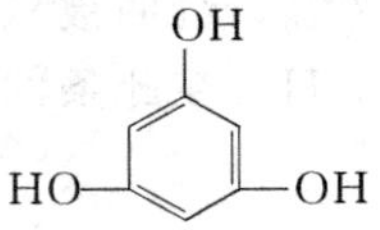　　　1,3,5-苯三酚（均苯三酚）

当芳环上连有比羟基更为优先的基团,如羰基、羧基、磺酸基等时,则酚羟基作为取代基。例如:

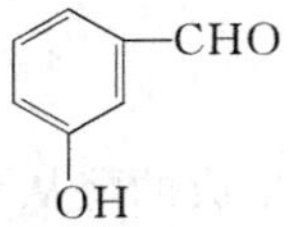

3-羟基苯甲醛 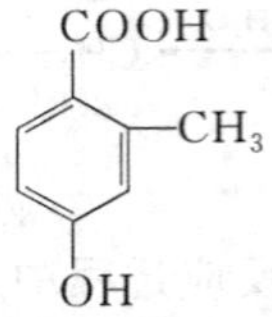　　　2-甲基-4-羟基苯甲酸 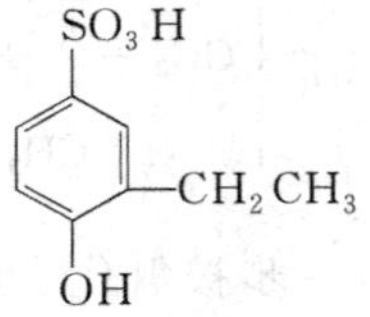　　　3-乙基-4-羟基苯磺酸 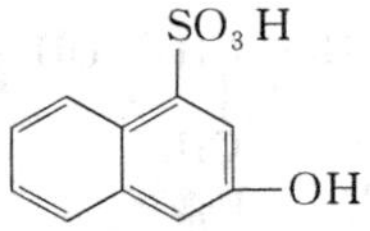　　　3-羟基-1-萘磺酸

二、酚的物理性质

常温下,除了少数烷基酚为液体外,大多数酚为无色固体,但因容易被空气中的氧氧化,常含有有色杂质。由于酚分子间能形成氢键,因此酚的沸点和熔点较相应的芳烃高。邻位上有氟、羟基或硝基的酚,分子内形成氢键,分子间不能发生缔合,它们的沸点低于其间位和对位异构体。酚在常温下微溶于水,加热则溶解度增加。随着羟基数目增多,酚在水中的溶解度增大。酚能溶于乙醇、乙醚、苯等有机溶剂。一些常见酚的物理常数见表6-2。

表6-2　酚的物理常数

名称	构造式	熔点/℃	沸点/℃	溶解度/[g·(100g)$^{-1}$ 水]	pK_a	折射率 n_D^{20}
苯酚	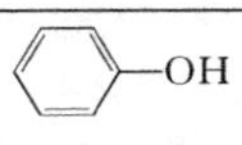	43	181.7	8.2(15)	9.95	1.5509
邻甲苯酚	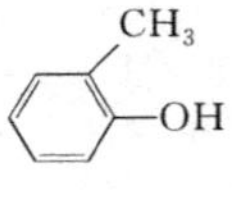	30.9	191	2.5	10.2	1.5361
间甲苯酚	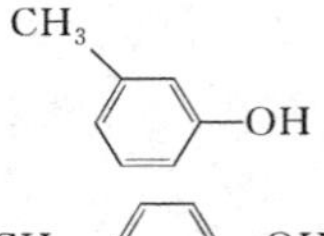	11.5	202.2	0.5	10.01	1.5438
对甲苯酚	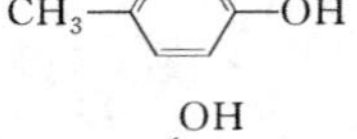	34.8	201.9	1.8	10.17	1.5312
邻苯二酚	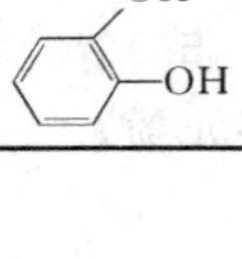	105	245	45.1(20)	9.4	1.604

续表

名称	构造式	熔点/℃	沸点/℃	溶解度/[g·(100g)$^{-1}$水]	pK_a	折射率 n_D^{20}
间苯二酚		111	281	147.3(12.5)	9.4	
对苯二酚		173.4	285	6(15)	10.0	
1,2,3-苯三酚		133	309	易溶	7.0	1.561
1,2,4-苯三酚		140	—	易溶		
1,3,5-苯三酚		218.9	—	1.13	7.0	
α-萘酚		96(升华)	288	不溶	9.3	
β-萘酚		123	295	0.07	9.5	

三、酚的化学性质

酚和醇具有相同的官能团，但酚羟基直接与苯环相连，氧原子的 p 轨道与芳环的 π 轨道形成 p-π 共轭体系（图 6-2），导致氧原子的电子云密度降低，导致氧氢键的成键电子更加偏向于氧，氧氢键的极性增加，与醇相比，酚的酸性明显增强。同时，碳氧键的极性减弱而不易断裂，不能像醇羟基那样发生亲核取代反应或消除反应。另外，由于酚羟基的给电子效应，使苯环上的电子云密度增加，芳环上的亲电取代反应更容易进行。

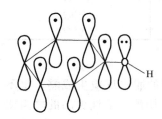

图 6-2 苯酚中 p-π 共轭示意图

综上所述，酚的主要化学性质可归纳如下：

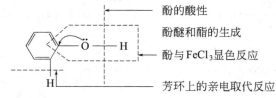

1. 酸性

酚类化合物呈酸性，大多数酚的 pK_a 都在 10 左右，酸性强于水和醇，能与强碱溶液作用生成盐。例如：

pK_a=9.95

$$\text{C}_6\text{H}_5\text{OH} + \text{NaOH} \rightleftharpoons \text{C}_6\text{H}_5\text{O}^-\text{Na}^+ + \text{H}_2\text{O}$$
苯酚钠

苯酚的酸性比碳酸（$pK_a=6.34$）弱，只能溶于氢氧化钠溶液，但不能溶于碳酸氢钠溶液，在苯酚钠的溶液中通入二氧化碳能使苯酚游离出来。利用此性质可进行苯酚的分离和提纯。

$$\text{C}_6\text{H}_5\text{ONa} + \text{CO}_2 + \text{H}_2\text{O} \rightleftharpoons \text{C}_6\text{H}_5\text{OH} + \text{NaHCO}_3$$

芳环上取代基的性质对酚的酸性影响很大。当芳环上连有供电子基时，使酚羟基的氧氢键极性减弱，释放质子的能力减弱，因而酸性减弱；当芳环上连有吸电子基时，使酚羟基的氧氢键极性增强，释放质子的能力增强，酸性增强。例如：

化合物	邻甲苯酚	苯酚	邻硝基苯酚	2,4,6-三硝基苯酚
pK_a	10.2	9.95	7.17	0.38

2. 与氯化铁的显色反应

酚与氯化铁溶液作用生成有色的配合物：

$$6\text{C}_6\text{H}_5\text{OH} + \text{FeCl}_3 \longrightarrow [\text{Fe}(\text{C}_6\text{H}_5\text{O})_6]^{3-} + 6\text{H}^+ + 3\text{Cl}^-$$

不同的酚与氯化铁作用产生的颜色不同（见表 6-3）。除酚以外，凡具有稳定的烯醇式结构的化合物都可发生此反应。

表 6-3 酚和氯化铁产生的颜色

化合物	产生的颜色	化合物	产生的颜色
苯酚	紫	间苯二酚	紫
邻甲苯酚	蓝	对苯二酚	暗绿色结晶
间甲苯酚	蓝	1,2,3-苯三酚	淡棕红
对甲苯酚	蓝	1,3,5-苯三酚	紫色沉淀
邻苯二酚	绿	α-萘酚	紫色沉淀

3. 酚醚和酚酯的生成

由于酚羟基与苯环形成 p-π 共轭体系，酚不能直接进行分子间的脱水反应生成醚，也不能直接与羧酸反应生成酯。通常是用酚盐与卤代烃反应来制备醚，用酚与活性更高的酰卤或酸酐反应来制备酯。例如：

$$\text{C}_6\text{H}_5\text{ONa} + \text{C}_2\text{H}_5\text{I} \longrightarrow \text{C}_6\text{H}_5\text{OCH}_2\text{CH}_3 + \text{NaI}$$

2,4-二氯苯酚钠 + 对硝基氯苯 ⟶ 除草醚

$$\text{C}_6\text{H}_5\text{OH} + (\text{CH}_3\text{CO})_2\text{O} \longrightarrow \text{C}_6\text{H}_5\text{OCOCH}_3 + \text{CH}_3\text{COOH}$$

4. 芳环上的取代反应

酚羟基对苯环既产生吸电子的诱导效应（-I），又产生给电子的共轭效应（+C），两

者综合作用的结果使苯环上的电子云密度增加，使羟基的邻、对位活化，更容易发生芳环上的亲电取代反应。

(1) 卤化　酚类容易卤化，苯酚与溴水在常温下即可作用，生成白色的三溴苯酚沉淀。

$$\text{C}_6\text{H}_5\text{OH} + 3\text{Br}_2(\text{水溶液}) \longrightarrow \text{2,4,6-三溴苯酚(白色)} \downarrow + 3\text{HBr}$$

苯酚与溴水的反应灵敏度高，一般溶液中苯酚含量达 $10\text{mg} \cdot \text{kg}^{-1}$ 即可检出，且反应是定量的，所以常用于苯酚的定性和定量分析及饮用水的监测。

(2) 硝化　在低温下，稀硝酸与苯酚作用可得到邻、对硝基苯酚。

$$\text{C}_6\text{H}_5\text{OH} + \text{HNO}_3(\text{稀}) \xrightarrow{\text{室温}} \text{邻硝基苯酚} + \text{对硝基苯酚}$$

苯酚与浓硝酸作用，可生成 2,4,6-三硝基苯酚，俗名苦味酸，是一种烈性炸药。

$$\text{C}_6\text{H}_5\text{OH} + (\text{浓})\text{HNO}_3 \xrightarrow{\text{H}_2\text{SO}_4(\text{浓})} \text{2,4,6-三硝基苯酚（苦味酸）}$$

(3) 磺化　在常温下，苯酚与浓硫酸发生磺化反应，生成邻羟基苯磺酸；在 100℃ 进行磺化，则主要产物是对羟基苯磺酸。这是由于磺基位阻大，温度升高时，邻位的位阻效应显著，所以取代反应主要在对位上进行。

$$\text{C}_6\text{H}_5\text{OH} + \text{H}_2\text{SO}_4(\text{浓}) \begin{array}{c} \xrightarrow{\text{室温}} \text{邻羟基苯磺酸} \\ \xrightarrow{100℃} \text{对羟基苯磺酸} \end{array}$$

5. 氧化反应

酚比醇更容易被氧化，苯酚在室温下就能被空气中的氧氧化而呈粉红色至暗红色。所以酚在进行硝化或磺化反应时，必须要控制反应条件以防止酚被氧化。

苯酚用氧化剂氧化生成对苯醌：

$$\text{C}_6\text{H}_5\text{OH} \xrightarrow{\text{K}_2\text{Cr}_2\text{O}_7 + \text{H}_2\text{SO}_4} \text{对苯醌}$$

多元酚更容易被氧化，如邻苯二酚和对苯二酚在室温下能被弱氧化剂氧化为邻苯醌和对苯醌：

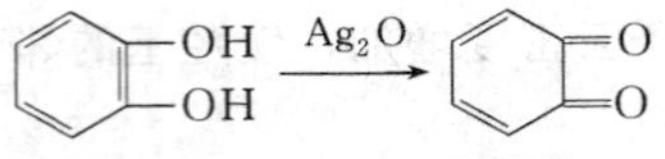

$$\text{邻苯二酚} \xrightarrow{Ag_2O} \text{邻苯醌}$$

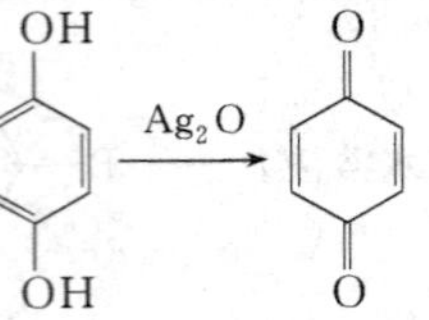

$$\text{对苯二酚} \xrightarrow{Ag_2O} \text{对苯醌}$$

三元酚是很强的还原剂，在碱液中能吸收氧气，常用作吸氧剂，在摄影术中用作显影剂。酚易氧化生成带有颜色的醌类物质，这是酚类物质常常带有颜色的原因。

第三节 醚

醚可以看成水分子中的两个氢原子被烃基取代生成的化合物，也可看成醇或酚分子中羟基上的氢被烃基取代的产物，通式表示为：R—O—R′、R—O—Ar、Ar—O—Ar′，其中—O—称为醚键，是醚的官能团。饱和一元醚和饱和一元醇互为官能团异构体，具有相同的通式：$C_nH_{2n+2}O$。

一、醚的分类和命名

1. 醚的分类

根据分子中烃基的结构，醚可分为脂肪醚和芳香醚。两个烃基相同的醚叫做简单醚，不相同的叫做混合醚。具有环状结构的醚，称为环醚。例如：

$CH_3OCH_2CH_3$　　　$CH_3CH_2OCH_2CH_3$　　　环醚（环氧乙烷）

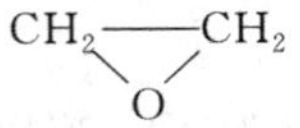

混合醚　　　　　　简单醚　　　　　　　环醚

2. 醚的命名

结构简单的醚一般采用普通命名法命名，即在烃基的名称后面加上"醚"字，烃基的"基"字可省略。两个烃基相同时，"二"字也可省略，例如：

CH_3OCH_3　　　$CH_3CHOCHCH_3$（两侧各带CH_3）　　　(二)苯(基)醚

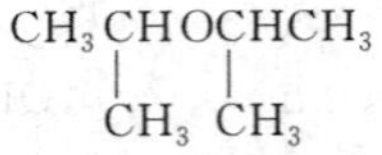

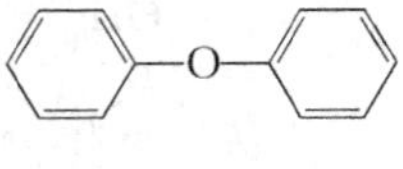

(二)甲(基)醚　　　(二)异丙(基)醚　　　(二)苯(基)醚

两个烃基不相同时，脂肪醚将小的烃基放在前面，芳香醚则把芳基放在前面，例如：

$CH_3OCH_2CH_3$ 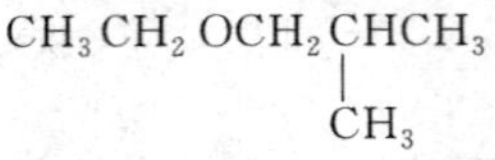　　　$CH_3CH_2OCH_2CH(CH_3)$　　　$CH_3CH_2OCH=CH_2$

甲乙醚　　　　　　乙基异丁基醚　　　　　　乙基乙烯基醚

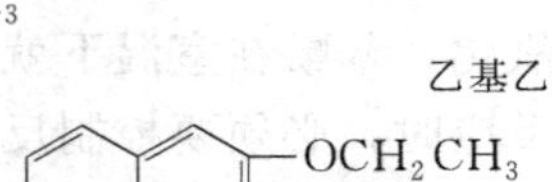

苯甲醚　　　　　　β-萘乙醚

结构复杂的醚可采用系统命名法命名，即选择较长的烃基为母体，有不饱和烃基时，选择不饱和度较大的烃基为母体，将较小的烃基与氧原子一起看作取代基，叫做烷氧基（RO—）。例如：

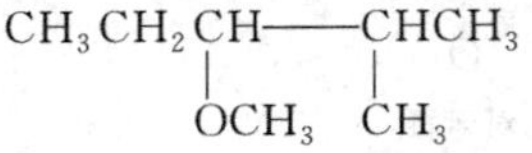

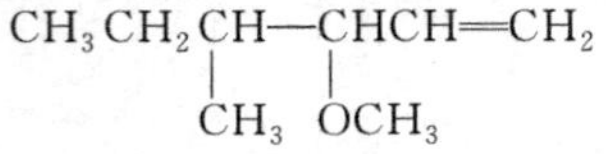

$CH_3CH_2CH-CHCH_3$（带OCH_3和CH_3）　　　$CH_3CH_2CH-CHCH=CH_2$（带CH_3和OCH_3）

2-甲基-3-甲氧基戊烷　　　　　　3-甲氧基-4-甲基-1-己烯

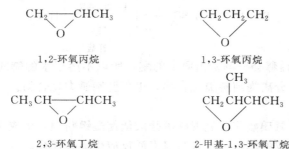

对乙氧基苯甲醇　　　　　　1,2-二甲氧基乙烷

命名三、四元环的环醚时，标出氧原子所在母体的序号，以"环氧某烷"来命名。例如：

更大的环醚一般按杂环化合物来命名。

1,4-环氧丁烷(四氢呋喃)　　　1,4-二氧六环

二、醚的物理性质

常温下除甲醚、甲乙醚、环氧乙烷等为气体外，大多数醚为无色、有香味、易挥发、易燃烧的液体。醚分子中因无羟基而不能在分子间生成氢键，因此醚的沸点比相应的醇低得多，与相对分子质量相近的烷烃相当。

醚分子中的碳氧键是极性键，氧原子采用 sp^3 杂化，其上有两对未共用电子对，两个碳氧键之间键角接近 109.5°，所以醚有极性，而且醚分子中的氧原子可以与水形成氢键，所以醚在水中的溶解度与相应的醇相当。甲醚、1,4-二氧六环、四氢呋喃等都可与水互溶，乙醚在水中的溶解度为每 100g 水溶解约 7g，其他低相对分子质量的醚微溶于水，大多数醚不溶于水。

乙醚能溶于许多有机溶剂，本身也是一种良好的溶剂。乙醚有麻醉作用，极易着火，与空气混合到一定比例能爆炸，所以使用乙醚时要十分小心。一些醚的物理常数见表 6-4。

表 6-4　醚的物理常数

名称	结构式	熔点/℃	沸点/℃	相对密度 d_4^{20}
甲醚	CH_3-O-CH_3	-138.5	-25	
乙醚	$C_2H_5-O-C_2H_5$	-116	34.5	0.7138
正丁醚	$n\text{-}C_4H_9-O-n\text{-}C_4H_9$	-95.3	142	0.7689
二苯醚	$C_6H_5-O-C_6H_5$	28	257.9	1.0748
苯甲醚	$C_6H_5-O-CH_3$	-37.3	155.5	0.994
环氧乙烷	$\underset{\diagdown O \diagup}{CH_2-CH_2}$	-111	13.5	0.8824(10/10)
四氢呋喃		-108	67	0.8892
1,4-二氧六环		11.8	101	1.0337

三、醚的化学性质

除某些环醚外,醚是一类化学性质很稳定的化合物,常温下,醚对于活泼金属、碱、氧化剂、还原剂等十分稳定。但醚具有碱性,遇酸可形成𬭩盐,甚至发生醚键的断裂。

1. 𬭩盐的生成

醚分子中的氧原子具有未共用电子对,它是一个路易斯碱。在常温下能与强酸(H_2SO_4、HCl 等)反应,可接受酸中的质子生成𬭩盐。

$$R-O-R' + H_2SO_4 \longrightarrow \left[\begin{array}{c} R-\overset{+}{O}-R' \\ | \\ H \end{array} \right] HSO_4^-$$

𬭩盐

𬭩盐不稳定,用水稀释会分解析出原来的醚。所以不溶于水的醚能溶于强酸溶液中,利用醚的这种弱碱性,可分离提纯醚类化合物,也可鉴别醚类化合物。

2. 醚键的断裂

在较高温度下,浓氢碘酸或浓氢溴酸等强酸能使醚键断裂,生成卤代烃和醇或酚。若使用过量的氢卤酸,则生成的醇将进一步与氢卤酸反应生成卤代烃。

$$R-O-R' \xrightarrow{HI}{\triangle} RI + ROH$$
$$\xrightarrow{HI} RI + H_2O$$

脂肪族混合醚与氢卤酸作用时,一般是较小的烷基生成卤代烷,当氧原子上连有三级烷基时,则主要生成三级卤代烷。例如:

$$CH_3CHCH_2OCH_3 \xrightarrow{HI}{\triangle} CH_3I + CH_3CHCH_2OH$$
$$\qquad |\qquad\qquad\qquad\qquad\qquad\qquad |$$
$$\quad CH_3 \qquad\qquad\qquad\qquad\qquad\qquad CH_3$$

$$\begin{array}{c}CH_3\\|\\CH_3-C-O-CH_2CH_3\\|\\CH_3\end{array} \xrightarrow{HI}{\triangle} \begin{array}{c}CH_3\\|\\CH_3-C-I\\|\\CH_3\end{array} + CH_3CH_2OH$$

芳香醚由于氧原子与芳环形成 p-π 共轭体系,碳氧键不易断裂,如果另一烃基是脂肪烃基,则生成酚和卤代烷,如果两个烃基都是芳香基,则不易发生醚键的断裂。例如:

$$C_6H_5-O-CH_3 \xrightarrow{HBr}{\triangle} CH_3Br + C_6H_5-OH$$

环醚与氢卤酸作用,醚键断裂生成双官能团化合物。例如:

$$\underset{O}{\bigcirc} \xrightarrow{HI}{\triangle} HOCH_2CH_2CH_2CH_2I$$

3. 过氧化物的生成

醚类化合物虽然对氧化剂很稳定,但许多烷基醚在和空气长时间接触下,会缓慢地被氧化生成过氧化物,氧化通常在 α-碳氢键上进行:

$$CH_3CH_2-O-CH_2CH_3 \xrightarrow{O_2} CH_3CH_2-O-CHCH_3$$
$$\qquad\qquad\qquad\qquad\qquad\qquad\qquad\qquad\qquad |$$
$$\qquad\qquad\qquad\qquad\qquad\qquad\qquad\qquad O-OH$$

过氧化物不稳定,受热时容易分解而发生猛烈爆炸,因此在蒸馏或使用前必须检验醚中是否含有过氧化物。常用的检验方法是用碘化钾的淀粉溶液,或硫酸亚铁与硫氰化钾溶液,若前者呈深蓝色,或后者呈血红色,则表示有过氧化物存在。除去过氧化物的方法是向醚中加入还原剂(如 $FeSO_4$ 或 Na_2SO_3),使过氧化物分解。为了防止过氧化物生成,醚应用棕色瓶避光储存，并可在醚中加入微量铁屑或对苯二酚阻止过氧化物生成。

本章知识点归纳

醇羟基中的氧原子是 sp³ 不等性杂化，两个 sp³ 杂化轨道被两对未共用电子对占据，导致醇羟基中氧原子上的电子云密度偏高，容易接受质子而表现出路易斯碱性。与水相似，羟基中的氧氢键极性较强，所以醇也具有一定的酸性，可与活泼金属反应生成盐，反应活性次序为：水＞甲醇＞伯醇＞仲醇＞叔醇。醇盐负离子 RO⁻ 是醇的共轭碱，其碱性比 OH⁻ 强。

由于氧原子的强电负性，醇中的碳氧键是极性的，在一定条件下能断裂发生亲核取代反应。如能与氢卤酸、无机酰卤反应生成卤代烃。不同烃基结构的醇与同一氢卤酸反应的活性次序为：烯丙型醇＞叔醇＞仲醇＞伯醇。卢卡斯试剂（无水氯化锌的浓盐酸溶液）可用于鉴别不同结构的 6 个碳原子以下的一元醇。反应时，烯丙型醇、叔醇立即出现浑浊，仲醇数分钟内出现浑浊，伯醇室温下不浑浊。在较高的温度下，醇能发生分子内脱水，一般遵从查依采夫规则，产物为较稳定的烯烃。在较低的温度下，醇能发生分子间脱水，产物为醚。由于醇羟基的吸电子诱导效应使 α-H 的活性增大，所以伯醇易被氧化成醛或酸，仲醇易被氧化成酮，叔醇因无 α-H 不易被氧化。常用的氧化剂是高锰酸钾、重铬酸钾和 MnO_2。

酚羟基中氧原子的 p 轨道与苯环的 π 轨道形成 p-π 共轭体系，使氧原子的电子云密度降低，碳氧键极性减弱不易断裂，氧氢键极性增加表现出一定的酸性。酚能与氢氧化钠或碳酸钠溶液反应生成盐，但酚的酸性比碳酸弱，不能与碳酸氢钠溶液反应生成盐。

酚在碱性条件下与卤代烃作用可生成醚，是制备芳香族对称醚或不对称醚的方法。酚也能与酰卤或酸酐作用生成酯。酚羟基使苯环上的电子云密度增加，使苯环进行亲电取代反应比苯容易。例如苯酚与溴水在常温下反应，邻、对位三个位置同时被取代生成三溴苯酚的白色固体。酚比醇更易被氧化，常温下，酚能被空气中的氧气氧化生成带有颜色的物质。

酚与 $FeCl_3$ 的显色反应可用来鉴别酚类或具有稳定烯醇式结构的化合物。

醚键很稳定，所以醚对活泼金属、碱、氧化剂、还原剂等都很稳定。只有在浓 HI、浓 HBr 条件下，才可发生醚键的断裂，生成碘代烷、溴代烷和醇或酚。

醚分子中氧原子的电子云密度偏高，能接受质子生成𬭩盐，增加了醚在水中的溶解度，所以不溶于水的醚能溶解在浓强酸中。

许多烷基醚在空气中会缓慢氧化生成过氧化物，其在加热时会发生剧烈爆炸，因此在使用醚之前，应检验是否有过氧化物存在，常用碘化钾的淀粉溶液进行检查。除去醚中过氧化物的方法是，加入还原剂如 $FeSO_4$ 或 Na_2SO_3。

阅读材料

植物多酚简介

植物多酚又名植物单宁，是植物体内种类最多的一种次生代谢产物，普遍存在于蔬菜、水果、中草药及植物种子中，尤其在茶叶、咖啡、红葡萄、芸豆、红酒中含量丰富。植物多酚是以苯酚为基本骨架，以苯环的多羟基取代为特征，包括低分子质量的简单酚类和分子质量大至数千道尔顿的聚合单宁类。因此，植物多酚是一类种类繁多的化学物质，有多种不同的分类原则，其中常见的分类方法是根据其基本结构上碳原子的多少，分为简单酚、香豆素类、萘醌类、夹氧杂蒽醌类、异黄酮类、黄酮类、木脂素类、单宁（包括水解单宁和缩合单宁）和酚酸类（苯甲酸类和肉桂酸类）衍生物等 13 类。

近年来，不断有研究者从苹果、茶叶、葡萄、蓝莓等大量植物中提取得到了多酚物质。多酚具有抗氧化、抗菌和抗病毒等活性。在实际应用中，具有抗褐变、降血糖、降血压、预防心血管疾病等功效。在食品工业中，植物多酚作为抗氧化和清除自由基的活性物质，可以阻止油脂的自动氧化，对油脂和含油脂食品具有良好的抗氧化作用。植物多酚也有很好的抑菌效果。番石榴多酚能够有效地抑制虾肉糜中细菌的繁殖，延缓虾肉糜的腐败变质，延长虾肉糜在冷藏条件下的保质期；茶多酚对金黄色葡萄球菌、大肠杆菌、枯草杆菌等都有很好的抑制作用，并对肉类及其腌制品也具有良好的保质抗损效果，尤其对罐头类食品中耐热芽孢杆菌等具有显著的抑制和杀灭作用，因此可作为保鲜剂广泛应用于含有丰富动植物油脂食品等的防腐保鲜中。此外，植物多酚对胰脂肪酶的具有抑制作用，食物中有50%～70%的甘油三酯在胰脂肪酶的作用下被水解和吸收，胰脂肪酶是脂肪水解过程中的关键酶，而通过与胰脂肪酶活性部分相结合，抑制胰脂肪酶的活性，减少食物中甘油三酯的消化和吸收，可达到控制和治疗肥胖的目的。

目前，植物多酚在动物饲料中的应用较少。随着科学技术的进步，人们发现规模化畜禽养殖中，滥用抗生素不仅造成畜禽体内残留和蓄积毒素、致病菌产生耐药性、动物免疫力下降，甚至严重威胁人类健康。迄今实践证明植物多酚不易出现有害残留和毒副作用。由此可见，植物多酚作为饲料添加剂，不仅能改善动物生产性能和预防疾病，还是一类纯天然、无污染、无残留、无耐药性的抗生素替代物，是未来饲料行业发展的必然趋势。

习　题

1. 比较下列各化合物的沸点高低。

   (1) CH₃CH₂CH₂OH (2) CH₂CH₂CH₂ | OH   OH (3) CH₂—CH—CH₂ | OH OH OH

   (4) CH₃OCH₂CH₂CH₃ (5) CH₃CH₂CH₃

2. 命名下列化合物。

   (1) (CH₃)₃CCH₂CH₂OH (2) HOCH₂CH₂\C=C/CH₃ (顺式结构，H在下方) (3) CH₃C≡CCH(OH)CH₃

   (4) 环己烯-OH (5) C₆H₅CH(OH)CH₃ (6) HO-C₆H₄-NO₂（对位）

   (7) 2-萘酚 (8) 2,6-二溴-4-异丙基苯酚 (9) (CH₃)₂C(CH₂OH)（结构式）

   (10) CH₃CH₂CH(OCH₃)CH(OH)CH₃ (11) 2-甲基环氧丙烷 (12) 对甲氧基苯酚

3. 写出下列化合物的结构式。
   (1) E-3-甲基-3-戊烯-2-醇
   (2) 对硝基苯甲醚
   (3) 环氧乙烷
   (4) 2-甲氧基-3-戊醇
   (5) 对甲基苯酚
   (6) 邻乙氧基苯甲醇

4. 写出下列各反应的主要产物。

   (1) $CH_3CH_2\underset{\underset{OH}{|}}{C}HCH_3 \xrightarrow{HBr} ? \xrightarrow[\text{乙醇}]{NaOH} ?$

   (2) ⌬—$CH_2OH + CH_3COOH \xrightarrow{\text{浓}H_2SO_4} ?$

   (3) ⌬—$OCH_2CH_3 + HI \longrightarrow ?$

   (4) (环己基带CH₃和OH) $\xrightarrow[\triangle]{\text{浓}H_2SO_4} ?$

   (5) $CH_3\underset{\underset{CH_3}{|}}{C}HCH_2OH + PBr_3 \longrightarrow ?$

   (6) ⌬—$OH + SOCl_2 \longrightarrow ?$

   (7) $CH_3CH_2\underset{\underset{}{|}}{\overset{\overset{OH}{|}}{C}}HCH_3 \xrightarrow[H_2SO_4]{K_2CrO_7} ?$

   (8) ⌬—$O^-Na^+ + CH_3\underset{\underset{Br}{|}}{C}HCH_3 \longrightarrow ?$

   (9) (四氢吡喃环-CH₃) $+ HI$（过量）$\longrightarrow ?$

   (10) ⌬—$CH_2OCH_2CH_3 + HI \longrightarrow ?$

5. 用化学方法鉴别下列各组化合物。
   (1) 正丁醇、2-丁醇、2-甲基-2-丁醇
   (2) 3-戊烯-2-醇、3-戊醇、正戊醇
   (3) 苄醇、对甲基苯酚、苯甲醚
   (4) 苯甲醚、苯酚、甲苯、1-苯基乙醇

6. 如何除去环己烷中含有的少量乙醚杂质？如何分离苯、苯甲醚和苯酚的混合物？

7. 完成下列转化。
   (1) $CH_3CH_2CH=CH_2 \longrightarrow CH_3CH_2CH_2CH_2OH$
   (2) $CH_3CH_2CH_2OH \longrightarrow CH_3COCH_3$
   (3) (环己烯) $\longrightarrow$ (环己酮)
   (4) $CH_3CH_2CH_2CH_2OH \longrightarrow CH_3COOCH(CH_3)CH_2CH_3$

8. 用指定原料合成下列化合物。
   (1) 由 2-溴丙烷合成丙酸
   (2) 由正丙醇合成甘油

9. 某芳香族化合物 A 的分子式为 C_7H_8O，A 与金属钠不发生反应，与浓的氢碘酸反应后生成两个化合物 B 和 C。B 能溶于氢氧化钠溶液中，并与三氯化铁显色。C 与硝酸银的醇溶液作用，生成黄色的碘化银。

试写出 A、B、C 的结构式，并写出各步反应方程式。

10. 有一化合物（A）$C_5H_{11}Br$ 和 NaOH 水溶液共热后生成 $C_5H_{12}O$(B)。(B) 具有旋光性，能和金属钠反应放出氢气，和浓 H_2SO_4 共热生成 C_5H_{10}(C)。(C) 经臭氧氧化并在还原剂存在下水解，生成丙酮和乙醛，试推测 A、B、C 的结构。

11. 有分子式为 $C_5H_{12}O$ 的两种醇 A 和 B，A 与 B 氧化后都得到酸性产物。两种醇脱水后再催化氢化，可得到同一种烷烃。A 脱水后氧化得到一个酮和 CO_2。B 脱水后再氧化得到一个酸和 CO_2，试推导 A、B 的结构式。

醛、酮、醌

Chapter 07

醛、酮和醌的分子结构中都含有羰基（图 7-1），总称为羰基化合物。羰基至少和一个氢原子结合的化合物叫醛（—CHO 又叫醛基，图 7-2），羰基和两个烃基结合的化合物叫酮。醌是一类不饱和环二酮，在分子中含有两个双键和两个羰基（图 7-3）。

图 7-1 羰基 　　　　　　图 7-2 醛 　　　　　　图 7-3 醌

羰基化合物广泛存在于自然界，它们既是参与生物代谢过程的重要物质，如甘油醛（$HOCH_2CHOHCHO$）和丙酮酸（$HOOCCOCH_3$）是细胞代谢作用的基本成分，又是有机合成的重要原料和中间体。

第一节 醛、酮

一、醛、酮的分类和命名

1. 醛、酮的分类

根据羰基所连烃基的结构，可把醛、酮分为脂肪族、脂环族和芳香族醛、酮等几类。例如：

CH_3CHO　　CH_3COCH_3　　脂环酮　　芳香醛　　芳香酮

脂肪醛　　　　脂肪酮　　　脂环酮　　芳香醛　　芳香酮

根据羰基所连烃基的饱和程度，可把醛、酮分为饱和与不饱和醛、酮。例如：

CH_3CH_2CHO　　$CH_2=CHCHO$　　$CH_2=CHCOCH_3$　　环己烯酮

饱和醛　　　　不饱和醛　　　　不饱和酮　　　　不饱和酮

根据分子中羰基的数目，可把醛、酮分为一元、二元和多元醛、酮等。例如：

$OHC—CHO$　　$CH_3COCH_2COCH_3$　　多元酮

二元醛　　　　二元酮　　　　多元酮

碳原子数相同的饱和一元醛、酮互为位置异构体,具有相同的通式 $C_nH_{2n}O$。

2. 醛、酮的命名

(1) 习惯命名法　醛类按分子中碳原子数称某醛(与醇相似)。包含支链的醛,支链的位次用希腊字母 α,β,γ…… 表明。紧接着醛基的碳原子为 α-碳原子,其次的为 β-碳原子……依此类推。例如:

$$\underset{\text{乙醛}}{H_3C-\overset{O}{\overset{\|}{C}}-H} \qquad \underset{\text{丙烯醛}}{H_2C=CH-\overset{O}{\overset{\|}{C}}-H} \qquad \underset{\alpha\text{-氯丙醛}}{H_3C-\overset{Cl}{\underset{|}{C}}H-\overset{O}{\overset{\|}{C}}-H}$$

酮类按羰基所连的两个烃基来命名(与醚相似)。例如:

$$\underset{\text{甲基乙基酮}}{H_3C-\overset{O}{\overset{\|}{C}}-CH_2CH_3} \qquad \underset{\text{甲基乙烯基酮}}{H_2C=CH-\overset{O}{\overset{\|}{C}}-CH_3} \qquad \underset{\text{甲基-}\alpha\text{-氯乙基酮}}{H_3C-\overset{Cl}{\underset{|}{C}}H-\overset{O}{\overset{\|}{C}}-CH_3}$$

(2) IUPAC 命名法　选含羰基的最长碳链为主链,从靠近羰基一端给主链编号。醛基因处在链端,因此编号总为 1。酮羰基的位置要标出(个别例外)。

$$\underset{\underset{\text{2-甲基丙醛}}{1\quad 2\quad 3}}{\overset{O}{\overset{\|}{H-C}}-\underset{\underset{H}{|}}{\overset{CH_3}{\overset{|}{C}}}-CH_3} \qquad \underset{\underset{\text{丁酮}}{4\quad 3\quad 2\quad 1}}{H_3C-CH_2-\overset{O}{\overset{\|}{C}}-CH_3} \qquad \underset{\underset{\text{2-甲基-3-戊酮}}{5\quad 4\quad 3\quad 2\quad 1}}{H_3C-H_2C-\overset{O}{\overset{\|}{C}}-\underset{\underset{H}{|}}{\overset{CH_3}{\overset{|}{C}}}-CH_3}$$

不饱和醛酮的命名是从靠近羰基一端给主链编号。例如:

$$\underset{\underset{\text{3-甲基-4-己烯-2-酮}}{6\quad 5\quad 4\quad 3\quad 2\quad 1}}{H_3C-HC=CH-\underset{\underset{}{}}{\overset{CH_3}{\overset{|}{C}H}}-\overset{O}{\overset{\|}{C}}-CH_3}$$

羰基在环内的脂环酮,称为环某酮;若羰基在环外,则将环作为取代基。例如:

4-甲基环己酮　　2-甲基环己基甲醛

命名含有芳基的醛、酮,总是把芳基看成取代基。例如:

苯甲醛　　1-苯基-1-丙酮

此外,某些醛常用俗名。例如:

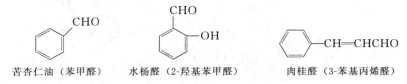

苦杏仁油(苯甲醛)　　水杨醛(2-羟基苯甲醛)　　肉桂醛(3-苯基丙烯醛)

二、醛、酮的物理性质

室温下，除甲醛是气体外，十二个碳原子以下的脂肪醛、酮为液体，高级脂肪醛、酮和芳香酮多为固体。酮和芳香醛具有愉快的气味，低级醛具有强烈的刺激气味，中级醛具有果香味，所以含有9～10个碳原子的醛可用于配制香料。

因为羰基的极性，醛和酮是极性化合物，因此分子间存在偶极-偶极吸引力。这就使得醛、酮的沸点比相应相对分子质量的非极性烷烃要高，而比相应相对分子质量的醇要低（这是由于偶极-偶极的静电吸引力没有氢键强）。例如：

	丁烷	丙醛	丙酮	丙醇
相对分子质量	58	58	58	60
沸点/℃	−0.5	48.8	56.1	97.2

较低级的醛和酮如甲醛、乙醛、丙醛和丙酮可与水互溶，这一方面是由于醛、酮是极性化合物，但主要是因为醛和酮与水分子之间形成氢键。随着分子中烃基部分增大，在水中溶解度迅速减小。但醛、酮都易溶于有机溶剂像苯、醚、四氯化碳等中。一些醛、酮的物理常数见表7-1。

表7-1 醛、酮的物理常数

名称	熔点/℃	沸点/℃	相对密度 d_4^{20}	折射率 n_D^{20}	溶解度/[g·(100g)$^{-1}$ 水]
甲醛	−92	−21	0.815	—	溶
乙醛	−121	20.8	0.7838	1.3316	溶
丙醛	−81	48.8	0.8058	1.3636	溶
丁醛	−99	75.7	0.8170	1.3843	溶
戊醛	−91.5	103	0.8095	1.3944	不溶
丙酮	−95.35	56.2	0.7899	1.3588	溶
丁酮	−86.3	79.6	0.8054	1.3788	溶
2-戊酮	−77.8	102	0.8089	1.3895	不溶
3-戊酮	−39.8	101.7	0.8138	1.3924	不溶
苯甲醛	−26	178.62	1.0415	1.5463	不溶
环己酮	−16.4	155.6	0.9478	1.4507	不溶
苯乙酮	20.5	202.6	1.0281	1.5378	不溶
水杨醛	−7	197.93	1.1674	1.5740	不溶

三、醛、酮的化学性质

羰基碳原子是sp^2杂化的，3个sp^2杂化轨道分别与氧原子和另外两个原子形成3个σ键，它们在同一平面上，键角接近120°。碳原子未杂化的p轨道与氧原子的1个p轨道从侧面重叠形成π键。由于羰基氧原子的电负性大于碳原子，因此双键电子云不是均匀地分布在碳和氧之间，而是偏向于氧原子，形成1个极性双键，所以醛、酮是极性较强的分子。羰基的结构如图7-4所示。

图7-4 羰基的结构示意图

羰基是醛、酮化学反应的中心。羰基是高度极性的基团，在它的碳上带有部分正电荷，在氧上带有部分负电荷，带正电荷的羰基碳容易被亲核试剂进攻，而富电子羰基的氧原子可以与亲电试剂作用。与烯烃类似，含有 α-氢原子的醛、酮也存在超共轭效应，但由于氧的电负性比碳大得多，因此，醛、酮的超共轭效应比烯烃强得多，有促使 α-氢原子变为质子的趋势。此外，因醛、酮处于氧化还原的中间价态，它们既可以被氧化，又可以被还原，所以氧化还原也是醛、酮的一类重要反应。

综上所述，醛、酮的反应可归纳如下：

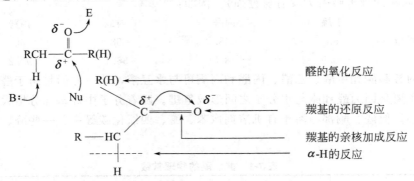

1. 羰基的亲核加成反应

（1）与氢氰酸加成　醛、酮能与氢氰酸发生加成反应，生成 α-羟基腈（即 α-氰醇）。

$$\diagdown C=O + HCN \rightleftharpoons \diagdown C\diagup^{OH}_{CN}$$

反应历程如下所示：

$$HCN \underset{快}{\rightleftharpoons} H^+ + CN^- \quad HCN 解离产生 CN^-，OH^- 存在有利于 CN^- 的产生$$

$$\begin{matrix} R \\ R' \end{matrix}\!C=O + CN^- \underset{慢}{\rightleftharpoons} \begin{matrix} R \\ R' \end{matrix}\!C\diagup^{O^-}_{CN}$$

$$\begin{matrix} R \\ R' \end{matrix}\!C\diagup^{O^-}_{CN} + H-CN \underset{快}{\rightleftharpoons} \begin{matrix} R \\ R' \end{matrix}\!C\diagup^{OH}_{CN} + CN^-$$

该反应是可逆的，少量碱存在可加速反应进行，加酸则对反应不利。这是因为 HCN 是一个弱酸，它不易解离成 H^+ 和 CN^-，加碱可使平衡向右移动，CN^- 的浓度增加。与羰基加成的亲核试剂是 CN^-。

不同结构的醛、酮对氢氰酸反应的活性有明显差异，这种活性受电子效应和空间效应两种因素的影响。从电子效应考虑，羰基碳原子上的电子云密度越低，越有利于亲核试剂的进攻，所以羰基碳原子上连接的给电子基团（如烃基）越多，反应越慢。从空间效应考虑，羰基碳原子上的空间位阻越小，越有利于亲核试剂的进攻，所以羰基碳原子上连接的基团越多、体积越大，反应越慢。由此可见，电子效应和空间效应对醛、酮的反应活性影响是一致的，不同结构的醛、酮对氢氰酸的加成反应活性次序大致如下：

$$\underset{H}{\overset{H}{>}}\!C=O > CH_3-\!\overset{O}{\underset{}{C}}\!-H > R-\!\overset{O}{\underset{}{C}}\!-H > \text{Ph}-\!\overset{}{\underset{}{C}}\!-H > CH_3\!\overset{}{\underset{O}{C}}\!CH_3$$

$$\begin{array}{c}O\\\|\\>\end{array}\!\!\bigcirc > CH_3-\overset{O}{\underset{\|}{C}}-R > R-\overset{O}{\underset{\|}{C}}-R' > \text{Ph}-\overset{O}{\underset{\|}{C}}-CH_3 > \text{Ph}-\overset{O}{\underset{\|}{C}}-\text{Ph}$$

实际上，只有醛、脂肪族甲基酮、八个碳原子以下的环酮才能与氢氰酸反应。

α-羟基腈可进一步水解成 α-羟基酸。由于产物比反应物增加了一个碳原子，所以该反应是有机合成中增长碳链的方法。

$$RCHO \xrightarrow{HCN} R-\underset{\underset{CN}{|}}{\overset{\overset{OH}{|}}{C}}H \xrightarrow{H_2O,\ H^+} R-\underset{\underset{CO_2H}{|}}{\overset{\overset{OH}{|}}{C}}H$$

此外，该反应生成的氰醇是有机合成的重要中间体。例如，丙酮氰醇在浓硫酸作用下发生脱水、酯化反应可制得有机玻璃单体。

$$\underset{CH_3}{\overset{CH_3}{|}}\!\!\underset{CN}{\overset{OH}{|}}\!\!C \xrightarrow[CH_3OH]{H_2SO_4} CH_2=\underset{CH_3}{\overset{|}{C}}-\overset{O}{\underset{\|}{C}}OCH_3$$

思考题 7-1 将下列化合物与 HCN 反应的活性按由大到小顺序排列。

(1) CH_3CHO (2) $ClCH_2CHO$ (3) $CH_3\overset{O}{\underset{\|}{C}}CH_3$ (4) Ph-CHO

(5) $CH_3\overset{O}{\underset{\|}{C}}CH_2CH_3$ (6) Ph-$\overset{O}{\underset{\|}{C}}$CH_3

---

(2) 与亚硫酸氢钠加成 醛、脂肪族甲基酮和低级环酮（C_8 以下）都能与过量的亚硫酸氢钠饱和溶液（40%）发生加成反应，生成结晶的亚硫酸氢钠加成物 α-羟基磺酸钠。其他的酮（包括芳香族甲基酮）很难发生反应。

$$R-\overset{O}{\underset{H(CH_3)}{\overset{\|}{C}}} + NaHSO_3 \longrightarrow R-\underset{H(CH_3)}{\overset{\overset{OH}{|}}{C}}-SO_3Na$$

α-羟基磺酸钠为白色结晶，易溶于水，但不溶于饱和的亚硫酸氢钠溶液，呈结晶析出，容易分离出来。如果把加成产物与稀酸或稀碱共热，加成产物会分解为原来的醛或酮。因此可以利用这些性质来鉴别、分离和提纯醛、脂肪族甲基酮和 C_8 以下的环酮。

$$R-\underset{H(CH_3)}{\overset{\overset{OH}{|}}{C}}-SO_3Na \begin{array}{c}\xrightarrow{H^+,\ H_2O} R-\overset{O}{\underset{H(CH_3)}{\overset{\|}{C}}} + SO_2 + H_2O + Na^+ \\ \xrightarrow{OH^-} R-\overset{O}{\underset{H(CH_3)}{\overset{\|}{C}}} + H_2O + Na^+ + SO_3^-\end{array}$$

将 α-羟基磺酸钠与氰化钠或氰化钾水溶液反应，也可生成 α-羟基腈，这样可避免使用易挥发的氢氰酸。例如：

$$R-CHO \xrightarrow[H_2O]{NaHSO_3} R-\underset{SO_3Na}{\overset{\overset{OH}{|}}{C}H} \xrightarrow[H_2O]{NaCN} R-\underset{CN}{\overset{\overset{OH}{|}}{C}H} + Na_2SO_3$$

第七章 醛、酮、醌

思考题 7-2 如何分离丁醇与丁醛的混合物？

（3）与格氏试剂加成　格氏试剂是较强的亲核试剂，非常容易与醛、酮进行加成反应，加成的产物不必分离便可直接水解生成相应的醇，是制备醇的最重要的方法之一。

$$R-MgX + \underset{}{\overset{R}{\underset{}{C}}}=O \longrightarrow R-\underset{}{\overset{R}{\underset{}{C}}}-OMgX \xrightarrow{H_2O}{H^+} R-\underset{}{\overset{R}{\underset{}{C}}}-OH + Mg(OH)X$$

格氏试剂与甲醛作用，可得到比格氏试剂多一个碳原子的伯醇；与其他醛作用，可得到仲醇；与酮作用，可得到叔醇。

$$RMgX + HCHO \xrightarrow{\text{干燥乙醚}} RCH_2OMgX \xrightarrow{H_2O}{H^+} RCH_2OH$$

$$RMgX + R^1CHO \xrightarrow{\text{干燥乙醚}} R-\underset{R^1}{\overset{}{\underset{}{CH}}}-OMgX \xrightarrow{H_2O}{H^+} R-\underset{R^1}{\overset{}{\underset{}{CH}}}-OH$$

$$RMgX + \underset{R^2}{\overset{R^1}{\underset{}{C}}}=O \xrightarrow{\text{干燥乙醚}} R-\underset{R^2}{\overset{R^1}{\underset{}{C}}}-OMgX \xrightarrow{H_2O}{H^+} R-\underset{R^2}{\overset{R^1}{\underset{}{C}}}-OH$$

由于产物比反应物增加了碳原子，所以该反应在有机合成中是增长碳链的方法。

思考题 7-3 由苯合成

$$C_6H_5-\underset{CH_3}{\overset{OH}{\underset{CH_3}{C}}}$$

（4）与醇加成

① 生成半缩醛和缩醛　在干燥氯化氢的催化下，醛与醇发生加成反应，生成半缩醛。半缩醛又能继续与过量的醇作用，脱水生成缩醛。反应是可逆的，必须加入过量的醇以促使平衡向右移动。

$$\underset{H}{\overset{R}{\underset{}{C}}}=O \xrightarrow{H^+} \underset{H}{\overset{R}{\underset{}{C}}}=OH^+ \xrightarrow{R'OH} R\underset{H}{\overset{\overset{+}{O}HR'}{\underset{OH}{C}}} \xrightarrow{-H^+} R\underset{H}{\overset{OR'}{\underset{OH}{C}}}$$

质子化后羰基被活化，活化的羰基有更好的反应性　　　　　　　　　半缩醛

半缩醛可看成是 α-羟基醚，开链半缩醛一般不稳定（但环状半缩醛可被分离出来），容易分解成原来的醛和醇。在同样条件下，半缩醛可以与另一分子醇反应生成稳定的缩醛。

$$R\underset{H}{\overset{OR'}{\underset{OH}{C}}} + R'OH \xrightleftharpoons{H^+} R\underset{H}{\overset{OR'}{\underset{OR'}{C}}}$$

　　　　半缩醛　　　　　　　　缩醛

生成缩醛的反应是 S_N1 历程，为了使平衡向生成缩醛的方向移动，必须使用过量的醇

或从反应体系中把水蒸出。具体反应历程如下所示：

$$R\overset{R'}{\underset{H}{\overset{|}{C}}}\text{—OH} + H^+ \rightleftharpoons R\overset{R'}{\underset{H}{\overset{|}{C}}}\text{—}\overset{\oplus}{O}H_2 \xrightarrow{-H_2O} R\overset{\oplus}{\underset{H}{\overset{|}{C}}}\text{—OR'}$$

$$\rightleftharpoons_{R'OH}$$

$$R\overset{R'}{\underset{H}{\overset{|}{C}}}\overset{O}{\underset{OR'}{}} \xleftarrow{-H^+} R\overset{R'}{\underset{H}{\overset{|}{C}}}\overset{\oplus}{\underset{OR'}{O}}$$

缩醛具有偕二醚的结构，对碱、氧化剂、还原剂都比较稳定，但若用稀酸处理，室温就水解生成半缩醛和醇，半缩醛又立刻转化为醛和醇。

② 缩酮的生成　酮也可以在干燥氯化氢或无水强酸催化下与醇反应形成半缩酮，但反应速率要慢得多，且平衡大大偏向左方。例如：

$$\underset{CH_3}{\overset{CH_3}{>}}C=O + 2C_2H_5OH \xrightarrow{H^+} \underset{CH_3}{\overset{CH_3}{>}}\overset{OC_2H_5}{\underset{OC_2H_5}{\overset{|}{C}}} + H_2O \text{ (不断除水)}$$

76%

酮一般不和一元醇加成，但在无水酸催化下，酮能与乙二醇等二元醇反应生成环状缩酮。

$$\underset{R^1}{\overset{R}{>}}C=O + HOCH_2CH_2OH \xrightarrow{\text{干 HCl}} \underset{R}{\overset{R^1}{>}}\overset{O-CH_2}{\underset{O-CH_2}{\overset{|}{C}}}$$

用原甲酸酯和酮作用能顺利得到缩酮。例如：

$$\underset{CH_3}{\overset{CH_3}{>}}C=O + HC(OC_2H_5)_3 \xrightarrow{H^+} \underset{CH_3}{\overset{CH_3}{>}}\overset{OC_2H_5}{\underset{OC_2H_5}{\overset{|}{C}}} + HCOOC_2H_5$$

原甲酸乙酯

如果在同一分子中既有羰基又有羟基，只要二者位置适当（能形成五元或六元环），常常自动在分子内形成环状的半缩醛或半缩酮，并能稳定存在。半缩醛和缩醛的结构在糖化学上具有重要的意义。

分子内的六元环状半缩醛

由于缩醛或缩酮都对碱、氧化剂、还原剂稳定，因此常常用生成缩醛或缩酮的方法来保护羰基，保护完毕再用稀酸水解脱掉保护基。例如：

$$CH_2=CHCH_2CH_2\overset{O}{\underset{}{C}}H \xrightarrow{\text{转化}} CH_3CH_2CH_2CH_2\overset{O}{\underset{}{C}}H$$

$$\text{干}HCl \Big\downarrow CH_3OH \qquad\qquad \Big\uparrow \text{稀酸}$$

$$CH_2=CHCH_2CH_2CH(OCH_3)_2 \xrightarrow[Ni]{H_2} CH_3CH_2CH_2CH_2CH(OCH_3)_2$$

思考题 7-4 完成下列转化。

(1) $CH_3CH=CHCHO \longrightarrow CH_3CH_2CH_2CHO$

(2) $CH_2=CH-\text{〇}-CHO \longrightarrow \underset{HO\ \ OH}{CH_2-CH}-\text{〇}-CHO$

---

(5) 与水加成 水也可与羰基化合物加成生成二羟基化合物，在这些化合物中两个羟基连在同一碳原子上，叫胞二醇。但由于水是相当弱的亲核试剂，在大多数情况下该可逆反应的平衡远远偏向左边。然而甲醛、乙醛和 α-多卤代醛酮的胞二醇在水溶液中是稳定的。例如：

$$\underset{H}{\overset{H}{C}}=O + H_2O \xrightleftharpoons{K} \underset{H\ \ OH}{\overset{H\ \ OH}{C}} \qquad K=2\times 10^3$$

甲醛溶液中有 99.9% 都是水合物，乙醛水合物仅占 58%，丙醛水合物含量很低，而丁醛的水合物可忽略不计。

在三氯乙醛分子中，由于 3 个氯原子的吸电子诱导效应，它的羰基有较大的反应活性，容易与水加成生成水合三氯乙醛。例如：

$$\underset{Cl}{\overset{Cl}{\underset{|}{Cl-C}}}-\underset{H}{\overset{}{C}}=O + H-OH \longrightarrow \underset{Cl}{\overset{Cl}{\underset{|}{Cl-C}}}-\underset{OH}{\overset{OH}{CH}}$$

水合三氯乙醛简称水合氯醛，为白色晶体，可作为安眠药和麻醉药。

茚三酮分子中，由于羰基的吸电子诱导效应，它也容易和水分子形成稳定的水合茚三酮：

$$\text{茚三酮} + HOH \longrightarrow \text{水合茚三酮(2,2-二羟基)}$$

水合茚三酮在 α-氨基酸的色谱分析中常用作显色剂。

(6) 与氨的衍生物的加成-消除反应 氨的衍生物（NH_2Y）如羟胺（NH_2OH）、肼（NH_2NH_2）、氨基脲 [$NH_2NHC(O)NH_2$] 等由于氮上有孤对电子，都能作为亲核试剂和醛、酮的羰基发生可逆的亲核加成反应。

醛、酮可与氨的衍生物发生亲核加成反应，最初生成的加成产物容易脱水，生成含碳氮双键的化合物，所以此反应称为加成-消除反应。

$$\underset{\delta^+}{\overset{}{\diagdown}}C\!=\!\underset{\delta^-}{O} + H_2\ddot{N}\!-\!Y \longrightarrow \diagdown\!\!\!\!\underset{\underset{OH\ \ H}{|}}{C}\!-\!NY \xrightarrow{-H_2O} \diagdown\!\!\!\!C\!=\!N\!-\!Y$$

反应历程如下：

$$\diagdown\!\!\!\!C\!=\!O + H^+ \rightleftharpoons \diagdown\!\!\!\!C\!=\!\overset{+}{O}H \xrightarrow{:NH_2Y} \diagdown\!\!\!\!\underset{OH}{\overset{\overset{+}{N}H_2Y}{|}}C \xrightarrow{-H^+} \diagdown\!\!\!\!\underset{OH}{\overset{NHY}{|}}C \quad 醇胺\ 不稳定$$

$$\xrightarrow{H^+} \diagdown\!\!\!\!\underset{\overset{+}{O}H_2}{\overset{NHY}{|}}C \xrightarrow{-H_2O} \diagdown\!\!\!\!C\!=\!\overset{+}{N}HY \xrightarrow{-H^+} \diagdown\!\!\!\!C\!=\!N\!-\!Y$$

最终产物
Y=OH, NH₂, NHPh, NHCONH₂

反应中使用弱酸催化剂，一般控制在 pH=5~6。若使用酸性太强的酸，会把亲核的氨基变为不活泼的铵离子，而不利于反应的进行。从总的结果看，相当于在醛、酮和氨的衍生物之间脱掉一分子水，所以也称为缩合反应。

常见的氨的衍生物有：

R—NH₂　　HO—NH₂　　H₂N—NH₂　　H₂N—NH—C₆H₅　　H₂N—NH—C₆H₃(NO₂)₂　　H₂N—NH—CO—NH₂

　胺　　　羟胺　　　　肼　　　　苯肼　　　　　2,4-二硝基苯肼　　　　　氨基脲

它们与羰基化合物进行加成-消除反应的产物分别如下：

　　　　$\diagdown\!\!C\!=\!N\!-\!R$　　　$\diagdown\!\!C\!=\!N\!-\!OH$　　　$\diagdown\!\!C\!=\!N\!-\!NH_2$　　　$\diagdown\!\!C\!=\!N\!-\!NH\!-\!C_6H_5$

　　亚胺（希夫碱）　　　　肟　　　　　　腙　　　　　　　苯腙

$\diagdown\!\!C\!=\!N\!-\!NH\!-\!C_6H_3(NO_2)_2$　　　　$\diagdown\!\!C\!=\!N\!-\!NH\!-\!CO\!-\!NH_2$

2,4-二硝基苯腙　　　　　　　缩氨脲

羰基化合物与羟胺、苯肼、2,4-二硝基苯肼及氨基脲的加成-消除产物大多是黄色晶体，有固定的熔点，收率高，易于提纯，在稀酸的作用下能水解为原来的醛、酮。这些性质可用来分离、提纯、鉴别羰基化合物。上述试剂也被称为羰基试剂，其中 2,4-二硝基苯肼与醛、酮反应所得到的黄色晶体具有不同的熔点，常把它作为鉴定醛、酮的灵敏试剂。

思考题 7-5 用化学方法鉴别下列化合物。
①丙酮　　②丙醇　　③2-溴丙烷　　④环己烷

2. α-H 的反应

羰基旁边相邻的碳原子叫 α-碳原子，连接在 α-碳上的氢原子叫 α-氢。我们知道，断裂普通的 C—H 键是困难的，可是醛、酮 α-氢容易被强碱除去，即它们具有一定酸性。这是由于醛、酮的 α-氢被碱除去所形成的碳负离子（共轭碱）的负电荷通过共轭效应可以分散到羰基上去，因而这样的碳负离子比一般碳负离子更加稳定。

第七章　醛、酮、醌

从 pK_a 值可以判断醛、酮的 α-氢的相对酸性强度。例如：

化合物	$CH_3CH=CH_2$	乙炔	丙酮
pK_a	约 38	25	20

由于这样的负离子的 α-碳上具有一定的负电荷，因此，它们是良好的亲核试剂，易于发生羟醛缩合和卤代及卤仿等反应。

（1）醇醛缩合反应（也叫羟醛缩合反应）

① 一般的醇醛缩合及反应历程　醛在稀碱（或酸）的催化下，形成的碳负离子作为亲核试剂进攻另一分子醛的羰基，加成产物是 β-羟基醛。

$$2CH_3CHO \xrightleftharpoons{OH^-} CH_3\underset{OH}{\overset{|}{C}}HCH_2CHO$$

形成的 β-羟基醛在加热时（或用稀酸处理），很容易脱水变成 α，β-不饱和醛。脱水一步是不可逆的，从而使反应进行到底。

$$CH_3\underset{OH}{\overset{|}{C}}HCH_2CHO \xrightarrow[\text{或稀酸}]{\Delta} CH_3CH=CHCHO + H_2O$$

乙醛在稀碱催化下的反应历程如下所示：

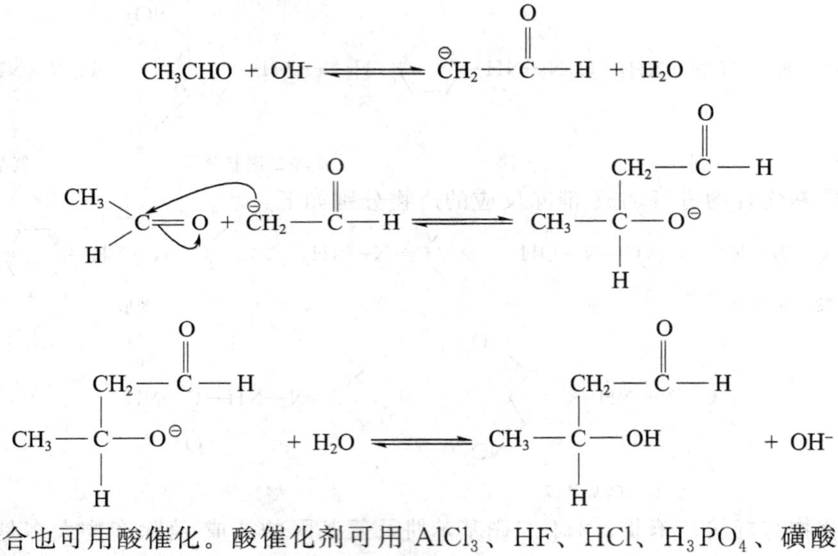

$$CH_3CHO + OH^- \rightleftharpoons {}^{\ominus}CH_2-\overset{O}{\overset{\|}{C}}-H + H_2O$$

（反应历程图示）

醇醛缩合也可用酸催化。酸催化剂可用 $AlCl_3$、HF、HCl、H_3PO_4、磺酸等。反应历程如下所示：

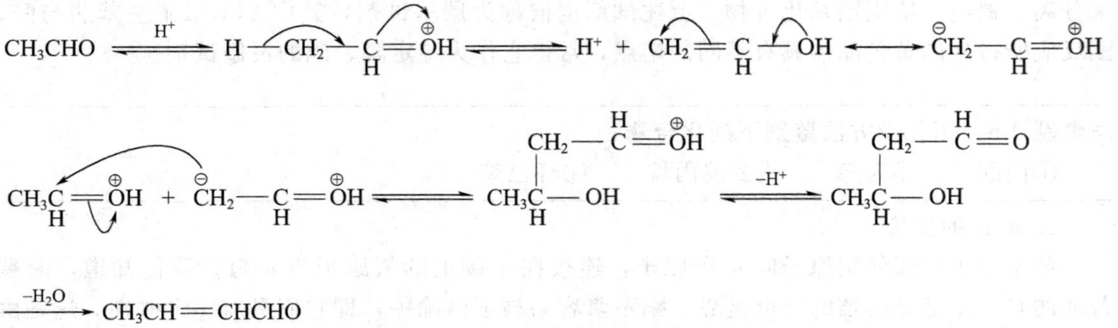

（反应历程图示）

$$\xrightarrow{-H_2O} CH_3CH=CHCHO$$

由于在酸性溶液中反应，羟醛易脱水生成 α，β-不饱和醛，从而使反应进行到底。

② 酮的缩合反应　酮在同样的条件下，也可发生缩合反应形成 β-羟基酮，但反应的平

衡大大偏向于反应物一方。例如：

$$2CH_3COCH_3 \xrightarrow[20℃]{Ba(OH)_2} CH_3-\underset{OH}{\underset{|}{C}}(CH_3)-CH_2-COCH_3$$
（5%）

如果设法使平衡不断向右移动，也能得到较高产率的缩合产物。例如将生成的缩合产物 β-羟基酮不断由平衡体系中移去，则可使丙酮大部分转化为 β-羟基酮；也可将 β-羟基酮在少量碘催化下，蒸馏、脱水生成 α，β-不饱和酮，这个脱水反应是不可逆的，因此能使平衡向右移动。

③ 分子内缩合　二羰基化合物发生分子内缩合形成环状化合物。例如：

（结构式） $\xrightarrow{OH^-}$ （结构式） $+ H_2O$
（83%）

如果有多种成环选择，则一般都形成五、六元环。

④ 交叉的醇醛缩合　如果醇醛缩合发生在不同的醛或酮之间，且彼此都有 α-氢原子，则可得到四种缩合产物，因而没有制备价值。如果有一个反应物含 α-氢原子，而另一个反应物不含 α-氢，这时可得到产率较高的单一产物。例如：

$C_6H_5CHO + CH_3CHO \xrightarrow[50℃]{NaOH} C_6H_5CH=CHCHO$
（90%）

$C_6H_5CHO + CH_3COC_6H_5 \xrightarrow[20℃]{NaOH} C_6H_5CH=CHCOC_6H_5$
（85%）

不含 α-氢的芳醛与含 α-氢的醛或酮在碱存在下的缩合又叫 Claisen-Schmidt 反应。

（2）α-卤代及卤仿反应　醛、酮在碱催化下，其 α-碳上的氢可以被卤素取代，生成卤代醛（酮）。

$$CH_3\overset{O}{\overset{\|}{C}}-R + Cl_2 \xrightarrow{OH^-} \underset{Cl}{\underset{|}{CH_2}}\overset{O}{\overset{\|}{C}}-R \xrightarrow[Cl_2]{OH^-} Cl_2CH\overset{O}{\overset{\|}{C}}-R \xrightarrow[Cl_2]{OH^-} Cl_3C\overset{O}{\overset{\|}{C}}-R$$

（R＝H 或烃基）

反应历程如下所示：

$OH^- + H-CH_2CR(=O) \rightleftharpoons H_2O + \bar{C}H_2-CR(=O) \leftrightarrow CH_2=CR(-O^-)$

$Cl-Cl + CH_2=CR(-O^-) \rightleftharpoons Cl-CH_2CR(=O) + Cl^-$

重复上述过程便可得到二氯代醛（酮）、三氯代醛（酮）。

由于氯原子的吸电子性，氯代醛（酮）上的 α-氢原子比未取代的醛（酮）的 α-氢更加偏酸性，因此第二个氢更容易被 OH^- 夺取并进行氯代。同理，第三个氢比第二个氢更易被 OH^- 夺取而被氯代。所得的 α-三氯代醛（酮）羰基容易被 OH^- 进攻从而导致使 C—C 键断裂，生成三卤甲烷（又称卤仿）和羧酸盐。反应历程如下所示：

$$OH^- + CCl_3CR(=O) \rightleftharpoons CCl_3-C(O^-)(OH)-R \longrightarrow RCOH(=O) + CCl_3^- \longrightarrow RCO^-(=O) + CHCl_3$$

因为有卤仿生成，故称为卤仿反应，当卤素是碘时，称为碘仿反应。碘仿（CHI_3）是黄色沉淀，利用碘仿反应可鉴别乙醛和甲基酮。

α-C 上有甲基的仲醇也能被碘的氢氧化钠（NaOI）溶液氧化为相应羰基化合物：

$$CH_3-CH(OH)-R(H) \xrightarrow{NaOI} CH_3-C(=O)-R(H)$$

所以利用碘仿反应，不仅可鉴别 $CH_3-C(=O)-R(H)$ 类羰基化合物，还可鉴别 $CH_3CH(OH)-R(H)$ 类的醇。

思考题 7-6

1. 完成下列反应式。

   (1) $CH_3CH_2CHO \xrightarrow{稀 OH^-} ? \xrightarrow{\triangle} ?$

   (2) $C_6H_5CHO + CH_3CHO \xrightarrow{稀 OH^-} ? \xrightarrow{\triangle} ?$

2. 判断下列化合物哪些能发生碘仿反应？

   ①乙醇　　②正丁醇　　③乙醛　　④丙醛　　⑤苯乙酮　　⑥3-戊酮

---

3. 氧化-还原反应

（1）**氧化反应**　醛羰基上连有氢原子，因此很容易被氧化为相应的羧酸。酮则不易氧化，只有在剧烈条件下氧化，才发生碳链的断裂。因此，可以选择较弱的氧化剂来区别醛和酮，如 Tollens 试剂（氢氧化银氨溶液）和 Fehling 试剂（酒石酸钾钠的碱性硫酸铜溶液）。

$$RCHO + 2Cu(OH)_2 + NaOH \xrightarrow{\triangle} RCOONa + Cu_2O\downarrow + 3H_2O$$
　　　　　　　　蓝绿色　　　　　　　　　　　　红色

$$RCHO + 2Ag(NH_3)_2OH \xrightarrow{\triangle} RCOONH_4 + 2Ag\downarrow + 3NH_3 + H_2O$$
　　　　　　无色　　　　　　　　　　　　　　银镜

Fehling 试剂和 Tollens 试剂都只氧化醛基不氧化双键，在有机合成中可用于选择性氧化。例如：

$$R-CH=CH-CHO \xrightarrow{Ag(NH_3)_2OH} R-CH=CH-COOH$$

值得注意的是，Tollens 试剂只氧化醛，不氧化酮，而 Fehling 试剂只氧化脂肪醛，不氧化芳香醛和酮。

思考题 7-7　用化学方法区别下列化合物。

(1) HCHO　(2) CH_3CHO　(3) C_6H_5-CHO　(4) C_6H_5-C(=O)CH_3　(5) C_6H_5-CH_2OH

(2) 还原反应 醛、酮可以发生还原反应，在不同的条件下，还原的产物不同。

① 羰基还原为醇羟基

a. 催化加氢 醛、酮在金属催化剂 Pt、Pd、Ni 等存在下与氢气作用，可以在羰基上加氢，生成醇。醛加氢生成伯醇，酮加氢生成仲醇。例如：

$$CH_3(CH_2)_4CHO + H_2 \xrightarrow{Ni} CH_3(CH_2)_4CH_2OH$$
$$100\%$$

$$(CH_3)_2CHCH_2\overset{O}{\overset{\|}{C}}CH_3 + H_2 \xrightarrow{Ni} (CH_3)_2CHCH_2\overset{OH}{\overset{|}{C}H}CH_3$$
$$95\%$$

催化氢化法的优点是操作比较简单，产量高，副反应少，几乎能得到定量的还原产物。缺点是一般情况下进行催化氢化，往往无选择性，在还原羰基的同时也将影响碳碳重键、硝基、氰基等。例如：

b. 用金属氢化物还原 醛、酮也可用化学还原剂还原成相应的醇。在化学还原剂中，选择性高和还原效果好的有氢化铝锂（$LiAlH_4$）、硼氢化钠（$NaBH_4$）、异丙醇铝 $\{Al[OCH(CH_3)_2]_3\}$ 等，硼氢化钠和异丙醇铝只对羰基起还原作用，而不影响分子中的其他不饱和基团，例如：

$$(CH_3)_2C=CHCCH_3 \xrightarrow[\text{乙醇}]{NaBH_4} (CH_3)_2C=CHCHCH_3$$

$$C_6H_5CH=CHCHO \xrightarrow[H_2O]{NaBH_4} C_6H_5CH=CHCH_2OH$$

氢化铝锂对碳碳双键和碳碳三键也没有还原作用，但它的还原性较异丙醇铝、硼氢化钠强，除能还原醛酮外，还能还原—COOH、—COOR、—NO_2、—CN 等不饱和基团，并且反应进行得很平稳，产率也很高。

② 羰基还原为亚甲基

a. 克莱门森（Clemmenson）还原法 用锌汞齐与浓盐酸可将羰基直接还原为亚甲基。

$$>C=O \xrightarrow[\text{浓 HCl}]{Zn-Hg} >CH_2$$

该方法是在浓盐酸介质中进行的。因此，分子中若有对酸敏感的其他基团，如醇羟基、碳碳双键等不能用这个方法还原。

b. 伍尔夫-吉日聂尔（Wolff L.-Kishner N. M.）-黄鸣龙还原法 将羰基化合物与无水肼反应生成腙，然后在强碱作用下，加热、加压使腙分解放出氮气而生成烷烃。

$$\overset{R'}{\underset{(H)R}{>}}C=O \xrightarrow{H_2N-NH_2} \overset{R'}{\underset{(H)R}{>}}C=N-NH_2 \xrightarrow{KOH \text{ 或 } C_2H_5ONa} \overset{R'}{\underset{(H)R}{>}}CH_2 + N_2\uparrow$$

这个反应广泛用于天然产物的研究中，但条件要求高，操作不便。1946 年，我国化学家黄鸣龙改进了这个方法。他采用水合肼、氢氧化钠和一种高沸点溶剂与羰基化合物回流生成腙，再将水及过量肼蒸出，然后升温至 200℃回流 3～4h 使腙分解得到烷烃。改进后的方法提高了产率，应用更加广泛。例如：

$$\text{C}_6\text{H}_5\text{COCH}_2\text{CH}_3 \xrightarrow[(\text{HOCH}_2\text{CH}_2)_2\text{O}, \triangle]{\text{H}_2\text{N}-\text{NH}_2, \text{NaOH}} \text{C}_6\text{H}_5\text{CH}_2\text{CH}_2\text{CH}_3$$
$$82\%$$

该反应是在碱性介质中进行的，可用来还原对酸敏感的醛或酮，因此可以和克莱门森还原法互相补充。

思考题 7-8 在下列反应中填入适当还原剂。

(1) $C_6H_5COCH_3 \xrightarrow{?} C_6H_5CH_2CH_3$

(2) $CH_3CH_2CH=CHCHO \xrightarrow{?} CH_3CH_2CH=CHCH_2OH$

(3) **歧化反应** 没有 α-活泼氢的醛在强碱作用下，发生分子间的氧化还原而生成相应醇和相应酸的反应叫做歧化反应，也叫做康尼扎罗（Cannizzaro）反应。例如：

$$2\text{HCHO} \xrightarrow{\text{浓 NaOH}} \text{HCOO}^- + \text{CH}_3\text{OH}$$

两种无 α-H 的醛进行交叉歧化反应的产物复杂，不易分离，因此无实际意义。但如果用甲醛与另一种无 α-H 的醛进行交叉歧化反应时，甲醛总是被氧化为甲酸，另一种醛被还原为醇。例如：

$$\text{HCHO} + \text{C}_6\text{H}_5\text{CHO} \xrightarrow{\text{浓 NaOH}} \text{HCOO}^- + \text{C}_6\text{H}_5\text{CH}_2\text{OH}$$

此外，某些醛分子内也能发生 Cannizzaro 反应。例如：

$$\underset{\text{羟基酸}}{C_2H_5C(CHO)_2} \xrightarrow[2.\ H^+]{1.\ NaOH} \underset{\text{羟基酸}}{C_2H_5C(COOH)(CH_2OH)} \xrightarrow{-H_2O} \underset{\text{内酯}}{\text{内酯}}$$

思考题 7-9 指出下列化合物哪些能发生羟醛缩合反应？哪些能发生歧化反应？

(1) HCHO　　(2) CH_3CHO　　(3) C_6H_5CHO　　(4) $C_6H_5CH_2CHO$

第二节　醌

一、醌的结构和命名

醌类化合物是一类具有共轭体系的环己二烯二酮类化合物。醌的结构中虽然存在碳碳双键和碳氧双键的 π-π 共轭体系。但不同于芳香环的环状闭合共轭体系，所以醌不属于芳香族化合物，也没有芳香性。

醌一般由芳香烃衍生物转变而来，命名时在"醌"字前加上芳基的名称，并标出羰基的位置。例如：

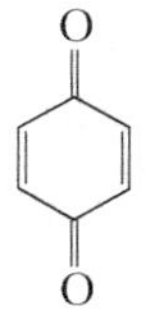

对苯醌（1,4-苯醌）　邻苯醌（1,2-苯醌）　1,4-萘醌　1,2-萘醌
黄色结晶　　　　　　红色结晶　　　　　黄色结晶　　橙黄色结晶

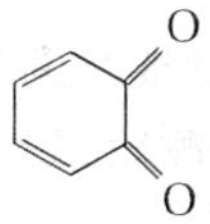

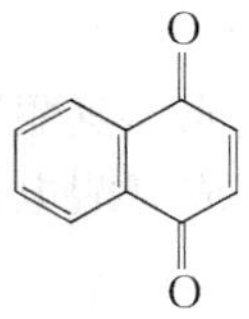

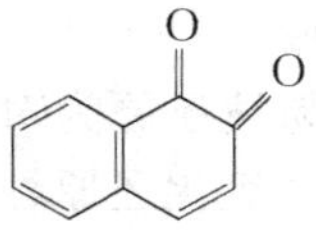

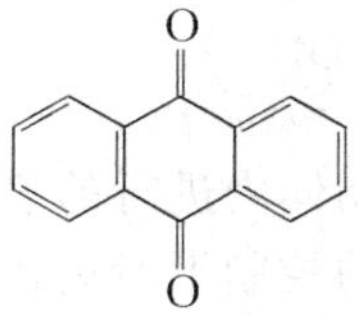

蒽醌　　　　　菲醌
淡黄色结晶　　橙红色结晶

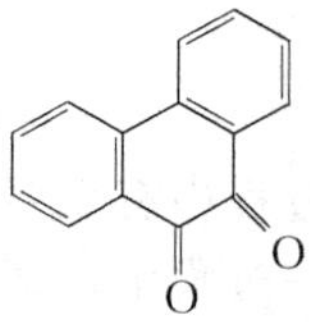

二、醌的物理性质

醌为结晶固体，都具有颜色，对位醌多呈黄色，邻位醌则常为红色或橙色。

对位醌具有刺激性气味，可随水蒸气汽化，邻位醌没有气味，不随水蒸气汽化。

三、醌的化学性质

醌分子中含有碳碳双键和碳氧双键的共轭体系，因此醌具有烯烃和羰基化合物的典型反应，能发生多种形式的加成反应。

1. 加成反应

（1）羰基的加成　醌分子中的羰基能与羰基试剂等加成。如对苯醌和羟胺作用生成单肟和二肟：

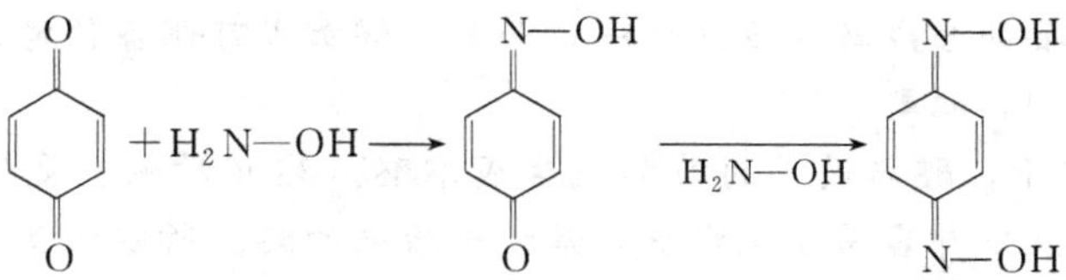

对苯醌单肟　　　对苯醌双肟

（2）双键的加成　醌分子中的碳碳双键能和卤素、卤化氢等亲电试剂加成。如对苯醌与氯气加成可得二氯或四氯化物。

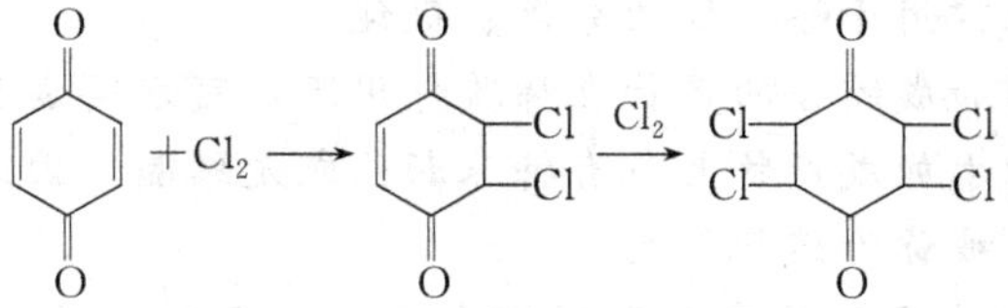

2,3,5,6-四氯-1,4-环己二酮

（3）1,4-加成　由于碳碳双键与碳氧双键的共轭，所以醌可以发生1,4-加成反应。如对苯醌与氯化氢加成后，生成对苯二酚的衍生物。

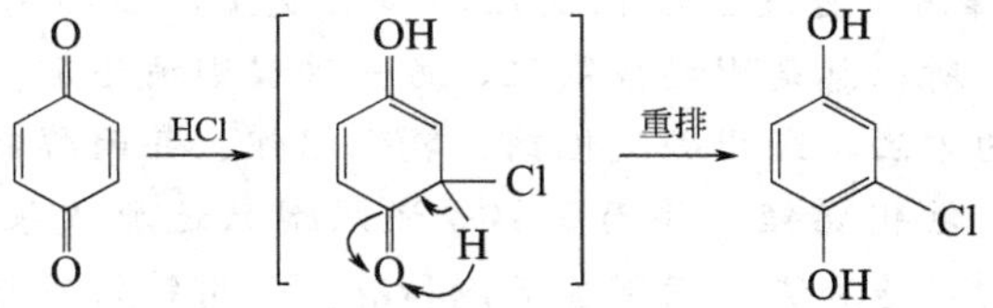

第七章　醛、酮、醌

2. 还原反应

对苯醌容易被还原为对苯二酚（或称氢醌），这是对苯二酚氧化的逆反应。在电化学上，利用二者之间的氧化还原性质可以制成氢醌电极，用来测定氢离子的浓度。

$$\text{对苯醌} \underset{[O]}{\overset{[H]}{\rightleftharpoons}} \text{对苯二酚（氢醌）}$$

这一反应在生物化学过程中有重要的意义。生物体内进行的氧化还原作用常是以脱氢或加氢的方式进行的，在这一过程中，某些物质在酶的控制下所进行的氢的传递工作可通过酚醌氧化还原体系来实现。

本章知识点归纳

醛、酮均含有羰基，羰基中的碳原子以 sp^2 杂化轨道与氧原子的 2p 轨道重叠形成 σ 键，二者的 p 轨道相互重叠形成 π 键，与烯烃中的碳碳双键相似，羰基化合物中的碳氧双键也是由 σ 键和 π 键组成，二者的差别在于羰基中氧原子的电负性大于碳原子，碳氧双键的电子云偏向于电负性大的氧原子，因而羰基的碳氧双键是极化的。

与烯烃易发生亲电加成反应不同，醛、酮羰基中正电中心活性更大，因此醛、酮易发生亲核加成反应。由于醛、酮二者的结构差别，在加成反应中醛比酮更为活泼。如能与 HCN 和 $NaHSO_3$ 加成的羰基化合物是醛、脂肪族甲基酮和少于八个碳原子的环酮，其他酮则难以反应。

醛、酮与 HCN 和有机镁化物的加成，是有机合成中增长碳链的合成方法，其中与有机镁化物的加成是最重要的合成醇的方法之一，如与甲醛加成可制备伯醇，与其他醛加成可制备仲醇，与酮加成可制备叔醇。

在干燥 HCl 存在下，醛与过量的醇加成生成缩醛。缩醛对碱、氧化剂、还原剂等都比较稳定，但在酸性溶液中却容易发生水解，释放出原来的醛。所以该反应常用于保护易被氧化的醛基。

醛、酮与过量饱和 $NaHSO_3$ 反应生成 α-羟基磺酸钠沉淀，可用于鉴定醛、脂肪族甲基酮和少于八个碳的环酮。由于 α-羟基磺酸钠不溶于有机溶剂，可溶于水，用酸或碱处理可析出原来的醛或酮，因此常用于醛、酮的分离、提纯。

醛、酮与氨的衍生物加成缩合的产物在稀酸作用下，可水解成原来的醛、酮，以此可用于分离、提纯醛、酮。由于加成产物大多有特殊颜色或是结晶，因此也可用于鉴定羰基化合物，而氨的衍生物也因此被称为羰基试剂。

含 α-H 的醛、酮能发生卤代反应和羟醛缩合反应。乙醛、甲基酮、乙醇及具有 α-甲基的仲醇都能与 $I_2/NaOH$ 发生碘仿反应，可用来鉴别乙醛、甲基酮、乙醇及具有 α-甲基的仲醇。

无 α-H 的醛在浓碱作用下可发生歧化反应，如果发生反应的两种醛之一是甲醛，因甲醛比其他醛更易被氧化，所以总是甲醛被氧化，另一种醛则被还原。

醛、酮用催化加氢的方法，或用硼氢化钠、氢化铝锂、异丙醇铝等作为还原剂，均可被还原成醇，且硼氢化钠、氢化铝锂、异丙醇铝等还原剂只还原羰基，不还原碳碳双键及三键，利用这些还原剂可由不饱和醛、酮制备不饱和醇。如用锌汞齐与浓盐酸作为还原剂，或用伍尔夫-吉日聂尔-黄鸣龙还原法，则可将羰基还原成亚甲基。

与酮不同的是，醛极易被氧化。Tollens 试剂、Fehling 试剂、本尼地试剂等弱氧化剂就能将醛氧化成羧酸，而酮不被氧化，可以此来区别醛和酮。但 Fehling 试剂不能氧化芳香醛，本尼地试剂不能氧化甲醛和芳香醛，也可以区别脂肪醛和芳香醛。

醌具有烯烃和羰基化合物的典型反应，能发生多种形式的加成反应，如双键的加成、羰基的加成、1,4-加成等。

习 题

1. 命名下列化合物。

    (1) $(CH_3)_2CHCHO$

    (2) $CH_3\text{—}C_6H_4\text{—}CHO$ (对位)

    (3) 3-甲氧基苯甲醛 (CH_3O-苯-CHO，间位)

    (4) $(CH_3)_2CHCOCH(CH_3)_2$

    (5) 2-甲基-1,3-环己二酮

    (6) 二苯甲酮 $(C_6H_5)_2C=O$

    (7) $CH_3CH_2COCH=CH_2$

    (8) 环己酮肟 (环己基=N—OH)

    (9) 茚满-1,2,3-三酮

    (10) $CH_3\text{—}C(=O)\text{—}C(=O)\text{—}CH_3$

2. 写出下列化合物的结构式。

    (1) 水合三氯乙醛
    (2) 三甲基乙醛
    (3) 邻羟基苯甲醛
    (4) 乙二醛
    (5) 2-甲基环戊酮
    (6) 乙醛缩乙二醇
    (7) 苯乙酮
    (8) 丙酮苯腙
    (9) α-溴代丙醛
    (10) 肉桂醛

3. 写出下列反应的主要产物。

    (1) $CH_3CH_2COCH_3 + CH_3CH_2MgBr \xrightarrow{\text{乙醚}} ? \xrightarrow{H_2O} ?$

    (2) $(CH_3)_3CCHO + HCHO \xrightarrow{\text{浓 NaOH}} ?$

    (3) $C_6H_5CHO + \begin{matrix}CH_2\text{—}CH_2\\|\quad\quad|\\OH\quad OH\end{matrix} \xrightarrow{\text{干 HCl}} ?$

    (4) $C_6H_5COCH_2CH_2CH_3 \xrightarrow[HCl]{Zn\text{-}Hg} ?$

    (5) $CH_3COCH_2CH_3 + H_2NOH \longrightarrow ?$

    (6) $2(CH_3)_2CHCH_2CHO \xrightarrow[\triangle]{\text{稀 NaOH}} ?$

    (7) $C_6H_5\text{—}CH=CHCHO \xrightarrow{NaBH_4} ?$

(8) C₆H₅—CH₂—CO—CH₃ + I₂ + NaOH ⟶ ?

(9) 环己酮 $\xrightarrow{\text{浓 HNO}_3}$?

(10) H₃C—C₆H₄—CHO $\xrightarrow{\text{浓 NaOH}}$?

(11) 环己酮 =O + NaHSO₃（饱和溶液）⟶ ?

(12) HOCH₂CH₂CH₂CHO $\xrightarrow{\text{干 HCl}}$? $\xrightarrow[\text{CH}_3\text{OH}]{\text{干 HCl}}$?

4. 用简单化学方法鉴别下列各组化合物。
 (1) 乙醛、甲醛、丙烯醛
 (2) 乙醛、乙醇、乙醚
 (3) 丙醛、丙酮、丙醇、异丙醇
 (4) 丁醛、1-丁醇、2-丁醇、2-丁酮
 (5) 戊醛、2-戊酮、环戊酮、苯甲醛
 (6) 苯甲醇、苯甲醛、苯酚、苯乙酮

5. 将下面两组化合物按沸点高低顺序排列。
 (1) CH₃CH₂CH₂CHO CH₃CH₂OCH₂CH₃ CH₃CH₂CH₂CH₂OH
 (2) C₆H₅—CH₂OH C₆H₅—CHO C₆H₅—CH₂CH₃ C₆H₅—OCH₃

6. 比较下列化合物中羰基对氢氰酸加成反应的活性大小。
 (1) 二苯甲酮、乙醛、一氯乙醛、三氯乙醛、苯乙酮
 (2) 乙醛、三氯乙醛、丙酮、甲醛
 (3) 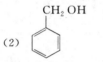 ClCH₂CH₂CHO CH₃CHClCHO
   CH₃CH₂CHO

7. 下列化合物哪些能发生碘仿反应？写出其反应产物。
 (1) 丁酮 (2) 异丙醇 (3) 正丁醇 (4) 3-戊酮
 (5) C₆H₅CH₂OH (6) CH₃CH₂CHCHO (下有 CH₃) (7) CH₃CHCH₂CH₃ (下有 OH) (8) 2-甲基环戊酮
 (9) (CH₃)₃COH (10) CH₃COCH(CH₃)₂ (双酮) (11) C₆H₅COCH₃ (12) C₆H₅CHO

8. 试问下列诸化合物可由何种醛酮转变得来？写出其反应式。
 (1) (2) 环己酮=NNHCONH₂ (3) CH₃CH=CHCH₂CH(OH)CH₃

(4) $CH_3CH_2CH_2CH(OH)CN$ (5) $CH_3CH_2-\underset{\underset{CH_3}{|}}{\overset{\overset{OH}{|}}{C}}-SO_3Na$

(6) $\text{C}_6\text{H}_{11}-CH=N-OH$

9. 请设计一个分离戊醇、戊醛和3-戊酮的化学方法,并写出有关的反应式。

10. 完成下列转化,并写出反应式。

(1) $CH_3CH_2CHO \longrightarrow CH_3CH_2\underset{\underset{OH}{|}}{C}HCH_3$

(2) $CH_3CH_2OH \longrightarrow CH_3COCH_3$

(3) $ClCH_2CH_2CHO \longrightarrow HOCH_2CHOHCHO$

(4) $CH_3COCH_3 \longrightarrow CH_2=\underset{\underset{CH_3}{|}}{C}-COOCH_3$

(5) $CH_3CHO \longrightarrow CH_3CH_2CH_2CHO$

(6) $CH_3CH_2CHO \longrightarrow CH_3CH_2COOCH_2CH_3$

11. 某化合物分子式为 $C_5H_{12}O(A)$,氧化后得分子式为 $C_5H_{10}O$ 的化合物 (B)。B能和2,4-二硝基苯肼反应得黄色结晶,并能发生碘仿反应。A和浓硫酸共热后经酸性高锰酸钾氧化得到丙酮和乙酸。试推出A的构造式,并用反应式表明推导过程。

12. 某化合物 $C_8H_{14}O(A)$,可以很快地使溴水褪色,可以和苯肼发生反应,氧化后得到一分子丙酮及另一化合物 (B)。B具有酸性,和次碘酸钠反应生产碘仿和一分子羧酸,其结构是 $HOOCCH_2CH_2COOH$。写出 A、B 的结构式。

13. 某化合物分子式为 $C_6H_{12}O$,能与羟胺作用生成肟,但不起银镜反应,在铂的催化下加氢得到一种醇。此醇经过脱水、臭氧化还原水解等反应后得到两种液体,其中之一能起银镜反应但不起碘仿反应,另一种能起碘仿反应但不能使 Fehling 试剂还原。试写出该化合物的结构式。

14. 某化合物 A 分子式为 $C_{10}H_{12}O_2$,不溶于氢氧化钠溶液,能与羟胺作用生成白色沉淀,但不与 Tollens 试剂反应。A 经 $LiAlH_4$ 还原得到 B,分子式为 $C_{10}H_{14}O_2$。A 与 B 都能发生碘仿反应。A 与浓 HI 共热生成 C,分子式为 $C_9H_{10}O_2$。C 能溶于氢氧化钠,经克莱门森还原生成化合物 D,分子式为 $C_9H_{12}O$。A 经高锰酸钾氧化生成对甲氧基苯甲酸。试写出 A、B、C、D 的构造式和有关反应式。

第八章 羧酸及其衍生物和取代酸

Chapter 08

羧酸是一类含有羧基（—COOH）官能团的化合物，一元饱和脂肪羧酸的通式为 $C_nH_{2n}O_2$。羧酸也可以看作是烃的羧基衍生物，例如饱和一元羧酸（$C_nH_{2n+1}COOH$）是饱和烃（C_nH_{2n+2}）的一元羧基衍生物（甲酸除外）。羧基中的羟基被其他原子或基团取代的产物称为羧酸衍生物（如酰卤、酸酐、酯、酰胺等），羧酸烃基上的氢原子被其他原子或基团取代的产物称为取代酸（如卤代酸、羟基酸、羰基酸、氨基酸等）。

羧酸是许多有机化合物氧化的最终产物，常以盐和酯的形式广泛存在于自然界，许多羧酸在生物体的代谢过程中起着重要作用。羧酸对于人们的日常生活非常重要，也是重要的化工原料和有机合成中间体。

第一节 羧 酸

一、羧酸的分类和命名

1. 羧酸的分类

根据分子中烃基的结构，可把羧酸分为脂肪羧酸（饱和脂肪羧酸和不饱和脂肪羧酸）、脂环羧酸（饱和脂环羧酸和不饱和脂环羧酸）、芳香羧酸等；根据分子中羧基的数目，又可把羧酸分为一元羧酸、二元羧酸、多元羧酸等。

（1）按羧基直接相接的烃基结构分类 可分为脂肪族羧酸和芳香族羧酸，脂肪族羧酸是指羧基不直接与芳香环连接，而羧基直接与芳香环相接的则称为芳香族羧酸。例如：

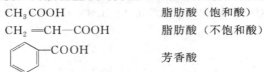

这种分类方法是因为芳香族羧酸的酸性一般都较脂肪族酸性强，此外，羧基对芳香环的影响也较大，导致明显的性质差异。

（2）按照羧基的个数分类 按照羧基的个数，含一个羧基称为一元酸，两个羧基称为二元酸，三个羧基以上一般称为多元酸。而在分析化学中使用过的草酸是二元酸，柠檬酸就属于多元酸了。

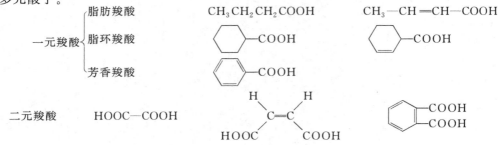

150　有机化学

多元羧酸　　　HOOC—CH₂—COOH

$$\begin{array}{c}CH_2COOH\\|\\CHCOOH\\|\\CH_2COOH\end{array}$$

2. 羧酸的命名

羧酸的命名方法有俗名和系统命名法两种。

俗名是根据羧酸的最初来源而命名。例如，甲酸最初来自蚂蚁，故也叫蚁酸；乙酸存在于食醋中，故也叫醋酸；苯甲酸最初由安息香胶制得，故也叫安息香酸。

脂肪族一元羧酸的系统命名方法与醛的命名方法类似，即首先选择含有羧基的最长碳链作为主链，根据主链的碳原子数称为"某酸"。从含有羧基的一端编号，用阿拉伯数字或用希腊字母（α、β、γ、δ…）表示取代基的位置，将取代基的位次及名称写在主链名称之前。由于羧基在有机化合物的命名系统中地位是最高的，所以主链编号从羧基碳原子开始。如果结构中同时含有双键、三键等其他官能团，也是以羧基为母体进行命名。

例如：

$$\begin{array}{cc}CH_3CH_2CHCH_2COOH & CH_3-CH-CH-COOH\\|&||\\CH_3 & CH_3CH_3\end{array}$$

3-甲基戊酸或 β-甲基戊酸　　　　　　2,3-二甲基丁酸或 α, β-二甲基丁酸

脂肪族二元羧酸的系统命名是选择包含两个羧基的最长碳链作为主链，根据碳原子数称为"某二酸"，把取代基的位置和名称写在"某二酸"之前。例如：

HOOC—COOH　　　　　　　　　HOOC—CH₂—COOH
乙二酸（草酸）　　　　　　　　　　丙二酸

HOOC—CH₂—CH₂—COOH　　　　CH₃—CH—COOH
　　　　　　　　　　　　　　　　　　　|
　　　　　　　　　　　　　　　　　　CH₂—COOH
丁二酸（琥珀酸）　　　　　　　　　　甲基丁二酸

不饱和脂肪羧酸的系统命名是选择含有重键和羧基的最长碳链作为主链，根据碳原子数称为"某烯酸"或"某炔酸"，把重键的位置写在"某"字之前。例如：

CH₂＝CHCOOH　　　　　　　　　CH₃—CH＝CH—COOH
丙烯酸　　　　　　　　　　　　　　2-丁烯酸(巴豆酸)

3-正丁基-3-丁烯酸　　　　　　　　CH≡CCH₂CH₂COOH
　　　　　　　　　　　　　　　　　4-戊炔酸

对于脂环以及芳香族羧酸，则完全类同于醛酮的命名，将羧基所连的环碳原子编号为1。芳香羧酸和脂环羧酸的系统命名一般把环作为取代基。例如：

环己基甲酸　　　　　2-环戊烯甲酸　　　　　苯甲酸(安息香酸)

3-苯基丁酸或 β-苯基丁酸　　　1-萘乙酸或 α-萘乙酸　　　3-苯基丙烯酸（肉桂酸）

思考题 8-1 命名下列化合物或写出它们的结构式。

(1) ⌬—CH$_2$COOH

(2) CH$_3$—CH—COOH
                |
                COOH

(3) CH$_3$—CH=CH—CH—COOH
                      |
                      CH$_3$

(4)
          CH$_3$
          |
   ⌬—CH—COOH

(5) β-萘乙酸

(6) 2-甲基-2-丁烯酸

(7) 对甲氧基苯甲酸（茴香酸）

(8) 顺丁烯二酸

二、羧酸的物理性质

羧基是极性较强的亲水基团，其与水分子间的缔合比醇与水的缔合强，所以羧酸在水中的溶解度比相应的醇大。甲酸、乙酸、丙酸、丁酸与水混溶。随着羧酸相对分子质量的增大，其疏水烃基的比例增大，在水中的溶解度迅速降低。低级羧酸能与水混溶，随着相对分子质量的增加，非极性的烃基越来越大，使羧酸的溶解度逐渐减小，6个碳原子以上的羧酸就难溶于水而易溶于有机溶剂。高级脂肪羧酸不溶于水，而易溶于乙醇、乙醚等有机溶剂。芳香羧酸在水中的溶解度都很小。羧酸的水溶性比相应的醇要大。五碳酸部分溶解，十二碳起的高级羧酸几乎不溶于水而溶于醚、醇、苯等有机溶剂；芳香族羧酸在水中的溶解度也不大，有许多还可以从水中进行重结晶。羧酸的沸点随相对分子质量的增大而逐渐升高，并且比相对分子质量相近的烷烃、卤代烃、醇、醛、酮的沸点高，这是由于羧基是强极性基团，羧酸分子间的氢键（键能约为 14kJ·mol^{-1}）比醇羟基间的氢键（键能约为 5~7kJ·mol^{-1}）更强。相对分子质量较小的羧酸，如甲酸、乙酸，即使在气态时也以双分子二缔体的形式存在。从羧酸的结构中可以看出，羧酸分子具有极性，而且和醇一样能够形成氢键，在一对羧酸之间还可以形成两对氢键，这种由两对氢键形成的双分子缔合还具有较高的稳定性，故在固态、液态和中等压力的气态下，羧酸主要以二缔合体的形式存在，O—H⋯O 键长约 0.27nm。二缔合体还使羧酸的极性降低，如乙酸还可以溶于非极性的苯就与此有关。因为羧酸分子通过氢键形成二聚体，其沸点比相对分子质量相近的醇高。

$$CH_3—\overset{O\text{----}H—O}{\underset{O—H\text{----}O}{C}}—CH_3 \qquad R—\overset{O\text{----}HOH}{\underset{\underset{HOH}{|}}{C}}—O—H\text{----}OH_2$$

羧酸分子之间的缔合　　　　　　羧酸与水形成的氢键

室温下，甲酸、乙酸、丙酸等低级脂肪酸是具有刺激性气味的液体，含4~9个碳原子的羧酸为有腐败恶臭气味的油状液体，而含10个碳原子以上的羧酸为无味石蜡状固体。饱和二元脂肪羧酸和芳香羧酸在室温下是结晶状固体。

直链饱和一元羧酸的熔点随相对分子质量的增加而呈锯齿状变化，即偶数碳原子羧酸的熔点明显比它相邻的前后两个同系物熔点高。这是由于含偶数碳原子的羧酸碳链对称性比含奇数碳原子羧酸的碳链好，在晶格中排列较紧密，分子间作用力大，需要较高的温度才能将它们彼此分开，故熔点较高。此外还有一个现象，即其熔点随相对分子质量增加先降低后升高，五个碳原子的羧酸熔点最低，这也可能与分子间缔合程度有关，当低级羧酸中烃基变大时，羧基间的缔合受到一定的阻碍，二聚体的稳定性降低导致熔点下降。乙酸的熔点只有 16.6℃，故秋冬季节实验室里的乙酸凝固为冰状物结晶，因此，乙酸又称为冰醋酸。

对长链羧酸 X 射线衍射的工作研究证明，两个羧酸分子间的羧基以氢键缔合。缔合的双分子有规则地一层层排列，层中间是相互缔合的羧基，层之间相接触的是烃基。烃基之间的分子间作用力较小，故层间容易滑动，高级脂肪酸也具有一定的润滑性。

一些常见羧酸的物理常数见表 8-1 和表 8-2。

表 8-1 一元羧酸的物理常数

名　称	熔点/℃	沸点/℃	pK_a(25℃)	相对密度 d_4^{20}	溶解度/[g·(100g)$^{-1}$水]
甲酸(蚁酸)	8.4	100.5	3.77	1.220	∞
乙酸(醋酸)	16.6	118	4.76	1.049	∞
丙酸(初油酸)	−22	141	4.88	0.992	∞
丁酸(酪酸)	−5.5	162.5	4.82	0.959	∞
戊酸(缬草酸)	−34.5	187	4.81	0.939	3.7
己酸(羊油酸)	−4.0	205.4	4.85	0.929	1.10
庚酸(毒水芹酸)	−11	223.5	4.89		0.24
辛酸(羊脂酸)	16.5	237	4.89	0.919	0.068
壬酸(天竺葵酸)	12.5	254	4.96		
癸酸(羊蜡酸)	31.5	268			
十六碳烷酸(软脂酸)	62.9				
十八碳烷酸(硬脂酸)	69.9				
9-十八碳烯酸(油酸)	13				
9,12-十八碳二烯酸(亚油酸)	−5				
9,12,15-十八碳三烯酸(亚麻酸)	−11				
苯甲酸(安息香酸)	122.4	250.0	4.17		2.7
苯乙酸	78	265.5	4.31		1.66
α-萘乙酸	131				0.04

表 8-2 二元羧酸的物理常数

名　称	熔点/℃	溶解度/[g·(100g)$^{-1}$水]	解离常数(25℃)	
			pK_{a_1}	pK_{a_2}
乙二酸(草酸)	189(分解)	8.6	1.46	4.40
丙二酸(缩苹果酸)	136(分解)	73.5	2.80	5.85
丁二酸(琥珀酸)	185	5.8	4.21	5.64
戊二酸(胶酸)	98	63.9	4.34	5.41
己二酸(肥酸)	151	1.5	4.43	5.41
庚二酸(蒲桃酸)	106	2.5	4.47	5.52
辛二酸(软木酸)	144	0.14	4.52	5.52
壬二酸(杜鹃花酸)	106.5	0.2	4.54	5.52
癸二酸(皮脂酸)	134.5	0.1	4.55	5.52
顺丁烯二酸(马来酸)	139	78.8	1.94	6.50
反丁烯二酸(延胡索酸)	302	0.7	3.02	4.50
邻苯二甲酸(酞酸)	213(>191℃脱水)	0.7	2.95	5.28
间苯二甲酸	348(升华)	0.01	3.62	4.60
对苯二甲酸	300(升华)	0.01	3.55	4.82

思考题 8-2　将下列化合物按沸点由高到低的顺序排列，并解释原因。

（1）正丁烷　　　（2）丙醛　　　（3）乙酸　　　（4）正丙醇　　　（5）丙酸

三、羧酸的化学性质

羧酸中的羧基碳以 sp^2 轨道杂化，3 个 sp^2 杂化轨道其中一个与羟基成键，另一个与氧成键，还有一个与烃基或氢成键，三个键之间的夹角约为 120°。其未参与杂化的 p 轨道与一个氧原子的 p 轨道形成 C═O 中的 π 键。而羧基中羟基氧原子上的未共用电子对与羧基中的 C═O 形成 p-π 共轭体系（图 8-1），从而使羟基氧原子上的电子向 C═O 转移，结果使 C═O 和 C─O 的键长趋于平均化。X 射线衍射测定结果表明：甲酸分子中 C═O 的键长（0.123nm）比醛、酮分子中 C═O 的键长（0.120nm）略长，而 C─O 的键长（0.136nm）比醇分子中 C─O 的键长（0.143nm）稍短。甲酸分子中所有的原子均在一个平面内，∠HCO 为 124°，∠HCO（H）为 111°。C═O 键长 0.123nm，C─O 键长 0.136nm，两根碳氧键明显不同。但是当羧基上的氢解离后，氧上带有一个负电荷，它很容易和羰基上的 p 电子发生共轭交盖作用，O─C─O 3 个原子上的 3 个 p 轨道具有相互交盖的 4 个 p 电子，在这样的体系中，氧上的负电荷并不集中在某一个氧原子上而是分散到两个氧原子上。甲酸钠中两个 C─O 键长完全相等，均为 0.127nm，并无差别。

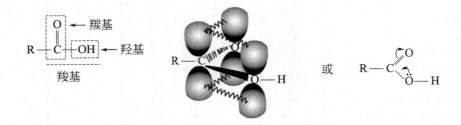

图 8-1 羧基上的 p-π 共轭示意图

由于共轭体系中电子的离域，羟基中氧原子上的电子云密度降低，氧原子便强烈吸引氧氢键的共用电子对，从而使氧氢键极性增强，有利于氧氢键的断裂，使其呈现酸性；也由于羟基中氧原子上未共用电子对的偏移，使羧基碳原子上电子云密度比醛、酮中增高，不利于发生亲核加成反应，所以羧酸的羧基没有像醛、酮那样典型的亲核加成反应。

另外，由于羧基为吸电子基，α-H 原子由于受到羧基的影响，其活性升高，导致烃基上 α-H 原子可被其他基团取代而生成取代酸，即容易发生取代反应。从羧酸的结构可以看出：羧基中羰基与氧原子相连，因此 O 与 C═O 之间存在 p-π 共轭效应，使得 COO 成为一个整体可脱去，也因羧基的吸电子效应，使羧基与 α-C 原子间的价键容易断裂，能够发生脱羧反应。由于 p-π 共轭作用，导致 O─H 键极性增大，而呈现酸性；C─O 键为极性键，故─OH 可被其他基团取代而发生取代反应。

根据羧酸的结构，它可发生的一些主要反应如下所示：

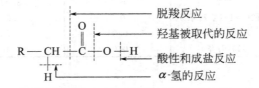

1. 酸性及取代基对酸性的影响

（1）酸性　羧酸具有酸性，在水溶液中能解离出 H^+：

$$R-\underset{\underset{}{\overset{\overset{O}{\|}}{C}}}{}-OH \rightleftharpoons R-\underset{\underset{}{\overset{\overset{O}{\|}}{C}}}{}-O^- + H^+ \qquad K_a = [RCOO^-][H^+]/[RCOOH]$$

通常用解离平衡常数 K_a 或 pK_a 来表示羧酸酸性的强弱，K_a 值越大或 pK_a 值越小，其酸性越强。羧酸的酸性比碳酸（$pK_a = 6.38$）强，但比其他无机酸弱。常见羧酸的 pK_a 值见表 8-1 和表 8-2。

羧酸酸性与羧酸解离产生的羧酸根离子的结构有关。羧酸根负离子中的碳原子为 sp^2 杂化，碳原子的 p 轨道可与两个氧原子的 p 轨道侧面重叠形成一个四电子三中心的共轭体系，使羧酸根负离子的负电荷分散在两个电负性较强的氧原子上，降低了体系的能量，使羧酸根负离子趋于稳定。

X 射线衍射测定结果表明：甲酸根负离子中两个 C—O 的键长都是 0.127nm。所以羧酸根负离子也可表示为：

$$\left[R-C \underset{\cdot\cdot O}{\overset{\cdot\cdot O}{\lessgtr}} \right]^-$$

由于存在 p-π 共轭效应，羧酸根负离子比较稳定，所以羧酸的酸性比同样含有羟基的醇和酚的酸性强。

羧酸能与碱反应生成盐和水，也能和活泼的金属作用放出氢气。

$$RCOOH + NaOH \longrightarrow RCOONa + H_2O$$

羧酸的酸性比碳酸强，所以羧酸可与碳酸钠或碳酸氢钠反应生成羧酸盐，同时放出 CO_2，用此反应可鉴定羧酸。

$$RCOOH + NaHCO_3 \longrightarrow RCOONa + H_2O + CO_2 \uparrow$$

羧酸的碱金属盐或铵盐遇强酸（如 HCl）可析出原来的羧酸，这一反应经常用于羧酸的分离、提纯及鉴别。

$$RCOONa + HCl \longrightarrow RCOOH + NaCl$$

其钾、钠盐溶于水，与无机酸相遇时又得到羧酸。因此，科研和生产上常利用这一性质来分离提纯和鉴别羧酸。例如，在苯甲酸和苯酚的混合物中加入碳酸钠的饱和溶液，振荡后分离，不溶性固体为苯酚；苯甲酸转变成苯甲酸钠而进入水层，酸化水层可得到苯甲酸。土壤中施入有机质肥料后，常产生一些低级有机酸（如甲酸、乙酸、丙酸等）对作物有害，生产上施用石灰使之成盐，可中和其酸。不溶于水的羧酸可以转变为可溶性的盐，然后制成溶液使用。如生产中使用的植物生长调节剂 α-萘乙酸、2,4-二氯苯氧乙酸（简称 2,4-D）均可先与氢氧化钠反应生成可溶性的盐，然后再配制成所需的浓度使用。

思考题 8-3 用简便方法分离下列混合物：苯甲酸、对甲基苯酚、苯甲醇。

（2）取代基对酸性的影响　影响羧酸酸性的因素很多，其中最重要的是羧酸烃基上所连基团的诱导效应。

当烃基上连有吸电子基团（如卤原子）时，由于吸电子效应使羧基中羟基氧原子上的电子云密度降低，—OH 键的极性增强，因而较易解离出 H^+，其酸性增强；另一方面，由于吸电子效应使羧酸负离子的电荷更加分散，使其稳定性增加，从而使羧酸的酸性增强。总之，基团的吸电子能力越强，数目越多，距离羧基越近，产生的吸电子效应就越大，羧酸的酸性就越强。

$$R-\underset{X}{\overset{H}{C}}-C\overset{O}{\underset{}{\diagdown}}\ddot{O}-H$$

吸电子基团的吸电子能力增强，酸性增强 →

	ICH_2—COOH	$BrCH_2$—COOH	$ClCH_2$—COOH	FCH_2—COOH
pK_a	3.12	2.90	2.86	2.59

吸电子基团的数目增加，酸性增强 →

	CH_3COOH	$ClCH_2COOH$	$Cl_2CHCOOH$	Cl_3CCOOH
pK_a	4.76	2.86	1.26	0.64

吸电子基团距离羧基越近，酸性越强 →

	$CH_3CH_2CH_2COOH$	$\underset{Cl}{CH_2CH_2COOH}$	$\underset{Cl}{CH_3CHCH_2COOH}$	$\underset{Cl}{CH_3CH_2CHCOOH}$
pK_a	4.82	4.52	4.06	2.86

当烃基上连有给电子基团时，由于给电子效应使羧基中羟基氧原子上的电子云密度升高，—OH 键的极性减弱，因而较难解离出 H^+，其酸性减弱。总之，基团的给电子能力越强，羧酸的酸性就越弱。

给电子基团的数目增加，酸性减弱 →

	HCOOH	CH_3COOH	CH_3CH_2COOH	$(CH_3)_3CCOOH$
pK_a	3.77	4.76	4.88	5.05

二元羧酸中，由于羧基是吸电子基团，两个羧基相互影响使一级解离常数比一元饱和羧酸大，这种影响随着两个羧基距离的增大而减弱。二元羧酸中，草酸的酸性最强。例如，乙酸的 pK_a 为 4.75，乙二酸的 pK_{a_1} 为 1.27。丙酸的 pK_a 为 4.87，丙二酸的 pK_{a_1} 为 2.83。

不饱和脂肪羧酸和芳香羧酸的酸性，除受到基团的诱导效应影响外，往往还受到共轭效应的影响。一般来说，不饱和脂肪羧酸的酸性略强于相应的饱和脂肪羧酸。当芳香环上有基团产生吸电子效应时，酸性增强，产生给电子效应时，酸性减弱。例如：

	对硝基苯甲酸	对氯苯甲酸	苯甲酸	对甲氧基苯甲酸
	COOH-C_6H_4-NO_2 >	COOH-C_6H_4-Cl >	COOH-C_6H_5 >	COOH-C_6H_4-OCH_3
pK_a	3.40	3.97	4.20	4.47

思考题 8-4 按酸性增强的顺序排列下列各组化合物。

(1) CH_3CH_2COOH $HCOOH$ $HOOC-COOH$ $CH_3-CH-COOH$
$\qquad\qquad\qquad\qquad\qquad\qquad\qquad\qquad\qquad\qquad\quad |$
$\qquad\qquad\qquad\qquad\qquad\qquad\qquad\qquad\qquad\qquad CH_3$

(2) CH_3COOH $ClCH_2COOH$ $Cl_2CHCOOH$ $CH_3-CH-COOH$
$\qquad\qquad\qquad\qquad\qquad\qquad\qquad\qquad\qquad\qquad\qquad\quad |$
$\qquad\qquad\qquad\qquad\qquad\qquad\qquad\qquad\qquad\qquad\quad CH_3$

(3) 对甲基苯甲酸、对氯苯甲酸、苯甲酸、对硝基苯甲酸

2. 羧酸衍生物的生成

羧基中羟基被其他原子或基团取代的产物称为羧酸衍生物。如果羟基分别被卤素（—X）、酰氧基（—OCOR）、烷氧基（—OR）、氨基（—NH$_2$）取代，则分别生成酰卤、酸酐、酯、酰胺，这些都是羧酸的重要衍生物。

(1) 酰卤的生成 羧酸与三卤化磷、五卤化磷或亚硫酰氯等反应，羧基中的羟基可被卤素取代生成酰卤。

$$R-\underset{O}{\overset{\|}{C}}-OH + PCl_3 \xrightarrow{\triangle} R-\underset{O}{\overset{\|}{C}}-Cl + H_3PO_3$$
亚磷酸

$$R-\underset{O}{\overset{\|}{C}}-OH + PCl_5 \xrightarrow{\triangle} R-\underset{O}{\overset{\|}{C}}-Cl + POCl_3 + HCl\uparrow$$

$$R-\underset{O}{\overset{\|}{C}}-OH + SOCl_2 \longrightarrow R-\underset{O}{\overset{\|}{C}}-Cl + SO_2\uparrow + HCl\uparrow$$

$SOCl_2$ 作为卤化剂时，副产物都是气体，容易与酰氯分离。在卤化试剂中，效果最好的是氯化亚砜，反应后生成的 SO_2 和 HCl 不溶于有机溶剂。羧酸也可以与其他的三卤化磷试剂如三溴化磷、三碘化磷等反应生成相应的酰卤化合物，由于这些酰卤一般都不稳定，所以，较少使用。

(2) 酸酐的生成 一元羧酸在脱水剂五氧化二磷或乙酸酐作用下，两分子羧酸受热脱去一分子水生成酸酐。

$$\begin{array}{c} R-C-OH \\ \| \\ O \\ R-C-OH \\ \| \\ O \end{array} \xrightarrow[\triangle]{P_2O_5} \begin{array}{c} R-C \\ \| \\ O \\ R-C \\ \| \\ O \end{array}\!\!\!\!O + H_2O$$

$$2\ \text{Ph}-COOH \xrightarrow{(CH_3CO)_2O} \text{Ph}-\underset{O}{\overset{\|}{C}}-O-\underset{O}{\overset{\|}{C}}-\text{Ph}$$

某些二元羧酸分子内脱水生成内酐（一般生成五元环、六元环）。例如：

$$\text{邻苯二甲酸（结构式）} \xrightarrow{\Delta} \text{邻苯二甲酸酐} + H_2O$$

邻苯二甲酸酐

羧酸脱水生成酸酐的反应多用于制备简单的对称酸酐，如乙酸酐、丙酸酐、邻苯二甲酸酐等。对于不对称的酸酐，则需要先将一种羧酸制备成酰氯，然后再与另一种羧酸或者羧酸盐反应生成不对称的酸酐。

$$C_6H_5COCl + CH_3COOH \longrightarrow C_6H_5CO-O-COCH_3 + HCl$$

(3) 酯的生成　羧酸和醇在无机酸的催化下共热，失去一分子水形成酯。

$$R-COOH + HO-R' \xrightleftharpoons{H^+} R-COOR' + H_2O$$

羧酸与醇作用生成酯的反应称为酯化反应。酯化反应是可逆的，欲提高产率，必须增大某一反应物的用量或降低生成物的浓度，使平衡向生成酯的方向移动。为了提高酯的产率，多采用增加醇的量，或将生成水除去的办法。这是制备简单伯醇酯的常用方法，如果用仲醇甚至叔醇，在酸催化下消除反应增加，副产物增多，甚至得不到产物。

简单脂肪酸酯可以用羧酸与醇直接用加热催化脱水的方法制备，但对于一些特殊的酸酯，比如乙酸苯酯，由于苯酚不能直接与乙酸脱水生成酯。往往将酸先转化为酸酐或酰氯，然后再与苯酚反应。

如用同位素 ^{18}O 标记的醇酯化，反应完成后，^{18}O 在酯分子中而不是在水分子中。这说明酯化反应生成的水，是醇羟基中的氢与羧基中的羟基结合而成的，即羧酸发生了酰氧键的断裂。例如：

$$CH_3-COOH + H-^{18}OC_2H_5 \xrightleftharpoons{H^+} CH_3-CO-^{18}OC_2H_5 + H_2O$$

酸催化下的酯化反应按如下历程进行：

$$R-COOH \xrightleftharpoons{H^+} R-C(OH)_2^+ \xrightleftharpoons{R'OH} R-C(OH)_2(HOR'^+) \xrightleftharpoons{} R-C(OH)_2(OR')H^+$$

$$\xrightleftharpoons{-H_2O} R-C(OH)(OR')^+ \xrightleftharpoons{-H^+} R-COOR'$$

酯化反应中，醇作为亲核试剂进攻具有部分正电性的羧基碳原子，由于羧基碳原子的正电性较小，很难接受醇的进攻，所以反应很慢。当加入少量无机酸做催化剂时，羧基中的羰基氧接受质子，使羧基碳原子的正电性增强，从而有利于醇分子的进攻，加快酯的生成。

羧酸和醇的结构对酯化反应的速率影响很大。一般 α-碳原子上连有较多烃基或所连基团越大的羧酸和醇，由于空间位阻的因素，使酯化反应速率减慢。不同结构的羧酸和醇进行酯化反应的活性顺序为：

$$HCOOH > CH_3COOH > RCH_2COOH > R_2CHCOOH > R_3CCOOH$$

$$CH_3OH > RCH_2OH（伯醇） > R_2CHOH（仲醇） > R_3COH（叔醇）$$

（4）酰胺的生成　羧酸与氨或碳酸铵反应，生成羧酸的铵盐，铵盐受强热或在脱水剂的作用下加热，可在分子内失去一分子水形成酰胺。

$$R-\overset{O}{\underset{}{C}}-OH + NH_3 \longrightarrow R-\overset{O}{\underset{}{C}}-ONH_4$$

$$R-\overset{O}{\underset{}{C}}-OH + (NH_4)_2CO_3 \longrightarrow R-\overset{O}{\underset{}{C}}-ONH_4 + CO_2\uparrow + H_2O$$

$$R-\overset{O}{\underset{}{C}}-ONH_4 \xrightarrow[\triangle]{P_2O_5} R-\overset{O}{\underset{}{C}}-NH_2 + H_2O$$

二元羧酸与氨共热脱水，可生成酰亚胺。例如：

邻苯二甲酸 + NH_3 $\xrightarrow{\triangle}$ 邻苯二甲酰亚胺

多数情况是羧酸转换成酰氯或酸酐，然后再与胺反应成酰胺，虽然这样似乎多了一步反应，但由于很多情况下酰氯不必分离出来，可直接将胺加入反应即可。

3. 脱羧反应

通常情况下，羧酸中的羧基是比较稳定的，但在一些特殊条件下也可以发生脱去羧基，放出二氧化碳的反应，称为脱羧反应。

一元羧酸的钠盐与强碱共热，生成比原来羧酸少一个碳原子的烃。例如，无水乙酸钠和碱石灰混合加热，发生脱羧反应生成甲烷：

$$CH_3-\overset{O}{\underset{}{C}}-ONa + NaOH \xrightarrow[\triangle]{CaO} CH_4\uparrow + Na_2CO_3$$

这是实验室制备甲烷的方法。

当羧酸α-碳原子上连有吸电子基时，脱羧反应更易进行。例如

$$Cl_3C\overset{O}{\underset{}{C}}OH \xrightarrow{\triangle} Cl_3CH + CO_2\uparrow$$

有些低级二元羧酸，由于羧基是吸电子基团，在两个羧基的相互影响下，受热也容易发生脱羧反应。如乙二酸和丙二酸加热，脱去二氧化碳，生成比原来羧酸少一个碳原子的一元羧酸：

$$HOOC-COOH \xrightarrow{\triangle} HCOOH + CO_2\uparrow$$

$$HOOC-CH_2-COOH \xrightarrow{\triangle} CH_3COOH + CO_2\uparrow$$

丁二酸及戊二酸加热至熔点以上不发生脱羧反应，而是分子内脱水生成稳定的内酐。

己二酸及庚二酸在氢氧化钡存在下加热，既脱羧又失水，生成环酮：

$$\begin{array}{c} CH_2-CH_2-COOH \\ | \\ CH_2-CH_2-COOH \end{array} \xrightarrow[\triangle]{Ba(OH)_2} \text{环戊酮}=O + CO_2\uparrow + H_2O$$

$$CH_2\begin{array}{c} CH_2CH_2COOH \\ \\ CH_2CH_2COOH \end{array} \xrightarrow[\triangle]{Ba(OH)_2} \text{环己酮}=O + CO_2\uparrow + H_2O$$

脱羧反应是生物体内重要的生物化学反应，呼吸作用所生成的二氧化碳就是羧酸脱羧的结果。生物体内的脱羧是在脱羧酶的作用下完成的：

$$CH_3COOH \xrightarrow{\text{脱羧酶}} CH_4 \uparrow + CO_2 \uparrow$$

4. α-H 的卤代反应

羧基是较强的吸电子基团，它可通过诱导效应和 σ-π 超共轭效应使 α-H 活化。但羧基的致活作用比羰基小得多，所以羧酸的 α-H 被卤素取代的反应比醛、酮困难。但在碘、红磷、硫等的催化下，取代反应可顺利发生在羧酸的 α-位上，生成 α-卤代羧酸。例如：

$$CH_3-COOH \xrightarrow[P]{Cl_2} \underset{\text{一氯乙酸}}{ClCH_2COOH} \xrightarrow[P]{Cl_2} \underset{\text{二氯乙酸}}{Cl_2CHCOOH} \xrightarrow[P]{Cl_2} \underset{\text{三氯乙酸}}{Cl_3CCOOH}$$

控制反应条件可使反应停留在一元取代阶段。

卤代羧酸是合成多种农药和药物的重要原料，有些卤代羧酸如 α,α-二氯丙酸或 α,α-二氯丁酸还是有效的除草剂。氯乙酸与 2,4-二氯苯酚钠在碱性条件下反应，可制得 2,4-D，它是一种有效的植物生长调节剂，高浓度时可防治禾谷类作物田中的双子叶杂草；低浓度时，对某些植物有刺激早熟，提高产量，防止落花落果，产生无籽果实等多种作用。

5. 还原反应

羧基是十分稳定的官能团，在一般情况下，普通的氧化剂、还原剂都很难与它发生反应。羧基中的羰基由于 p-π 共轭效应的结果，失去了典型羰基的特性，所以羧基很难用催化氢化或一般的还原剂还原，只有特殊的还原剂如 $LiAlH_4$ 能将其直接还原成伯醇。$LiAlH_4$ 是选择性的还原剂，只还原羧基，不还原碳碳双键或三键，具有较好的选择性。

例如：

$$CH_3-CH=CH-COOH \xrightarrow{LiAlH_4} CH_3-CH=CH-CH_2OH$$

思考题 8-5 完成下列反应式。

(1) $CH_3-CH\begin{pmatrix}COOH\\COOH\end{pmatrix} \xrightarrow{\triangle} ?$

(2) $CH_3-\underset{\underset{CH_2CH_2COOH}{|}}{CH}CH_2COOH \xrightarrow[\triangle]{Ba(OH)_2} ?$

(3) $C_6H_5-CH_2-COOH \xrightarrow{?} C_6H_5-\underset{\underset{Cl}{|}}{CH}-COOH \xrightarrow[H_2O]{NaOH} ?$

四、重要的羧酸

1. 甲酸

甲酸俗称蚁酸，存在于蜂类、某些蚁类及毛虫的分泌物中，也存在于松叶及某些果实中。甲酸是无色液体，沸点 100.5℃，具有强烈的腐蚀性和刺激性。甲酸的结构不同于其他羧酸，它的羧基与一个氢原子相连，因此又可看成有一个醛基。

$$\boxed{H-\overset{\overset{O}{\|}}{C}-OH}$$

甲酸除具有羧酸的特性外，还具有醛的某些性质，故甲酸也具有还原性。如能发生银镜反应；能使高锰酸钾溶液褪色，并从硝酸汞中析出金属汞，这些反应均可用于甲酸的检验。与浓硫酸在 60～80℃条件下共热，可以分解为水和一氧化碳，实验室中用此法制备纯净的一氧化碳。

$$HCOOH + 2[Ag(NH_3)_2]^+ + 2OH^- \longrightarrow 4NH_3 + CO_2\uparrow + 2Ag + 2H_2O$$

$$H-COOH \xrightarrow{KMnO_4} \left[\begin{matrix} O \\ \| \\ HO-C-OH \end{matrix} \right] \longrightarrow CO_2\uparrow + H_2O$$

$$H-COOH \xrightarrow[\triangle]{H_2SO_4} CO\uparrow + H_2O$$

甲酸可用于染料工业和橡胶工业，甲酸有杀菌能力，也可以作为消毒剂和防腐剂。

2. 乙酸

乙酸是食醋的主要成分，俗称醋酸，普通食醋中约含乙酸 4%～8%。纯乙酸为无色、有刺激性气味、有腐蚀性的液体，沸点 118℃，熔点 16℃。当室温低于 16℃时，易凝结成冰状固体，所以常把纯乙酸叫做冰醋酸（含量在 98%以上）。

乙酸广泛存在于自然界中，常以盐或酯的形式存在于植物的果实和汁液内，并以乙酰辅酶 A 的形式参加糖和脂肪的代谢。

糖通过乙酸菌发酵可产生乙酸，这种发酵法目前仍应用于食醋和乙酸的生产。现代工业用乙炔、乙烯为原料，用合成法大规模生产乙酸。

乙酸是一个很重要的基本有机化工原料，它用来合成乙酸酐、乙酸乙酯、醋酸乙烯酯和醋酸纤维素酯等化合物，并可以进一步转化为许多精细化工品，用途极广。乙酸不易被氧化，故还常用作一些氧化反应的溶剂。乙酸是染料、香料、制药、塑料工业中不可缺少的原料。

3. 过氧乙酸

过氧乙酸又称过醋酸，结构式为 $CH_3\overset{O}{\overset{\|}{C}}OOH$，为无色透明液体，有辛辣味，易挥发，有强刺激性和腐蚀性。能溶于水、醇、醚和硫酸，在中性稀的水溶液中稳定。

过氧乙酸是一种杀菌剂，具有使用浓度低、消毒时间短、无残留毒性、−40～−20℃下也能杀菌等优点。主要用于香蕉、柑橘、樱桃以及其他果实、蔬菜等采收后处理和农产品的容器消毒，可防治真菌和细菌性腐烂。也可用作鸡蛋消毒、室内消毒，在抗击非典斗争中发挥了巨大的作用。工业上用它作为各种纤维的漂白剂、高分子聚合物的引发剂及制备环氧化合物的试剂。

4. 乙二酸

乙二酸常以盐的形式存在于许多草本植物和藻类中，俗称草酸，在室温下为无色晶体，熔点 189℃（分解），易溶于水而不溶于乙醚等有机溶剂。在所有的有机物中，草酸的含量最高。因此，糖类淀粉都可以被硝酸氧化为草酸，工业上主要利用甲酸钠减压下加热到 400℃来产生。

乙二酸是二元羧酸中酸性最强的一个，它的钾、钠、铵盐易溶于水，但钙盐溶解度极小（$K_{sp} = 2.6 \times 10^{-9}$），这一性质可用于 Ca^{2+} 的分析和测定。乙二酸还可以和许多金属离子形成配合物，且形成的配合物溶于水，因此能除去铁锈及衣物上的蓝墨水痕迹。用不同的还原剂还可以分别把草酸制成乙醇酸和乙醛酸。

乙二酸受热可发生脱羧反应，在浓硫酸存在下加热可同时发生脱羧、脱水反应。乙二酸可以还原高锰酸钾，由于这一反应是定量进行的，乙二酸又极易精制提纯，所以被用作标定高锰酸钾的基准物质。

$$5\begin{matrix}COOH\\|\\COOH\end{matrix} + 2KMnO_4 + 3H_2SO_4 \longrightarrow K_2SO_4 + 2MnSO_4 + 10CO_2\uparrow + 8H_2O$$

乙二酸还用作媒染剂和麦草编织物的漂白剂。

5. 丁烯二酸

丁烯二酸有顺丁烯二酸（马来酸或失水苹果酸）和反丁烯二酸（延胡索酸或富马酸）两种异构体：

$$\underset{\text{顺丁烯二酸}}{\underset{HOOC}{H}}C=C\underset{COOH}{\underset{H}{}} \qquad \underset{\text{反丁烯二酸}}{\underset{HOOC}{H}}C=C\underset{H}{\underset{COOH}{}}$$

两者构型不同，物理性质和生理作用差异很大。顺丁烯二酸不存在于自然界中，熔点 139～140℃，密度 1.590g·cm^{-3}，易溶于水，在生物体不能转化为糖，有一定的毒性。反丁烯二酸是糖代谢的重要中间产物，广泛分布于植物界，也分布于温血动物的肌肉中，熔点 300～302℃，难溶于水。反丁烯二酸是国际上允许使用的食品添加剂，其二甲酯（富马酸二甲酯）杀菌谱广，可广泛用于食品、饲料的防腐。

顺丁烯二酸和反丁烯二酸中两个羧基的相互位置不同，它们的化学性质也不尽相同，主要表现在以下几方面：

(1) 顺丁烯二酸中两个羧基在双键的同侧，空间距离比较近，相互间的影响比较大；反丁烯二酸中两个羧基在双键的两侧，空间距离比较远，相互间的影响比较小。所以，顺丁烯二酸的一级解离常数（$pK_{a_1}=1.94$）较反丁烯二酸的一级解离常数（$pK_{a_1}=3.02$）小。同样，顺丁烯二酸的二级解离常数（$pK_{a_2}=6.5$）较反丁烯二酸的二级解离常数（$pK_{a_2}=4.5$）大。

(2) 顺丁烯二酸受热容易失水形成酸酐，反丁烯二酸则不能形成分子内的酸酐。当反丁烯二酸受到强热（>300℃）后，首先转化为顺丁烯二酸，然后生成顺丁烯二酸酐。

$$\underset{HOOC}{\underset{H}{}}C=C\underset{H}{\underset{COOH}{}} \xrightarrow{300℃} \underset{H}{\underset{HOOC}{}}C=C\underset{H}{\underset{COOH}{}} \xrightarrow[\Delta]{-H_2O} \begin{array}{c}CH-C\\ \parallel \quad \quad \\ CH-C\end{array}\begin{array}{c}O\\ \diagdown\\ O\\ \diagup\\ O\end{array}$$

顺丁烯二酸酐是重要的化工原料，其肼类衍生物如马来酰肼（抑芽丹，MH）是一种重要的植物生长抑制剂。

6. 丙烯酸

丙烯酸是简单的不饱和羧酸，熔点 13.5℃，可发生氧化和聚合反应，放久后本身自动聚合成固体物质。丙烯酸是非常重要的化工原料，用丙烯酸树脂生产的高级涂料色泽鲜艳、经久耐用，可用作汽车、电冰箱、洗衣机、医疗器械等的涂饰，也可做建筑内外及门窗的涂料。另外，丙烯酸系列产品还有保鲜作用，可使水果、鸡蛋的保鲜期大大延长而对人体无害。丙烯酸可由丙烯腈在酸性条件下水解得到。

7. 丁二酸

丁二酸广泛存在于一些未成熟的果实内，如葡萄、苹果、樱桃等，最初由蒸馏琥珀得到，故俗称琥珀酸。丁二酸是无色晶体，熔点 188℃，易溶于水，微溶于乙醇、乙醚、丙酮等有机溶剂。丁二酸是生物代谢过程的一种重要中间体，在有机合成中是制备醇酸树脂的原料，在医药上有抗痉挛及利尿的作用。

8. 苯甲酸

苯甲酸俗名安息香酸，它与苄醇形成酯，存在于安息香胶及其他一些树脂内。苯甲酸是白色晶体，熔点 122.4℃，难溶于冷水，易溶于沸水、乙醇、氯仿、乙醚中。苯甲酸毒性较低，具有抑菌防霉的作用，其钠盐常用作食品和某些药物的防腐剂。苯甲酸的某些衍生物是农业上常用的除草剂及植物生长调节剂，如2，3，5-三碘苯甲酸在始花期叶部施药，可使大豆和苹果增产，并能防止豆类倒伏。

9. α-萘乙酸

α-萘乙酸简称NAA（naphthyl acetic acid），白色晶体，熔点131℃，难溶于水，易溶于乙醇、丙醇和丙酮。NAA是一种常用的植物生长调节剂，低浓度时可以刺激植物生长，防止落花落果，并可广泛地用于大田作物的浸种处理，高浓度时则抑制植物生长，可用于杀除莠草和防止马铃薯储存期间的发芽。NAA一般以钠盐或钾盐的形式使用。

第二节 羧酸衍生物

羧酸衍生物主要有酰卤、酸酐、酯和酰胺，它们都是含有酰基的化合物。羧酸衍生物反应活性很高，可以转变成多种其他化合物，是十分重要的有机合成中间体。本节主要讨论酰卤、酸酐、酯的结构与性质，酰胺将在第九章中讨论。

一、羧酸衍生物的命名

羧酸衍生物的分类，除了依据官能团分为酰卤、酸酐、酯和酰胺四类外，同时还与羧酸相同，根据烃基可以进一步分类。例如，芳香族酰卤、酸酐、酯和酰胺以及饱和、不饱和等羧酸衍生物。

酰卤根据酰基和卤原子来命名，称为"某酰卤"。如果是氯就叫"酰氯"，如果是溴，就称"酰溴"。或者认为是酰基的名称加上卤素就可以了。例如：

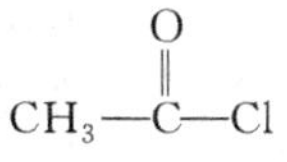

乙酰氯 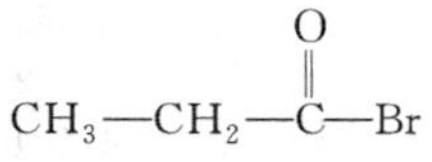　　　　　丙酰溴 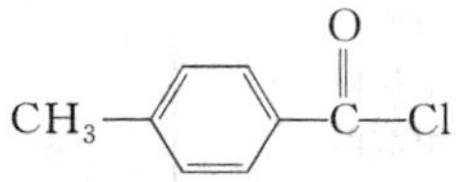　　　　　对甲基苯甲酰氯

酸酐的名称主要以其来源根据相应的羧酸命名。两个相同羧酸形成的酸酐为简单酸酐，称为"某酸酐"，简称"某酐"；两个不相同羧酸形成的酸酐为混合酸酐，称为"某酸某酸酐"，简称"某某酐"；二元羧酸分子内失去一分子水形成的酸酐为内酐，称为"某二酸酐"。例如：

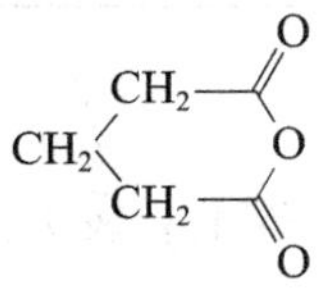

戊二酸酐 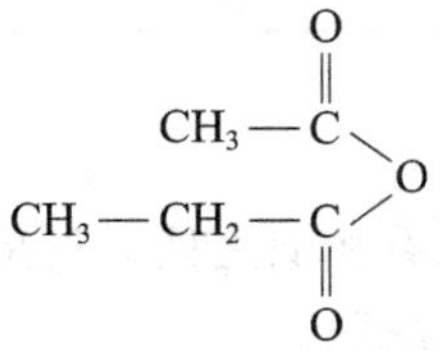　　　　乙(酸)丙(酸)酐 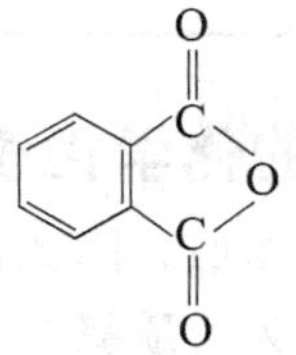　　　　邻苯二甲酸酐 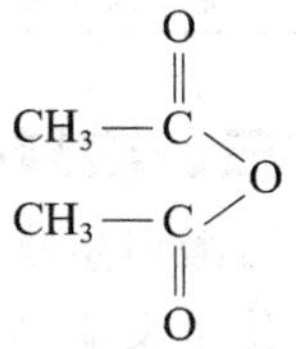　　　　乙(酸)酐

酯根据形成它的羧酸和醇来命名，称为"某酸某酯"。例如：

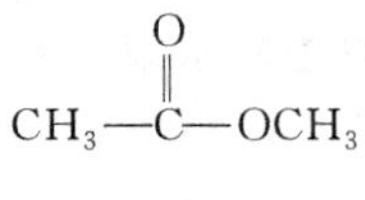

乙酸甲酯 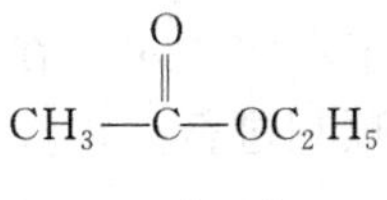　　　　乙酸乙酯 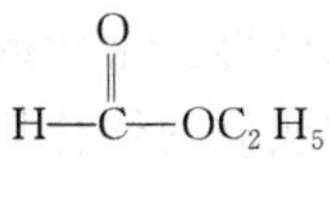　　　　甲酸乙酯 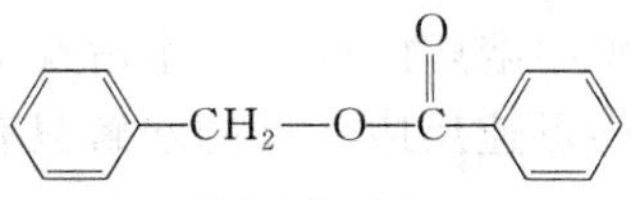　　　　苯甲酸苯酯

思考题 8-6 写出下列化合物的结构。

(1) 丁二酸酐　　　　　　(2) 顺丁烯二酸酐
(3) 对溴苯甲酰氯　　　　(4) 苯甲酸苄酯
(5) 异丁酸甲酯　　　　　(6) 苯乙酸异丙酯

二、羧酸衍生物的物理性质

酰卤、酸酐、酯的沸点比相对分子质量相近的羧酸低，这是因为其分子间形成氢键能力比羧酸弱。它们与水形成氢键能力也较弱，故其水溶性也小于同碳羧酸。十四个碳以下的羧酸甲酯和乙酯以及酰氯在室温下一般都是液体。少于十一个碳的酸酐绝大多数室温下也是液体。

室温下，低级的酰氯和酸酐都是无色且对黏膜有刺激性的液体，高级的酰氯和酸酐为白色固体，内酐也是固体。酰氯和酸酐的沸点比相对分子质量相近的羧酸低，与相对分子质量相近的醛酮相近，这是因为它们的分子间不能通过氢键缔合的缘故。

室温下，大多数常见的酯都是液体，高级羧酸酯是液体或固体。低级的酯具有花果香味，如乙酸异戊酯有香蕉香味（俗称香蕉水）；正戊酸异戊酯有苹果香味；甲酸苯乙酯有野玫瑰香味；丁酸甲酯有菠萝香味等。许多花和水果的香味都与酯有关，因此酯多用于香料工业。

羧酸衍生物一般都难溶于水而易溶于乙醚、氯仿、丙酮、苯等有机溶剂。

一些常见羧酸衍生物的物理常数见表 8-3。

表 8-3 羧酸衍生物的物理常数

名 称	熔点/℃	沸点/℃	相对密度 d_4^{20}
乙酰氯	-112	50.9	1.104
苯甲酰氯	-1	197	1.212
乙酸酐	-73	140.0	1.081
丙酸酐	-45	169	1.012
丁二酸酐	119.6	261	1.104
顺丁烯二酸酐	53	202	0.934
邻苯二甲酸酐	132	284.5(升华)	1.527
甲酸乙酯	-80	54	0.923
乙酸甲酯	-98	57	0.924
乙酸乙酯	-83.6	77.2	0.901
乙酸异戊酯	-78	142	0.876
苯甲酸乙酯	-34	213	1.051
苯甲酸苄酯	21	324	1.114

三、羧酸衍生物的化学性质

羧酸衍生物由于结构相似，因此化学性质也有相似之处，只是在反应活性上有较大的差异。化学反应的活性次序为：酰氯＞酸酐＞酯≥酰胺。

1. 水解反应

酰氯、酸酐、酯都可水解生成相应的羧酸。低级的酰卤遇水迅速反应，高级的酰卤由于在水中溶解度较小，水解反应速率较慢；多数酸酐由于不溶于水，在冷水中缓慢水解，在热水中迅速反应；酯的水解只有在酸或碱的催化下才能顺利进行。

$$\begin{matrix} R-\overset{O}{\underset{\|}{C}}-Cl \\ R-\overset{O}{\underset{\|}{C}}-O-\overset{O}{\underset{\|}{C}}-R' \\ R-\overset{O}{\underset{\|}{C}}-OR' \end{matrix} + H-OH \longrightarrow R-\overset{O}{\underset{\|}{C}}-OH + \begin{matrix} HCl \\ R'COOH \\ R'OH \end{matrix}$$

酯的水解在理论上和生产上都有重要意义。酸催化下的水解是酯化反应的逆反应，水解不能进行完全。碱催化下的水解生成的羧酸可与碱生成盐而从平衡体系中除去，所以水解反应可以进行到底。酯的碱性水解反应也称为皂化。

$$R-\underset{\underset{O}{\|}}{C}-OR' + HOH \xrightarrow{H^+} R-\underset{\underset{O}{\|}}{C}-OH + R'OH$$

$$R-\underset{\underset{O}{\|}}{C}-OR' + HOH \xrightarrow{OH^-} R-\underset{\underset{O}{\|}}{C}-O^- + R'OH$$

2. 醇解反应

酰氯、酸酐、酯都能发生醇解反应，产物主要是酯。它们进行醇解反应速率顺序与水解相同。酯的醇解反应也叫酯交换反应，即醇分子中的烷氧基取代了酯中的烷氧基。酯交换反应不但需要酸催化，而且反应是可逆的。

$$\begin{bmatrix} R-\underset{\underset{O}{\|}}{C}-Cl \\ R-\underset{\underset{O}{\|}}{C}-O-\underset{\underset{O}{\|}}{C}-R' \\ R-\underset{\underset{O}{\|}}{C}-OR' \end{bmatrix} + H-OR'' \longrightarrow R-\underset{\underset{O}{\|}}{C}-OR'' + \begin{bmatrix} HCl \\ R'COOH \\ R'OH \end{bmatrix}$$

酯交换反应常用来制取高级醇的酯，因为结构复杂的高级醇一般难与羧酸直接酯化，往往是先制得低级醇的酯，再利用酯交换反应，即可得到所需要高级醇的酯。生物体内也有类似的酯交换反应，例如：

$$CH_3-\underset{\underset{O}{\|}}{C}-SCoA + [HOCH_2CH_2\overset{+}{N}(CH_3)_3]OH^- \longrightarrow CH_3-\underset{\underset{O}{\|}}{C}-O-CH_2CH_2\overset{+}{N}(CH_3)_3\,OH^- + HSCoA$$

乙酰辅酶 A　　　　　　胆碱　　　　　　　　　　　　　乙酰胆碱　　　　　　　辅酶 A

此反应是在相邻的神经细胞之间传导神经刺激的重要过程。

3. 氨解反应

酰氯、酸酐、酯可以发生氨解反应，产物是酰胺。由于氨本身是碱，所以氨解反应比水解反应更易进行。酰氯和酸酐与氨的反应都很剧烈，需要在冷却或稀释的条件下缓慢混合进行反应。

$$\begin{bmatrix} R-\underset{\underset{O}{\|}}{C}-Cl \\ R-\underset{\underset{O}{\|}}{C}-O-\underset{\underset{O}{\|}}{C}-R' \\ R-\underset{\underset{O}{\|}}{C}-OR' \end{bmatrix} + H-NH_2 \longrightarrow R-\underset{\underset{O}{\|}}{C}-NH_2 + \begin{bmatrix} HCl \\ R'COONH_4 \\ R'OH \end{bmatrix}$$

羧酸衍生物的水解、醇解、氨解都属于亲核取代反应历程，可用下列通式表示：

$$R-\underset{\underset{O}{\|}}{C}-A + HNu \rightleftharpoons \begin{bmatrix} R-\underset{\underset{Nu}{|}}{\overset{O-H}{\underset{|}{C}}}-A \end{bmatrix} \rightleftharpoons R-\underset{\underset{O}{\|}}{C}-Nu + HA$$

第八章　羧酸及其衍生物和取代酸

$$A = X,\ O-\overset{\overset{O}{\|}}{C}-R,\ OR \qquad HNu = H_2O,\ ROH,\ NH_3$$

反应实际上是通过先加成再消除完成的。第一步由亲核试剂 HNu 进攻酰基碳原子,形成加成中间产物,第二步脱去一个小分子 HA,恢复碳氧双键,最后酰基取代了活泼氢和 Nu 结合得到取代产物。所以这些反应又称为 HNu 的酰基化反应。

显然,酰基碳原子的正电性越强,水、醇、氨等亲核试剂向酰基碳原子的进攻越容易,反应越快。在羧酸衍生物中,基团 A 有一对未共用电子对,这个电子对可与酰基中的 C=O 形成 p-π 共轭体系 $\overset{\overset{O}{\|}}{R-C-\ddot{A}}$。基团 A 的给电子能力顺序为:

$$-\ddot{C}l < -\ddot{O}-\overset{\overset{O}{\|}}{C}-R < -\ddot{O}R < -\ddot{N}H_2$$

因此酰基碳原子的正电性强度顺序为:酰氯>酸酐>酯>酰胺。另一方面,反应的难易程度也与离去基团 A 的碱性有关,A 的碱性越弱越容易离去。离去基团 A 的碱性强弱顺序为:$NH_2^- > RO^- > RCO_2^- > X^-$。即离去的难易顺序为:$NH_2^- < RO^- < RCO_2^- < X^-$。

综上所述,羧酸衍生物的酰—A 键断裂的活性(也称酰基化能力)次序为:酰氯>酸酐>酯≥酰胺。酰氯和酸酐都是很好的酰基化试剂。

思考题 8-7 完成下列反应式。

(1) $CH_3CH_2COOC_2H_5 + (CH_3)_2CHCH_2CH_2OH \xrightarrow{H^+}$?

(2) $CH_3-\overset{\overset{O}{\|}}{C}-Cl +$ ⌬$-CH_2OH \longrightarrow$?

(3) 邻苯二甲酸酐 $+ NH_3 \xrightarrow{\triangle}$?

4. 还原反应

酰基化合物的羰基比羧酸易还原,酰基化合物可用催化加氢方法将酰基还原成醛或醇。

(1) **酰氯的还原** 酰氯在一定条件下可还原醛或醇:

$$R-\overset{\overset{O}{\|}}{C}-Cl \xrightarrow[Ni]{H_2} R-\overset{\overset{O}{\|}}{C}-H \xrightarrow[Ni]{H_2} RCH_2OH$$

(2) **酯的还原** 酯容易还原成醇。常用的还原剂是金属钠和乙醇,$LiAlH_4$ 是更有效的还原剂:

$$R-\overset{\overset{O}{\|}}{C}-OR' \xrightarrow[\triangle]{Na+C_2H_5OH} RCH_2OH + R'OH$$

由于羧酸较难还原,经常把羧酸转变成酯后再还原。

5. 酯缩合反应

酯分子中的 α-H 原子由于受到酯基的影响变得较活泼,用醇钠等强碱处理时,两分子的酯脱去一分子醇生成 β-酮酸酯，这个反应称为克来森（Claisen）酯缩合反应。例如：

$$CH_3-\overset{O}{\overset{\|}{C}}-\boxed{OC_2H_5+H}-CH_2-\overset{O}{\overset{\|}{C}}-OC_2H_5 \xrightleftharpoons{C_2H_5ONa} CH_3\overset{O}{\overset{\|}{C}}CH_2\overset{O}{\overset{\|}{C}}-OC_2H_5+C_2H_5OH$$

乙酰乙酸乙酯

酯缩合反应历程类似于羟醛缩合反应。首先强碱夺取 α-氢原子形成碳负离子，碳负离子向另一分子酯羰基进行亲核加成，再失去一个烷氧基负离子生成 β-酮酸酯：

$$CH_3-\overset{O}{\overset{\|}{C}}-OC_2H_5 \xrightleftharpoons{C_2H_5ONa} \overset{-}{C}H_2-\overset{O}{\overset{\|}{C}}-OC_2H_5+C_2H_5OH$$

$$CH_3-\overset{O}{\overset{\|}{C}}-OC_2H_5+\overset{-}{C}H_2-\overset{O}{\overset{\|}{C}}-OC_2H_5 \rightleftharpoons CH_3-\overset{O^-}{\underset{OC_2H_5}{\overset{|}{C}}}-CH_2-\overset{O}{\overset{\|}{C}}-OC_2H_5$$

$$\rightleftharpoons CH_3-\overset{O}{\overset{\|}{C}}-CH_2-\overset{O}{\overset{\|}{C}}-OC_2H_5+C_2H_5O^-$$

生物体中长链脂肪酸以及一些其他化合物的生成就是由乙酰辅酶 A 通过一系列复杂的生化过程形成的。从化学角度来说，是通过类似于酯交换、酯缩合等反应逐渐将碳链加长的。

思考题 8-8 写出丙酸乙酯在乙醇钠存在下的酯缩合反应方程式。

四、重要的羧酸衍生物

1. 乙酰氯

乙酰氯是一种在空气中发烟的无色液体，有窒息性的刺鼻气味。能与乙醚、氯仿、冰醋酸、苯和汽油等混溶，是有机合成中常用的酰化试剂。

2. 乙酐

乙酐又名醋（酸）酐，为无色有极强乙酸气味的液体，溶于乙醚、苯和氯仿，与乙酰氯一样，经常作为酰化试剂保护如氨基、羟基等官能团。

3. 顺丁烯二酸酐

顺丁烯二酸酐又称马来酸酐或失水苹果酸酐，是比较重要的化工原料。无色结晶性粉末，有强烈的刺激性气味，易升华，溶于乙醇、乙醚和丙酮，难溶于石油醚和四氯化碳。

4. 乙酸乙酯

乙酸乙酯无色可燃性的液体，有水果香味，微溶于水，溶于乙醇、乙醚和氯仿等有机溶剂。是醋、酒中香气主要来源，常用作有机合成的溶剂、淋洗剂等。

5. 甲基丙烯酸甲酯

甲基丙烯酸甲酯为无色液体，其在引发剂存在下，聚合成无色透明的化合物，是有机玻璃的主要成分。

6. 丙二酸二乙酯

丙二酸二乙酯 $CH_2(COOC_2H_5)_2$ 为无色液体，有芳香气味，沸点 199.3℃，不溶于水，易溶于乙醇、乙醚等有机溶剂。丙二酸二乙酯是以氯乙酸为原料，经过氰解、酯化后得到的二元羧酸酯：

$$\text{CH}_2\text{COOH} \xrightarrow[\text{NaOH}]{\text{NaCN}} \underset{\text{CN}}{\text{CH}_2\text{COOH}} \xrightarrow[\text{H}^+]{\text{C}_2\text{H}_5\text{OH}} \text{CH}_2 \genfrac{}{}{0pt}{}{\text{COOC}_2\text{H}_5}{\text{COOC}_2\text{H}_5}$$

丙二酸二乙酯由于分子中含有一个活泼亚甲基，因此在理论和合成上都有重要意义。丙二酸二乙酯在醇钠等强碱催化下，能产生一个碳负离子，它可以和卤代烃发生亲核取代反应，产物经水解和脱羧后生成羧酸。用这种方法可合成 RCH_2COOH 和 $\text{RR}'\text{CHCOOH}$ 型的羧酸，如用适当的二卤代烷作为烃化试剂，也可以合成脂环族羧酸。例如：

$$\text{CH}_2(\text{COOC}_2\text{H}_5)_2 + \text{R-X} \xrightarrow[\text{C}_2\text{H}_5\text{OH}]{\text{C}_2\text{H}_5\text{ONa}} \text{RCH}(\text{COOC}_2\text{H}_5)_2 \xrightarrow[(2)\triangle,\text{H}^+]{(1)\text{NaOH}} \text{RCH}_2\text{COOH}$$

$$\text{CH}_2(\text{COOC}_2\text{H}_5)_2 + \text{BrCH}_2\text{CH}_2\text{CH}_2\text{Br} \xrightarrow[\text{C}_2\text{H}_5\text{OH}]{\text{C}_2\text{H}_5\text{ONa}} \underset{\text{CH}_2-\text{CH}_2}{\overset{\text{CH}_2}{|}} \text{C}(\text{COOC}_2\text{H}_5)_2$$

$$\xrightarrow[(2)\triangle,\text{H}^+]{(1)\text{NaOH}} \underset{\text{CH}_2-\text{CH}_2}{\overset{\text{CH}_2-\text{CH}-\text{COOH}}{|}}$$

环丁基甲酸

第三节 取 代 酸

羧酸烃基上的氢原子被其他原子或基团取代的产物称为取代酸。根据取代基的种类，可分为卤代酸、羟基酸、羰基酸和氨基酸等。根据功能基的结合状态不同，羟基酸又可分为醇酸和酚酸；羰基酸又可分为醛酸和酮酸。常见的有羟基酸、羰基酸、卤代酸和氨基酸等。

本节重点讨论羟基酸和羰基酸的性质，氨基酸将在第十三章中讨论。

一、羟基酸

1. 羟基酸的分类和命名

分子中含有羟基的羧酸叫做羟基酸，即羧酸烃基上的氢原子被羟基取代的产物。羟基酸可分为醇酸和酚酸，前者羟基和羧基均连在脂肪链上，后者羟基和羧基连在芳环上。醇酸可根据羟基与羧基的相对位置称为 α-、β-、γ-、δ-羟基酸，羟基连在碳链末端时，称为 ω-羟基酸。酚酸以芳香酸为母体，羟基作为取代基。

在生物科学中，羟基酸的命名一般以俗名（括号中的名称）为主，辅以系统命名。

$$\underset{\text{OH}}{\overset{\text{CH}_3-\text{CH}-\text{COOH}}{|}}$$
2-羟基丙酸（乳酸）

$$\underset{\text{HO}-\text{CH}-\text{COOH}}{\overset{\text{HO}-\text{CH}-\text{COOH}}{}}$$
2,3-二羟基丁二酸（酒石酸）

$$\underset{\text{CH}_2-\text{COOH}}{\overset{\text{HO}-\text{CH}-\text{COOH}}{}}$$
羟基丁二酸（苹果酸）

邻羟基苯甲酸
（水杨酸）

3-羟基-3-羧基戊二酸
（柠檬酸）

3,4-二羟基苯甲酸
（原儿茶酸）

3,4,5-三羟基苯甲酸
（没食子酸）

2. 羟基酸的性质

羟基酸多为结晶固体或黏稠液体。由于分子中含有两个或两个以上能形成氢键的官能团，羟基酸一般能溶于水，水溶性大于相应的羧酸，疏水支链或碳环的存在使水溶性降低。羟基酸的熔点一般高于相应的羧酸。许多羟基酸具有手性碳原子，也具有旋光活性。

羟基酸除具有羧酸和醇（酚）的典型化学性质外，还具有两种官能团相互影响而表现出的特殊性质。

(1) 酸性　醇酸含有羟基和羧基两种官能团，由于羟基具有吸电子效应并能生成氢键，醇酸的酸性较母体羧酸强，水溶性也较大。羟基离羧基越近，其酸性越强。例如，羟基乙酸的酸性比乙酸强，而 2-羟基丙酸的酸性比 3-羟基丙酸强：

$$\begin{array}{ccccc} CH_3COOH & \underset{OH}{CH_2COOH} & CH_3CH_2COOH & \underset{OH}{CH_2CH_2COOH} & \underset{OH}{CH_3CHCOOH} \\ \end{array}$$

pK_a　　4.75　　　　3.83　　　　　4.88　　　　　　4.51　　　　　3.87

酚酸的酸性与羟基在苯环上的位置有关。当羟基在羧基的对位时，羟基与苯环形成 p-π 共轭，尽管羟基还具有吸电子诱导效应，但共轭效应相对强于诱导效应，总的效应使羧基电子云密度增大，这不利于羧基中氢离子的解离，因此对位取代的酚酸酸性弱于母体羧酸；当羟基在羧基的间位时，羟基不能与羧基形成共轭体系，对羧基只表现出吸电子诱导效应，因此间位取代的酚酸酸性强于母体羧酸；当羟基在羧基的邻位时，羟基和羧基负离子形成分子内氢键，增强了羧基负离子的稳定性，有利于羧酸的解离，使酸性明显增强。羟基在苯环上不同位置的酚酸酸性顺序为：邻位＞间位＞对位。

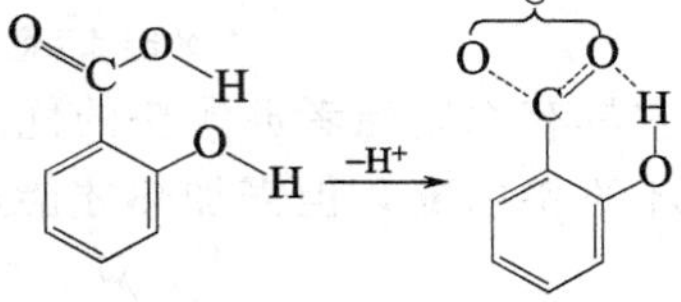

酸性：　邻羟基苯甲酸 ＞ 间羟基苯甲酸 ＞ 苯甲酸 ＞ 对羟基苯甲酸

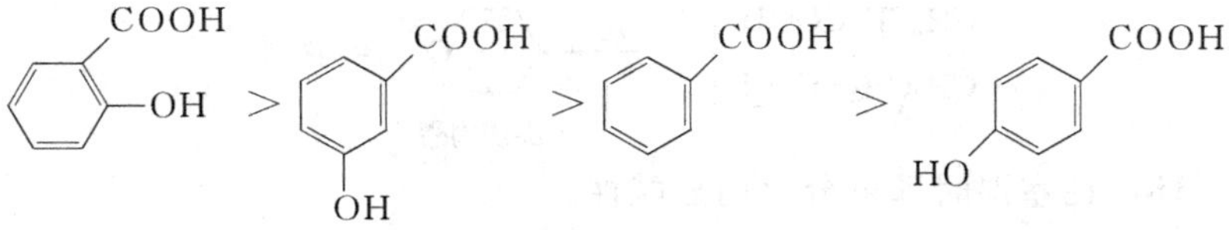

思考题 8-9　比较下列羧酸的酸性。

(1) CH_3CH_2COOH, CH_3COOH, F_3CCOOH, Cl_3CCOOH

(2) 间羟基苯甲酸，邻羟基苯甲酸，对羟基苯甲酸

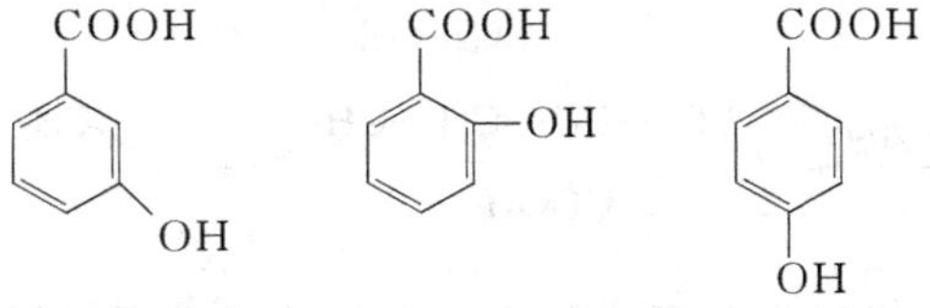

(2) 醇酸的脱水反应　醇酸受热能发生脱水反应，羟基的位置不同，得到的产物也不同。α-醇酸受热一般发生分子间交叉脱水反应，生成交酯。例如：

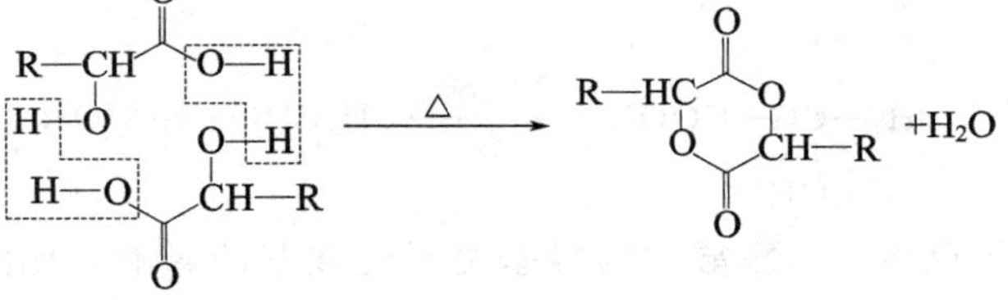

α-醇酸　　　　　　　　交酯

第八章　羧酸及其衍生物和取代酸

β-醇酸受热易发生分子内脱水，生成 α,β-不饱和羧酸。例如：

$$CH_3-CH-CH_2-COOH \xrightarrow{\triangle} CH_3-CH=CH-COOH + H_2O$$
$$|$$
$$OH$$

生物体内，某些 β-醇酸在酶的作用下发生分子内脱水，生成不饱和羧酸。例如：

HO—CH—COOH   酶   H—C—COOH
     | ⇌   ‖   + H₂O
  CH₂—COOH   HOOC—C—H

    苹果酸   延胡索酸

γ-醇酸和 δ-醇酸受热易发生分子内的酯化反应，生成内酯。例如：

γ-丁醇酸 → γ-丁内酯

γ-羟基酸在室温下即可脱水生成内酯，所以，不易得到游离的 γ-羟基酸。γ-内酯是稳定的中性化合物，在碱性条件下可开环形成 γ-羟基丁酸盐，通常以这种形式保存 γ-羟基酸。例如：

$$\text{(γ-丁内酯)} + NaOH \longrightarrow HOCH_2CH_2CH_2COONa$$

γ-羟基丁酸钠

γ-羟基丁酸钠有麻醉作用，它具有术后患者苏醒快的优点。

δ-羟基酸也能脱水生成六元环的 δ-内酯，但需加热才能形成。

$$\text{CH}_2\text{CH}_2\text{COOH} \xrightarrow{\triangle} \text{δ-戊内酯} + H_2O$$
$$\text{CH}_2\text{CH}_2\text{—O—H}$$

δ-内酯易开环，在室温时即可分解而显酸性。

一些中药的有效成分中常含有内酯的结构，如穿心莲内酯。具有内酯结构的药物，常因水解开环而失效或减弱。例如治疗青光眼的硝酸毛果云香碱滴眼剂，在 pH 4～5 时最稳定。偏碱时内酯环易水解而失效。例如：

（结构式）$\xrightarrow{OH^-/H_2O}$（开环产物）

当羟基和羧基相距四个以上碳原子时，难发生分子内脱水。在加热条件下，可发生分子间脱水生成链状聚酯。

（3）α-醇酸的分解反应　α-醇酸在稀硫酸的作用下，容易发生分解反应，生成醛和甲酸。例如：

$$CH_3-CH-COOH \xrightarrow[\triangle]{\text{稀 } H_2SO_4} CH_3CHO + HCOOH$$
$$|$$
$$OH$$

（4）α-醇酸的氧化反应　α-醇酸中的羟基由于受羧基的影响，比醇中的羟基更容易氧化。如乳酸在弱氧化剂条件下就能被氧化生成丙酮酸。例如：

$$CH_3-\underset{\underset{OH}{|}}{CH}-COOH \xrightarrow{Ag^+(NH_3)_2} CH_3\underset{\underset{O}{\|}}{C}COOH$$

生物体内的多种醇酸在酶的催化下,也能发生类似的反应。例如:

$$\underset{\text{苹果酸}}{\underset{|}{\overset{COOH}{\underset{|}{CHOH}}}\atop\underset{|}{\underset{COOH}{CH_2}}} \underset{+2H}{\overset{-2H}{\rightleftharpoons}} \underset{\text{草酰乙酸}}{\underset{|}{\overset{COOH}{\underset{\|}{C=O}}}\atop\underset{|}{\underset{COOH}{CH_2}}}$$

(5) 酚酸的脱羧反应　羟基在羧基的邻、对位的酚酸,受热易发生脱羧反应生成酚。例如:

水杨酸 $\xrightarrow{\triangle}$ 苯酚

思考题 8-10　完成下列反应。

(1) $CH_3\underset{\underset{OH}{|}}{CH}CH_2CH_2COOH \xrightarrow{\triangle} ?$

(2) $CH_3CH_2\underset{\underset{OH}{|}}{CH}CH_2COOH \xrightarrow{\triangle} ?$

(3) $CH_3\underset{\underset{OH}{|}}{CH}COOH \xrightarrow{Ag^+(NH_3)_2} ?$

(4) $\underset{\underset{OH}{|}}{CH_2}COOH \xrightarrow{\text{Fehling 试剂}} ?$

(5) 3,4,5-三羟基苯甲酸 $\xrightarrow{\triangle} ?$

3. 重要的取代酸

(1) **乳酸(α-羟基丙酸)**　α-羟基丙酸最初是从酸牛奶中得到的,故称为乳酸。乳酸广泛存在于自然界,许多水果中都含有乳酸。存在于人的血液和肌肉中的乳酸,是葡萄糖经缺氧代谢得到的氧化产物。牛奶中的乳糖受微生物的作用,发酵产生乳酸。

$$CH_3-\underset{\underset{OH}{|}}{CH}-COOH$$

乳酸分子中有一个手性碳原子,有一对对映体。蔗糖发酵得到的乳酸是左旋体;肌肉中得到的乳酸是右旋体,为白色固体;酸牛奶中的乳酸是外消旋体,为无色液体。

乳酸的吸湿性很强,通常为糖浆状液体。水及能与水混溶的溶剂都能与乳酸混溶。乳酸易溶于苯,不溶于氯仿和油脂。乳酸的钙盐不溶于水,用于食品工业和医药中。

(2) **酒石酸(2,3-二羟基丁二酸)**　酒石酸常以游离态或盐的形式存在于植物中,尤以葡萄中居多。葡萄发酵制酒过程中,由于乙醇浓度的增高而析出的沉淀"酒石"为酒石酸氢钾。

$$HOOCCH-CHCOOH \atop \quad\ |\quad\ \ |\ \atop \quad OH\ \ OH$$

酒石酸分子中有两个手性碳原子,有一对对映体和一个内消旋体,天然产生的酒石酸为右旋体。酒石酸是无色透明结晶或粉末,无臭,味酸,易溶于水,难溶于有机溶剂。

酒石酸钾钠用于配制斐林(Fehling)试剂,酒石酸锑钾俗称"吐酒石",可用作催吐剂和治疗血吸虫病的药物。

(3) 苹果酸(羟基丁二酸) 苹果酸因最初从苹果中得到而得名。它多存在于未成熟的果实中,也存在于一些植物的叶子中,是糖代谢的中间产物。苹果酸也是植物中最重要的有机酸之一。

苹果酸有两种旋光异构体,天然苹果酸是 S-(−)-苹果酸,为无色晶体,易溶于水和乙醇,工业上常用于制药和调味品。

$$HOOCCH-CH_2COOH$$
$$|$$
$$OH$$

(4) 柠檬酸(3-羟基-3-羧基戊二酸) 柠檬酸又称枸橼酸,无色晶体,无水柠檬酸熔点为153℃,易溶于水和乙醇。柠檬酸广泛存在于各种果实中,以柠檬和柑橘类的果实中含量较多。如未成熟的柠檬中含量可达6%。另外,烟草中也含有大量的柠檬酸,是提取柠檬酸的重要原料。

将柠檬酸加热到150℃,可发生分子内的脱水生成顺乌头酸,顺乌头酸加水又可生成柠檬酸和异柠檬酸两种异构体:

$$\begin{array}{c}CH_2-COOH\\|\\HO-C-COOH\\|\\CH_2-COOH\end{array} \underset{+H_2O}{\overset{-H_2O}{\rightleftharpoons}} \begin{array}{c}CH_2-COOH\\|\\C-COOH\\||\\CH-COOH\end{array} \underset{-H_2O}{\overset{+H_2O}{\rightleftharpoons}} \begin{array}{c}CH_2-COOH\\|\\CH-COOH\\|\\HO-CH-COOH\end{array}$$

柠檬酸　　　　　　　　　顺乌头酸　　　　　　　　　异柠檬酸

上述相互转化过程是生物体内糖、脂肪及蛋白代谢过程中的重要反应。柠檬酸是生物体内重要的代谢环节,三羧酸循环的起始物质,它在顺乌头酸酶的催化作用下转化为顺乌头酸,并进一步转化为异柠檬酸。

柠檬酸具有强酸性,在食品工业中用作糖果及清凉饮料的调味品。在医药上也有多种用处,如钠盐用作抗凝剂,镁盐用作缓泻剂,柠檬酸铁铵用作补血剂。

(5) 水杨酸(邻羟基苯甲酸) 水杨酸又名柳酸,以柳树皮中含量最丰。纯品是无色针状晶体,易升华,熔点为159℃,易溶于沸水、乙醇、乙醚、氯仿中。水杨酸与三氯化铁溶液显紫色,加热到熔点以上可形成苯酚。

水杨酸及其衍生物有杀菌防腐、镇痛解热和抗风湿作用,乙酰水杨酸就是熟知的解热镇痛药阿司匹林。

水杨酸 + $(CH_3CO)_2O$ $\xrightarrow[\triangle]{C_5H_5N}$ 乙酰水杨酸

水杨酸的酒精溶液可以治疗由霉菌引起的皮肤病,其钠盐可用作食品的防腐剂。水杨酸甲酯是冬青油的主要成分,有特殊的香味,工业中用于配制牙膏、糖果等的香精,同时可用作扭伤时的外敷药。

(6) 五倍子酸和单宁 五倍子酸又称没食子酸,其系统名称为3,4,5-三羟基苯甲酸。它是植物中分布最广的一种酚酸,常以游离态或结合成单宁存在于五倍子、茶叶和其他植物的皮或叶片中。

没食子酸在空气中能迅速氧化成暗褐色,其水溶液与三氯化铁反应生成蓝黑色沉淀。利用没食子酸的这种性质,工业上将其作为抗氧化剂和制造蓝墨水的原料。

单宁又称鞣质或鞣酸,是在植物界广泛分布的一种天然产物。单宁具有鞣革的作用,在工业上用于鞣制皮革和媒染剂。

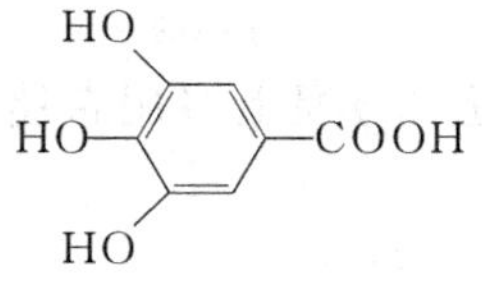

没食子酸

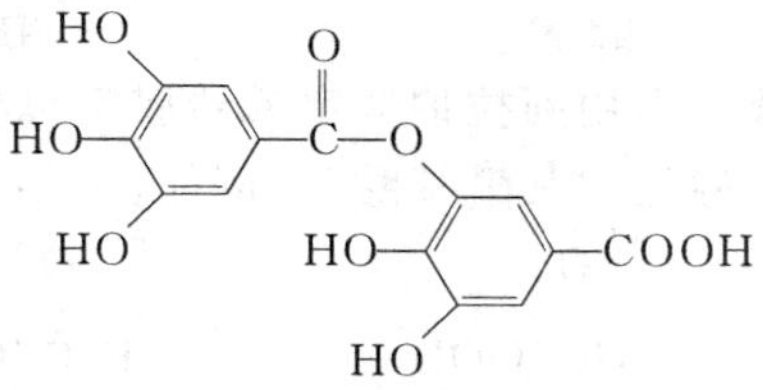

没食子酰没食子酸

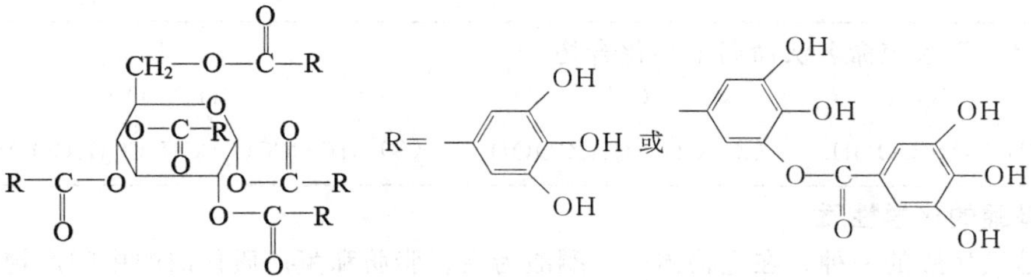

中国单宁

中国单宁是一种典型的鞣质,它在五倍子中含量可高达 58%~77%,其结构是由没食子酸与不同数目的葡萄糖以苷键和酯键连接的缩聚混合物。

单宁都是无定形粉末,有涩味,能和铁盐生成黑色或绿色沉淀,有还原性。单宁能沉淀生物碱和蛋白质,因此在医药中可用作止血药、收敛剂和生物碱中毒的解毒剂。

(7) 赤霉酸 赤霉酸(简称 GA)是赤霉素中的有效成分。赤霉素是一类植物激素,具有多种生理功能。赤霉素首先从水稻恶苗菌的分泌物中得到,以后又陆续在高等植物中发现。到目前为止,已经证明赤霉素是一类结构相似的化合物的总称。由于其有效成分赤霉酸有多种光学异构体,按照其发现的先后顺序分别称为 GA_1、GA_2、GA_3、GA_4…在苹果栽培中所使用的普若马林(Puremaling),其主要成分为 GA_3、GA_4。

赤霉酸为白色粉末,熔点 233~235℃(分解)。易溶于乙醇、甲醇、异丙醇和丙酮,可溶于乙酸乙酯和石油醚,难溶于水。赤霉酸分子中具有羧基、醇羟基、碳碳双键,因此具有相应官能团的性质。此外,赤霉酸分子中还具有三元内酯环,在酸、碱催化下易水解失去生理活性,即使在中性溶液中也会缓慢水解而失效,因此应低温储藏,随用随配,使用时不能和石灰硫黄合剂等碱性农药混用。

赤霉酸在农业生产中应用广泛,效果明显。它能刺激作物生长,打破休眠,促进种子和块茎发芽。能防止棉花落花落蕾、诱导作物开花、诱导番茄、葡萄等单性结实,产生无籽果实。在杂交水稻植种上施用,可使单产成倍增长。此外,在家禽、家畜的饲养上也收到明显的效果。

二、羰基酸

1. 羰基酸的分类和命名

羰基酸是分子中同时含有羰基和羧基的一类化合物,因此它具有醛(酮)和羧酸的性质,由于羰基和羧基共存,故其又有一些特殊性质。最简单的 α-羰基酸是乙醛酸和丙酮酸。前者根据羰基的结构,羰基酸可分为醛酸和酮酸;按照羰基和羧基的相对位置,酮酸又可分为 α-酮酸和 β-酮酸。

羰基酸的系统命名，是选择包括羰基和羧基的最长链为主链，称为"某酮（醛）酸"。

$$\underset{\text{丙醛酸}}{H-\overset{O}{\overset{\|}{C}}-CH_2COOH} \qquad \underset{\text{丙酮酸}}{CH_3-\overset{O}{\overset{\|}{C}}-COOH} \qquad \underset{\text{3-丁酮酸}}{CH_3-\overset{O}{\overset{\|}{C}}-CH_2COOH}$$

若是酮酸，需用阿拉伯数字或希腊字母标记羰基的位置（习惯上多用希腊字母）。也可用酰基命名，称为"某酰某酸"。例如：

$$\underset{\text{乙醛酸（甲酰甲酸）}}{H\overset{O}{\overset{\|}{C}}COOH} \qquad \underset{\text{丙酮酸（乙酰甲酸）}}{CH_3\overset{O}{\overset{\|}{C}}COOH} \qquad \underset{\beta\text{-丁酮酸（乙酰乙酸）}}{CH_3\overset{O}{\overset{\|}{C}}CH_2COOH}$$

思考题 8-11 用系统命名法命名下列化合物。

$$(1)\ CH_3CH_2\overset{O}{\overset{\|}{C}}COOH \qquad (2)\ CH_3\overset{O}{\overset{\|}{C}}CH_2COOH \qquad (3)\ HOOCCH_2\overset{O}{\overset{\|}{C}}CH_2CH_2COOH$$

2. 羰基酸的化学性质

酮酸是氧代酸的一种，在生物体内，酮酸为糖、脂肪和蛋白质代谢的中间产物，这些中间产物可在酶的作用下发生一系列化学反应，为生命活动提供物质基础。因此，酮酸是一类与医药密切相关的重要化合物。

（1）乙醛酸 乙醛酸是最简单的醛酸，存在于未成熟的水果和动物组织中，是无色糖浆状液体，随果实和糖分增加后，乙醛酸逐渐代谢消失，可由二氯乙酸水解或由草酸还原产生。由于羧基的吸电子效应，乙醛酸中的羰基能与一分子水结合生成水合乙醛酸。乙醛酸有醛和羧酸的性质，并能进行歧化反应，例如：

$$H\overset{O}{\overset{\|}{C}}COOH + H_2O \xrightarrow[\triangle]{\text{托伦试剂}} HOOCCOOH + Ag\downarrow$$

$$H\overset{O}{\overset{\|}{C}}COOH \xrightarrow[\triangle]{NaOH} HOCH_2COOH + HOOCCOOH$$

$$H\overset{O}{\overset{\|}{C}}CH_2COOH \xrightarrow[\triangle]{H^+} CH_3CHO + CO_2\uparrow$$

（2）α-酮酸 丙酮酸是最简单的酮酸，由于羰基与羧基直接相连，使羰基与羧基碳原子间的电子云密度降低，此碳碳键容易断裂。α-酮酸与稀硫酸共热，发生脱羧反应生成醛和二氧化碳，例如：

$$R\overset{O}{\overset{\|}{C}}CH_2COOH \xrightarrow{\triangle} R\overset{O}{\overset{\|}{C}}CH_3 + CO_2\uparrow$$

$$R-\underset{\underset{H}{O}}{\overset{CH_2}{\overset{|}{C}}}\overset{}{\underset{}{C}}=O \xrightarrow{-CO_2} R-\underset{OH}{\overset{}{C}}=CH_2 \rightleftharpoons R-\underset{O}{\overset{}{C}}-CH_3$$

$$CH_3\overset{O}{\overset{\|}{C}}COOH \xrightarrow[\triangle]{\text{稀 }H_2SO_4} CH_3CHO + CO_2$$

生物体内，丙酮酸在缺氧时，在酶的作用下发生脱羧反应生成乙醛，然后加氢还原为乙醇。水果开始腐烂或饲料开始发酵时，常有酒味，就是由此引起的。

酮和羧酸不易被氧化，但丙酮酸在脱羧的同时可被弱氧化剂如二价铁与过氧化氢氧化，生成二氧化碳和乙酸，例如：

$$CH_3\overset{O}{\underset{\|}{C}}COOH \xrightarrow{Fe^{2+}+H_2O_2} CH_3COOH+CO_2\uparrow$$

（3）β-酮酸　β-酮酸比α-酮酸更易脱羧分解，它在室温下放置就能慢慢脱羧生成酮。

$$CH_3\overset{O}{\underset{\|}{C}}CH_2COOH \xrightarrow{室温} CH_3\overset{O}{\underset{\|}{C}}CH_3 + CO_2\uparrow$$

$$CH_3\overset{O}{\underset{\|}{C}}COOH \xrightleftharpoons[{[O]}]{[H]} CH_3\overset{OH}{\underset{|}{C}}HCOOH$$

生物体内在脱羧酶的催化下也能发生类似的脱羧反应。

$$HOOC-CH_2-\overset{O}{\underset{\|}{C}}-COOH \xrightarrow[\text{或}\triangle]{\text{脱羧酶}} CH_3-\overset{O}{\underset{\|}{C}}-COOH + CO_2\uparrow$$

β-酮酸与浓碱共热时，α，β-碳原子间的σ键断裂，生成两分子羧酸盐，称为β-酮酸的酸式分解。

$$R-\overset{O}{\underset{\|}{C}}-CH_2COOH \xrightarrow{40\%NaOH} RCOONa+CH_3COONa+H_2O$$

β-丁酮酸存在于糖尿病患者的血液和尿中，因为β-丁酮酸的脱羧反应，所以可从患者的尿液中检测出丙酮。这是一个比较稳定的酸，而它的酯则是有机合成中最常用的试剂之一。

（4）氨基化反应　α-酮酸与氨在催化剂作用下可生成α-氨基酸，称为α-酮酸的氨基化反应。

$$R-\overset{O}{\underset{\|}{C}}-COOH \xrightarrow[\triangle]{NH_3/Pt} R-\overset{NH}{\underset{\|}{C}}-COOH \xrightarrow{[H]} R-\overset{NH_2}{\underset{|}{C}H}-COOH$$

生物体内α-酮酸与α-氨基酸在转氨酶的作用下，可相互转换产生新的α-酮酸和α-氨基酸，该反应称为氨基转移反应。例如：

$$\underset{\alpha\text{-酮戊二酸}}{\overset{COOH}{\underset{(CH_2)_2COOH}{\underset{|}{\overset{|}{C=O}}}}} + \underset{\text{丙氨酸}}{\overset{COOH}{\underset{CH_3}{\underset{|}{\overset{|}{H_2N-C-H}}}}} \xrightarrow{\text{谷丙转氨酶（GPT）}} \underset{\text{谷氨酸}}{\overset{COOH}{\underset{(CH_2)_2COOH}{\underset{|}{\overset{|}{H_2N-C-H}}}}} + \underset{\text{丙酮酸}}{\overset{COOH}{\underset{CH_3}{\underset{|}{\overset{|}{C=O}}}}}$$

3. 乙酰乙酸乙酯的性质

乙酰乙酸乙酯又叫β-丁酮酸乙酯，简称三乙，是稳定的化合物，在室温下为无色液体，有愉快香味，微溶于水，易溶于乙醚、乙醇等有机溶剂。乙酰乙酸乙酯具有特殊的化学性质，能发生许多反应，在有机合成中是十分重要的物质，可由下列方法合成。

$$2CH_3COOC_2H_5 \xrightarrow{C_2H_5ONa} CH_3\overset{O}{\underset{\|}{C}}CH_2COOC_2H_5 + C_2H_5OH$$

（1）乙酰乙酸乙酯的互变异构现象　乙酰乙酸乙酯是β-酮酸酯，除具有酮和酯的典型反应外，还能发生一些特殊的反应。例如，能使溴水褪色，说明分子中含有不饱和键；能和氢氰酸、亚硫酸氢钠、苯肼、2,4-二硝基苯肼等发生加成或加成缩合反应，这是羰基的特殊反应；能与金属钠反应放出氢气，能使溴水褪色，并能和氯化铁发生颜色反应，这说明分子中有烯醇式结构存在。乙酰乙酸乙酯的酮式与烯醇式是一种互变异构关系，这两个化合物均是实际存在的，互为构造异构体。无酸、碱催化剂存在时，这二者互变的速率并不快，故利用适当的条件可以把它们分开来。进一步研究表明，乙酰乙酸乙酯在室温下能形成酮式和烯醇式的互变平衡体系：

$$CH_3-\underset{O}{\underset{\|}{C}}-CH_2-\underset{O}{\underset{\|}{C}}-OC_2H_5 \rightleftharpoons CH_3-\underset{OH}{\underset{|}{C}}=CH-\underset{O}{\underset{\|}{C}}-OC_2H_5$$

酮式（92.5%）　　　　　烯醇式（7.5%）

乙酰乙酸乙酯的酮式与烯醇式的互变平衡体系可通过下述试验得到证明。

$$CH_3-\underset{O}{\underset{\|}{C}}-CH_2-\underset{O}{\underset{\|}{C}}-OC_2H_5 \rightleftharpoons CH_3-\underset{OH}{\underset{|}{C}}=CH-\underset{O}{\underset{\|}{C}}-OC_2H_5 \xrightarrow{FeCl_3} 出现紫红色$$

$$\downarrow Br_2$$

$$CH_3-\underset{OH}{\underset{|}{C}}-\underset{Br}{\underset{|}{C}}H-\underset{O}{\underset{\|}{C}}-OC_2H_5 \quad 紫红色消失$$
（注：原结构中为 Br Br 在同一碳上）

在溶液中滴加几滴氯化铁，溶液出现紫红色，这是烯醇式结构与氯化铁发生了颜色反应。当在此溶液中加入几滴溴水后，由于溴与烯醇式结构中的双键发生加成反应，烯醇式被破坏，紫红色消失。但经过一段时间后，紫红色又慢慢出现，说明酮式向烯醇式转化，又达到一个新的酮式-烯醇式平衡，增加的烯醇式与氯化铁又发生颜色反应。

在上述互变平衡体系中，若不断加入溴水，酮式可以全部转变为烯醇式与溴水反应；反之，不断加入羰基试剂，则烯醇式可以全部转变为酮式与羰基试剂反应。乙酰乙酸乙酯的酮式与烯醇式不是孤立存在的，而是两种物质的平衡混合物。在室温下，酮式与烯醇式迅速互变，一般不能将二者分离。

一般烯醇式不稳定，而乙酰乙酸乙酯的烯醇式较稳定存在。其原因有以下。

① 由于酮式中亚甲基上的氢原子同时受羰基和酯基的影响很活泼，很容易转移到羰基氧上形成烯醇式。

② 烯醇式中的双键的 π 键与酯基中的 π 键形成 π-π 共轭体系，使电子离域，降低了体系的能量。

$$CH_3-\underset{OH}{\underset{|}{C}}=CH-\underset{O}{\underset{\|}{C}}-OC_2H_5$$

③ 烯醇式通过分子内氢键的缔合形成了一个较稳定的六元环结构。

$$CH_3-\underset{O\cdots H}{\underset{\|}{C}}-CH-\underset{O}{\underset{\|}{C}}-OC_2H_5 \rightleftharpoons CH_3-\underset{O-H\cdots O}{\underset{|}{C}}=CH-\underset{}{C}-OC_2H_5$$

实际上，具有下列结构的有机化合物都可能产生互变异构现象。

$$R-\underset{O}{\underset{\|}{C}}-CH_2-A \quad (A= -\underset{O}{\underset{\|}{C}}-R,\ -COR',\ -\underset{O}{\underset{\|}{C}}-H,\ -C\equiv N,\ -NO_2)$$
（—NH—）

思考题 8-12 写出下列化合物的烯醇式互变异构体。

(1) $CH_3-\underset{O}{\underset{\|}{C}}-CH_2-\underset{O}{\underset{\|}{C}}-H$ 　　(2) $C_6H_5-\underset{O}{\underset{\|}{C}}-CH_2-\underset{O}{\underset{\|}{C}}-CH_3$

(3) $CH_3-\underset{O}{\underset{\|}{C}}-\underset{CH_3}{\underset{|}{C}H}-\underset{O}{\underset{\|}{C}}-OC_2H_5$

有机化学

在生物体内物质的代谢过程中，酮式-烯醇式互变异构现象非常普遍。例如，酮式草酰乙酸在酶的作用下可以转化为烯醇式草酰乙酸。

$$HOOCCH_2\overset{O}{\overset{\|}{C}}COOH \xrightleftharpoons[]{酶} HOOCCH=\overset{OH}{\overset{|}{C}}COOH$$

$$\text{酮式草酰乙酸} \qquad \text{烯醇式草酰乙酸}$$

(2) 乙酰乙酸乙酯的成酮分解和成酸分解　在乙酰乙酸乙酯分子中，由于受两个官能团的影响，使与亚甲基碳原子相邻的两个碳碳键容易断裂，发生成酮分解和成酸分解。

$$CH_3-\overset{O}{\overset{\|}{C}}\!\!\mid\!\!CH_2\!\!\mid\!\!\overset{O}{\overset{\|}{C}}-OC_2H_5$$

$$\text{成酸分解 成酮分解}$$

乙酰乙酸乙酯在稀碱条件下发生水解反应，酸化后生成乙酰乙酸，后者很不稳定，加热即发生脱羧生成丙酮，这个过程称为成酮分解。

$$CH_3-\overset{O}{\overset{\|}{C}}-CH_2-\overset{O}{\overset{\|}{C}}-OC_2H_5 \xrightarrow[2)\ H^+]{1)\ 稀\ OH^-} CH_3\overset{O}{\overset{\|}{C}}CH_2\!\mid\!COOH \xrightarrow{\triangle} CH_3\overset{O}{\overset{\|}{C}}CH_3 + CO_2$$

乙酰乙酸乙酯在浓碱条件下加热，α 和 β-碳原子之间的价键发生断裂生成羧酸盐，酸化后得到两分子羧酸，这个过程称为成酸分解。

$$CH_3-\overset{O}{\overset{\|}{C}}\!\mid\!CH_2-\overset{O}{\overset{\|}{C}}-OC_2H_5 \xrightarrow[\triangle]{浓\ OH^-} 2CH_3COO^- \xrightarrow{H^+} 2CH_3COOH$$

所有的 β-酮酸酯都可以进行以上两种分解反应。

(3) 乙酰乙酸乙酯在合成上的应用　乙酰乙酸乙酯分子中的 α-亚甲基上的氢原子较活泼，具有弱酸性，在醇钠作用下可以失去 α-H 形成碳负离子。

该碳负离子与卤代烃反应，然后进行成酮或成酸分解，可以制备甲基酮或一元羧酸。

$$CH_3-\overset{O}{\overset{\|}{C}}-CH_2-\overset{O}{\overset{\|}{C}}-OC_2H_5 \xrightarrow{NaOC_2H_5} [CH_3-\overset{O}{\overset{\|}{C}}-\overset{-}{C}H-\overset{O}{\overset{\|}{C}}-OC_2H_5]Na^+$$

$$[CH_3-\overset{O}{\overset{\|}{C}}-\overset{-}{C}H-\overset{O}{\overset{\|}{C}}-OC_2H_5]Na^+ \xrightarrow{RX} CH_3-\overset{O}{\overset{\|}{C}}-\overset{R}{\overset{|}{C}H}-\overset{O}{\overset{\|}{C}}-OC_2H_5$$

$$CH_3-\overset{O}{\overset{\|}{C}}-\overset{R}{\overset{|}{C}H}-\overset{O}{\overset{\|}{C}}-OC_2H_5 \begin{cases} \xrightarrow{成酮分解} CH_3-\overset{O}{\overset{\|}{C}}-CH_2R + CO_2 + C_2H_5OH \\ \xrightarrow{成酸分解} CH_3-\overset{O}{\overset{\|}{C}}-OH + R-CH_2-\overset{O}{\overset{\|}{C}}-OH + C_2H_5OH \end{cases}$$

与 α-卤代酮反应，可以制备 1,4-二酮或 γ-羰基酸；与卤代酸酯反应，可以制备羰基酸或二元羧酸；与酰卤反应可以制备 1,3-二酮。

思考题 8-13　完成下列反应。

(1) $CH_3COCH_2COOC_2H_5 \xrightarrow[2)\ H^+,\ \triangle]{1)\ 稀\ OH^-} ?$ 　　(2) $CH_3COCH_2COOC_2H_5 \xrightarrow[2)\ H^+]{1)\ 浓\ OH^-} ?$

(3) $CH_3COCH_2COOC_2H_5 \xrightarrow[2)\ CH_3COCl]{1)\ C_2H_5ONa} ? \xrightarrow{成酮分解} ?$

(4) $CH_3CH_2COCH_2COOC_2H_5 \xrightarrow[2)\ ClCH_2COOC_2H_5]{1)\ C_2H_5ONa} ? \xrightarrow[2)\ H^+]{1)\ 浓\ OH^-} ?$

思考题 8-14　合成下列化合物。

$$\underset{\text{(乙酰乙酸乙酯)}}{CH_3COCH_2COOEt} \longrightarrow CH_3COCH_2CH_2CH_2CH_3$$

三、卤代酸

1. 卤代酸的分类和命名

卤代酸的系统命名法是以羧酸为母体，卤素作为取代基。取代基的位置可用阿拉伯数字或希腊字母表示。

ClCH₂CH₂CH₂COOH

4-氯丁酸
（γ-氯丁酸或 ω-氯丁酸）

6-甲基-5-氯辛酸

3-氯苯甲酸
间氯苯甲酸
m-氯苯甲酸

2. 卤代酸的化学性质

卤代酸在稀碱溶液中卤原子可发生亲核取代反应，也可发生消除反应，发生何种类型的反应，主要取决于卤原子与羧基的相对位置和产物的稳定性。

β-卤代酸在稀碱条件下很易发生消除反应，生成 α,β-不饱和酸，这与 α-氢原子比较活泼以及产物中可形成较稳定的 π-π 共轭体系有关。此过程为动力学和热力学双重控制的单向消除过程。

$$CH_3\underset{\underset{[X\ H]}{|}}{CH}-\overset{\beta}{CH}COOH \xrightarrow[\triangle]{\text{稀 }OH^-} CH_3CH-CH=CHCOOH$$
(注：左侧结构为 CH₃CH(CH₃)—CHX—CH₂COOH 型，右侧为 CH₃CH(CH₃)—CH=CHCOOH)

γ- 或 δ-卤代酸在等物质的量碱作用下则生成五元或六元环内酯（lactone）。

$$R\underset{\underset{X}{|}}{\overset{\gamma}{C}H}CH_2CH_2COOH \xrightarrow{Na_2CO_3/H_2O} \text{(五元环内酯)}$$

α-卤代酸中的卤原子由于受羧基的影响，活性增强，极易发生水解，水解速率比卤代烷快。可用于制备 α-羟基酸。它能与多种亲核试剂反应生成不同的产物。例如：

$$R-\underset{\underset{X}{|}}{\overset{\alpha}{C}H}-COOH + H_2O \xrightarrow{\text{稀 }OH^-} R-\underset{\underset{OH}{|}}{CH}-COOH$$

$$R-\underset{\underset{X}{|}}{CH}-COOH + NH_3 \xrightarrow{\text{(过量)}} R-\underset{\underset{NH_2}{|}}{CH}-COOH$$

还可用于制备化学医药工业中的重要原料丙二酸。例如：

$$BrCH_2COOH \xrightarrow[-H_2O]{NaOH} BrCH_2COONa \xrightarrow[-NaBr]{NaCN} NC-CH_2COONa$$

$$NC-CH_2COONa \xrightarrow[\triangle]{H_3O^+} HOOCCH_2COOH$$

α-卤代酸如有光学活性，在不同条件下可得到不同构型的产物。如（S）-2-溴丙酸在

NaOH 溶液中发生 S_N2 反应,手性碳的构型翻转,得 (R)-乳酸。

(S)-2-溴丙酸在稀 NaOH 溶液和 Ag_2O 存在下反应得构型保持的 (S)-乳酸。

本章知识点归纳

羧酸是有机酸,具有酸的一切通性。除甲酸是中强酸外,其他饱和一元羧酸都是弱酸,但比碳酸的酸性强,常用碳酸盐来分离、提纯、鉴别羧酸。当羧酸烃基上连有吸电子的原子或基团时,酸性增强。吸电子效应越强,羧酸的酸性就越大;反之,当羧酸的烃基上连有给电子的原子或基团时,酸性减弱。给电子效应越强,羧酸的酸性就越弱。根据羧酸的结构,它可发生以下一些主要反应:脱羧反应、α-H 的取代反应、羟基被取代的反应和羧基被还原的反应。羧酸及羧酸的衍生物在一定的条件下可发生相互转化:

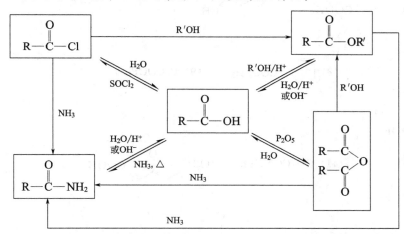

羧酸是氧化的最终产物,所以一般羧酸不易被氧化,但甲酸和乙二酸由于结构特殊,可以被氧化。羧酸也不易被还原,所以常通过先生成酯,再用金属钠和乙醇或直接用氢化铝锂还原成相应的醇。

酯分子中的 α-H 由于受到酯羰基的影响变得较为活泼,用强碱(CH_3CH_2ONa)处理时可发生克来森(Claisen)酯缩合反应,生成 β-羰基羧酸酯。

醇酸具有醇和羧酸的典型反应性能,同时由于羧基和羟基的相互影响表现出某些特性,如受热分解、α-醇酸易被氧化等。脱水反应是醇酸的典型反应,脱水方式依据羟基和羧基的相对位置不同而异。

酚酸具有芳香羧酸和酚的典型反应性能,如能与氯化铁溶液作用呈现颜色,与碱成盐,与醇或酸成酯等。

羰基酸除具有一般羧酸和醛酮的典型性质外,还具有某些特性,如某些酮酸可被弱氧化剂氧化、脱羧及存在互变异构现象等。

酮式-烯醇式互变异构，是由于酮式结构中亚甲基上氢的活泼性。当亚甲基上连有吸电子基时，有利于产生互变异构现象，亚甲基相邻吸电子基的吸电子能力越强，平衡体系中烯醇式的比例越大。

具有下列结构的有机化合物都可能产生互变异构现象。

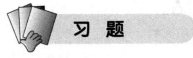

习 题

1. 命名下列化合物。

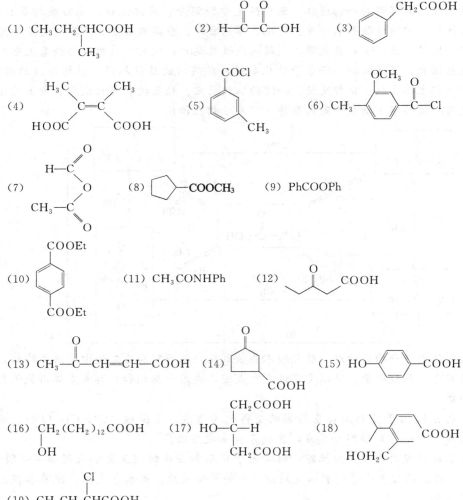

2. 写出下列化合物的结构式。

(1) E-2-甲基-2-丁烯酸　(2) 对甲氧基苯甲酸　(3) 2-氯丁酰溴　(4) 对溴苯甲酰氯　(5) 甲基丁二酸酐
(6) 邻苯二甲酸酐　(7) 甲酸甲酯　(8) 3-羟基苯甲酸苯酯　(9) 丙二酸二乙酯　(10) 乙酰乙酸丙酯

(11) 3-苯基丁酸异戊酯　(12) 丙烯酸叔丁酯　(13) 邻苯二甲酰亚胺　(14) 乳酸　(15) 水杨酸　(16) 酒石酸　(17) 柠檬酸　(18) 2S,3R-2-羟基-3-苯基丁酸　(19) 2-氯-3-羟基己酸

3. 将下列化合物按酸性增强的顺序排列。

(1) a. 苯酚　　　　b. 乙酸　　　　c. 丙二酸　　　　d. 乙二酸
(2) a. 乙酸　　　　b. 甲酸　　　　c. 氯乙酸　　　　d. 二氯乙酸
(3) a. 2-氯丙酸　　b. 3-氯丙酸　　c. 丙酸　　　　　d. 2,2-二氯丙酸
(4) a. 乙醇　　　　b. 乙酸　　　　c. 苯酚　　　　　d. 苯甲酸
(5) a. 苯甲酸　　　b. 对甲基苯甲酸　c. 对硝基苯甲酸　d. 对甲氧基苯甲酸
(6) a. 丙酸　　　　b. 三氯乙酸　　c. 氯乙酸　　　　d. 3-氯丙酸
(7) a. 丙炔酸　　　b. 丙烯酸　　　c. 丁酸　　　　　d. 氰基乙酸

4. 将下列负离子按碱性大小排序。

(1) $CH_3CH_2CCl_2COO^-$　　　$CH_3CH_2CHClCOO^-$　　　$CH_3CH_2CH(CH_3)COO^-$

(2) $HO-C_6H_4-COO^-$　　　$H_3C-C_6H_4-COO^-$　　　$O_2N-C_6H_4-COO^-$

5. 完成下列反应。

(1) $CH_2=CH_2 \xrightarrow{HBr} ? \xrightarrow[\triangle]{NaCN} ? \xrightarrow{H_3O^+} ? \xrightarrow{PCl_3} ? \xrightarrow{C_2H_5OH} ?$

(2) $CH_3CH_2\underset{OH}{CH}COOH \xrightarrow{K_2Cr_2O_7/H^+} ? \xrightarrow{稀 H_2SO_4} ? \xrightarrow{斐林试剂} ?$

(3) 苯甲醇 $\xrightarrow{?}$ 氯化苄 $\xrightarrow{?}$ 苯乙腈 $\xrightarrow{?}$ 苯乙酸

(4) $CH_3(CH_2)_3OH \xrightarrow{?} CH_3(CH_2)_3Br \xrightarrow{?} CH_3(CH_2)_3MgBr \xrightarrow{?} CH_3(CH_2)_3COOH \xrightarrow{?}$

$CH_3(CH_2)_2\underset{Br}{CH}COOH \xrightarrow[H_2O]{NaOH} ?$

(5) $CH_3COOC_2H_5 + CH_3COOC_2H_5 \xrightarrow{C_2H_5ONa} ?$

(6) $CH_3COCOOH \xrightarrow[\triangle]{稀 H_2SO_4} ?$

(7) $CH_3CH(OH)COOH \xrightarrow{\triangle} ?$

(8) $CH_3CH(OH)CH_2COOH \xrightarrow{\triangle} ?$

(9) $C_6H_5-CH_2CH_3 \xrightarrow[KMnO_4/H_2SO_4]{\triangle} ? \xrightarrow{SOCl_2} ? \xrightarrow{CH_3CH_2OH} ?$

(10) $CH_3CH_2Br \xrightarrow{NaCN} ? \xrightarrow{H_2SO_4} ? \xrightarrow[\triangle]{NH_3} ?$

(11) $C_6H_5-Br \xrightarrow[(2) CO_2 \quad (3) H_2O]{(1) Mg/无水乙醚} ? \xrightarrow{PCl_3} ? \xrightarrow{PhNH_2} ?$

(12) $C_6H_5\underset{Cl}{CH}CH_2COOH \xrightarrow[H_2O, \triangle]{NaOH} ?$

6. 用简便的化学方法鉴别下列各组化合物。

(1) a. 甲酸　　　　b. 乙酸　　　　c. 乙酸甲酯
(2) a. 邻羟基苯甲酸　b. 邻羟基苯甲酸甲酯　c. 邻甲氧基苯甲酸
(3) a. 甲酸　　　　b. 乙酸　　　　c. 乙二酸　　　　d. 乙醛

(4) a. 苯酚　　　　　　b. 苯甲酸　　　　　　c. 水杨酸　　　　　　d. 苯甲酰胺
(5) a. 乙醇　　　　　　b. 乙酸　　　　　　　c. 乙醛　　　　　　　d. 乙酸乙酯
(6) a. 苯甲酰氯　　　　b. 苯甲酸酐　　　　　c. 氯苯　　　　　　　d. 苯甲醇
(7) a. 草酸　　　　　　b. 甲酸　　　　　　　c. 乙酸　　　　　　　d. 丙烯酸

7. 下列化合物中，哪些能产生互变异构，写出其异构体的结构式。

$$CH_3-\overset{O}{\underset{\|}{C}}-CH_2-\overset{O}{\underset{\|}{C}}-CH_3 \qquad CH_3-\overset{OH}{\underset{|}{C}}=CH-\overset{O}{\underset{\|}{C}}-OC_2H_5 \qquad \text{环己烷-1,3-二酮}$$

$$CH_3-\overset{OH}{\underset{|}{CH}}-CH_2-\overset{O}{\underset{\|}{C}}-OC_2H_5 \qquad CH_2-CH_2-CHO \qquad C_6H_5-\overset{OH}{\underset{|}{C}}=CH-\overset{O}{\underset{\|}{C}}-CH_3$$

8. 推导结构式，并写出有关反应式。

(1) 分子式为 $C_3H_6O_2$ 的化合物，有三个异构体 A、B、C，其中 A 可和 $NaHCO_3$ 反应放出 CO_2，而 B 和 C 不可，B 和 C 可在 NaOH 的水溶液中水解，B 的水解产物的馏出液可发生碘仿反应。推测 A、B、C 的结构式。

(2) 某化合物 A，分子式为 $C_5H_6O_3$，可与乙醇作用得到互为异构体的化合物 B 和 C，B 和 C 分别与亚硫酰氯（$SOCl_2$）作用后，再与乙醇反应，得到相同的化合物 D，推测 A、B、C、D 的结构式。

(3) 某化合物 A，分子式为 $C_6H_8O_2$，能和 2,4-硝基苯肼反应，能使溴的四氯化碳溶液褪色，但 A 不能和 $NaHCO_3$ 反应。A 与碘的 NaOH 溶液反应后，在酸化生成 B，B 的分子式为 $C_4H_4O_4$；B 受热后可分子内失水生成分子式为 $C_4H_2O_3$ 的酸酐 C。推测 A、B 的构型式和 C 的结构式。

(4) 某化合物 A，分子式为 $C_7H_6O_3$，能溶于 NaOH 和 $NaHCO_3$，A 与 $FeCl_3$ 作用有颜色反应，与 $(CH_3CO)_2O$ 作用后生成分子式为 $C_9H_8O_4$ 的化合物 B。A 与甲醇作用生成香料化合物 C，C 的分子式为 $C_8H_8O_3$，C 经硝化主要得到一种一元硝基化合物，推测 A、B、C 的结构式。

(5) 化合物 A 的分子式为 $C_7H_{12}O_3$，能与苯肼反应生成苯腙，能与金属钠作用放出氢气，与三氯化铁溶液发生显色反应，能使溴的四氯化碳溶液褪色。将 A 与氢氧化钠溶液共热并酸化后得到 B 和异丙醇。B 的分子式为 $C_4H_6O_3$，B 容易发生脱羧反应，脱羧的产物 C 能发生碘仿反应。试写出 A、B、C 的结构式。

(6) 某二元酸 $C_8H_{14}O_4$(A)，在氢氧化钡作用下受热时转变成中性化合物 $C_7H_{12}O$(B)，B 用浓 HNO_3 氧化生成二元酸 $C_7H_{12}O_4$(C)。C 受热脱水成酸酐 $C_7H_{10}O_3$(D)；A 用 $LiAlH_4$ 还原得 $C_8H_{18}O_2$(E)。E 能脱水生成 3,4-二甲基-1,5-己二烯。试推导 A、B、C、D、E 的构造式。

9. 完成下列合成（无机试剂任选）。

(1) 由乙烯合成丙酮酸和丁二酸二乙酯
(2) 由乙炔合成丙烯酸乙酯
(3) 由苯合成对硝基苯甲酰氯
(4) 由环己酮合成 α-羟基环己基甲酸
(5) $CH_3CH_2Br \longrightarrow CH_3\underset{\underset{OH}{|}}{CH}CH_2COOH$

(6) $\underset{\underset{Cl}{|}}{CH_3CH}CHO \longrightarrow CH_3COOH$

(7) $CH_2=CH_2 \longrightarrow CH_3-\overset{O}{\underset{\|}{C}}-COOH$

(8) C₆H₅—CH₂Br ⟶ C₆H₅—CH₂—COOCH₂—C₆H₅

(9) $CH_3COCH_2CH_2CH_2CHO \longrightarrow HOOCCH_2CH_2CH_2COOH$

(10) 环己酮 ⟶ 1-乙基环己烷-1-甲酸 (环己基，C₂H₅, COOH)

第九章 含氮有机化合物

Chapter 09

分子中含有 C—N 键的有机化合物。有时，分子中含有 C—O—N 的化合物，如硝酸酯、亚硝酸酯等也归入此类。

有机含氮化合物广泛存在于自然界，是一类非常重要的化合物。许多有机含氮化合物具有生物活性，如生物碱；有些是生命活动不可缺少的物质，如氨基酸等；不少药物、染料等也都是有机含氮化合物。

第一节 胺

胺类（amines）可看作是氨分子中的氢原子被烃基取代后的一类化合物，其通式为 RNH_2，或 $ArNH_2$。胺类化合物广泛分布于动植物界，如三甲胺存在于动物组织中，与鱼类的特殊腥味有关；奎宁是从鸦片中提取得到的具有解热镇痛作用的化合物。因此胺类化合物与药物具有密切的联系，许多药物分子中含有氨（胺）基或取代氨（胺）基。

一、胺的分类和命名

1. 胺的分类

根据氮原子上所连烃基的数目，可把胺分为伯胺（一级胺）、仲胺（二级胺）、叔胺（三级胺）、季铵盐（四级铵盐）和季铵碱（四级铵碱）。例如：

$$RNH_2 \quad R_2NH \quad R_3N \quad R_4N^+X^- \quad R_4N^+OH^-$$
伯胺　　仲胺　　叔胺　　季铵盐　　季铵碱

需要注意的是伯、仲、叔胺的分类方法与学过的伯、仲、叔卤代烃和伯、仲、叔醇的分类方法是不同的。例如：

$$RNH_2 \quad R_2NH \quad R_3N$$
伯胺　　仲胺　　叔胺

胺类的伯、仲、叔的含义与其在卤代烃或醇中的含义是不同的。胺的伯、仲、叔是指氮原子连接的烃基的数目，与烃基本身的结构无关，而在卤代烃和醇中，则是指卤素和羟基所连接的碳原子的类型。例如：

$$\underset{\text{异丙醇（仲醇）}}{CH_3CHCH_3 \atop |\ OH} \qquad \underset{\text{异丙胺（伯胺）}}{CH_3CHCH_3 \atop |\ NH_2}$$

根据直接与氮原子连接的烃基种类，胺类化合物可分为脂肪胺、芳香胺和芳脂胺。

$$\underset{\text{脂肪胺}}{RNH_2} \qquad \underset{\text{芳香胺}}{C_6H_5-NH_2} \qquad \underset{\text{芳脂胺}}{C_6H_5-NHR}$$

根据分子中氨基的数目，胺类化合物又可分为一元胺、二元胺、三元胺等。例如：

$\underset{\text{一元胺}}{\text{C}_6\text{H}_{11}\text{NH}_2}$ $\underset{\text{二元胺}}{\text{H}_2\text{NCH}_2\text{CH}_2\text{NH}_2}$ $\underset{\text{多元胺}}{\text{苯-1,2,3-三胺}}$

2. 胺的命名

（1）**普通命名法**　简单胺是以烃基名称加"胺"命名。烃基相同时，其数目"二"或"三"写在名称前面；烃基不同时，则按照基团的次序规则由小到大写出其名称，"基"字一般可省略。英文名称以词尾"amine"写在烃基名称后面，烃基按第一个字母顺序先后列出。

例如：

$\underset{\text{甲胺}}{\text{CH}_3\text{NH}_2}$ $\underset{\text{二乙胺}}{(\text{CH}_3\text{CH}_2)_2\text{NH}}$ $\underset{\text{三甲胺}}{(\text{CH}_3)_3\text{N}}$ $\underset{\text{甲乙丙胺}}{\text{CH}_3\text{CH}_2\text{CH}_2\text{NCH}_3\text{CH}_3}$

（2）**系统命名法**　选择氮原子所连碳在内的最长碳链作为主链，按主链上碳原子的数目称某胺。氮原子上的其他烃基作为取代基，用 N 定位。

例如：

$\underset{N,N\text{-二甲基甲胺}}{(\text{CH}_3)_3\text{N}}$　　$\underset{N\text{-甲基-}N\text{-乙基-1-丙胺}}{\text{CH}_3\text{CH}_2\text{CH}_2\text{N}(\text{CH}_3)(\text{C}_2\text{H}_5)}$

$\underset{N\text{-甲基乙二胺}}{\text{H}_2\text{NCH}_2\text{CH}_2\text{NHCH}_3}$　　$\underset{N,4\text{-二甲基-2-戊胺}}{(\text{CH}_3)_2\text{CHCH}_2\text{CH}(\text{NHCH}_3)\text{CH}_3}$

芳香胺的命名，一般把芳香胺定为母体，其他烃基为取代基。命名时应标出烃基的位置，接在氮上的烃基用"N-某基"来表示。例如：

对甲基苯胺　　　N-甲基苯胺　　　N-甲基-N-乙基对氯苯胺

复杂的胺则以烃为母体，氨基作为取代基来命名。例如：

$\underset{\text{2-甲基-4-氨基戊烷}}{\text{CH}_3\text{CHCH}_2\text{CHCH}_3}$　　$\underset{\text{4-甲基-2-}(N,N\text{-二氨基})\text{戊烷}}{\text{CH}_3\text{CHCH}_2\text{CHN}(\text{CH}_3)_2}$
$\quad\;\;\text{CH}_3\;\;\;\;\text{NH}_2$　　　　　　　　$\quad\;\;\text{CH}_3\;\;\;\;\text{CH}_3$

季铵盐或季铵碱可以看作铵的衍生物来命名。例如：

$\underset{\text{氯化四甲铵}}{(\text{CH}_3)_4\text{N}^+\text{Cl}^-}$　　　$\underset{\text{氢氧化三甲基乙基铵}}{[(\text{CH}_3)_3\text{N}^+\text{CH}_2\text{CH}_3]\text{OH}^-}$

二、胺的物理性质

低级胺均易溶于水，胺在水中的溶解度和气味都随相对分子质量的增加而减小，高级胺为无臭固体，不溶于水。伯胺、仲胺分子间都可经氢键缔合，沸点比相对分子质量相近的烷烃高，但比相应的醇低，叔胺因不能形成分子间氢键，其沸点与相对分子质量相近的烷烃差不多。

第九章　含氮有机化合物

芳香胺是无色液体或固体，有特殊气味，毒性较大，如空气中苯胺浓度达到 $1\mu g \cdot L^{-1}$，人在此环境中逗留 12h 后会中毒；若食入 0.25mg 苯胺就会严重中毒。β-萘胺与联苯胺均有强烈的致癌作用。芳香胺不仅其蒸气能被人吸收，液体也能透过皮肤而被吸收，使用时应注意劳动保护，避免与皮肤接触或吸入其蒸气。简单的芳胺微溶于水，复杂的胺难溶于水，易溶于有机溶剂。芳胺常能随水蒸气挥发，可用水蒸气蒸馏法分离提纯。常见胺的物理常数见表 9-1。

表 9-1 常见胺的物理常数

名 称	结 构 简 式	熔点/℃	沸点/℃	溶解度/$[g \cdot (100g 水)^{-1}]$	pK_a
氨	NH_3	−78	33	∞	9.63
甲胺	CH_3NH_2	−95	−6	易溶	10.65
二甲胺	$(CH_3)_2NH$	−93	7	易溶	10.73
三甲胺	$(CH_3)_3N$	−117	3	91	9.78
乙胺	$CH_3CH_2NH_2$	−81	17	∞	10.71
二乙胺	$(CH_3CH_2)_2NH$	−48	56	易溶	11.0
三乙胺	$(CH_3CH_2)_3N$	−114	89	14	10.65
丙胺	$CH_3CH_2CH_2NH_2$	−83	49	易溶	10.61
二丙胺	$(CH_3CH_2CH_2)_2NH$	−40	110	易溶	10.91
三丙胺	$(CH_3CH_2CH_2)_3N$	−93	156	易溶	10.65
苯胺	$C_6H_5NH_2$	−6	184	3.7	4.62
N-甲基苯胺	$C_6H_5NHCH_3$	−57	196	微溶	4.85
N,N-二甲基苯胺	$C_6H_5N(CH_3)_2$	3	194	微溶	5.06
邻甲基苯胺	$o\text{-}CH_3C_6H_4NH_2$	−28	200	1.7	4.39
间甲基苯胺	$m\text{-}CH_3C_6H_4NH_2$	−30	203	微溶	4.96
对甲基苯胺	$p\text{-}CH_3C_6H_4NH_2$	44	200	0.7	5.12
邻硝基苯胺	$o\text{-}O_2NC_6H_4NH_2$	71	284	0.1	−0.3
间硝基苯胺	$m\text{-}O_2NC_6H_4NH_2$	114	307(分解)	0.1	3.48
对硝基苯胺	$p\text{-}O_2NC_6H_4NH_2$	148	331.7	0.05	1.2
二苯胺	$(C_6H_5)_2NH$	53	302	不溶	0.8
三苯胺	$(C_6H_5)_3N$	127	305	不溶	−5.0

三、胺的化学性质

氨基是胺类化合物的官能团，氨基中的氮原子为不等性 sp^3 杂化，其中 1 个杂化轨道上有一对未共用电子对，其余 3 个杂化轨道上各有一个电子。这样，氮原子可以和其他 3 个原子分别形成 3 个 σ 键，胺分子的构型是三角锥形，与氨的构型相似。

与氨相似，氨基中的氮原子上含有一对未共用电子对，有与其他原子共享这对电子的倾向，所以胺具有碱性和亲核性。在芳香胺中，由于未共用电子对与苯环 π 键发生部分重叠，使 N 原子的 sp^3 轨道的未成键电子对的 p 轨道性质增加，N 原子由 sp^3 杂化趋向于 sp^2 杂化。因此，这对未共用电子对与芳环的 π 电子可以形成 p-π 共轭体系，使芳香胺的碱性和亲核性都有明显的减弱。另外，芳香胺中的这种 p-π 共轭体系使芳环的电子云密度增大，因此芳香胺在芳环上容易发生亲电取代反应。见图 9-1。

1. 碱性

氨基的未共用电子对能接受质子，因此胺显碱性。胺的碱性强弱用解离常数 K_b 或其负对数 pK_b 表示，K_b 越大或 pK_b 越小，碱性越强。胺可以和大多数酸反应生成盐。

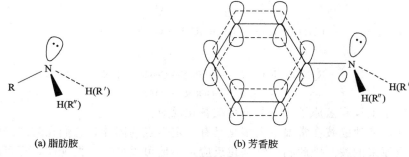

(a) 脂肪胺   (b) 芳香胺

图 9-1　脂肪胺和芳香胺的结构

$$RNH_2 + H_2O \longrightarrow RN^+H_3 + OH^-$$
$$RNH_2 + HCl \longrightarrow RN^+H_3Cl^-$$

在脂肪胺中，由于烷基的 $+I$ 效应，使氨基上的电子云密度增加，接受质子的能力增强，所以脂肪胺的碱性大于氨。在芳香胺中，由于氨基的未共用电子对与芳环的大 π 键形成 p-π 共轭体系，使氨基上的电子密度降低，接受质子的能力减弱，所以它的碱性比氨弱。取代苯胺的碱性强弱取决于取代基的性质，取代基为供电子基团时，使碱性增强；取代基为吸电子基团时，使碱性减弱。

胺的碱性强弱除与烃基的诱导效应和共轭效应有关外，还受到水的溶剂化效应、空间位阻效应等因素的影响。胺分子中，氮上连接的氢越多，溶剂化程度越大，铵正离子就越稳定，胺的碱性也越强；氮上取代的烃基越多，空间位阻越大，使质子不易与氮原子接近，胺的碱性也就越弱。

综合以上各种效应的作用结果，胺类化合物的碱性强弱次序一般为：
脂肪族仲胺＞脂肪族伯胺＞脂肪族叔胺＞氨＞芳香族伯胺＞芳香族仲胺＞芳香族叔胺

由于胺是弱碱，与酸生成的铵盐遇强碱会释放出原来的胺。例如：

$$RN^+H_3Cl + NaOH \longrightarrow RNH_2 + NaCl + H_2O$$

可以利用这一性质进行胺的分离、提纯。如将不溶于水的胺溶于稀酸形成盐，经分离后，再用强碱将胺由铵盐中释放出来。

2. 烷基化反应

卤代烃可以与氨作用生成胺，胺作为亲核试剂又可以继续与卤代烃发生亲核取代反应，结果得到仲胺、叔胺，直至生成季铵盐。

$$NH_3 + RX \longrightarrow RNH_2 + HX$$
$$RNH_2 + RX \longrightarrow R_2NH + HX$$
$$R_2NH + RX \longrightarrow R_3N + HX$$
$$R_3N + RX \longrightarrow R_4N^+X^-$$

季铵盐是强酸强碱盐，不能与碱作用生成季铵碱。若将它的水溶液与氢氧化银作用，因生成卤化银沉淀，则可转变为季铵碱。例如：

$$R_4N^+X^- + AgOH \longrightarrow R_4N^+OH^- + AgX\downarrow$$

胺与卤代芳香烃在一般条件下不发生反应。

季铵碱的碱性与苛性碱相当，其性质也与苛性碱相似，具有很强的吸湿性，易溶于水，受热易分解。

3. 酰基化反应

伯胺和仲胺作为亲核试剂，可以与酰卤、酸酐和酯反应，生成酰胺。

$$RNH_2 + R'\overset{O}{\underset{\|}{C}}-X \longrightarrow RNH-\overset{O}{\underset{\|}{C}}-R' + HX$$

$$R_2NH + R'\overset{O}{\underset{\|}{C}}-X \longrightarrow R_2N-\overset{O}{\underset{\|}{C}}-R' + HX$$

(X＝卤素、—OOCR、—OR)

叔胺的氮原子上没有氢原子，不能进行酰基化反应。

除甲酰胺外，其他酰胺在常温下大多是具有一定熔点的固体，它们在酸或碱的水溶液中加热易水解生成原来的胺。因此利用酰基化反应，不但可以分离、提纯胺，还可以通过测定酰胺的熔点来鉴定胺。

酰胺在酸或碱的作用下可水解除去酰基，因此在有机合成中常利用酰基化反应来保护氨基。例如，要对苯胺进行硝化时，为防止苯胺的氧化，可先对苯胺进行酰基化，把氨基"保护"起来再硝化，待苯环上导入硝基后，再水解除去酰基，可得到对硝基苯胺。

$$\text{C}_6\text{H}_5\text{NH}_2 + \text{CH}_3\text{COCl} \longrightarrow \text{C}_6\text{H}_5\text{NHOCCH}_3 \xrightarrow{\text{HNO}_3} p\text{-O}_2\text{N-C}_6\text{H}_4\text{NHOCCH}_3 \xrightarrow[\text{OH}^-]{\text{H}_2\text{O}} p\text{-O}_2\text{N-C}_6\text{H}_4\text{NH}_2$$

思考题 9-1 完成下列反应。

(1) $C_6H_5NH_2 + (CH_3CO)_2O \longrightarrow$

(2) 2-萘胺 $+ (C_6H_5CO)_2O \longrightarrow$

4. 磺酰化反应

在氢氧化钠存在下，伯、仲胺能与苯磺酰氯或对甲苯磺酰氯反应生成磺酰胺。叔胺氮原子上无氢原子，不能发生磺酰化反应。磺酰化反应又称兴斯堡（Hinsberg）反应。

$$RNH_2 + ArSO_2Cl \longrightarrow ArSO_2NHR \xrightarrow{NaOH} [ArSO_2N^-R]\ Na^+$$
（水溶性盐）

$$R_2NH + ArSO_2Cl \longrightarrow ArSO_2NR_2$$
（不溶于强碱）

$$R_3N + ArSO_2Cl \longrightarrow \text{不反应}$$

伯胺生成的磺酰胺中，氮原子上还有一个氢原子，由于受到磺酰基强吸电子诱导效应的影响而显酸性，可溶于氢氧化钠溶液生成盐。仲胺生成的磺酰胺中，氮原子上没有氢原子，不能溶于氢氧化钠溶液而呈固体析出。叔胺不发生磺酰化反应，也不溶于氢氧化钠溶液而出现分层现象。因此，利用兴斯堡反应可以鉴别或分离伯、仲、叔胺。例如：将三种胺的混合物与对甲苯磺酰氯的碱性溶液反应后再进行蒸馏，因叔胺不反应，先被蒸出；将剩余液体过滤，固体为仲胺的磺酰胺，加酸水解后可得到仲胺；滤液酸化后，水解得到伯胺。

思考题 9-2 用 Hinsberg 反应鉴别下列各组化合物。
(1) $CH_3CH_2NH_2$、$CH_3CH_2NHCH_2CH_3$、$(CH_3CH_2)_3N$
(2) 对甲基苯胺、N-甲基苯胺

5. 与亚硝酸反应

不同的胺与亚硝酸反应，产物各不相同。由于亚硝酸不稳定，在反应中实际使用的是亚硝酸钠与盐酸的混合物。

$$NaNO_2 + HCl \longrightarrow HNO_2 + NaCl$$

脂肪族伯胺与亚硝酸反应，生成醇、烯烃、卤代烃等混合物，在合成上没有价值。但放出的氮气是定量的，可用于氨基的定量分析。

$$RNH_2 + NaNO_2 + HCl \longrightarrow 醇、烯、卤代烃等混合物 + N_2\uparrow$$

芳香族伯胺与亚硝酸在低温下反应，生成重氮盐。芳香族重氮盐在低温（5℃以下）和强酸水溶液中是稳定的，升高温度则分解成酚和氮气。

$$ArNH_2 + NaNO_2 + HCl \xrightarrow{0\sim5℃} [ArN\equiv N]^+Cl^- \xrightarrow[\triangle]{H_2O} ArOH + N_2\uparrow$$

仲胺与亚硝酸反应，生成 N-亚硝基胺。N-亚硝基胺为不溶于水的黄色油状液体或固体，有致癌作用，能引发多种器官或组织的肿瘤。

$$R_2NH + HNO_2 \longrightarrow R_2N-NO$$
$$(Ar)_2NH + HNO_2 \longrightarrow (Ar)_2N-NO$$

N-亚硝基胺与稀酸共热，可分解为原来的胺，可用来鉴别或分离提纯仲胺。

脂肪族叔胺因氮原子上没有氢，只能与亚硝酸形成不稳定的盐。

$$R_3N + HNO_2 \longrightarrow R_3N \cdot HNO_2$$

芳香族叔胺与亚硝酸反应，在芳环上发生亲电取代反应导入亚硝基。例如：

$$C_6H_5-N(CH_3)_2 + HNO_2 \longrightarrow ON-C_6H_4-N(CH_3)_2$$

对亚硝基-N,N-二甲基苯胺

亚硝化的芳香族叔胺通常带有颜色，在不同介质中，其结构不同，颜色也不相同。

根据脂肪族和芳香族伯、仲、叔胺与亚硝酸反应的不同结果，可以鉴别伯、仲、叔胺。

思考题 9-3 (1) 怎样提纯含有少量三乙胺的二乙胺？
(2) 己胺与亚硝酸完全反应生成的气体，在标准状况下为 22.4mL，求己胺的质量。

6. 芳香胺的取代反应

芳香胺中，氨基的未共用电子对与芳环的 π 电子形成 p-π 共轭体系，使芳环的电子云密度增大，因此芳香胺特别容易在芳环上发生亲电取代反应。例如，苯胺非常容易进行卤代反应，而且常常生成多卤代产物：

$$C_6H_5NH_2 + Br_2(H_2O) \longrightarrow 2,4,6\text{-三溴苯胺}\downarrow$$
白色

如先进行酰基化以降低氨基的致活作用，再进行卤代反应可得到一卤代产物。例如：

$$\underset{\substack{|\\NH_2}}{C_6H_5} \xrightarrow{CH_3COCl} \underset{\substack{|\\NHCOCH_3}}{C_6H_5} \xrightarrow{Br_2} \underset{\substack{|\\NHCOCH_3\\|\\Br}}{C_6H_4} \xrightarrow[OH^-]{H_2O} \underset{\substack{|\\NH_2\\|\\Br}}{C_6H_4}$$

苯胺用浓硫酸磺化时，首先生成盐，在加热下失水生成对氨基苯磺酸。例如：

$$\underset{NH_2}{C_6H_5} \xrightarrow{H_2SO_4} \underset{\overset{+}{N}H_3\bar{S}O_4H}{C_6H_5} \xrightarrow{\Delta} \underset{\underset{SO_3H}{|}}{\overset{NH_2}{C_6H_4}}$$

7. 霍夫曼消除反应

季铵碱受热很容易分解，产物和烃基的结构有关。如果烃基没有 β-氢原子，加热分解成叔胺和醇。例如：

$$(CH_3)_4N^+OH^- \xrightarrow{\Delta} (CH_3)_3N + CH_3OH$$

如果烃基含有 β-氢原子，加热分解成烯烃、叔胺和水。例如：

$$(CH_3)_3N^+CH_2CH_3OH^- \xrightarrow{\Delta} CH_2=CH_2 + (CH_3)_3N + H_2O$$

$$C_6H_{11}\overset{+}{N}(CH_3)_3OH^- \xrightarrow{\Delta} C_6H_{10} + (CH_3)_3N + H_2O$$

如果有多个烃基含有 β-氢原子，不同烃基消除 β-氢原子生成烯烃的难易顺序为：$CH_3CH_2- > RCH_2CH_2- > R_2CHCH_2-$，结果主要得到双键碳原子上连有较少烷基的烯烃，这个规律称为霍夫曼消除规则。例如：

$$CH_3CH_2CH_2CH_2CH\overset{+}{N}(CH_3)_3\bar{O}H \xrightarrow{\Delta}$$
$$\underset{96\%}{CH_3CH_2CH_2CH=CH_2} + \underset{4\%}{CH_3CH_2CH_2CH=CHCH_3} + (CH_3)_3N + H_2O$$
$$\qquad\qquad\qquad\qquad |\\ \qquad\qquad\qquad\qquad CH_3$$

霍夫曼消除规则适用于烷基，β-位有不饱和基团或芳环时不服从霍夫曼规则，而是优先形成具有共轭体系的烯烃。

$$C_6H_5CH_2CH_2\overset{+}{N}(CH_3)_2CH_2CH_3OH^- \xrightarrow{150℃} C_6H_5CH=CH_2 + CH_3CH_2N(CH_3)_2$$

思考题 9-4 完成下列反应。

(1) $\text{1-methyl-1-(trimethylammonio)cyclohexane } OH^- \xrightarrow{\Delta}$

(2) $\text{1,1-dimethylpiperidinium } OH^- \xrightarrow{\Delta}$

四、重氮化合物和偶氮化合物

重氮化合物和偶氮化合物分子中都含有 $-N_2-$ 基团，该基团只有一端与烃基相连时叫做重氮化合物，两端都与烃基相连时叫做偶氮化合物。

$$\text{ArN}^+\!\!\equiv\!\!\text{NCl}^- \qquad\qquad \text{ArN}\!=\!\text{NAr}$$
重氮化合物 　　　　　　　偶氮化合物

1. 重氮化合物

重氮盐是离子型化合物，具有盐的性质，易溶于水，不溶于一般有机溶剂。

重氮盐只在低温的溶液中才能稳定存在，干燥的重氮盐对热和震动都很敏感，易发生爆炸。制备时一般不从溶液中分离出来，直接进行下一步反应。重氮盐的化学性质很活泼，能发生多种反应。

（1）取代反应　重氮盐分子中的重氮基带有正电荷，是很强的吸电子基团，它使 C—N 键的极性增大容易断裂，能被多种基团取代并放出氮气。

$$\text{ArN}_2\text{X} \begin{cases} \xrightarrow[\triangle]{\text{H}_2\text{O}} \text{ArOH} + \text{N}_2 \\ \xrightarrow{\text{H}_3\text{PO}_2} \text{ArH} + \text{N}_2 \\ \xrightarrow{\text{HBF}_4} \text{ArF} + \text{N}_2 \\ \xrightarrow[(\text{X=Br, Cl})]{\text{Cu}_2\text{X}_2} \text{ArX} + \text{N}_2 \\ \xrightarrow{\text{KI}} \text{ArI} + \text{N}_2 \\ \xrightarrow{\text{Cu}_2(\text{CN})_2} \text{ArCN} + \text{N}_2 \end{cases}$$

通过重氮化反应，可以制备一些不能用直接方法制备的化合物。例如：

苯 $\xrightarrow[\text{浓 H}_2\text{SO}_4]{\text{浓 HNO}_3}$ 硝基苯 $\xrightarrow[\text{HCl}]{\text{Fe}}$ 苯胺 $\xrightarrow[\text{H}_2\text{O}]{\text{Br}_2}$ 2,4,6-三溴苯胺 $\xrightarrow[0\sim5℃]{\text{NaNO}_2\text{-HCl}}$ 2,4,6-三溴苯重氮盐 $\xrightarrow{\text{H}_3\text{PO}_2}$ 1,3,5-三溴苯

（2）偶联反应　重氮盐与芳香叔胺类或酚类化合物在弱碱性、中性或弱酸性溶液中发生偶联（偶合）反应，生成偶氮化合物。例如：

$\text{C}_6\text{H}_5\text{—N}^+\!\!\equiv\!\!\text{NCl}^- + \text{C}_6\text{H}_5\text{—N(CH}_3)_2 \xrightarrow{\text{弱 H}^+}$ C$_6$H$_5$—N=N—C$_6$H$_4$—N(CH$_3$)$_2$

4-二甲氨基偶氮苯

$\text{C}_6\text{H}_5\text{—N}^+\!\!\equiv\!\!\text{NCl}^- + \text{CH}_3\text{—C}_6\text{H}_4\text{—OH} \xrightarrow{\text{弱 OH}^-}$ 5-甲基-2-羟基偶氮苯

5-甲基-2-羟基偶氮苯

芳香胺的重氮盐中，重氮基正离子与芳环是共轭体系，氮原子上的正电荷因离域而分散，故重氮正离子是弱亲电试剂，只能与芳香胺或酚这类活性较高的芳环发生亲电取代反应。由于电子效应和空间效应的影响，通常在氨基或羟基的对位取代，若对位被其他基团占据，则在邻位取代。

2. 偶氮化合物

偶氮化合物具有各种鲜艳的颜色，多数偶氮化合物可用作染料，称为偶氮染料，它们是染料中品种最多、应用最广的一类合成染料。

有的偶氮化合物在不同的 pH 介质中因结构的变化而呈现不同的颜色，可用作酸、碱指示剂。下面列举几种偶氮指示剂和偶氮染料的例子。

(1) 甲基橙 甲基橙由对氨基苯磺酸的重氮盐与 N,N-二甲基苯胺进行偶联反应而制得。它是一种酸碱指示剂，在中性或碱性介质中呈黄色，在酸性介质中呈红色，变色范围为 pH 3.1～4.4。

$$(CH_3)_2N\text{—}\!\!\!\left\langle\!\!\!\bigcirc\!\!\!\right\rangle\!\!\!\text{—}N\!\!=\!\!N\!\!\text{—}\!\!\!\left\langle\!\!\!\bigcirc\!\!\!\right\rangle\!\!\!\text{—}SO_3Na \underset{OH^-}{\overset{H^+}{\rightleftharpoons}} (CH_3)_2\overset{+}{N}\text{=}\!\!\!\left\langle\!\!\!\bigcirc\!\!\!\right\rangle\!\!\!\text{=}N\!\!-\!\!\overset{H}{N}\!\!\text{—}\!\!\!\left\langle\!\!\!\bigcirc\!\!\!\right\rangle\!\!\!\text{—}SO_3Na$$

pH>4.4 黄色 　　　　　　　　　　　　　　 pH<3.1 红色

(2) 刚果红 刚果红又称直接大红或直接米红，是由 4,4′-联苯二胺的双重氮盐与 4-氨基-1-萘磺酸进行偶联反应而制得。它是一种可以直接使丝毛和棉纤维着色的红色染料，同时也是一种酸碱指示剂，变色范围为 pH 3.0～5.0。

pH>5.0 红色

pH<3.0 蓝色

(3) 对位红 对位红是一种红色染料，是由对硝基苯胺的重氮盐与 β-萘酚进行偶联反应而制得。

五、重要的胺

1. 苯胺

苯胺存在于煤焦油中，为无色有毒油状液体，沸点 184℃，有特殊气味，微溶于水，易溶于有机溶剂，在空气中易被氧化成醌类物质而呈黄、棕至黑色，可通过蒸馏或成盐精制。苯胺是合成染料、药物、农药等的重要原料，可从硝基苯还原得到。

2. 乙二胺

乙二胺（$H_2NCH_2CH_2NH_2$）为无色黏稠状液体，沸点 117℃，有氨的气味，易溶于水和乙醇，不溶于乙醚和苯。乙二胺是合成药物、农药、乳化剂、离子交换树脂、黏合剂等的重要原料，可由二氯乙烷或乙醇胺与氨反应制得。

$$ClCH_2CH_2Cl + NH_3 \longrightarrow H_2NCH_2CH_2NH_2$$

$$H_2NCH_2CH_2OH + NH_3 \longrightarrow H_2NCH_2CH_2NH_2$$

3. 己二胺

己二胺（$H_2NCH_2CH_2CH_2CH_2CH_2CH_2NH_2$）为片状结晶，熔点 42℃，易溶于水、乙醇和苯。己二胺是合成尼龙-66 的原料，可由 1,3-丁二烯来制备。

$$CH_2=CHCH=CH_2 \xrightarrow{Cl_2} ClCH_2CH=CHCH_2Cl \xrightarrow{NaCN}$$

$$NCCH_2CH=CHCH_2CN \xrightarrow{[H]} H_2NCN_2(CH_2)_4CH_2NH_2$$

4. 胆胺和胆碱

$$HOCH_2CH_2NH_2 \qquad\qquad HOCH_2CH_2N^+(CH_3)_3OH^-$$
胆胺（2-氨基乙醇）　　　　　　胆碱（氢氧化三甲基羟乙基铵）

它们常以结合状态存在于动植物体内，是磷脂类化合物的组成成分。胆胺是无色黏稠状液体，是脑磷脂的组成成分。胆碱是无色晶体，吸湿性强，是卵磷脂的组成成分。

胆碱与乙酸形成的酯叫做乙酰胆碱，是生物体内神经传导的重要物质，在体内由胆碱酯酶催化其合成与分解。如果胆碱酯酶失去活性，乙酰胆碱的正常分解与合成将受到破坏，引起神经系统错乱，甚至死亡。许多有机磷农药能强烈抑制胆碱酯酶的作用，破坏神经的传导功能，致使昆虫死亡。

$$CH_3COOCH_2CH_2N^+(CH_3)_3OH^-$$
乙酰胆碱

氯化氯代胆碱的商品名为矮壮素，是白色柱状晶体，易溶于水，难溶于有机溶剂，是一种人工合成的植物生长调节剂。具有抑制植物细胞伸长的作用，使植株变矮、茎秆变粗，节间缩短，叶片变阔等，可用于防止小麦等农作物倒伏，减少棉花蕾铃脱落等。

$$ClCH_2CH_2N^+(CH_3)_3Cl^-$$
氯化氯代胆碱（氯化三甲基氯乙基铵）

5. 多巴和多巴胺

多巴胺是由多巴在多巴脱羧酶的作用下生成的。

多巴（3,4-二羟基苯丙氨酸）　　　　　　多巴胺

多巴胺是很重要的中枢神经传导物质，缺少多巴胺易患所谓的帕金森氏症。多巴胺也是肾上腺素及去甲肾上腺素的前体。

肾上腺素　　　　　　　　　去甲肾上腺素

肾上腺素和去甲肾上腺素既属于神经递质，也属于内源性的生物胺，对神经活动起着重要的介导作用。肾上腺素主要用于治疗事故性心脏停搏和过敏性休克，去甲肾上腺素主要用于治疗休克时低血压。

第二节　酰　　胺

一、酰胺的结构和命名

在酰胺分子中，氨基氮原子上的未共用电子对与羰基形成 p-π 共轭体系，因此羰基与氨

第九章　含氮有机化合物

基间的 C—N 单键具有部分双键的性质,在常温下不能自由旋转,酰基的 C、N、O 以及与 C、N 直接相连的其他原子就处于同一平面上。酰胺的这种平面结构不仅影响着它的性质,对蛋白质的构象也有重要意义。

酰胺通常根据酰基来命名,称为"某酰胺",连接在氮原子上的烃基用"N-某基"表示。例如:

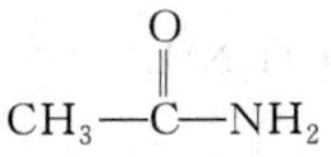

$$CH_3-\overset{O}{\underset{\|}{C}}-NH_2 \qquad H-\overset{O}{\underset{\|}{C}}-NHCH_3 \qquad C_6H_5-\overset{O}{\underset{\|}{C}}-N(CH_3)_2$$

乙酰胺 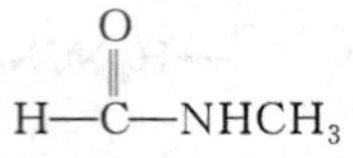 　　　　　　　N-甲基甲酰胺 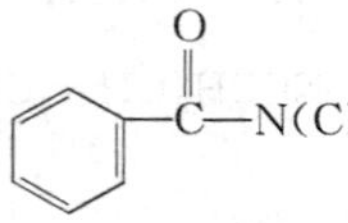 　　　　　　　N,N-二甲基苯甲酰胺

氨基上连接有两个酰基时,称为"某酰亚胺"。例如:

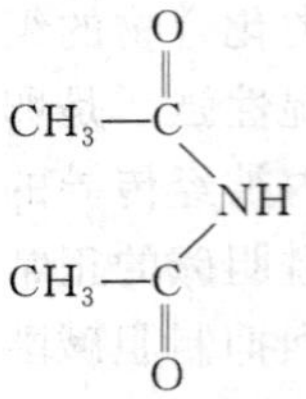

二乙酰亚胺 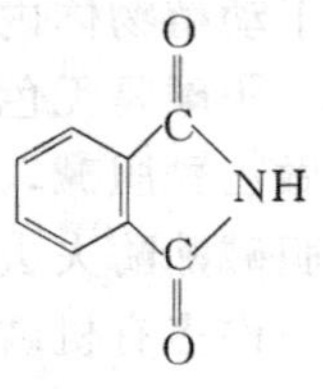 　　　　　　　　邻苯二甲酰亚胺

二、酰胺的物理性质

酰胺分子间可通过氢键缔合,熔点和沸点较高,除甲酰胺外都是固体。氨基上有烃基取代时,分子间的缔合程度减小,熔点和沸点降低。由于酰胺可与水形成氢键,所以低级酰胺易溶于水,随着相对分子质量的增大,在水中的溶解度逐渐减小。酰胺的物理常数见表 9-2。

表 9-2　酰胺的物理常数

名　称	熔点/℃	沸点/℃	相对密度 d_4^{20}
甲酰胺	2.5	195	1.139
乙酰胺	81	222	1.159
丙酰胺	79	213	1.042
丁酰胺	116	216	1.032
苯甲酰胺	130	290	1.341
乙酰苯胺	114	304	1.211

三、酰胺的化学性质

1. 酸碱性

酰胺分子中,氨基上的未共用电子对与羰基形成 p-π 共轭体系,使氮原子上的电子云密度降低,减弱了氨基接受质子的能力,是近乎中性的化合物。

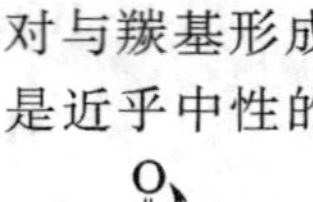

$$R-\overset{O}{\underset{\|}{C}}-NH_2$$

在酰亚胺分子中,由于两个酰基的吸电子诱导效应,使氮原子上氢原子的酸性明显增强,能与强碱生成盐。例如:

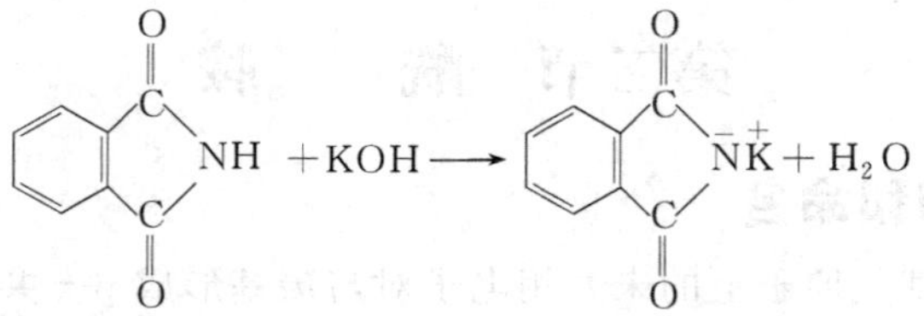

邻苯二甲酰亚胺 $+ KOH \longrightarrow$ 邻苯二甲酰亚胺钾盐 $+ H_2O$

2. 水解反应

酰胺是羧酸的衍生物,能发生与酰卤、酸酐和酯相似的反应。由于受到共轭效应和离去基团等因素的影响,酰胺的反应活性低于其他羧酸的衍生物。酰胺的水解反应必须在强酸或强碱催化下才能进行。

$$R-\underset{\underset{O}{\|}}{C}-NH_2 + H_2O \xrightarrow{H^+} R-\underset{\underset{O}{\|}}{C}-OH + NH_4^+$$

$$R-\underset{\underset{O}{\|}}{C}-NH_2 + H_2O \xrightarrow{OH^-} R-\underset{\underset{O}{\|}}{C}-O^- + NH_3\uparrow$$

3. 与亚硝酸反应

与伯胺相同,未取代的酰胺(即有伯氨基的酰胺,也称为伯酰胺)与亚硝酸反应,生成羧酸并放出氮气。

$$RCONH_2 + HNO_2 \longrightarrow RCOOH + N_2\uparrow$$

4. 霍夫曼降解反应

酰胺与次卤酸盐作用,生成比原酰胺少一个碳原子的伯胺,是制备伯胺的方法之一。该反应称为酰胺的霍夫曼(Hoffmann)降解(重排)反应。

$$RCONH_2 \xrightarrow[NaOH]{Br_2} R-NH_2 + NaBr + Na_2CO_3$$

反应中,氨基首先被溴取代生成 N-溴代酰胺,在强碱作用下脱去溴化氢生成不稳定的酰基氮烯中间体,其立即重排成为异氰酸酯,经水解脱去二氧化碳生成伯胺。

$$RCONH_2 \xrightarrow{Br_2} R-\underset{\underset{O}{\|}}{C}-\underset{H}{N}-Br \xrightarrow{OH^-} R-\underset{\underset{O}{\|}}{C}-\ddot{N}: \xrightarrow{重排} O=C=N-R \longrightarrow R-NH_2 + CO_2\uparrow$$

思考题 9-5 完成下列合成。
(1) 以丙腈为原料合成乙胺
(2) 以苯甲酸为原料合成苯胺

四、碳酸的衍生物

碳酸中的羟基被其他原子或基团取代的化合物,称为碳酸的衍生物,碳酸衍生物的性质与羧酸衍生物极为相似。例如,光气就相当于碳酸的酰氯,极易水解。

$$COCl_2 + H_2O \Longrightarrow CO_2 + 2HCl$$

光气经醇解则生成氯甲酸酯或碳酸酯。

$$COCl_2 + ROH \longrightarrow Cl-\underset{\underset{O}{\|}}{C}-OR \xrightarrow{ROH} RO-\underset{\underset{O}{\|}}{C}-OR$$
氯甲酸酯　　　　碳酸酯

1. 氨基甲酸酯

这类化合物可以看作是碳酸分子中的两个羟基被氨(胺)基和烃氧基取代后的化合物。

$$HO-\underset{\underset{O}{\|}}{C}-OH \qquad H_2N-\underset{\underset{O}{\|}}{C}-OR \qquad RNH-\underset{\underset{O}{\|}}{C}-OR$$
碳酸　　　　　　氨基甲酸酯　　　　　N-烃基氨基甲酸酯

氨基甲酸酯是一类高效低毒的新型农药,可用作杀虫剂、杀菌剂和除草剂,总称有机氮农药。例如:

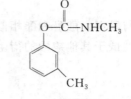
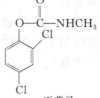

西维因
(N-甲基氨基甲酸-1-萘酯)

灭威灵
(N-甲基氨基甲酸间甲苯酯)

灭草灵
(N-甲基氨基甲酸-2,4-二氯苯酯)

2. 尿素

光气经氨解即得尿素(碳酸二酰胺)。

$$COCl_2 + NH_3 \longrightarrow NH_2-\overset{O}{\underset{\|}{C}}-NH_2$$

尿素也称脲,因最早从尿中获得,故称尿素。它是哺乳动物体内蛋白质代谢的最终产物,白色结晶,熔点 132.7℃,易溶于水和乙醇。它除可用作肥料外,也是有机合成的重要原料,用于合成药物、农药、塑料等。

工业上用二氧化碳和氨气在高温高压下合成尿素。

$$CO_2 + NH_3 \xrightarrow[\text{高压}]{180\sim200℃} NH_2-\overset{O}{\underset{\|}{C}}-NH_2$$

(1) 碱性　尿素是碳酸的二酰胺,由于含两个氨基而显碱性,但因共轭效应的影响碱性很弱,不能用石蕊试纸检验。尿素能与硝酸、草酸生成不溶性的盐。

$$NH_2-\overset{O}{\underset{\|}{C}}-NH_2 + HNO_3 \longrightarrow NH_2-\overset{O}{\underset{\|}{C}}-NH_2 \cdot HNO_3 \downarrow$$

$$NH_2-\overset{O}{\underset{\|}{C}}-NH_2 + HOOC-COOH \longrightarrow 2CO(NH_2)_2 \cdot (COOH)_2 \downarrow$$

常利用这一性质由尿液中分离尿素。

(2) 水解反应　与酰胺相同,尿素可在酸或碱的溶液中水解。此外,尿素还可在尿素酶的作用下水解。

$$NH_2-\overset{O}{\underset{\|}{C}}-NH_2 + H_2O \begin{cases} \xrightarrow{H^+} NH_4^+ + CO_2 \uparrow \\ \xrightarrow{OH^-} NH_3 \uparrow + CO_3^{2-} \\ \xrightarrow{\text{尿素酶}} NH_3 \uparrow + CO_2 \end{cases}$$

植物及许多微生物中都含有尿素酶。

(3) 与亚硝酸反应　与其他伯酰胺一样,尿素也能与亚硝酸作用放出氮气。

$$NH_2-\overset{O}{\underset{\|}{C}}-NH_2 + HNO_2 \longrightarrow H_2CO_3 + N_2 \uparrow$$
$$\phantom{NH_2-\overset{O}{\underset{\|}{C}}-NH_2 + HNO_2 \longrightarrow H_2CO_3} \downarrow CO_2 \uparrow + H_2O$$

该反应是定量完成的,通过测定氮气的量,可求得尿素的含量。

(4) 二缩脲反应　将尿素缓慢加热至熔点以上(150~160℃)时,两分子尿素间失去一分子氨,缩合生成二缩脲。

$$NH_2-\overset{O}{\underset{\|}{C}}-NH_2 + NH_2-\overset{O}{\underset{\|}{C}}-NH_2 \xrightarrow{150\sim160℃} H_2N-\overset{O}{\underset{\|}{C}}-NH-\overset{O}{\underset{\|}{C}}-NH_2 + NH_3 \uparrow$$

二缩脲

二缩脲为无色针状结晶，熔点160℃，难溶于水。在碱性溶液中能与稀的硫酸铜溶液产生紫红色，叫做二缩脲反应。凡分子中含有两个或两个以上酰胺键（—CONH—）的化合物，如多肽、蛋白质等，都能发生二缩脲反应。

3. 胍

胍可看作尿素分子中的氧原子被亚氨基（—NH—）取代的化合物。

$$H_2N-\underset{\underset{NH}{\|}}{C}-NH_2$$

胍是很强的碱，其碱性与苛性碱相似，能吸收空气中的二氧化碳和水分。胍水解则生成尿素和氨。

$$H_2N-\underset{\underset{NH}{\|}}{C}-NH_2 + H_2O \longrightarrow NH_2-\underset{\underset{O}{\|}}{C}-NH_2 + NH_3\uparrow$$

一些天然物质，如链霉素、精氨酸的分子中都含有胍基。胍的许多衍生物可用作药物，如磺胺胍、吗啉双胍等。

磺胺胍(S.G)　　　　　　　吗啉双胍(ABOB)

S.G是常用的肠道消炎药，ABOB是治疗病毒性感冒的有效药物。

本章知识点归纳

胺可以看成是氨分子中的氢原子被烃基取代的衍生物。根据氨分子中的氢被烃基取代的数目，可将胺分为伯胺、仲胺和叔胺。氮原子与四个烃基相连的化合物称为季铵类化合物。由于胺的碱性较弱，在其盐中加入强碱可使胺重新游离出来，利用此性质，可用作胺的分离和提纯。

不同类型胺的碱性不同，从电子效应、空间效应以及溶剂化效应综合考虑，不同类型胺的碱性大小顺序为：脂肪仲胺＞脂肪伯胺＞脂肪叔胺＞氨＞芳香伯胺＞芳香仲胺＞芳香叔胺卤代烃与氨作用生成胺，胺可以继续与卤代烃发生亲核取代反应生成仲胺、叔胺和季铵盐。季铵盐不能直接与NaOH反应生成季铵碱，但可以与AgOH作用生成季铵碱。伯胺和仲胺可以与酰卤或酸酐发生酰基化反应，叔胺氮原子上无氢原子，不能发生酰基化反应。酰胺在酸性或碱性条件下水解可得到原来的胺，因此在有机合成中常利用酰基化反应来保持氨基。伯胺和仲胺可以发生磺酰化反应，叔胺的氮原子上无氢原子，不发生磺酰化反应，该反应可用来分离、提纯和鉴定不同类型的胺。

胺还可以与亚硝酸反应。芳香伯胺与亚硝酸发生重氮化反应，通过重氮盐可以合成一系列芳香族化合物。重氮盐也可以与酚类及芳香叔胺发生偶合反应，制备偶氮化合物。

酰胺分子中的电子密度由于p-π共轭效应而降低，因此酰胺一般呈中性。与酯相似，酰胺能进行水解反应和醇解反应，也能与亚硝酸反应放出氮气。酰胺的霍夫曼降解反应可用来制备比原来的酰胺少一个碳原子的伯胺。尿素是碳酸的二酰胺，其碱性大于酰胺，可以发生水解、亚硝化和二缩脲反应。

硝基化合物难溶于水或不溶于水，味苦，有毒，多硝基化合物易爆炸，是无色或淡黄色的液体或固体。在铁粉和盐酸的作用下，硝基苯被还原为苯胺。硝基对苯环上的取代基有明显影响。硝基苯的亲电取代反应比苯困难，亲核取代反应比苯容易。硝基使苯环上的羧基或羟基的酸性增强。

有机磷农药就其基本结构看，大致有膦酸、膦酸酯、磷酸酯及硫代磷酸酯等类型。

习 题

1. 命名下列化合物。

  (1) $CH_3CH_2NH_2$ (2) $CH_3CH(NH_2)CH_3$

  (3) $(CH_3)_2NCH_2CH_3$ (4) $C_6H_5-N(CH_3)_2$

  (5) $[(CH_3)_3NC_6H_5]^+OH^-$ (6) $(CH_3CH_2)_2N-NO$

  (7) $CH_3CON(CH_3)_2$ (8) $H_2NCOOC_2H_5$

  (9) $H_3C-C_6H_4-N_2^+Cl^-$ (10) $C_6H_5-N_2-C_6H_4-N(CH_3)_2$

2. 下列各组化合物按碱性强弱顺序排列。

  (1) 对甲氧基苯胺、苯胺、对硝基苯胺

  (2) 丙胺、甲乙胺、苯甲酰胺

  (3) 氢氧化四甲铵、邻苯二甲酰亚胺、尿素

3. 鉴别下列各组化合物。

  (1) 异丙胺、二乙胺、三甲胺

  (2) 苯胺、硝基苯、硝基苄

  (3) 苯胺、环己胺、N-甲基苯胺

4. 完成下列反应式。

  (1) $CH_2=CHCH_2Br + NaCN \longrightarrow ? \xrightarrow{H^+/H_2O} ?$

  (2) $(CH_3)_3N + CH_3CH_2I \longrightarrow ? \xrightarrow{AgOH}{\triangle} ?$

  (3) $CH_3CH_2NH_2 + CH_3COCl \longrightarrow ? \xrightarrow{\triangle} ?$

  (4) $[(CH_3)_3N^+CH_2CH_3]OH^- \xrightarrow{\triangle} ?$

  (5) $CH_3CH(NH_2)-CONH_2 + HNO_2 \xrightarrow{\triangle} ?$

  (6) $CH_3CH_2NHCH_2CH_3 + (CH_3CO)_2O \longrightarrow ?$

  (7) $C_6H_5COCl + NH_3 \xrightarrow{\triangle} ? \xrightarrow{Br_2/NaOH} ? \xrightarrow{NaNO_2/HCl}{0\sim 5℃} ? \xrightarrow{C_6H_5OH}{弱 OH^-} ?$

  (8) $C_6H_6 \xrightarrow{HNO_3}{H_2SO_4} ? \xrightarrow{Fe/HCl} ? \xrightarrow{C_6H_5SO_2Cl}{NaOH} ?$

5. 由指定原料合成下列化合物（无机试剂可任取）。

  (1) 由苯合成间三溴苯

  (2) 由甲苯合成对氨基苯甲酸

  (3) 由苯合成 4-羟基-4'-氯偶氮苯

  (4) 由苯胺合成对硝基苯甲酰氯

6. 试分离苯胺、硝基苯、苯酚、苯甲酸的混合物。

7. 某化合物 A 分子式为 $C_7H_7NO_2$，无碱性，还原后得到 B，结构名称为对甲苯胺。低温下 B 与亚硝酸钠的盐酸溶液作用得到 C，分子式为 $C_7H_7N_2Cl$。C 在弱碱性条件下与苯酚作用得到分子式为 $C_{13}H_{12}ON_2$ 的化合物 D。试推测 A、C 和 D 的结构。

8. 分子式为 $C_7H_7NO_2$ 的化合物 A、B、C、D，它们都含有苯环，为 1,4-衍生物。A 能溶于酸和碱；B 能溶于酸而不溶于碱；C 能溶于碱而不溶于酸；D 不溶于酸也不溶于碱。推测 A、B、C 和 D 的可能结构式。

9. 分子式为 $C_6H_{13}N$ 的化合物 A，能溶于盐酸溶液，并可与 HNO_2 反应放出 N_2，生成物为 $C_6H_{12}O(B)$。B 与浓 H_2SO_4 共热得产物 C，C 的分子式为 C_6H_{10}。C 能被 $KMnO_4$ 溶液氧化，生成化合物 $D(C_6H_{10}O_3)$。D 和 NaOI 作用生成碘仿和戊二酸。试推出 A、B、C、D 的结构式，并用反应式表示推断过程。

第十章 油脂和类脂化合物

Chapter 10

油脂和类脂化合物总称为脂类化合物。它们作为能量的储存形式及生物膜的主要成分广泛存在于生物体中。油脂通常是指牛油、猪油、菜油、花生油、茶油等动、植物油。类脂化合物通常是指磷脂、蜡和甾体化合物等。虽然它们在化学组成和结构上有较大差别，但由于这些物质在物态及物理性质方面与油脂类似，因此把它们称为类脂化合物。

第一节 油 脂

一、油脂概述

油脂是油和脂肪的简称，普遍存在于高等动物的脂肪组织及植物的根、茎、叶、花、果实和种子之中。在常温下呈液态的叫油，如菜油、花生油、大豆油等；在室温下呈固态或半固态的叫脂肪，如猪油、牛油等。

从化学结构来看，油脂是多种长链高级脂肪酸与甘油所形成的高级脂肪酸甘油三酯，是酯类化合物，其构造式表示如下。

$$\begin{array}{l} CH_2-O-CO-R^1 \\ CH-O-CO-R^2 \\ CH_2-O-CO-R^3 \end{array}$$

R^1、R^2、R^3 代表脂肪烃基，三个脂肪烃基可以是相同的，也可以不同。如果三个脂肪酸是相同的，则称为简单甘油酯，例如：

$$\begin{array}{l} CH_2-O-CO-(CH_2)_{16}CH_3 \\ CH-O-CO-(CH_2)_{16}CH_3 \\ CH_2-O-CO-(CH_2)_{16}CH_3 \end{array}$$

三硬脂酸甘油酯

如果三个脂肪酸不完全相同，则称为混合甘油酯。例如：

$$\begin{array}{l} \alpha\ CH_2-O-CO-(CH_2)_{16}CH_3 \\ \beta\ CH-O-CO-(CH_2)_{14}CH_3 \\ \alpha'\ CH_2-O-CO-(CH_2)_7CH=CH(CH_2)_7CH_3 \end{array}$$

α-硬脂酸-β-软脂酸-α′-油酸甘油酯

组成油脂的高级脂肪酸的种类很多,绝大多数都是含偶数碳原子的直链羧酸,这些高级脂肪酸有饱和的,也有不饱和的。组成油脂的脂肪酸常使用俗名。油脂中常见的脂肪酸见表10-1。

表10-1 油脂中常见的高级脂肪酸

俗名	系统命名	结构式	熔点/℃
月桂酸	十二酸	$CH_3(CH_2)_{10}COOH$	43.6
肉豆蔻酸	十四酸	$CH_3(CH_2)_{12}COOH$	58.0
软脂酸	十六酸	$CH_3(CH_2)_{14}COOH$	62.9
硬脂酸	十八酸	$CH_3(CH_2)_{16}COOH$	69.9
花生酸	二十酸	$CH_3(CH_2)_{18}COOH$	75.2
油酸	顺-Δ^9-十八碳烯酸	$CH_3(CH_2)_7CH=CH(CH_2)_7COOH$	13
亚油酸	顺,顺-$\Delta^{9,12}$-十八碳二烯酸	$CH_3(CH_2)_4CH=CHCH_2CH=CH(CH_2)_7COOH$	−5
亚麻酸	顺,顺,顺-$\Delta^{9,12,15}$-十八碳三烯酸	$CH_3(CH_2CH=CH)_3(CH_2)_7COOH$	−11
桐油酸	顺,反,反-$\Delta^{9,11,13}$-十八碳三烯酸	$CH_3(CH_2)_3(CH=CH)_3(CH_2)_7COOH$	49
蓖麻油酸	12-羟基顺-Δ^9-十八碳烯酸	$CH_3(CH_2)_5CH(OH)CH_2CH=CH(CH_2)_7COOH$	50
花生四烯酸	顺,顺,顺,顺-$\Delta^{5,8,11,14}$-二十碳四烯酸	$CH_3(CH_2)_4(CH=CHCH_2)_4(CH_2)_2COOH$	−49.5
芥酸	顺-Δ^{13}-二十二碳烯酸	$CH_3(CH_2)_7CH=CH(CH_2)_{11}COOH$	33.5

饱和脂肪酸中,分布最广的是软脂酸、月桂酸、肉豆蔻酸和硬脂酸;不饱和脂肪酸以油酸和亚油酸分布最广,含量也最丰富。

天然油脂中的甘油酯,绝大多数是混合甘油酯。天然油脂中除主要含高级脂肪酸甘油三酯外,还含有少量的高级脂肪酸、醇、维生素、色素等。

二、油脂的主要性质

1. 物理性质

纯净的油脂是无色、无味的物质。天然油脂因含有脂溶性色素和其他杂质而有一定的色泽和气味。由于油脂是混合物,所以油脂没有固定的熔点和沸点,但有一定的凝固温度范围,如猪油为36~46℃,花生油则为28~32℃。

不饱和脂肪酸分子的碳碳双键大多为顺式构型,致使整个分子占有较大体积,分子不能紧密排列,分子间的吸引力较小。因此,从油脂的脂肪酸组成来看,不饱和脂肪酸含量较高的油脂,其熔点往往较低,室温下常为液体;而含饱和脂肪酸较多的油脂在室温下往往呈固态或半固态。各种油脂都有比较固定的折射率,可用来鉴定油脂的纯度。

油脂比水轻,植物油脂的相对密度一般在0.9~0.95,而动物油脂常在0.86左右。油脂不溶于水,易溶于乙醚、石油醚、氯仿、丙酮、苯和四氯化碳等有机溶剂。

2. 化学性质

由于油脂的主要成分是高级脂肪酸甘油三酯,而且具有不同程度的不饱和性,所以油脂可以发生水解、加成、氧化、聚合等反应。

(1) 水解反应 油脂在酸、碱、酶作用下水解成甘油和高级脂肪酸,在酸性条件下的水解反应是可逆的。

$$\begin{array}{l} CH_2-O-\overset{O}{\overset{\|}{C}}-R^1 \\ CH-O-\overset{O}{\overset{\|}{C}}-R^2 \\ CH_2-O-\overset{O}{\overset{\|}{C}}-R^3 \end{array} + 3H_2O \underset{}{\overset{H^+}{\rightleftharpoons}} \begin{array}{l} CH_2-OH \\ CH-OH \\ CH_2-OH \end{array} + \begin{array}{l} R^1-COOH \\ R^2-COOH \\ R^3-COOH \end{array}$$

在碱的催化下,由于能使脂肪酸生成盐,所以油脂的水解能进行彻底,反应是不可逆的。

$$\begin{matrix} CH_2-O-C-R^1 \\ | \\ CH-O-C-R^2 \\ | \\ CH_2-O-C-R^3 \end{matrix} + 3KOH \longrightarrow \begin{matrix} CH_2-OH \\ | \\ CH-OH \\ | \\ CH_2-OH \end{matrix} + \begin{matrix} R^1COOK \\ R^2COOK \\ R^3COOK \end{matrix}$$

油脂用氢氧化钠或氢氧化钾水解,生成的高级脂肪酸钠盐或钾盐是肥皂的主要成分,因此将油脂在碱性溶液中的水解称为皂化。

1g 油脂完全皂化所需氢氧化钾的毫克数称为皂化值。各种油脂都有一定的皂化值。由皂化值可以检验油脂的纯度,还可以算出油脂的平均相对分子质量。皂化值越大,油脂的平均相对分子质量越小。

$$平均相对分子质量 = 3 \times 56 \times 1000 / 皂化值$$

(2) 加成反应 油脂中的不饱和脂肪酸的双键具有烯烃的性质,与氢及卤素能起加成反应。如在催化剂(Ni、Pt、Pd)作用下,油脂中的不饱和脂肪酸能加氢生成饱和脂肪酸。

$$\begin{matrix} CH_2-O-C-(CH_2)_7-CH=CH-(CH_2)_7CH_3 \\ | \\ CH-O-C-(CH_2)_7-CH=CH-(CH_2)_7CH_3 \\ | \\ CH_2-O-C-(CH_2)_7-CH=CH-(CH_2)_7CH_3 \end{matrix} \xrightarrow[\text{Ni}]{3H_2} \begin{matrix} CH_2-O-C-(CH_2)_{16}CH_3 \\ | \\ CH-O-C-(CH_2)_{16}CH_3 \\ | \\ CH_2-O-C-(CH_2)_{16}CH_3 \end{matrix}$$

利用这个原理,可将液体的植物油转化为固体脂肪。

不饱和脂肪酸与碘发生加成反应,常用来测定不饱和脂肪酸的不饱和度。每100g油脂所能吸收的碘的克数称为碘值。碘值大表示油脂中不饱和脂肪酸的含量高。由于碘的加成速率较慢,常采用氯化碘(ICl)或溴化碘(IBr)代替碘,以提高加成速率。反应完毕,根据卤化碘的量换算成碘,即得碘值。

(3) 酸败作用 油脂长期储存,由于受到光、热、空气中的氧气和微生物的作用,会逐渐产生一种令人不愉快的气味,其酸度也明显增大,这种现象称为油脂的酸败作用。油脂酸败的化学过程比较复杂,引起酸败的原因主要有两方面:一是由于油脂组成中的不饱和脂肪酸的碳碳双键被空气中的氧所氧化,生成相对分子质量较低的醛和羧酸等复杂混合物,光和热可加速这一反应的进行;二是由于微生物的作用,在温度较高,湿度较大和通风不良的环境中,微生物易于繁殖,它们分泌的酶使油脂发生水解,产生脂肪酸并发生进一步的作用。油脂酸败所产生的不愉快气味主要来自上述过程中产生的低级醛和羧酸。

油脂的酸败降低了油脂的食用价值。种子中的油脂发生酸败会严重影响种子的发芽率。

油脂中游离脂肪酸的含量常用酸值来表示,中和1g油脂中游离脂肪酸所需氢氧化钾的毫克数叫做酸值。酸值是衡量油脂品质的主要参数之一。一般酸值大于6的油脂不宜食用。

为了防止油脂酸败,应将油脂保存在密闭容器里,并置于阴凉、干燥和避光处。或者加入少量抗氧化剂,如维生素E、芝麻酚等。

(4) 干化作用　某些油在空气中放置，能逐渐形成一层干燥而有韧性的膜，这种现象叫做油脂的干化作用。

干化作用的化学本质还不十分清楚，一般认为与油脂的不饱和度及由氧引起的聚合有关，尤其是油脂中含有共轭多烯烃结构的不饱和脂肪酸，干化作用更显著。如桐油、亚麻油都具有干化作用，但桐油的干化作用更快一些，而且薄膜坚韧经久耐用，就是因为桐油分子中的桐酸含有三个共轭双键。

由于干化作用与油脂分子中所含的双键有关，碘值的大小直接反映出分子中所含双键数目的多少，因而干化作用与油脂碘值有一定的联系。具有干化作用的油叫干性油（碘值在130以上，如桐油）；没有干化作用的油叫非干性油（碘值在100以下，如花生油、猪油）；介于二者之间的油叫半干性油（碘值在100～130，如棉籽油）。

第二节　类脂化合物

一、蜡

蜡是高级脂肪酸和高级饱和一元醇形成的酯。其构造式可表示为 R^1COOR^2，其中的 R^1 和 R^2 部分通常都是含十六个碳原子以上的，且含偶数个碳原子。常见的酸是软脂酸和二十六酸；醇是十六醇、二十六醇和三十醇。如蜂蜡的构造式为 $C_{15}H_{31}COOC_{30}H_{61}$。

蜡在常温下是固体，难溶于水，易溶于乙醚、苯、氯仿等有机溶剂，比油脂硬而脆，化学性质稳定，不易酸败，不易皂化，在空气中不易氧化变质，不易被微生物侵蚀。在动物体内不能消化吸收，因而不能像油脂那样作为人和动物的养料。

根据蜡的不同来源，常分为植物蜡和动物蜡两类。植物蜡的熔点较动物蜡高。

植物蜡多呈一薄层覆盖在植物的茎、叶、树干和果实的表面，植物的细胞也存在着蜡质。植物表层蜡的主要作用是防止水分入侵、微生物侵袭及减少植物体内水分蒸发。试验证明，若将果皮表面蜡除去，果实很快就会腐败。

动物蜡覆盖在昆虫的表皮上，具有防止体内水分往外蒸发和外界水分入侵的功能。昆虫表皮的蜡层一旦遭受破坏，就会因失水而死亡。

鉴于植物及昆虫的体表都覆盖有一蜡层，因此施用农药时必须加入某些表面活性剂，以利药物能在植物及昆虫体表更好展开，并充分发挥药效。

在工业上，蜡一般用作上光剂、鞋油、蜡纸、防水剂、绝缘材料、药膏的基质等。

值得注意的是，蜡和石蜡不能混淆，石蜡是石油中得到的直链烷烃（含有26～30个碳原子）的混合物，它们的物态、物性相近，而化学成分完全不同。

二、磷脂

磷脂是指含磷的类脂化合物，广泛存在于植物种子，动物的脑、卵、肝和微生物体中，是生物的基本结构要素。

磷酸甘油酯的种类很多，根据磷脂的组成和结构，比较常见的有卵磷脂和脑磷脂。

1. 卵磷脂

卵磷脂是由甘油的两个羟基与高级脂肪酸结合，另一个羟基与磷酸结合，磷酸又通过酯键与胆碱结合而成的。

按磷酸与甘油羟基的结合位置，卵磷脂可分为 α-型和 β-型。当磷酸与甘油中的伯醇基相结合时，称为 α-卵磷脂；若与甘油中的仲醇基相结合时，称为 β-卵磷脂。卵磷脂分子内含有手性碳原子，又有 D-型和 L-型之分。自然界中存在的卵磷脂是 L-α-卵磷脂。

$$\begin{array}{c} \text{L-}\alpha\text{-卵磷脂} \end{array} \qquad \begin{array}{c} \text{L-}\alpha\text{-卵磷脂内盐} \end{array}$$

2. 脑磷脂

脑磷脂以动物脑中含量最多，故名脑磷脂。其结构与卵磷脂类似，主要区别在于脑磷脂的磷酸与胆胺成酯。脑磷脂也有 α- 和 β- 异构体，自然界存在的是 L-α-脑磷脂。

脑磷脂亦是吸水性很强的白色蜡状固体，在空气中易氧化变为棕褐色。能溶于乙醚，但不溶于乙醇和丙酮。在酸、碱或酶作用下完全水解，也能形成内盐。

第三节 肥皂和合成表面活性剂

一、肥皂的组成及乳化作用

油脂皂化后得到的高级脂肪酸钠盐就是肥皂。

高级脂肪酸钠盐从结构上看，一部分是羧酸盐离子，具有极性，是亲水基；另一部分是链状的烃基，非极性的，是疏水基。在水溶液中，这些链状的烃基由于范德华力互相靠近聚成一团，似球状。在球状物表面为有极性的羧酸离子所占据，带负电荷，这种球状物称为胶束。见图 10-1。

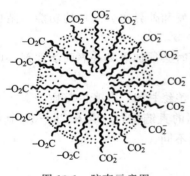

图 10-1 胶束示意图

在油水两相中，胶囊的烃基部分可溶入油中。羧酸离子部分伸在油滴外面而溶入水中，这样油就可以被肥皂分子包围起来，分散而悬浮于水中，形成一种乳液。这种现象叫乳化作用，具有乳化作用的物质称为乳化剂。

肥皂是一种弱酸盐，遇酸后游离出高级脂肪酸而失去乳化功能。因此肥皂不能在酸性溶液中使用。肥皂也不能在硬水中使用，因为在含有 Ca^{2+}、Mg^{2+} 的硬水中，肥皂转化为不溶性的高级脂肪酸钙盐或镁盐，从而失去乳化能力。因此肥皂的应用有一定限制，同时制造肥皂还要消耗大量天然油脂，近年来已经广泛采用合成表面活性剂。

二、合成表面活性剂

能够降低液体表面张力的物质叫表面活性剂，其分子中既含亲水基又含疏水基。肥皂就是一种表面活性剂。表面活性剂按用途可分为乳化剂、润湿剂、起泡剂、洗涤剂、分散剂等；按离子类型可分为阴离子型表面活性剂、阳离子型表面活性剂和非离子型表面活性剂。

1. 阴离子型表面活性剂

这一类表面活性剂在水中可以生成带有疏水基的阴离子，起表面活性作用也是阴离子。例如：

$RSO_3^- Na^+$ 　　　　　　　　烷基磺酸钠（R：C_{12}～C_{20}）

$R-\text{C}_6\text{H}_4-SO_3^- Na^+$ 　　　　烷基苯磺酸钠（R：C_{10}～C_{12}）

$RCOO^- Na^+$ 　　　　　　　脂肪酸钠（R：C_{15}～C_{17}）

肥皂就是一种阴离子表面活性剂。烷基磺酸钠和烷基苯磺酸钠是常见的合成洗涤剂，它们在水中都能生成带有疏水基的阴离子，可用作发泡剂、润湿剂、洗涤剂，也可用作牙膏、化妆品、洗头水和洗衣粉等日用化学工业原料。

2. 阳离子型表面活性剂

这一类表面活性剂在水中可以生成带有疏水基的阳离子，起表面活性作用的也是阳离子，常用的主要是季铵盐，也有一些含磷、含硫的化合物。例如：

$$\text{C}_6\text{H}_5-\text{OCH}_2\text{CH}_2-\overset{\overset{\displaystyle CH_3}{|}}{\underset{\underset{\displaystyle CH_3}{|}}{N^+}}-\text{C}_{12}\text{H}_{25}\ Br^-$$

溴化二甲基苯氧乙基十二烷基铵（度米芬）

$$\text{C}_6\text{H}_5-\text{CH}_2-\overset{\overset{\displaystyle CH_3}{|}}{\underset{\underset{\displaystyle CH_3}{|}}{N^+}}-\text{C}_{12}\text{H}_{25}\ Br^-$$

溴化二甲基苄基十二烷基铵（新洁尔灭）

它们除了作为乳化剂外，还有较强的杀菌作用，所以常用作消毒剂。例如，新洁尔灭用于外科手术时皮肤和器械的消毒；度米芬用于预防和治疗口腔炎、咽炎；四丁基溴化铵用作相转移催化剂等。

3. 非离子型表面活性剂

这一类表面活性剂在水中不能生成离子，它们的亲水基主要是羟基和多个醚键，能和水形成氢键的基团，起表面活性作用的是中性分子。例如：

$R-\text{C}_6\text{H}_4-O(CH_2CH_2-O)_nH$ 　　聚氧乙烯烷基酚醚（$n=6$～12，$R=C_8$～C_{10}）

$(HOCH_2)_3CCH_2OOCC_{17}H_{35}$ 　　硬脂酸季戊四醇酯

这类化合物通常为黏稠液体，它们极易与水混溶，常用作洗涤剂和乳化剂。此外，它们不解离，所以不会和硬水中的 Ca^{2+}、Mg^{2+} 形成不溶性盐而失去乳化能力。

本章知识点归纳

油脂和类脂广泛存在于生物体中，是维持生命活动不可缺少的物质。

油脂包括油和脂肪。常温下呈液态的称为油，呈固态或半固态的称为脂肪。油脂是高级脂肪酸的甘油酯，三个高级脂肪酸相同的为简单甘油酯，三个高级脂肪酸不相同的为混合甘油酯。一般油脂为混合物，因此无恒定的熔点和沸点，只有熔点范围。

组成油脂的高级脂肪酸分为饱和酸与不饱和酸两大类，大多数是含偶数碳原子的直链化合物，以软脂酸、硬脂酸、油酸、亚油酸存在较为普遍。天然不饱和脂肪酸中的双键绝大多数是顺式构型。

在酸、碱或酶的作用下，油脂可以水解生成甘油和高级脂肪酸。油脂的碱性水解反应叫皂化。使 1g 油脂完全皂化所需的氢氧化钾的毫克数称为该油脂的皂化值。皂化值越大，油脂的平均相对分子质量越小。

含不饱和脂肪酸的油脂分子中的碳碳双键可以和碘、氢等进行加成。100g 油脂能吸收的碘的克数称为该油脂的碘值。碘值大，说明该油脂中不饱和酸的含量高。碘值大于 130 者称干性油。

油脂在空气中放置过久便会产生难闻的气味，这种变化叫做酸败。酸败的油脂中游离脂肪酸的含量升高。中和 1g 油脂中游离脂肪酸所消耗的氢氧化钾的毫克数称为该油脂的酸值。酸值大于 6 时，油脂不能食用。

类脂化合物通常指蜡、磷脂和甾族化合物等。

蜡是高级脂肪酸的高级一元醇酯。主要有虫蜡（$C_{25}H_{31}COOC_{26}H_{53}$）、蜂蜡（$C_{15}H_{31}COOC_{30}H_{61}$）、鲸蜡（$C_{15}H_{31}COOC_{16}H_{33}$）等。蜡的性质较稳定，一般很难水解。

磷脂的母体结构是磷脂酸，自然界常见的是 L-α-磷脂酸。磷脂主要有脑磷脂和卵磷脂，它们分别由胆胺、胆碱与 L-α-磷脂酸成酯而得。在酸、碱存在下，脑磷脂和卵磷脂可完全水解生成甘油、脂肪酸、磷酸、胆胺或胆碱。

甾体化合物的分子中都含有一个环戊烷并多氢菲的母环。绝大多数甾体化合物在 C10 和 C13 处各连有一个甲基，叫做角甲基。不同的甾体化合物在 C_{17} 上连有不同的取代基。

凡能改变（通常是降低）液体表面张力或两相间界面张力的物质称为表面活性剂。从分子结构上看，表面活性剂分子中同时含有亲油性的烃基和亲水性的基团。表面活性剂分为离子型和非离子型表面活性剂，离子型表面活性剂又有阴离子型和阳离子型两类。

肥皂的主要成分为高级脂肪酸的钠盐或钾盐，肥皂属阴离子表面活性剂。肥皂是弱酸盐，遇强酸后游离出高级脂肪酸而失去乳化剂的效能，故肥皂不能在酸性溶液中使用；另外高级脂肪酸的钙盐和镁盐不溶于水，因此肥皂也不能在硬水中使用。

阅读材料

甾体化合物

甾体化合物亦称为类固醇，广泛存在于动植物体内，并在动植物生命活动中起着重要的调节作用，是一类重要的天然类脂化合物。

一、甾体化合物的结构

从化学结构上看，甾体化合物分子中都含有氢化程度不同的环戊烷并多氢菲结构，该结构是甾体化合物的母核，四个环常用 A、B、C、D 分别表示，环上的碳原子按如下顺序编号：

环戊烷并多氢菲（甾环）

甾体化合物除都具有环戊烷并多氢菲母核外，几乎所有此类化合物在 C_{10} 和 C_{13} 处都有一个甲基，叫角甲基，在 C_{17} 上还有一些不同的取代基。

甾体化合物都含有四个环，它们两两之间都可以在顺位或反位相稠合。存在于自然界的甾体化合物，环 B 与环 C 都是反式稠合的，环 C 与环 D 也是反式稠合的，环 A 和环 B 可以是顺式或反式相稠合。若 A、B 环反式稠合则称为异系；顺式稠合则称为正系。

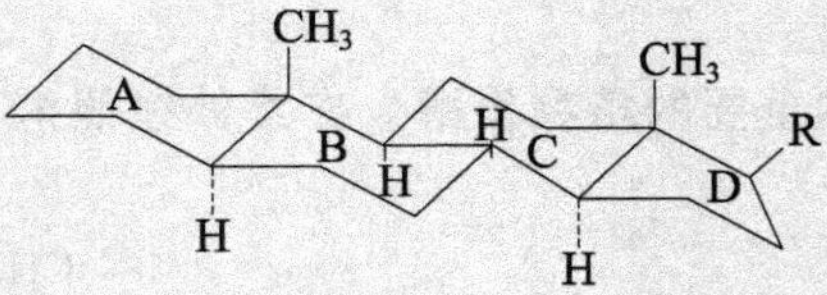

A、B反式(异系) 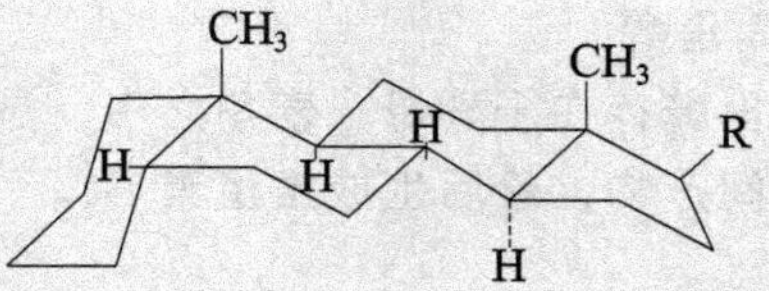　　　　　　　　　　　　A、B顺式(正系)

如果用平面结构式表示时，以 A、B 环之间的角甲基作为标准，把它安排在环平面的前面，并用楔形线与环相连。凡是与这个甲基在环平面同一边的，都用楔形线与环相连，不在同一边的取代基则用虚线与环相连。如：

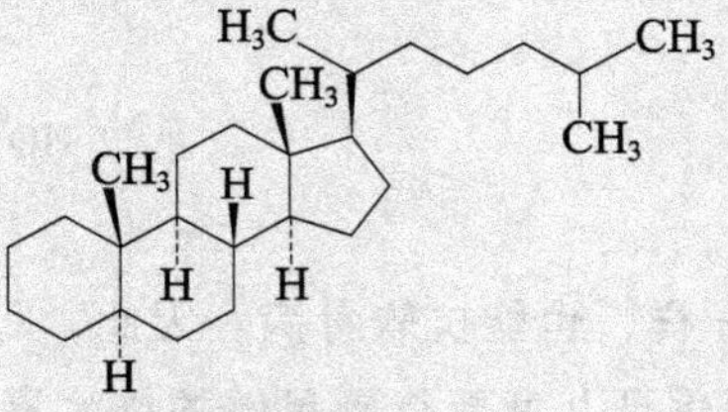

胆甾烷（异系）

二、重要的甾体化合物

1. 胆甾醇

胆甾醇是脊椎动物细胞的重要组分，在脑和神经组织中特别多。人体内发现的胆石，几乎全都由胆甾醇构成，故俗称胆固醇。

胆甾醇是无色蜡状固体，不溶于水，易溶于有机溶剂。结构中含有双键，能与氢和碘加成。它在氯仿溶液中与乙酸酐和硫酸作用生成蓝绿色物质，颜色深浅与胆甾醇的浓度成正比，因此可用比色法来测定胆甾醇的含量。所有其他不饱和甾醇都有此反应。在人体中，如胆甾醇代谢发生障碍，血液中的胆甾醇就会增加，这是引起动脉硬化的原因之一。

胆甾醇在酶催化下氧化成 7-脱氢胆甾醇，它的 B 环中有共轭双键。7-脱氢胆甾醇存在于皮肤组织中，在日光照射下发生化学反应，转化为维生素 D_3。

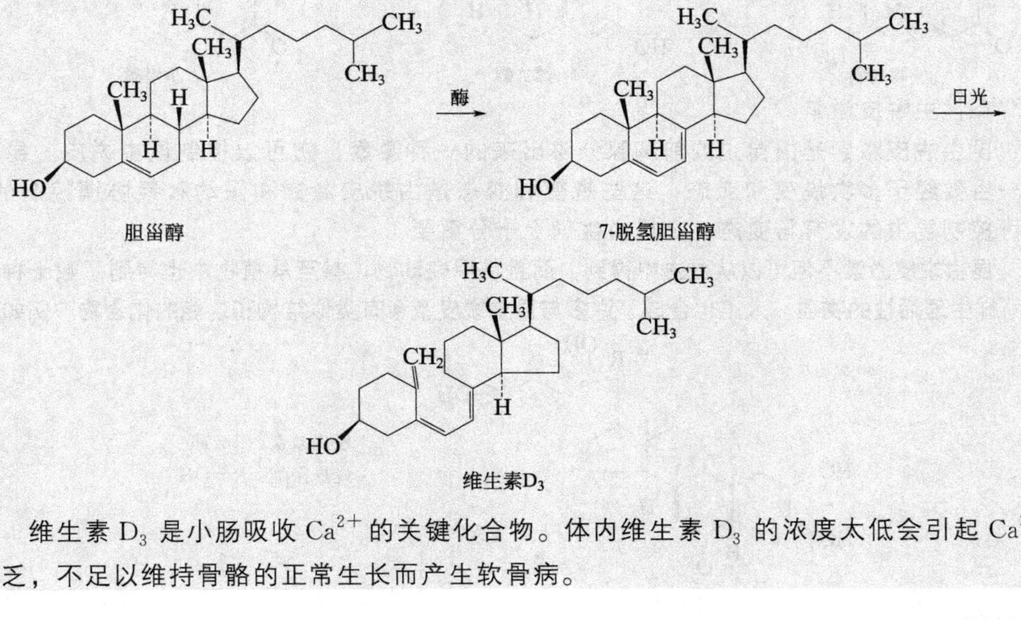

胆甾醇　　　　$\xrightarrow{酶}$　　　　7-脱氢胆甾醇　　　　$\xrightarrow{日光}$

维生素 D_3

维生素 D_3 是小肠吸收 Ca^{2+} 的关键化合物。体内维生素 D_3 的浓度太低会引起 Ca^{2+} 缺乏，不足以维持骨骼的正常生长而产生软骨病。

2. 麦角甾醇

麦角甾醇存在于酵母、麦角之中,是一种重要的植物甾醇。在紫外线照射下,通过一系列中间产物,最后生成维生素 D_2。

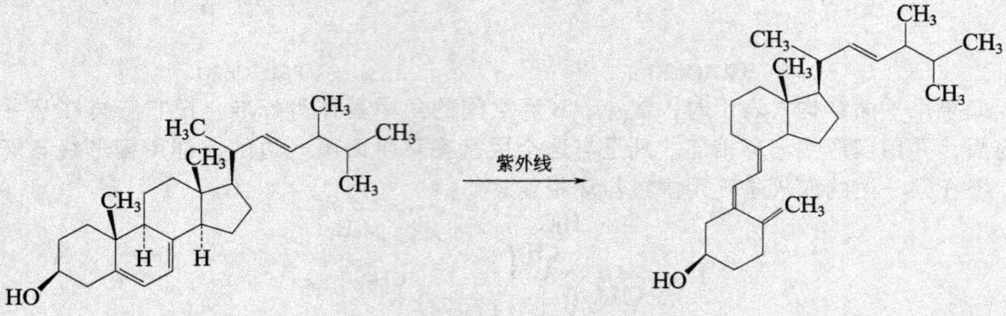

麦角甾醇 $\xrightarrow{\text{紫外线}}$ 维生素D_2

维生素 D_2 同维生素 D_3 一样,也能抗软骨病。因此,可将麦角甾醇用紫外线照射后加入到牛奶或其他食品中,以保证儿童能得到足够的维生素 D。

3. 甾体激素

激素是动物体内分泌的物质,它能控制生长、营养、性机能。其中具有甾体结构的激素称为甾体激素。性激素是重要的甾体激素之一,它是人和动物性腺的分泌物,分为雄性激素和雌性激素两种。

睾酮是睾丸分泌的一种雄性激素,其主要功用是促进男性器官的形成及副性器官的发育。雌二醇为卵巢分泌物,对雌性第二性征的发育起主要作用。孕甾酮是卵巢排卵后形成的黄体分泌物,故称黄体酮,它的生理作用是抑制排卵,并使受精卵在子宫里发育,促进乳腺发育,医药上用于防止流产等。

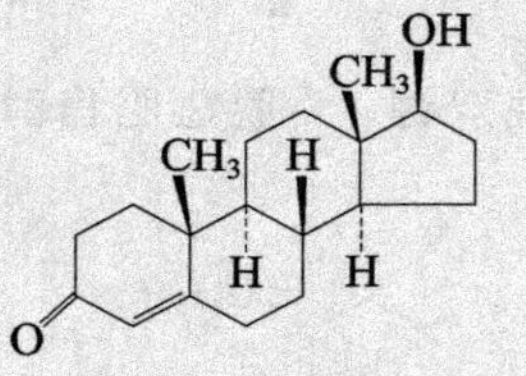

睾丸酮 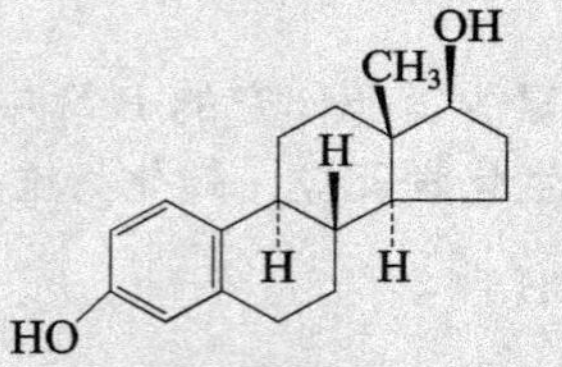　　　　雌二醇 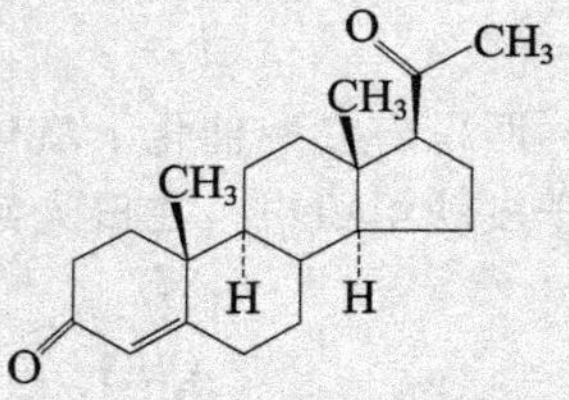　　　　孕甾酮

4. 昆虫蜕皮激素

昆虫蜕皮激素是由昆虫的前胸腺分泌出来的一种激素,它可以控制昆虫蜕皮。昆虫的一生要经历多次蜕变和变态,这些蜕变和变态是由蜕皮激素和保幼激素协调控制的,其可控制昆虫的发育与变态,在昆虫生理上十分重要。

昆虫蜕皮激素不但可以从昆虫中得到,而且从甲壳动物,甚至从植物中也得到了数十种具有同样生理活性的物质。人工也合成了许多与昆虫蜕皮激素有类似结构和功能的化合物。例如:

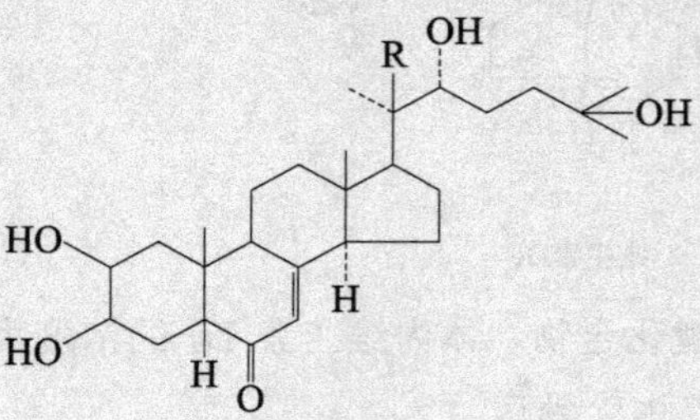

蜕皮激素:R＝H
蜕皮甾酮:R＝OH

蜕皮激素对害虫的防治作用大致可分为两种：一种作用是通过施用蜕皮激素使昆虫体内激素平衡失调，产生生理障碍或发育不全而死亡；另一种作用是蜕皮激素使害虫不能正常发育，以达到控制害虫生长的目的。

在家蚕的饲料中加入适量的蜕皮激素，可以促进上簇和结茧整齐，达到增产的目的。

习　题

1. 写出下列化合物的结构。
   (1) 三乙酸甘油酯 (2) 硬脂酸
   (3) 亚油酸 (4) 顺，顺，顺，顺-$\Delta^{5,8,11,14}$-二十碳四烯酸
2. 完成下列反应方程式。

(1) $\begin{array}{l}CH_2-O-C-(CH_2)_7CH=CH(CH_2)_7CH_3 \\ \quad\quad\quad\parallel \\ \quad\quad\quad O \\ CH-O-C-(CH_2)_{14}CH_3 \\ \quad\quad\quad\parallel \\ \quad\quad\quad O \\ CH_2-O-C-(CH_2)_{16}CH_3 \\ \quad\quad\quad\parallel \\ \quad\quad\quad O\end{array} \xrightarrow{3NaOH} ?$

(2) $\begin{array}{l}CH_2-O-C-(CH_2)_7CH=CH(CH_2)_7CH_3 \\ \quad\quad\quad\parallel \\ \quad\quad\quad O \\ CH-O-C-(CH_2)_{14}CH_3 \\ \quad\quad\quad\parallel \\ \quad\quad\quad O \\ CH_2-O-C-(CH_2)_{16}CH_3 \\ \quad\quad\quad\parallel \\ \quad\quad\quad O\end{array} \xrightarrow{H_2/Ni} ?$

(3) $\begin{array}{l}CH_2-O-C-R^1 \\ \quad\quad\quad\parallel \\ \quad\quad\quad O \\ CH-O-C-R^2 \\ \quad\quad\quad\parallel \\ \quad\quad\quad O \\ CH_2-O-P-OCH_2CH_2N^+(CH_3)_3 \\ \quad\quad\quad\parallel \\ \quad\quad\quad O\end{array} \xrightarrow{彻底水解} ?$

3. 用化学方法鉴别下列化合物。
   (1) 三硬脂酸甘油酯和三油酸甘油酯　　(2) 蜡和石蜡
4. 2g 油脂完全皂化，消耗 $0.5\text{mol}\cdot\text{mL}^{-1}$ KOH 15mL，试计算该油脂的皂化值。
5. 表面活性剂往往具有怎样的结构特点？为什么能去油污？
6. 某化合物 A 的分子式为 $C_{53}H_{100}O_6$，有旋光性，能被水解生成甘油和一分子脂肪酸（B）及两分子脂肪酸（C）。B 能使溴的四氯化碳溶液褪色，经氧化剂氧化可得壬酸和 1,9-壬二酸。C 不发生上述反应。试推测 A、B、C 的结构式，并写出有关反应式。

第十章　油脂和类脂化合物

第十一章 杂环化合物和生物碱

Chapter 11

杂环化合物和生物碱广泛存在于自然界中，在动植物体内起着重要的生理作用。杂环化合物是由碳原子和非碳原子共同组成环状骨架结构的一类化合物。这些非碳原子统称为杂原子，常见的杂原子为氮、氧、硫等。环状有机化合物中，构成环的原子除碳原子外还含有其他原子，且这种环具有芳香结构，则这种环状化合物叫做杂环化合物。组成杂环的原子，除碳以外的都叫做杂原子。前面学习过的环醚、内酯、内酐和内酰胺等都含有杂原子，但它们容易开环，性质上又与开链化合物相似，所以不把它们放在杂环化合物中讨论。本章介绍杂环化合物的分类、命名、结构特点、性质及重要的杂环化合物，生物碱的一般性质、提取方法和重要的生物碱。

第一节 杂环化合物

杂环化合物种类繁多，在自然界中分布很广。具有生物活性的天然杂环化合物对生物体的生长、发育、遗传和衰亡过程都起着关键性的作用。例如，在动、植物体内起着重要生理作用的血红素、叶绿素、核酸的碱基、中草药的有效成分——生物碱等都是含氮杂环化合物。一部分维生素、抗生素、植物色素、许多人工合成的药物及合成染料也含有杂环。杂环化合物的应用范围极其广泛，涉及医药、农药、染料、生物膜材料、超导材料、分子器件、储能材料等，尤其在生物界，杂环化合物随处可见。

一、杂环化合物的分类和命名

按照杂环的结构，杂环化合物大致可分为单杂环和稠杂环两大类。单杂环中最常见的为五元杂环和六元杂环；稠杂环中普遍存在的是苯环与单杂环稠合和杂环与杂环稠合。根据所含杂原子的种类和数目，单杂环和稠杂环又可分为多种。

杂环化合物的命名在我国有两种方法：译音命名法和系统命名法。目前普遍采用译音命名法，译音法是根据 IUPAC 推荐的通用名。

杂环母体的命名：杂环母体的名称是按英文名称音译，选用简单的同音汉字，加上"口"字旁以表示环状化合物。例如：

呋喃　　　　咪唑　　　　吡啶　　　　嘌呤
(furan)　　(imidazole)　(pyridine)　(purine)

环上取代基的编号：含一个杂原子的单杂环上有取代基时，环上原子的编号从杂原子开始，并遵循最低系列规则，使各取代基的位次尽可能小，也可用希腊字母来表示取代基的位次；单杂环上有不同杂原子时，则按氧、硫、氮的顺序编号；如果单杂环上的两个杂原子都是氮，则由连有氢或取代基的氮原子开始编号，并使杂原子的位次尽可能小；稠杂环的编号有特定的编号顺序。例如：

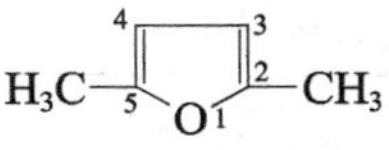

2,5-二甲基呋喃 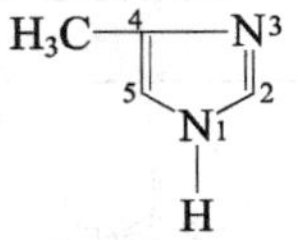　　4-甲基咪唑 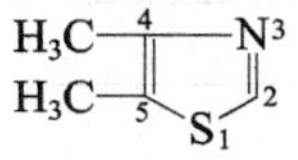　　4,5-二甲基噻唑

当只有1个杂原子时，也可用希腊字母编号，靠近杂原子的第一个位置是α-位，其次为β-位、γ-位等。例如：

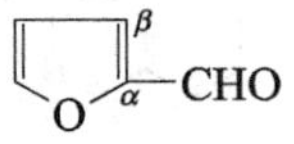

α-呋喃甲醛　　γ-甲基吡啶

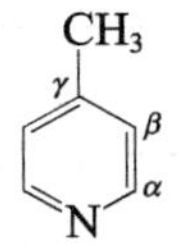

当环上连有不同取代基时，编号根据顺序规则及最低系列原则。结构复杂的杂环化合物是将杂环当做取代基来命名。例如：

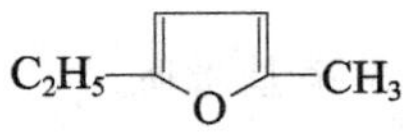

2-甲基-5-乙基呋喃 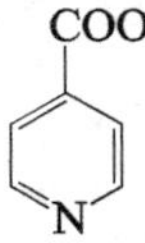　　4-吡啶甲酸 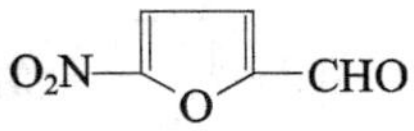　　5-硝基-2-呋喃甲醛 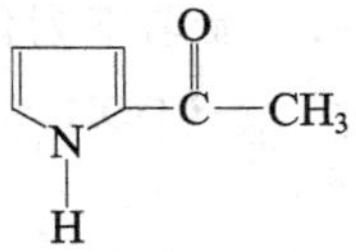　　2-乙酰基吡咯

稠杂环的编号一般和稠环芳烃相同，但有少数稠杂环有特殊的编号顺序。例如：

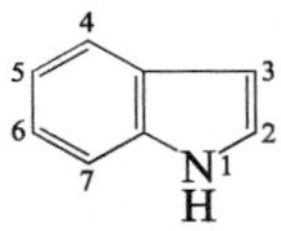

吲哚 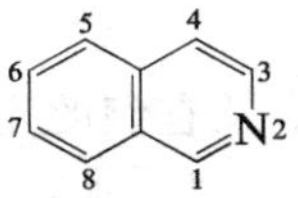　　异喹啉 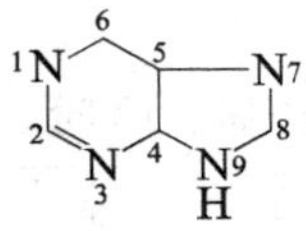　　嘌呤 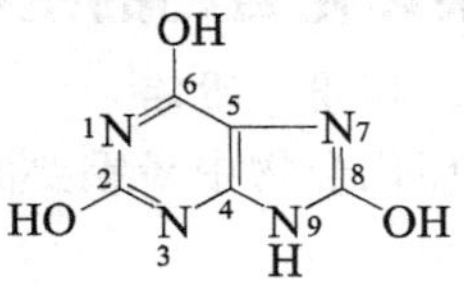　　2,6,8-三羟基嘌呤

系统命名法是根据相应的碳环来命名。把杂环看成是相应的碳环中的碳原子被杂原子取代而形成的化合物。命名时在相应的碳环母体名称前加上"杂"字（也可不加），并在杂字前加上杂原子的名称。例如，五元杂环相应的碳环为 ⬠ ，定名为"茂"，则 ⬠O 称为氧杂茂；茂中的"戊"表示五元环，草头表示具有芳香性。系统命名法能反映出化合物的结构特点。

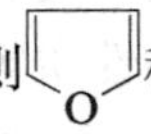

两种命名方法虽然并用，但译音法在文献中更为普遍。常见的杂环化合物的结构、分类和命名见表11-1。

表 11-1　杂环化合物的结构、分类和命名

分类		碳环母核	重要的杂环					
杂环	五元杂环	 茂	 呋喃 (furan) 氧杂茂	 噻吩 (thiophene) 硫杂茂	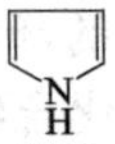 吡咯 (pyrrole) 氮杂茂	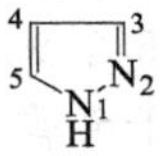 吡唑 (pyrazole) 1,2-二氮杂茂	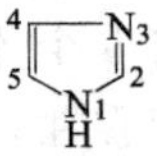 咪唑 (imidazole) 1,3-二氮杂茂	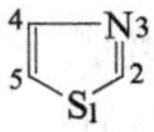 噻唑 (thiazole) 1,3-硫氮杂茂
	六元杂环	 芑 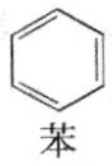 苯	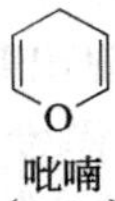 吡喃 (pyran) 氧杂苯	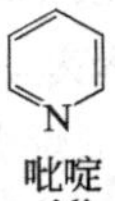 吡啶 (pyridine) 氮杂苯	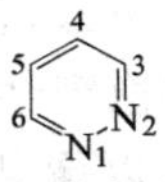 哒嗪 (pyridazine) 1,2-二氮杂苯	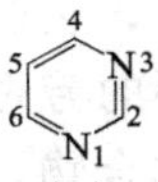 嘧啶 (pyrimidine) 1,3-二氮杂苯	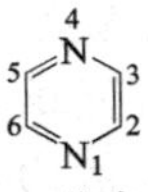 吡嗪 (pyrazine) 1,4-二氮杂苯	

分类	碳环母核	重要的杂环
稠杂环	茚	吲哚 (indole) 氮杂茚 嘌呤 (purine) 1,3,7,9-四氮杂茚
稠杂环	萘	喹啉 (quinoline) 氮杂萘 异喹啉 (isoquinoline) 异氮杂萘 蝶啶 (pteridine) 1,3,5,8-四氮杂萘

思考题 11-1 命名下列化合物或写出结构。

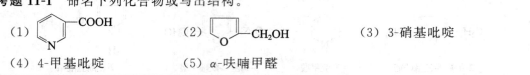

(1) (2) (3) 3-硝基吡啶

(4) 4-甲基吡啶   (5) α-呋喃甲醛

二、杂环化合物的结构

1. 呋喃、噻吩、吡咯

五元杂环化合物中最重要的是呋喃、噻吩、吡咯及它们的衍生物。

呋喃   噻吩   吡咯

从这三种杂环化合物的结构式上看,它们似乎应具有共轭二烯烃的性质,但实验表明,它们的许多化学性质类似于苯,不具有典型二烯烃的加成反应,而是易发生取代反应,具有芳香性。

近代物理方法证明:五元单杂环如呋喃、吡咯、噻吩,在结构上都是平面型闭合的共轭体系,符合休克尔(Hückel)的($4n+2$)规则。环上4个碳原子和杂原子均为 sp^2 杂化,环上相邻的两个原子间均以 sp^2 杂化轨道相互重叠形成 σ 键,组成一个五元环状平面结构。环上的每个原子还剩下一个未参与杂化的 p 轨道,碳原子的 p 轨道各有一个 p 电子,而杂原子的 p 轨道有两个 p 电子,这 5 个 p 轨道都垂直于环的平面,以"肩并肩"的形式重叠形成大 π 键,组成一个含有 5 个原子 6 个 π 电子的环状闭合共轭体系(如图 11-1 所示)。因此符合休克尔规则,具有芳香性,属于芳香杂环化合物,故呋喃、噻吩、吡咯表现出与苯相似的芳香性。

五元杂环分子中的键长有一定程度的平均化,但不像苯那样完全平均化;此外,由于杂原子的电负性比碳原子大,它们的电子云密度比碳高,即环上电子云分布不像苯环那样完全平均化。因此五元单杂环的芳香性和稳定性比苯差,表现出某些共轭二烯烃的性质,例如能发生加氢反应生成饱和化合物,也可以像共轭二烯烃那样发生 Diels-Alder 反应等。五元单杂环的芳香性随着杂原子电负性的增加而减小,由于杂原子的电负性为:O>N>S,所以芳香性的大小次序为:苯>噻吩>吡咯>呋喃。

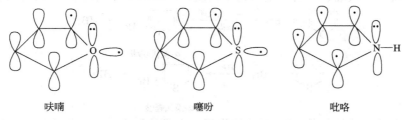

图 11-1 呋喃、噻吩、吡咯的结构

五元杂环分子中由于杂原子上的孤对电子参与了环的共轭，这些杂环中的杂原子相当于取代苯中的致活基团，使环上碳原子电子云密度比苯环上碳原子的电子云密度大，所以属富电子杂环，它们在亲电取代反应中的活性比苯大，亲电取代反应的活性次序为：吡咯＞呋喃＞噻吩＞苯。在呋喃、吡咯、噻吩的闭合共轭体系中，杂原子的两个 α-位碳原子上的电子云密度要比两个 β-位上的相对高些，它们的亲电取代反应主要发生在 α-位碳原子上。

2. 吡啶

六元杂环化合物中最重要的是吡啶。吡啶的分子结构从形式上看与苯十分相似，可以看作是苯分子中的一个 CH 基团被 N 原子取代后的产物。根据杂化轨道理论，吡啶分子中 5 个碳原子和 1 个氮原子都是经过 sp^2 杂化而成键的，像苯分子一样，分子中所有原子都处在同一平面上。与吡咯不同的是，氮原子的 3 个未成对电子，两个处于 sp^2 轨道中，与相邻碳原子形成 σ 键，另一个处在 p 轨道中，与 5 个碳原子的 p 轨道平行，侧面重叠形成一个闭合的共轭体系。氮原子尚有一对未共用电子对，处在 sp^2 杂化轨道中与环共平面。如图 11-2 所示。吡啶符合休克尔规则，所以吡啶具有芳香性。

图 11-2 吡啶的结构

由于吡啶分子中氮原子上的孤对电子不参与共轭，而氮原子的电负性大于碳原子，氮原子类似于苯环上的硝基等吸电子基团，其吸电子的诱导效应使吡啶环中碳原子的电子云密度降低，尤其 α-、γ-位更甚，因此环中碳原子的电子云密度相对地小于苯中碳原子的电子云密度，所以此类杂环称为缺电子芳杂环或缺 π 电子芳杂环。富电子芳杂环与缺电子芳杂环在化学性质上有较明显的差异。所以吡啶的亲电取代反应比苯困难，且主要进入 β-位。但吡啶可以发生亲核取代反应，主要进入 α-及 γ-位。

三、杂环化合物的化学性质

五元杂环属于富电子芳杂环，亲电取代反应容易进行，一般在较缓和的条件下弱的亲电试剂就可以取代环上的氢原子，环上电子云密度分布不像苯那样均匀，因此，它们的芳香性不如苯，有时表现出共轭二烯烃的性质。由于杂原子的电负性不同，它们表现的芳香性程度也不相同。吡啶是缺电子芳杂环，较难发生亲电取代反应，一般要在较强烈的条件下才能发生反应，其芳香性也不如苯典型。

1. 亲电取代反应

富电子芳杂环和缺电子芳杂环均能发生亲电取代反应。但是，富电子芳杂环的亲电取代反应主要发生在电子云密度更为集中的 α-位上，而且比苯容易；缺电子芳杂环如吡啶的亲电取代反应主要发生在电子云密度相对较高的 β-位上，而且比苯困难。吡啶不易发生亲电取代，而易发生亲核取代，主要进入 α-位，其反应与硝基苯类似。

（1）卤代反应　呋喃、噻吩、吡咯比苯活泼，一般不需催化剂就可直接卤代。

$$\text{呋喃} + Br_2 \xrightarrow[\text{室温}]{1,4\text{-二氧六环}} \text{α-溴代呋喃} + HBr$$

$$\text{噻吩} + Br_2 \xrightarrow{HAc} \text{α-溴代噻吩} + HBr$$

吡咯极易卤代，例如与碘-碘化钾溶液作用，生成的不是一元取代产物，而是四碘吡咯。

$$\text{吡咯} + 4I_2 \xrightarrow{KI} \text{2,3,4,5-四碘吡咯} + 4HI$$

吡啶的卤代反应比苯难，不但需要催化剂，而且要在较高温度下进行。

$$\text{吡啶} + Br_2 \xrightarrow[300℃]{\text{浓}H_2SO_4} \text{β-溴代吡啶} + HBr$$

（2）硝化反应　在强酸作用下，呋喃与吡咯很容易开环形成聚合物，因此不能像苯那样用一般的方法进行硝化。五元杂环的硝化，一般用比较温和的非质子硝化剂——乙酰基硝酸酯（CH_3COONO_2）和在低温度下进行，硝基主要进入 α-位。

$$\text{呋喃} + CH_3COONO_2 \xrightarrow[-30\sim-5℃]{\text{吡啶}} \text{α-硝基呋喃} + CH_3COOH$$

$$\text{噻吩} + CH_3COONO_2 \xrightarrow[-10℃]{(CH_3CO)_2O} \text{α-硝基噻吩} + CH_3COOH$$

$$\text{吡咯} + CH_3COONO_2 \xrightarrow[5℃]{(CH_3CO)_2O} \text{α-硝基吡咯} + CH_3COOH$$

吡啶的硝化反应需在浓酸和高温下才能进行，硝基主要进入 β-位。

$$\text{吡啶} + HNO_3 \xrightarrow[300℃]{\text{浓}H_2SO_4} \text{β-硝基吡啶} + H_2O$$

（3）磺化反应　呋喃、吡咯对酸很敏感，强酸能使它们开环聚合，因此常用温和的非质子磺化试剂，如用吡啶与三氧化硫的加合物作为磺化剂进行反应。

$$\text{呋喃} + \text{吡啶}^+\text{—}SO_3^- \xrightarrow[\text{室温三天}]{C_2H_4Cl_2} \text{α-呋喃磺酸} + \text{吡啶}$$

$$\text{吡咯} + \text{吡啶}^+\text{—}SO_3^- \xrightarrow[100℃]{C_2H_4Cl_2} \text{α-吡咯磺酸} + \text{吡啶}$$

噻吩对酸比较稳定，室温下可与浓硫酸发生磺化反应。

$$\text{噻吩} + H_2SO_4 \xrightarrow{25℃} \text{α-噻吩磺酸} + H_2O$$

从煤焦油中得到的苯通常含有少量噻吩，由于两者的沸点相差不大，不易用分馏的方法进行分离。但由于噻吩比苯容易磺化，因此可在室温下用浓硫酸洗去苯中含的少量噻吩。

噻吩在浓 H_2SO_4 存在下，与靛红共热显蓝色，反应灵敏，是鉴别噻吩的定性方法。

吡啶在硫酸汞催化和加热的条件下才能发生磺化反应。

$$\text{吡啶} + H_2SO_4 \xrightarrow[>200℃]{HgSO_4} \text{3-吡啶磺酸} + H_2O$$

β-吡啶磺酸

（4）傅-克反应　傅-克酰基化反应常采用较温和的催化剂如 $SnCl_4$、BF_3 等，对活性较大的吡咯可不用催化剂，直接用酸酐酰化。吡啶一般不进行傅-克酰基化反应。

$$\text{呋喃} + (CH_3CO)_2O \xrightarrow{BF_3} \text{α-乙酰基呋喃-COCH}_3 + CH_3COOH$$

α-乙酰基呋喃

$$\text{噻吩} + (CH_3CO)_2O \xrightarrow{SnCl_4} \text{α-乙酰基噻吩-COCH}_3 + CH_3COOH$$

α-乙酰基噻吩

$$\text{吡咯} + (CH_3CO)_2O \xrightarrow{200℃} \text{α-乙酰基吡咯-COCH}_3 + CH_3COOH$$

α-乙酰基吡咯

吡啶是缺电子芳杂环，N 原子使环上电子云密度降低，不易发生亲电取代反应。在一定条件下有利于亲核试剂（如 NH_2^-、OH^-、R^-）的进攻而发生亲核取代反应，取代基主要进入电子云密度较低的 α-位。例如：

$$\text{吡啶} + NaNH_2 \xrightarrow{\triangle} \text{2-氨基吡啶} + NaOH$$

2. 加成反应

呋喃、噻吩、吡咯均可进行催化加氢反应，产物是失去芳香性的饱和杂环化合物。呋喃、吡咯可用一般催化剂还原。噻吩中的硫能使催化剂中毒，不能用催化氢化的方法还原，需使用特殊催化剂。吡啶比苯易还原，如金属钠和乙醇就可使其氢化。

$$\text{呋喃} + 2H_2 \xrightarrow{Ni} \text{四氢呋喃}$$

$$\text{噻吩} + 2H_2 \xrightarrow{MoS_2} \text{四氢噻吩}$$

$$\text{吡咯} + 2H_2 \xrightarrow{Pd} \text{四氢吡咯(吡咯烷)}$$

$$\text{吡啶} \xrightarrow{Na+C_2H_5OH} \text{六氢吡啶}$$

喹啉催化加氢，氢加在杂环上，说明杂环比苯环易被还原。

$$\text{喹啉} + 2H_2 \xrightarrow{Pt} \text{四氢喹啉}$$

四氢喹啉

四氢呋喃在有机合成上是重要的溶剂。四氢噻吩可氧化成砜或亚砜,四亚甲基砜是重要的溶剂。四氢吡咯具有二级胺的性质。

呋喃的芳香性最弱,显示出共轭双烯的性质,与顺丁烯二酸酐能发生双烯合成反应(狄尔斯-阿尔德反应),产率较高。

3. 氧化反应

呋喃和吡咯对氧化剂很敏感,在空气中就能被氧化,环被破坏。噻吩相对要稳定些。吡啶对氧化剂相当稳定,比苯还难氧化。例如,吡啶的烃基衍生物在强氧化剂作用下只发生侧链氧化,生成吡啶甲酸,而不是苯甲酸。

思考题 11-2 如何除去苯中混有的少量噻吩?

思考题 11-3 完成下列反应方程式。

(1) 吡啶 + HNO₃(浓) $\xrightarrow[300℃]{浓 H_2SO_4}$? (2) 3-甲基吡啶 $\xrightarrow[H_2SO_4]{KMnO_4}$?

4. 吡咯和吡啶的酸碱性

含氮化合物的碱性强弱主要取决于氮原子上未共用电子对与 H^+ 的结合能力。在吡咯分子中,由于氮原子上的未共用电子对参与环的共轭体系,使氮原子上电子云密度降低,吸引 H^+ 的能力减弱。另一方面,由于这种 p-π 共轭效应使与氮原子相连的氢原子有解离成 H^+ 的可能,所以吡咯不但不显碱性,反而呈弱酸性,可与碱金属、氢氧化钾或氢氧化钠作用生成盐。

吡啶氮原子上的未共用电子对不参与环共轭体系,能与 H^+ 结合成盐,所以吡啶显弱碱性,比苯胺碱性强,但比脂肪胺及氨的碱性弱得多。

思考题 11-4 将下列化合物按碱性强弱的顺序排列。

(1) 吡啶 (2) 六氢吡啶 (3) 吡咯

四、与生物有关的杂环化合物及其衍生物

1. 呋喃及其衍生物

呋喃存在于松木焦油中,是具有和氯仿相似气味的无色易挥发液体,沸点 32℃,不溶于水,易溶于乙醇、乙醚等有机溶剂。呋喃可作为有机合成原料。检验呋喃存在可用盐酸浸湿的松木片,呋喃存在时显绿色。

α-呋喃甲醛是呋喃的重要衍生物,它最早是由米糠与稀酸共热制得的,又称糠醛。糠醛的原料来源丰富,通常利用含有多聚戊糖的农副产品废料,如米糠、玉米芯、花生壳、棉籽壳、甘蔗渣等同稀硫酸或稀盐酸加热脱水制得。

$$(C_5H_8O_4)_n + nH_2O \xrightarrow[\Delta]{\text{稀}H^+} n\text{HO—CH—CH—CH—OH} \xrightarrow[-3nH_2O]{\text{稀}H^+} n\text{(糠醛)CHO}$$

$\quad\quad$ 多聚戊糖 $\quad\quad\quad\quad\quad\quad\quad\quad\quad$ 戊醛糖 $\quad\quad\quad\quad\quad\quad$ 糠醛

纯净的糠醛是无色有特殊气味的液体,暴露于空气中被氧化聚合为黄色、棕色至黑褐色,熔点 $-38.7℃$,沸点 $161.7℃$,易溶于乙醇、乙醚等有机溶剂。糠醛与苯胺乙酸盐溶液作用呈鲜红色,可用于检验糠醛的存在,同时也是鉴别戊糖常用的方法。

糠醛是不含 α-氢的醛,其化学性质与苯甲醛相似,能发生康尼查罗反应及一些芳香醛的缩合反应,生成许多有用的化合物。因此,糠醛是有机合成的重要原料,它可以代替甲醛与苯酚缩合成酚醛树脂,也可用来合成药物、农药等。

2. 吡咯及其衍生物

吡咯存在于骨焦油中,是无色液体,沸点 131℃,难溶于水,易溶于乙醇、乙醚、苯等有机溶剂。在空气中易被氧化逐渐变成褐色,并产生树脂状聚合物。吡咯蒸气遇到浓盐酸浸过的松木片显红色,这叫做吡咯的松木片反应,可用来检验吡咯的存在。

吡咯的衍生物广泛存在于自然界中,最重要的是卟啉化合物,例如叶绿素、血红素、维生素 B_{12} 等。这类化合物有一个共同的结构,都具有卟吩环(也叫卟啉环)。卟吩环是由 4 个吡咯环和 4 个次甲基(—CH =)交替相连而形成的环状共轭体系,同样具有芳香性。

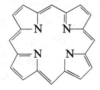

卟吩(porphine)

叶绿素、血红素、维生素 B_{12} 都是含卟吩环的化合物,称为卟吩化合物。卟吩环呈平面型,在 4 个吡咯环中间的空隙里能以共价键及配位键与不同的金属结合。在叶绿素中结合的是 Mg^{2+},在血红素中结合的是 Fe^{2+},在维生素 B_{12} 中结合的是 Co^{2+}。同时,在 4 个吡咯环的 β-位上各连有不同的取代基。

叶绿素存在于植物的叶和绿色的茎中。植物在进行光合作用时,通过叶绿素将太阳能转变为化学能而储藏在形成的有机化合物中。叶绿素在植物内具有重要的生理意义。

叶绿素有多种,最重要的是叶绿素 a 和叶绿素 b,可以用色谱法把它们分开。在大多数植物中,它们的比例为 3∶1。叶绿素 a 比叶绿素 b 更为重要。叶绿素 a 与叶绿素 b 的结构基本相同,只是在 II 环 3 位上叶绿素 a 是甲基(—CH₃),而叶绿素 b 则是醛基(—CHO)。

叶绿素 a 和叶绿素 b 在物理性质方面有所不同,a 是蓝黑色粉末,分子式为 $C_{55}H_{72}O_5N_4Mg$,

熔点 117~120℃，其乙醇溶液是蓝绿色，并有深红色荧光；叶绿素 b 为黄绿色粉末，分子式为 $C_{55}H_{70}O_6N_4Mg$，熔点 120~120℃，其乙醇溶液显绿色或黄绿色，有红色荧光。它们都易溶于乙醇、乙醚、丙酮、氯仿等，难溶于石油醚。

叶绿素有旋光性。由于分子中有两个酯键，容易水解生成相应的酸和醇。若用硫酸铜的酸性溶液小心处理叶绿素，则铜可取代镁，其他部分的结构不变，仍显绿色，但比原来的绿色更稳定。因此常用来浸制植物标本。

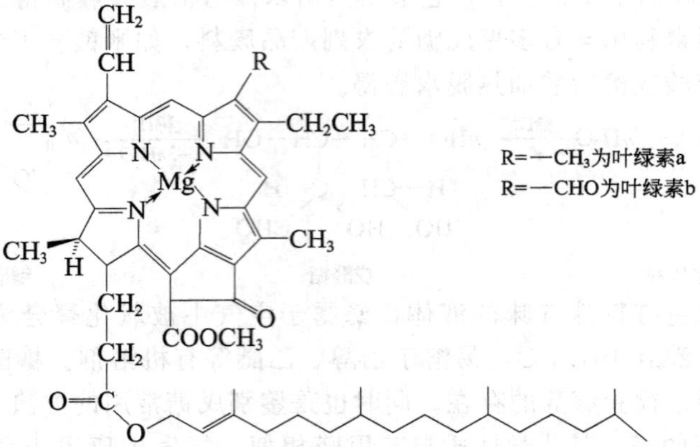

R=—CH₃ 为叶绿素 a
R=—CHO 为叶绿素 b

叶绿素分子结构

血红素存在于高等动物的体内，是重要的色素之一。它与蛋白质结合形成血红蛋白，存在于红细胞中。血红蛋白在高等动物体内起着输送氧气和二氧化碳的作用。

血红蛋白可与氧气配价结合，形成鲜红色的氧合血红蛋白。血红蛋白与氧结合并不稳定，这与氧气的分压有关，因此在缺氧的地方可以放出氧气。由于这一特性，血液可在肺中吸收氧气，由动脉输送到体内各部分，在体内微血管中，氧的分压低而释放出氧，为组织吸收。一氧化碳与血红蛋白配合的能力比氧大 200 倍，因此在一氧化碳存在时，血红蛋白失去了输送氧气的能力。这就是一氧化碳使人中毒的原因之一。对血红素的研究使人们对卟吩族色素以及生命现象中最重要的呼吸作用有了进一步的了解。

维生素 B_{12} 也是含有卟吩环结构的天然产物之一，又名钴铵素。

维生素 B_{12} 的结构式可以分为两大部分：第一部分是以钴原子为中心的卟吩化合物；另一部分是由苯并咪唑和核糖磷酸酯结合而成的。维生素 B_{12} 有很强的生血作用，是造血过程中的生物催化剂，因此，只要几微克就能对恶性贫血患者产生良好的疗效。

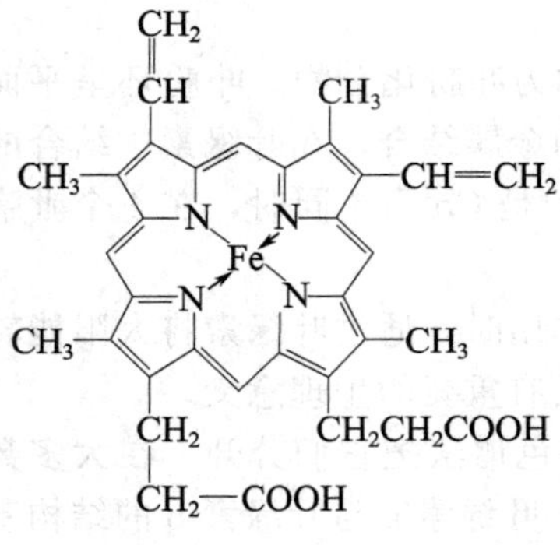

血红素分子结构

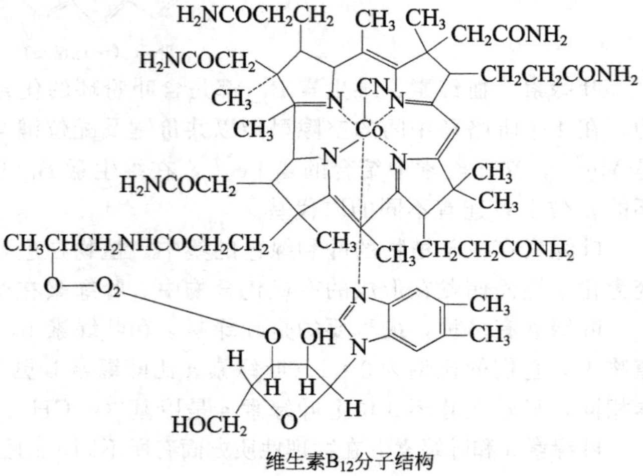

维生素 B_{12} 分子结构

3. 吡啶及其衍生物

吡啶最初发现于骨焦油中，在煤焦油中含量较多。它是具有特殊臭味的无色液体，沸点115.3℃。能与水混溶，又能溶于乙醇、乙醚、苯、石油醚等许多极性或非极性有机溶剂中，本身也是良好的溶剂，能溶解氯化铜、氯化锌、氯化汞、硝酸银等许多无机盐。吡啶是一种叔胺，显弱碱性。工业上用稀硫酸提取煤焦油的轻馏分，然后用氢氧化钠中和，使吡啶等碱性物质游离，再进行分馏提纯。吡啶是良好的溶剂，又是合成某些杂环化合物的原料。

吡啶的衍生物在自然界中分布广泛，并且大都具有强烈的生理活性，如维生素 PP、维生素 B_6、雷米封、辅酶Ⅰ及辅酶Ⅱ等都含有吡啶环。

维生素 PP 是 B 族维生素之一，它参与生物氧化还原过程，能促进新陈代谢，降低血中胆固醇含量，存在于肉类、肝、肾、乳汁、花生、米糠和酵母中。人体缺乏维生素 PP 能引起糙皮病、口舌糜烂、皮肤红疹等症。维生素 PP 包括 β-吡啶甲酸（俗称烟酸）和 β-吡啶甲酰胺（俗称烟酰胺），二者生理作用相同，都是白色晶体，对酸、碱、热比较稳定。

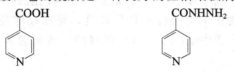

β-吡啶甲酸(烟酸或尼克酸)　　　　β-吡啶甲酰胺(烟酸胺或尼克酰胺)

维生素 B_6 又名吡哆素，包括吡哆醇、吡哆醛和吡哆胺。

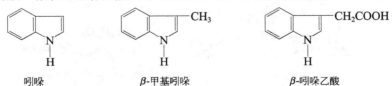

吡哆醇　　　　吡哆醛　　　　吡哆胺

维生素 B_6 为白色晶体，易溶于水和乙醇中，耐热，对酸稳定，但易被光破坏。广泛存在于鱼、肉、蔬菜、谷物及蛋类中，是维持蛋白质新陈代谢不可缺少的维生素。

γ-吡啶甲酸又称异烟酸，它的酰肼是一种良好的医治结核病的药物，又叫"雷米封"。

γ-吡啶甲酸(异烟酸)　　　　γ-吡啶甲酰肼(异烟酰肼或雷米封)

4. 吲哚及其衍生物

吲哚是吡咯环和苯环稠合而成的杂环化合物，存在于煤焦油中，某些植物的花中也含有吲哚。蛋白质腐败时生成吲哚和 β-甲基吲哚，因此它们存在于粪便中，粪便的恶臭就是由于它们的存在而产生。但吲哚的稀溶液很香，是化妆品常用的香料，在香料工业中用来制造茉莉花型香精，可作为化妆品的香料。吲哚为白色晶体，熔点52.5℃，沸点254℃，溶于热水、乙醇、乙醚，吲哚和吡咯相似，有弱酸性，松木片反应呈红色。

吲哚　　　　β-甲基吲哚　　　　β-吲哚乙酸

β-吲哚乙酸（IAA）是最早发现的植物内源性激素之一，它能刺激植物细胞生长和分生组织的活动，抑制侧芽和分枝的发育，促进切条基部新根的生长。β-吲哚乙酸存在于酵母和高等植物生长点以及人畜的尿液内，为无色晶体，熔点164℃，微溶于水，易溶于醇、醚等有机溶剂，在中性或酸性溶液中不稳定，但其钾、钠、铵盐水溶液较稳定，故一般使用其钠盐。农业上用于植物插条生根和促进果实成熟。

5. 苯并吡喃及其衍生物

苯并吡喃是苯和吡喃环稠合而成的杂环化合物。许多天然色素都是它的衍生物，如花色素和黄酮色素等。各种花色素都含有 2-苯基苯并吡喃的基本骨架。

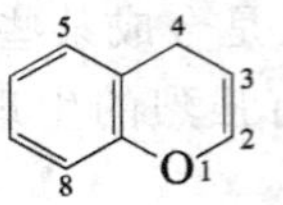

苯并吡喃 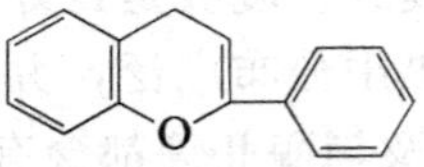　　　　　　2-苯基苯并吡喃

花色素是苯并吡喃的重要衍生物之一，它在植物体内常与糖结合成苷存在于花或果实中，这种苷叫做花色苷。它们导致植物的花、果实呈现出各种颜色。将花色苷用盐酸水解得到糖和花色素的锌盐，这种锌盐有以下三种，均为有色物质：

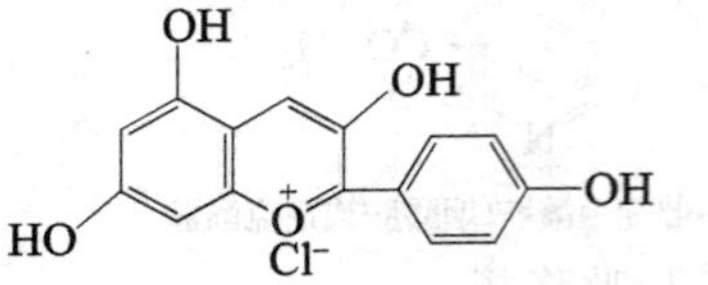

氯化天竺葵素 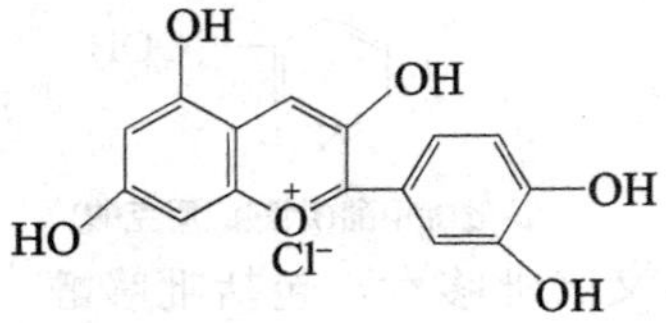　　　　　　氯化青芙蓉素

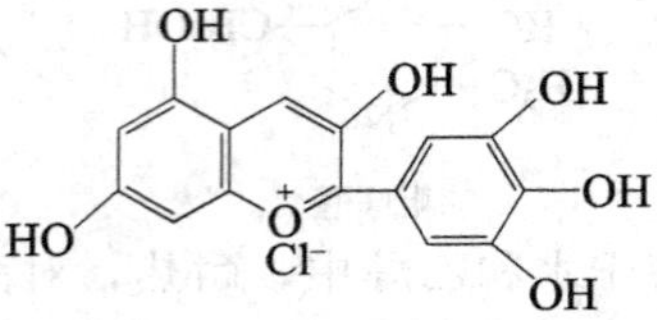

氯化飞燕草素

各种花色苷在不同 pH 溶液中显示不同的颜色。同一种花色苷在不同植物中也显示出不同颜色。例如，在玉蜀黍的穗中的青芙蓉素苷显紫色，而在玫瑰花中的青芙蓉素苷显红色。这是由于它们在不同 pH 的介质中结构发生变化的缘故。青芙蓉素二葡萄糖苷在不同 pH 时结构和颜色的变化如下：

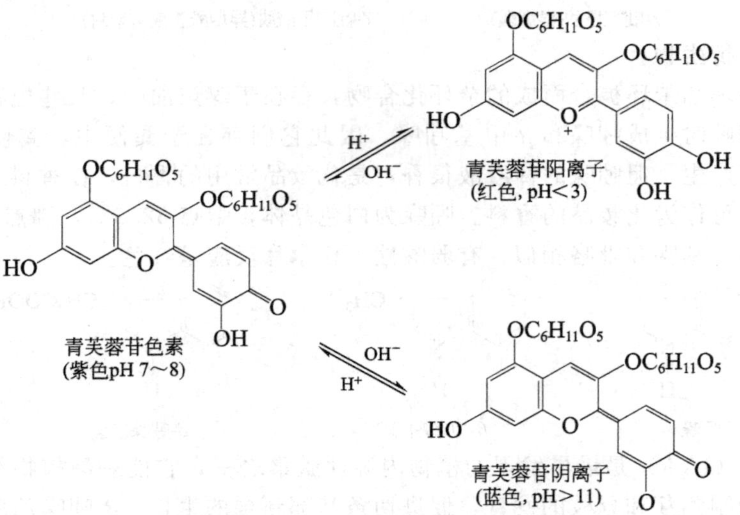

苯并 γ-吡喃酮又称色酮，2-苯基苯并 γ-吡喃酮称为黄酮，黄酮的多羟基衍生物广泛存

在于植物的根、茎、叶、花的黄色或棕色素中，统称为黄酮色素。例如，存在于茶树等植物中的槲皮素以及存在于木樨草中的木樨草黄素等都是黄酮色素。

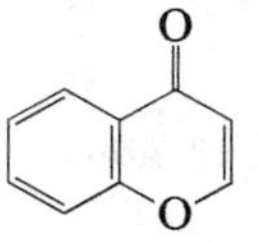

色酮 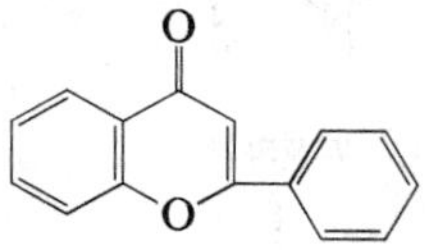　　　　　　　　　黄酮

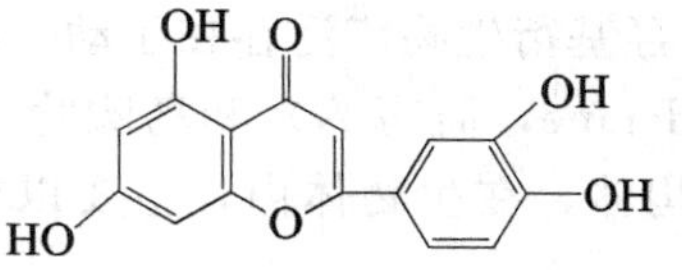

木樨草黄素 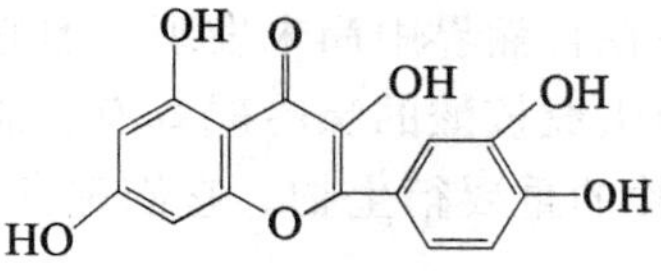　　　　　　　　　槲皮素

6. 嘧啶及其衍生物

嘧啶又称1,3-二氮苯，是含两个氮原子的六元杂环。无色晶体，熔点20～22℃，沸点123～124℃，易溶于水，它的碱性比吡啶还弱。

由于氮原子具有吸电子效应，能使另一个氮原子上的电子云密度降低，因此碱性也随之减弱（即结合质子的能力减弱）。亲电取代反应比吡啶困难，而亲核取代反应则比吡啶容易。能分别与酸或碱形成盐。

嘧啶很少存在于自然界中，但它的重要衍生物胞嘧啶（cytsine，简写C）、尿嘧啶（uracil，简写U）和胸腺嘧啶（thymine，简写T）普遍存在于动植物中，都是核酸的组成部分。这三种嘧啶都存在烯醇式和酮式的互变异构现象。

4-氨基-2-羟基嘧啶　⇌　4-氨基-2-氧嘧啶

胞嘧啶(C)

2,4-二羟基嘧啶　⇌　2,4-二氧嘧啶

尿嘧啶(U)

5-甲基-2,4-二羟基嘧啶　⇌　5-甲基-2,4-二氧嘧啶

胸腺嘧啶(T)

在生物体中哪一种异构体占优势，取决于体系的pH。在生物体中，嘧啶碱主要以酮式异构体存在。

7. 嘌呤及其衍生物

嘌呤可以看作是一个嘧啶环和一个咪唑环稠合而成的稠杂环化合物。嘌呤也有互变异构体，但在生物体内多以Ⅱ式存在。

第十一章　杂环化合物和生物碱

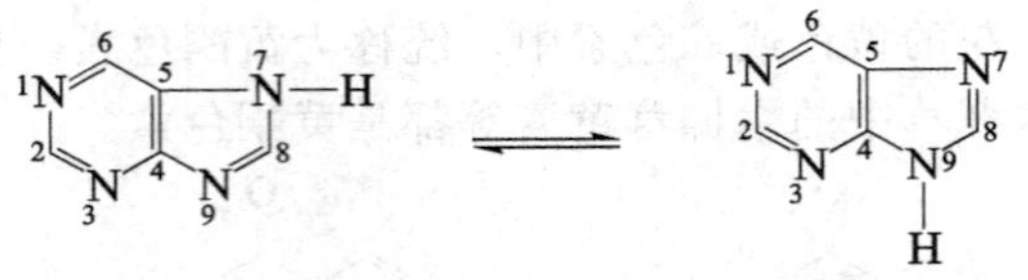

7-氢嘌呤　　　　　　　　9-氢嘌呤
Ⅰ　　　　　　　　　　　Ⅱ

嘌呤为无色晶体，熔点 216℃，易溶于水，能与酸或碱生成盐，但其水溶液呈中性。

嘌呤本身在自然界中尚未发现，但它的氨基及羟基衍生物广泛存在于动、植物体中。存在于生物体内组成核酸的嘌呤碱基有：腺嘌呤（adenine，简写 A）和鸟嘌呤（guanine，简写 G），是嘌呤的重要衍生物。它们都存在互变异构体，在生物体内，主要以右边异构体的形式存在。

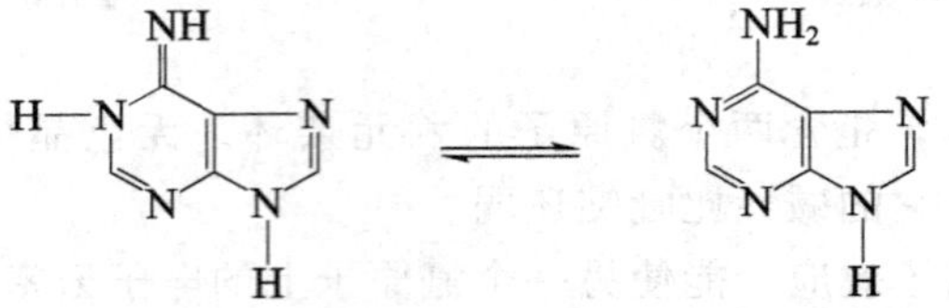

腺嘌呤(A)　　　　　　　　6-氨基嘌呤

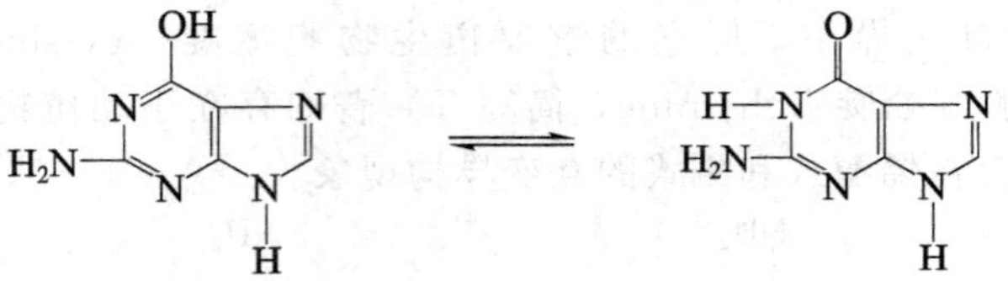

2-氨基-6-羟基嘌呤　　　　　　　　2-氨基-6-氧嘌呤

鸟嘌呤(G)

细胞分裂素是分子内含有嘌呤环的一类植物激素。细胞分裂素能促进植物细胞分裂，能扩大和诱导细胞分化，以及促进种子发芽。它们常分布于植物的幼嫩组织中，例如，玉米素最早是从未成熟的玉米中得到的。人们常用细胞分裂素来促进植物发芽、生长和防衰保绿，以及延长蔬菜的储藏时间和防止果树生理性落果等。

8. 蝶呤及其衍生物*

蝶呤是由嘧啶环和吡嗪环稠合而成的，维生素 B_2 和叶酸属于蝶呤的衍生物。

维生素 B_2 又名核黄素，结构式如下：

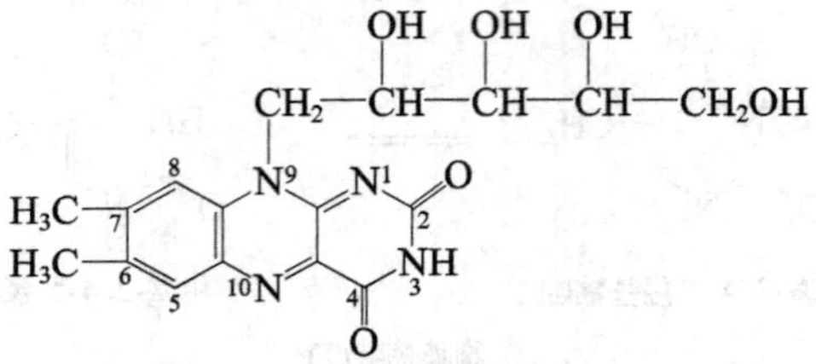

维生素 B_2 是生物体内氧化还原过程中传递氢的物质。这是因为在环上的第 1、10 位氮原子与活泼的双键相连，能接受氢而被还原成无色产物，还原产物又很容易再脱氢，因此具有可逆的氧化还原特性。

维生素 B_2 在自然界中分布很广，青菜、黄豆、小麦及牛乳、蛋黄、酵母等中含量较多。体内缺乏维生素 B_2，易患口腔炎、角膜炎、结膜炎等症。

叶酸是 B 族维生素之一，结构式如下：

$$\text{H}_2\text{N}-\underset{\text{OH}}{\text{pteridine}}-\text{CH}_2-\text{NH}-\text{C}_6\text{H}_4-\underset{\text{O}}{\text{C}}-\text{NH}-\underset{\text{COOH}}{\text{CH}}-\text{CH}_2\text{CH}_2\text{COOH}$$

叶酸最初是由肝脏分离出来的，后来发现绿叶中含量十分丰富，因此命名为叶酸。叶酸广泛存在于蔬菜、肾、酵母等中，能参与体内嘌呤及嘧啶环的生物合成。体内缺乏叶酸时，血红细胞的发育与成熟受到影响，造成恶性贫血症。

第二节　生　物　碱

生物碱是指一类含氮的碱性有机化合物。由于是从生物体（主要是植物）内取得，所以称为生物碱。它们多是含氮杂环衍生物，但也有少数非杂环的生物碱。

生物碱在植物界分布很广，动物体中的含量则很少。不同的植物所含生物碱差异也很大。在双子叶植物的罂粟科、茄科、毛茛科、豆科中含量比较丰富，而在裸子植物、蔷薇植物、隐花植物中的含量则极少。生物碱大都与有机酸（苹果酸、柠檬酸、草酸、琥珀酸、乙酸、乳酸等）或无机酸（磷酸、硫酸、盐酸）结合成盐存在于植物体内，但也有少数以游离碱、苷或酯的形式存在。

生物碱是一类存在于植物体内（偶尔在动物体内发现），对人和动物有强烈生理作用的含氮碱性有机化合物。例如当归、甘草、贝母、黄麻、黄连等许多药物中的有效成分都是生物碱。

有关生物碱的研究已有约两个世纪的历史，生物碱的发现始于 19 世纪初叶，最早发现的是吗啡（1803 年），随后不断报道了各种生物碱的发现，例如喹宁（1820 年）、颠茄碱（1831 年）、古柯碱（1860 年）、麻黄碱（1887 年）。19 世纪兴起了对生物碱的研究和结构测定，它对杂环化学、立体化学和合成新药物提供了大量的资料和新的研究方法。目前，中草药的研究和生物碱的研究正相得益彰，既促进了中药的发展，又促进了有机合成药物的发展，为生命科学开拓了广阔的前景。

一、生物碱的存在及提取方法

1. 生物碱的存在

到目前为止，人们已经从植物体中分离出的生物碱有数千种。

生物碱广泛存在于植物界中，一般双子叶植物中含生物碱较多，如在罂粟科、毛茛科、豆科等植物中含量较丰富，但并非双子叶植物中都含有生物碱。有些单子叶植物中也含有生物碱。一种植物中往往有多种生物碱，例如，在罂粟里就含有约 20 种不同的生物碱。同一科的植物所含的生物碱的结构通常是相似的。生物碱在植物体内常与某些有机酸或无机酸结合成盐的形式存在。植物中与生物碱结合的酸常有草酸、乙酸、苹果酸、柠檬酸、琥珀酸、硫酸、磷酸等，也有少数生物碱以游离碱、糖苷、酰胺或酯的形式存在。

生物碱对植物本身的作用目前尚不清楚，但对人具有强烈的生理作用。很多生物碱是很有价值的药物，如当归、贝母、甘草、麻黄、黄连等许多中草药的有效成分都是生物碱。我国使用中草药医治疾病的历史已有数千年之久，积累了非常丰富的经验。我国中草药的研究越来越受到重视，生物碱的研究取得了显著的成果。这对于开发我国的自然资源和提高人民的健康水平起着十分重要的作用。

2. 生物碱的提取方法

从植物中提取生物碱，一般有下面四种方法。

（1）加酸-碱提取法　首先将含有较丰富生物碱的植物用水清洗干净，沥干研碎，再用适量的稀盐酸或稀硫酸处理，使生物碱成为无机酸盐而溶于水中，然后往此溶液中加入适量的氢氧化钠使生物碱游离出来，最后用有机溶剂萃取游离的生物碱，蒸去有机溶剂便可得到较纯的生物碱。

（2）加碱提取法　在某些情况下，可把研碎的植物直接用氢氧化钠处理，使原来与生物碱结合的有机酸与加入的氢氧化钠作用，生物碱就会游离出来，最后用溶剂萃取。

（3）有机溶剂提取法　将含有生物碱的植物干燥切碎或磨成细粉，与碱液（稀氨水、Na_2CO_3等）搅拌研磨，使生物碱游离析出，再用有机溶剂浸泡，使生物碱溶于有机溶剂，将提取液进行浓缩蒸馏回收有机溶剂，冷却后得生物碱结晶。有时也可把有机溶剂提取液再用稀酸处理，使生物碱成为盐而溶于水，浓缩盐的水溶液后，再加入碱液使生物碱游离析出，然后用有机溶剂提取、浓缩，即可得生物碱结晶。

（4）蒸馏法　有些生物碱（如烟碱）可随水蒸气挥发，则可用水蒸气蒸馏法提取。

二、生物碱的一般性质

生物碱的种类很多，并且结构差异很大，因此它们的生理作用也不相同。由于它们都是含氮的有机化合物，所以有很多相似的性质。

大多数生物碱是无色晶体，只有少数是液体，味苦、难溶于水，易溶于有机溶剂。生物碱分子中含有手性碳原子，具有旋光性，其左旋体和右旋体的生理活性差别很大。自然界中存在的一般是左旋体。

生物碱在中性或酸性溶液中能与许多试剂生成沉淀或发生颜色反应，这些试剂叫做生物碱试剂，用于检验、分离生物碱。生物碱试剂可分两类。

1. 沉淀试剂

一般生物碱的中性或酸性水溶液均可与数种或某种沉淀试剂反应，生成沉淀。沉淀试剂的种类很多，它们大多是复盐、杂多酸和某些有机酸，例如，碘化汞钾（K_2HgI_4）、碘化铋钾（$BiI_3·KI$）、磷钨酸（$H_3PO_4·12WO_3·2H_2O$）、磷钼酸（$Na_3PO_4·12MoO_3$）、硅钨酸（$12WO_3·SiO_2·4H_2O$）、碘-碘化钾、鞣酸、氯化汞（$HgCl_2$）、10%苦味酸、$AuCl_3$盐酸溶液、$PtCl_4$盐酸溶液等，其中最灵敏的是碘化汞钾和碘化铋钾等。利用生物碱的沉淀反应，可以检验生物碱的存在。不同生物碱能与不同的沉淀试剂作用呈不同颜色的沉淀，如某些生物碱与碘-碘化钾溶液生成棕红色沉淀；与磷钼酸试剂生成黄褐色或蓝色沉淀；与硅钨酸试剂或鞣酸作用生成白色沉淀；与苦味酸试剂或碘化汞钾试剂作用生成黄色沉淀等。

2. 显色试剂

它们大多是氧化剂或脱水剂，例如，高锰酸钾、重铬酸钾、浓硝酸、浓硫酸、钒酸铵或甲醛的浓硫酸溶液等。它们能与不同的生物碱反应产生不同的颜色，如重铬酸钾的浓硫酸溶液使吗啡显绿色；浓硫酸使秋水仙碱显黄色；钒酸铵的浓硫酸溶液使莨菪碱显红色，使吗啡显棕色，而使奎宁显淡橙色。

这些显色剂在色谱分析上常作为生物碱的鉴定试剂。

三、重要的生物碱举例

目前已知的生物碱有数千种，按照它们分子结构的不同，一般将生物碱分为若干类，如有机胺类、吡咯类、吡啶类、颠茄类、喹啉类、吲哚类、嘌呤类、萜类和甾体类等。这里仅选几个有代表性的生物碱作简单介绍。

1. 烟碱

又称尼古丁，是烟草中所含十二种生物碱中最多的一种。它由一个吡啶环与一个四氢吡咯环组成，属于吡啶类生物碱，常以苹果酸盐及柠檬酸盐的形式存在于烟草中。其结构式为：

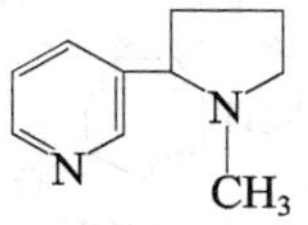

纯的烟碱是无色油状液体，沸点 246℃，有苦辣味，易溶于水和乙醇。自然界中的烟碱是左旋体，它在空气中易氧化变色。烟碱的毒性很大，少量烟碱对中枢神经有兴奋作用，能增高血压；大量烟碱能抑制中枢神经系统，使心脏停搏，以致死亡。烟草生物碱是有效的农业杀虫剂，能杀灭蚜虫、蓟马、木虱等。烟碱常以卷烟的下脚料和废弃品为原料提取得到。

我国烟草中烟碱的含量为 1‰～4‰。

2. 麻黄碱

又名麻黄素，存在于麻黄中。麻黄碱是少数几个不含杂环的生物碱，是一种仲胺。麻黄碱分子中含有两个手性碳原子（C^*），所以应有四个旋光异构体：左旋麻黄碱、右旋麻黄碱、左旋伪麻黄碱和右旋伪麻黄碱。但在麻黄中只有左旋麻黄碱和左旋伪麻黄碱存在，其中左旋麻黄碱的生理作用较强。其结构式如下：

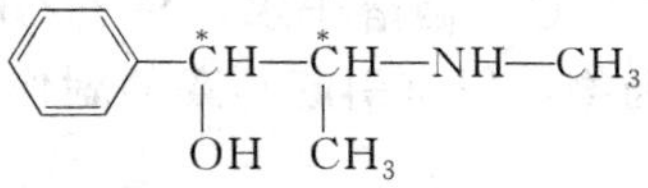

左旋麻黄碱为无色晶体，熔点 40℃，沸点 255℃，易溶于水，可溶于乙醇、乙醚、氯仿等有机溶剂。它是一个仲胺，碱性较强。

麻黄是我国特产，使用已有数千年。明代李时珍的《本草纲目》中记载，主治伤寒、头痛、止咳、除寒气等。它具有兴奋交感神经、收缩血管、增高血压和扩张支气管等功能。因此，现临床上用作止咳、平喘和防止血压下降的药物。

3. 茶碱、可可碱和咖啡碱

它们存在于可可豆、茶叶及咖啡中，属于嘌呤类生物碱，是黄嘌呤的甲基衍生物，其结构式为：

茶碱
(1,3-二甲基黄嘌呤)

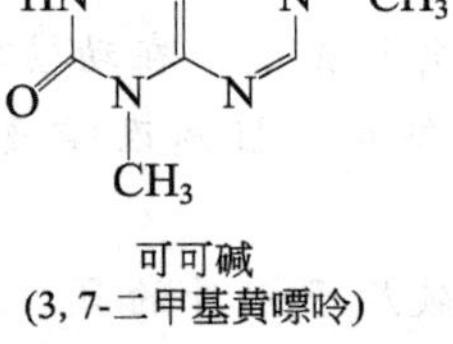

可可碱
(3,7-二甲基黄嘌呤)

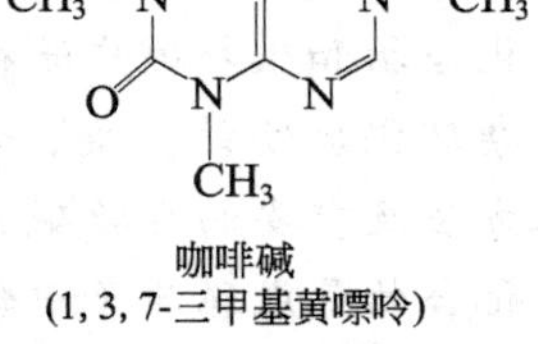

咖啡碱
(1,3,7-三甲基黄嘌呤)

茶碱是白色晶体，熔点 270～272℃，易溶于热水，难溶于冷水，显弱碱性。它有较强的利尿作用和松弛平滑肌的作用。

可可碱是白色晶体，熔点 357℃，微溶于水或乙醇，有很弱的碱性。能抑制胃小管再吸收和具有利尿作用。

咖啡碱又叫咖啡因。它是白色针状晶体，熔点 235℃，味苦，易溶于热水，显弱碱性。它的利尿作用不如前二者，但它有兴奋中枢神经和止痛作用。因此，咖啡及茶叶一直被人们当作饮料。

4. 秋水仙碱

秋水仙碱存在于秋水仙植物的球茎和种子中,是一种不含杂环的生物碱,它是环庚三烯酮的衍生物,分子中含有两个稠合的七碳环,氮在侧链上成酰胺结构,其结构式为:

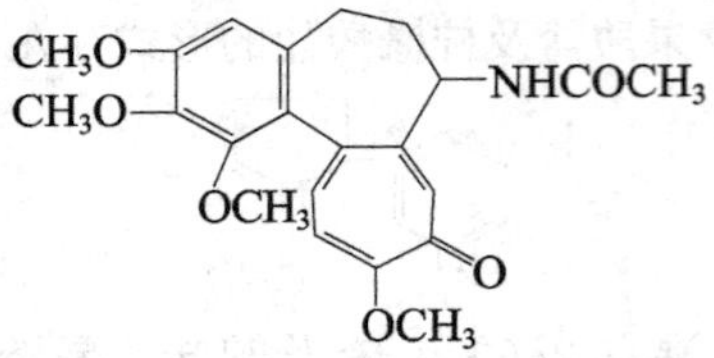

秋水仙碱是浅黄色结晶,熔点 155~157℃,味苦,能溶于水,易溶于乙醇和氯仿。具有旋光性。它的分子中,氮原子以酰胺的形式存在,所以它的水溶液呈中性。它对细胞分裂有较强的抑制作用,能抑制癌细胞的增长,在临床上用于治疗乳腺癌和皮肤癌等。在植物组织培养上,它是人工诱发染色体加倍的有效化学药剂。

5. 金鸡纳碱*

金鸡纳碱又叫喹咛,属喹啉的衍生物。存在于金鸡纳树皮中,其结构式为:

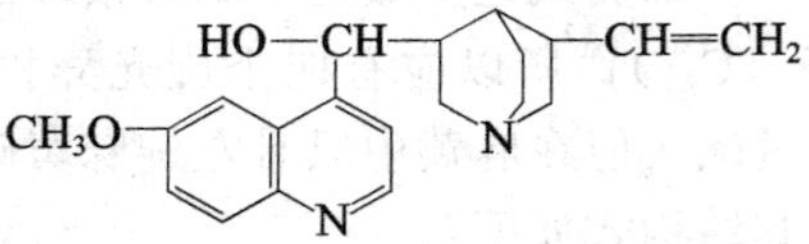

金鸡纳碱为无色晶体,熔点 177℃,微溶于水,易于乙醇、乙醚等有机溶剂。金鸡纳碱具有退热作用,是有效的抗疟疾药物,但有引起耳聋的副作用。

6. 喜树碱

喜树碱存在于我国西南和中南地区的喜树中。自然界中存在的是右旋体,其结构式为:

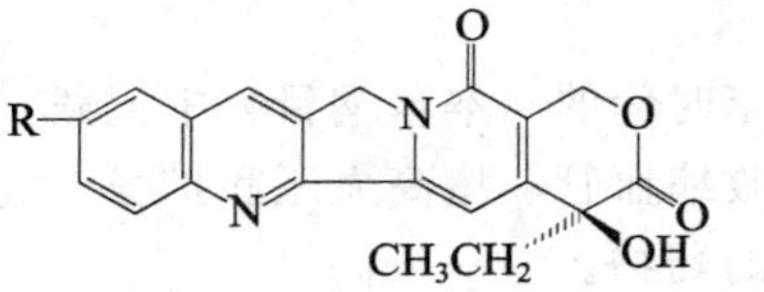

R=—H 喜树碱 I
R=—OH 羟基喜树碱 II
R=—OCH$_3$ 甲氧基喜树碱 III

喜树碱是淡黄色针尖状晶体,在紫外光照射下显蓝色荧光,熔点 264~267℃,不溶于水,溶于氯仿、甲醇、乙醇中。

喜树碱对胃癌、肠癌等疗效较好,对白血病也有一定疗效。因毒性大,使用时要慎重。

本章知识点归纳

杂环化合物和生物碱广泛存在于自然界中,在动植物体内起着重要的生理作用。本章主要介绍了杂环化合物的分类、命名、结构、性质及重要的杂环化合物;生物碱的存在、性质、提取方法及重要的生物碱。

杂环化合物是成环原子中含有除碳原子以外的氧、硫、氮等杂原子的环状有机化合物。通常以译音法命名,为了研究方便,将杂环化合物分为单杂环和稠杂环两类。从结构分析可知,多数杂环化合物结构中具有环状闭合的共轭体系,符合休克尔规则,具有芳香性。杂环化合物的化学性质主要有亲电取代反应(卤代、硝化、磺化、傅-克反应)、加成反应、氧化反应等。

杂环化合物有富电子芳杂环和缺电子芳杂环两大类。富电子芳杂环化合物,如呋喃、噻吩、吡咯等较苯易发生亲电取代反应,而且取代反应主要发生在 α-位;缺电子芳杂环化合物,如吡啶发生亲电取代反应比苯难,取代反应主要发生在 β-位。

吡咯环是富电子芳杂环,易被氧化剂氧化,且对酸不稳定。吡啶环是缺电子芳杂环,对氧化剂稳定,比苯环更难被氧化。杂环化合物的芳香性比苯差,因此发生加成反应一般比苯容易。

吡咯环中氮原子的未共用电子对参与环的共轭,因此吡咯环不显碱性而显弱酸性;吡啶环中氮原子上的未共用电子对未参与环的共轭,因此易接受质子而显弱碱性。

杂环化合物是有机化合物中数量最多的一类化合物,与人类生存密切相关,重要代表物有:

糠醛是呋喃衍生物,易发生氧化、还原、歧化和聚合反应。

叶绿素和血红素、维生素 B_{12} 是吡咯的衍生物,分子中都含有卟吩环,属卟啉化合物。

维生素PP、维生素 B_6、雷米封是吡啶的衍生物,参与生物体氧化还原过程和促进组织新陈代谢。

尿嘧啶、胞嘧啶、胸腺嘧啶、腺嘌呤、鸟嘌呤是嘧啶及嘌呤的衍生物,它们都存在酮式-烯醇式互变异构。

生物碱是一类对人和动物有强烈的生理作用的碱性物质,大多数是含氮杂环的衍生物,在生物体内以有机酸或无机酸盐的形式存在。常见的生物碱有烟碱、麻黄碱、咖啡碱、秋水仙碱、茶碱、可可碱、吗啡碱、喜树碱、金鸡纳碱等。

多数生物碱难溶于水而易溶于有机溶剂,而生物碱与酸结合成盐后则易溶于水而难溶于有机溶剂,根据这一特性可分离和提纯生物碱。

阅读材料

鸦片、吗啡与海洛因

鸦片,学名阿片,在医药上有着重要的位置,是一种很好的麻醉镇痛药。阿片一词是由希腊文"浆汁"引申而来,确确实实它是从植物罂粟的切口流出的浆汁,经自然干燥而制得,色褐、味苦、异臭、可溶于水,主要成分是吗啡(占10%),其次是可待因与罂粟碱,具有成瘾性、耐受性、欣快性、等级性四大药理特点。所谓等级性是指越是高级神经中枢,作用就越强。

罂粟科植物鸦片中含有20多种生物碱,其中含量最高是吗啡碱。它的分子中含有一个异喹啉环。吗啡是1803年被提纯的第一个生物碱,直至1952年才确定了它的结构式,并由全合成所证实:

吗啡为白色晶体,熔点254℃,味苦,微溶于水。吗啡环是不稳定的,在空气中能缓慢氧化。它对中枢神经有麻醉作用和较强的镇痛作用,在医药上应用广泛,可作为镇痛药和安眠药。由于它的成瘾性,使用时须小心谨慎,必须严格控制使用。

令人遗憾的是,世界上生产的阿片仅一小部分用在医疗上,绝大部分被非法买卖。阿片能使人慢性中毒,服用阿片半个月会出现瞳孔缩小,精神欣快,一旦停药会产生戒断综合征:流鼻涕、流眼泪、打哈欠、恶心呕吐、心烦意乱、软弱无力、精神萎靡,此时再服用阿片,戒断综合征立即消除。长此下去,成瘾者意志消沉,消瘦乏力,丧失生活及工作信心。为避免出现戒断综合征和获得欣快感,便会丧失理智地谋取阿片,即"强迫性求药行为",导致严重的家庭与社会问题。

第十一章 杂环化合物和生物碱

阿片的主要成分是吗啡，是镇痛的王牌药，又能提高胃肠平滑肌与括约肌的张力，减少蠕动，故可止泻固精，对此《本草纲目》曾有记载。吗啡一词来源于希腊文"梦神"，服用后会产生幻觉。阿片的另一成分是可待因，有中枢性镇咳作用及轻度镇痛作用。另外所含罂粟碱，具有松弛平滑肌作用和血管扩张作用，这一点与吗啡恰好相反。

阿片的近亲有印度大麻及其他人工合成品海洛因、杜冷丁、乙基吗啡。印度大麻曾作为麻醉药品使用过，但作为镇痛药已被否定，无明显成瘾性。海洛因即盐酸二乙基吗啡，白色粉末，味苦，易溶于水，进入机体后水解成吗啡产生类吗啡作用。它比吗啡镇痛作用大七倍，抑制呼吸中枢作用大四倍，它最大的危险性是：只服小剂量，短时间就可成瘾，难以戒除，易复发。

治疗瘾君子的药物与方法较多，用非那酮替代是其中一种，这是由于非那酮所产生的戒断综合征较阿片为轻，通过迅速减量至停用以达到戒除的目的。

习 题

1. 命名下列化合物。

2. 写出下列化合物的结构式。
   (1) 2,4-二甲基呋喃　　(2) 2,3-二溴吡咯　　(3) 2-甲基糠醛　　(4) 5-甲基噻唑
   (5) 4-甲基吡啶　　　　(6) 尼古丁　　　　(7) 喹啉　　　　　(8) 雷米封

3. 完成下列反应。

4. 解释下列问题。

从电子效应说明为什么吡啶比苯难于发生亲电取代反应，而吡咯比苯易于发生亲电取代反应？

5. 按碱性由大到小的顺序排列下列化合物。

(1) 苄胺　苯胺　吡咯　吡啶　氨

(2) 吡咯　吡啶　四氢吡咯

6. 用化学方法区别下列化合物。

(1) 呋喃、吲哚、四氢呋喃

(2) 噻吩、糠醛、苯

(3) 呋喃、噻吩、吡咯、吡啶

7. 用化学方法除去下列化合物中的杂质。

(1) 甲苯中的少量吡啶　　(2) 苯中的少量噻吩

8. 完成下列转化。

(1) γ-甲基吡啶 → γ-苯甲酰基吡啶

(2) 糠醛 →

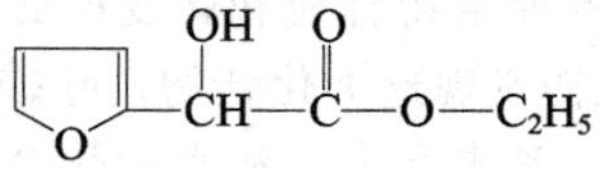

9. 推断结构式。

(1) 某化合物 $C_5H_4O_2$ 经氧化后生成羧酸 $C_5H_4O_3$，把此羧酸的钠盐与碱石灰作用，转变为 C_4H_4O，后者不与钠反应，也不具有醛和酮的性质，原来的 $C_5H_4O_2$ 是什么化合物？

(2) 甲基喹啉氧化得到一种三元羧酸，该酸脱水时可得到两种酸酐的混合物，确定甲基在喹啉中的位置。

第十二章 糖类化合物

Chapter 12

糖类（saccharide）化合物在自然界分布最为广泛，从细菌到高等动物都含有糖类化合物，而植物是糖类化合物最重要的来源和储存形式，植物干重的 80％左右是糖类化合物。糖是人类和动植物的三大能源（脂肪、蛋白质、糖类）之一，它在人体内代谢最终生成二氧化碳和水，同时释放出能量以维持生命及体内进行各种生物合成和转变所必需的能量。

糖类化合物由碳、氢、氧三种元素组成。人们最初发现这类化合物，除碳原子外，氢与氧原子数目之比与水相同，可用通式 $C_m(H_2O)_n$ 表示，形式上像碳和水的化合物，故以前也称碳水化合物。如葡萄糖、果糖等的分子式为 $C_6H_{12}O_6$，蔗糖的分子式为 $C_{12}H_{22}O_{11}$ 等。可是后来发现，有些有机物在结构和性质上与碳水化合物十分相似，但组成不符合 $C_m(H_2O)_n$ 的通式，如鼠李糖（$C_6H_{12}O_5$）、脱氧核糖（$C_5H_{10}O_4$）等；而有些化合物如乙酸（$C_2H_4O_2$）、乳酸（$C_3H_6O_3$）等，分子组成虽然符合上述通式，但其结构和性质与碳水化合物相差甚远。可见碳水化合物这一名称是不确切的，但因历史沿用已久，故至今仍在使用。从分子结构的特点来看，糖是一类多羟基醛或多羟基酮，以及能够水解生成多羟基醛或多羟基酮的有机化合物。

糖类化合物常根据它的水解情况分为单糖（多羟基醛与多羟基酮）、低聚糖（水解后能生成几个单糖分子，根据水解后生成的单糖分子数可分为二糖、三糖等）、高聚糖（也称多糖，水解后能生成许多单糖分子，如淀粉、纤维素等）。单糖是组成低聚糖和高聚糖的基本单位，研究单糖是研究糖类化合物的基础。因此，在本章中我们先讨论单糖的结构和性质，然后讨论低聚糖和高聚糖。

第一节 单 糖

一、单糖的分类

根据单糖分子中所含官能团的不同，单糖可分为醛糖和酮糖两大类，根据分子中碳原子的数目不同，又可分为丙糖、丁糖、戊糖、己糖、庚糖等，通常把以上两种方法结合来分类，如己醛糖、己酮糖等。例如：

$$\begin{array}{ccc}
\text{CHO} & \text{CHO} & \text{CH}_2\text{OH} \\
\text{H}-\text{C}-\text{OH} & \text{H}-\text{C}-\text{OH} & \text{C}=\text{O} \\
\text{H}-\text{C}-\text{OH} & \text{HO}-\text{C}-\text{H} & \text{HO}-\text{C}-\text{H} \\
\text{H}-\text{C}-\text{OH} & \text{H}-\text{C}-\text{OH} & \text{H}-\text{C}-\text{OH} \\
\text{CH}_2\text{OH} & \text{H}-\text{C}-\text{OH} & \text{H}-\text{C}-\text{OH} \\
& \text{CH}_2\text{OH} & \text{CH}_2\text{OH} \\
\text{核糖（戊醛糖）} & \text{葡萄糖（己醛糖）} & \text{果糖（己酮糖）}
\end{array}$$

二、单糖的构型

除丙酮糖外,单糖分子中均有手性碳原子,因此都有旋光异构体。例如,葡萄糖有 4 个手性碳原子,应有 2^4 个旋光异构体。所以,确定其立体构型是单糖的重要研究内容。

手性碳原子的标记有 R、S 法标记和 D、L 标记法,对糖类化合物最常用的是 D、L 标记法。

在相对构型标记法中,起先人为地规定左、右旋甘油醛用下式表示:

$$\begin{array}{c} \text{CHO} \\ \text{HO}-\!\!\!\!-\text{H} \\ \text{CH}_2\text{OH} \end{array} \qquad \begin{array}{c} \text{CHO} \\ \text{H}-\!\!\!\!-\text{OH} \\ \text{CH}_2\text{OH} \end{array}$$

L-(−)-甘油醛　　　　D-(+)-甘油醛

由 D-甘油醛衍生的一系列化合物为 D 构型,由 L-甘油醛衍生的一系列化合物为 L 构型。甘油醛增长碳链可衍生含更多碳原子的单糖:

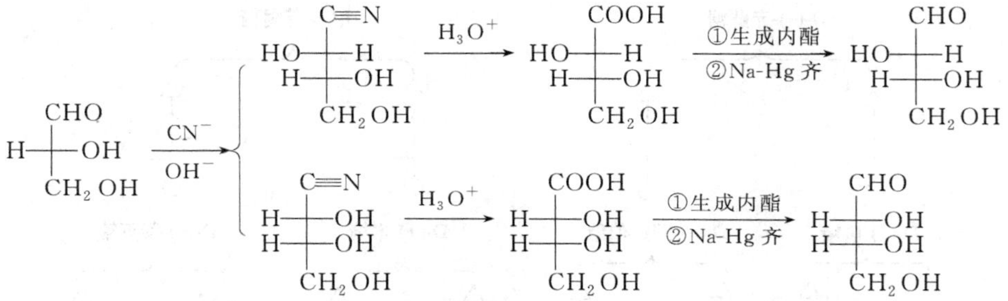

在增长碳链的过程中,甘油醛中决定构型的羟基的位置是不变的,即由 D-甘油醛衍生的一系列单糖最大编号的手性碳原子的羟基在右边,由 L-甘油醛衍生的一系列单糖最大编号的手性碳原子的羟基在左边。因此,在使用 D、L 标记法标记单糖构型时,只考虑距羰基最远的手性碳原子的构型,此手性碳原子上的羟基处于右侧的为 D 构型的糖,处于左侧的为 L 构型的糖。

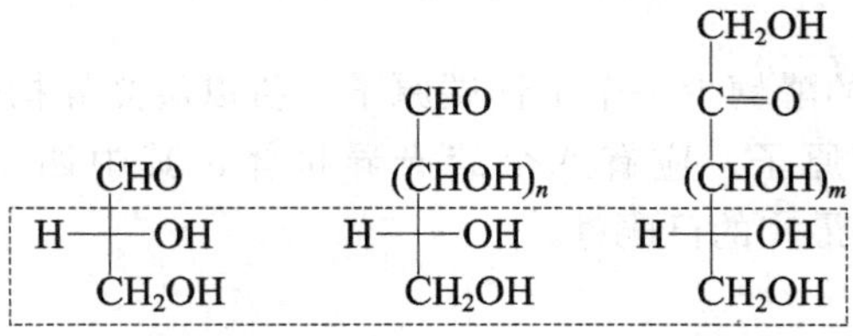

$$\begin{array}{c} \text{CHO} \\ \text{H}-\!\!\!-\text{OH} \\ \text{CH}_2\text{OH} \end{array} \qquad \begin{array}{c} \text{CHO} \\ (\text{CHOH})_n \\ \text{H}-\!\!\!-\text{OH} \\ \text{CH}_2\text{OH} \end{array} \qquad \begin{array}{c} \text{CH}_2\text{OH} \\ \text{C}=\text{O} \\ (\text{CHOH})_m \\ \text{H}-\!\!\!-\text{OH} \\ \text{CH}_2\text{OH} \end{array}$$

D-甘油醛　　　　D-某醛糖　　　　D-某酮糖

为使人们在研究和学习中简便起见,单糖的费歇尔(Fischer)投影式可简写如下:在构型式中将所有碳原子都省掉,用"△"代表醛基,用"○"代表末端羟甲基(—CH$_2$OH),用竖直方向的直线表示碳链,用短横线表示羟基。如 D-(+)-葡萄糖的 Fischer 投影式可用以下三种形式表示:

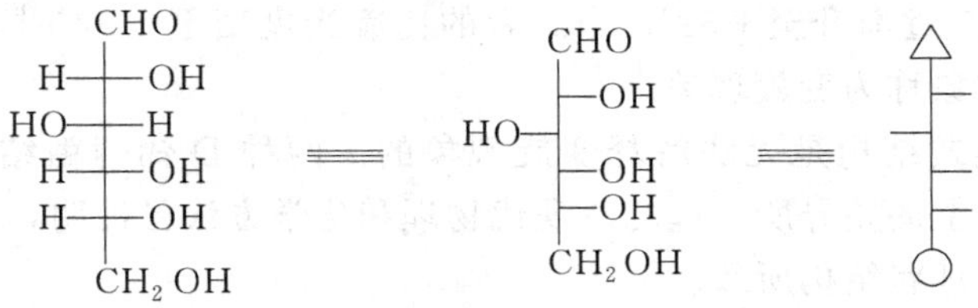

从 D-(+)-甘油醛衍生出来的 D 型糖，可用图 12-1 表示。可以看出，单糖的旋光方向与构型没有必然的联系，旋光方向只能通过实验测定。

图 12-1 中各 D 型异构体都各有一个 L 型对映异构体。例如，D-(+)-葡萄糖的对映体是 L-(—)-葡萄糖。它们的旋光度相等，旋光方向相反。因此在己醛糖的十六个旋光异构体中，有八个是 D 型的，有八个是 L 型的。其中只有 D-(+)-葡萄糖、D-(+)-甘露糖和 D-(+)-半乳糖存在于自然界中，其余均为人工合成。

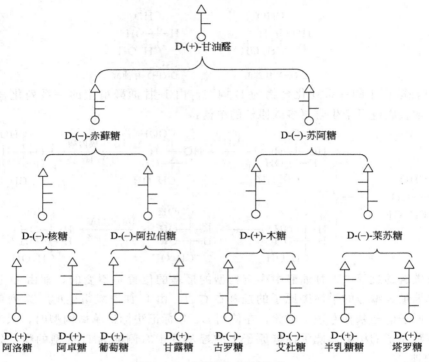

图 12-1　醛糖的 D 型异构体

酮糖比含同数碳原子的醛糖少一个手性碳原子，所以旋光异构体的数目要比相应的醛糖少。己酮糖有三个手性碳原子，应有八个旋光异构体，其中四个为 D 型，四个为 L 型。D-(+)-果糖是自然界分布最广的己酮糖。

三、单糖的结构

1. 变旋现象

实验证明，在不同条件下可以得到两种 D-葡萄糖晶体，从乙醇水溶液中结晶出来的 D-葡萄糖，$[\alpha]_D^{20} = +112.2°$，熔点 146℃；从吡啶溶液中结晶出来的 D-葡萄糖，$[\alpha]_D^{20} = +18.7°$，熔点为 148～150℃。常温下，若将这两种不同的葡萄糖结晶分别溶于水，并立即置于旋光仪中，则可观察到它们的比旋光度都逐渐发生变化，前者从 +112.2° 逐渐降至 +52°，后者从 +18.7° 逐渐升至 +52°，当二者的比旋光度变至 +52° 时即稳定不变。这种比旋光度自行改变的现象称为变旋现象。

从葡萄糖的开链式结构是无法解释变旋现象的。两种 D-葡萄糖结晶的比旋光度不同，必然是由于它们结构上的差异所引起的。现代物理和化学方法已证明，这种差异是由于这两种葡萄糖具有不同的环状结构所致。

2. 单糖的环状结构

葡萄糖的开链结构式中既含有醛基又含有醇羟基，根据醛和醇加成可以形成半缩醛的反应原理，葡萄糖分子内应该可以发生类似醛和醇的加成反应，形成环状半缩醛结构。

葡萄糖分子中有五个羟基，到底哪一个羟基与醛基发生了加成呢？实验证明，一般是葡萄糖分子内 C5 上的羟基与醛基加成形成环状的半缩醛，羟基可以从醛基所在平面的两侧向醛基进攻，因此，加成后 C1 就成为一个具有两种构型的新手性碳原子，从而得到两个新的旋光异构体：一个称为 α-D-（+）-葡萄糖，另一个称为 β-D-（+）-葡萄糖。这两种环状异构体通过开链结构相互转变而建立动态平衡。

α-D-(+)-葡萄糖　　　　D-(+)-葡萄糖　　　　β-D-(+)-葡萄糖
37%　　　　　　　　　0.01%　　　　　　　　63%
$[\alpha]_D^{20} = +112.2°$　　　　　　　　　　　　　$[\alpha]_D^{20} = +18.7°$

两个环状结构的葡萄糖是一对非对映异构体，它们的区别仅在于 C1 的构型不同，故也称"异头物"，C1 上新形成的半缩醛羟基（也叫苷羟基）与决定构型的碳原子，即链式结构中距醛基最远的手性碳原子，也就是 C5 上的羟基处于同侧的称为 α 型；反之，称为 β 型。简而言之，半缩醛羟基与决定构型的羟基在同侧的为 α 式；异侧为 β 式。因此，α-D-葡萄糖的半缩醛羟基在碳链的右边，β-D-葡萄糖的半缩醛羟基在碳链的左边。在糖的环状结构中有多个羟基，但是，仅仅由分子内加成而生成的那个新的羟基才是半缩醛羟基，其余的称为醇羟基。

通过以上的环状半缩醛结构可知，变旋现象是由开链结构与环状的半缩醛结构互变而引起的。从乙醇水溶液中结晶出来的葡萄糖晶体为 α-D-（+）-葡萄糖，从吡啶溶液中结晶出来的葡萄糖晶体为 β-D-（+）-葡萄糖。当把 α-D-（+）-葡萄糖溶于水中，便有少量 α-D-（+）-葡萄糖转化为开链式结构，并且 α-D-（+）-葡萄糖与链式结构之间可以相互转化，但当链式结构转化为环状半缩醛结构时，不仅能生成 α-D-（+）-葡萄糖，也能生成 β-D-（+）-葡萄糖，经过一定时间以后，α 型、β 型和链式三种异构体之间达到平衡，形成一个互变平衡体系，比旋光度也达到一个平衡值而不再变化。如将 β-D-（+）-葡萄糖溶于水，经过一段时间后，也形成如上三种异构体的互变平衡体系。

在此互变平衡体系中，α 型约占 37%，β 型约占 63%，而链式结构仅占 0.01%，虽然链式结构极少，但 α 型与 β 型之间的互变必须通过链式才能完成。在上述互变平衡体系中，根据计算结果可以得知溶液的比旋光度（113×37%＋19×63%≈52），所以，若将以上两种不同的葡萄糖结晶分别溶于水，并置于旋光仪中，则可观察到它们的比旋光度都逐渐变至 +52°。这样就很好地解释了变旋现象。

其他单糖如果糖、甘露糖、半乳糖、核糖和脱氧核糖等亦有环状半缩醛结构，也有变旋现象。例如，D-果糖，在自然界以化合态存在时为五元环结构（呋喃型），而果糖结晶则为六元环结构（吡喃型），因此，果糖在水溶液中可能存在五种构型，即开链式、六元环的 α 型和 β 型、五元环的 α 型和 β 型：

第十二章　糖类化合物

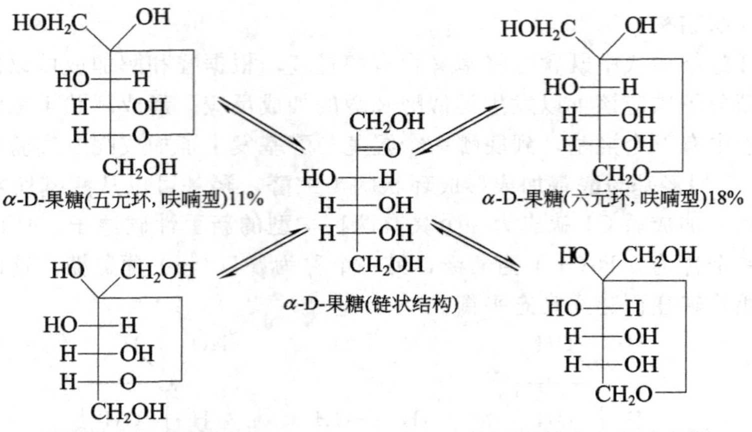

α-D-果糖(五元环,呋喃型)11%　　α-D-果糖(链状结构)　　α-D-果糖(六元环,吡喃型)18%

β-D-果糖(五元环,呋喃型)34%　　　　　　　　　　β-D-果糖(六元环,吡喃型)37%

3. 哈武斯（Haworth）透视式

上述单糖的环状半缩醛结构是以 Fischer 投影式为基础表示的,不能形象地反映出单糖分子中各原子和基团的空间位置,Haworth 透视式能形象地反映出单糖分子中各原子和基团的空间位置,因此常用其表示单糖的环状半缩醛结构。

下面以 D-(+)-葡萄糖为例,说明 Haworth 透视式的书写步骤:先将碳链放成水平位置,则氢原子和羟基分别在碳链的上面或下面,如Ⅰ;然后将碳链在水平位置向后弯成六边形,如Ⅱ;将 C5 上的原子或原子团按箭头所指进行逆时针轮换,使 C5 上的羟基靠近 C1 上的醛基,如Ⅲ;C5 上的羟基与 C1 上的醛基发生分子内的羟醛缩合反应,形成环状的半缩醛结构,由于羟醛缩合反应后 C1 成为手性碳原子,C1 上新形成的羟基（半缩醛羟基）可在环平面的下面或上面,便形成了 α 和 β 两个异构体,Ⅳ和Ⅴ分别为 α-D-葡萄糖和 β-D-葡萄糖的 Haworth 透视式。

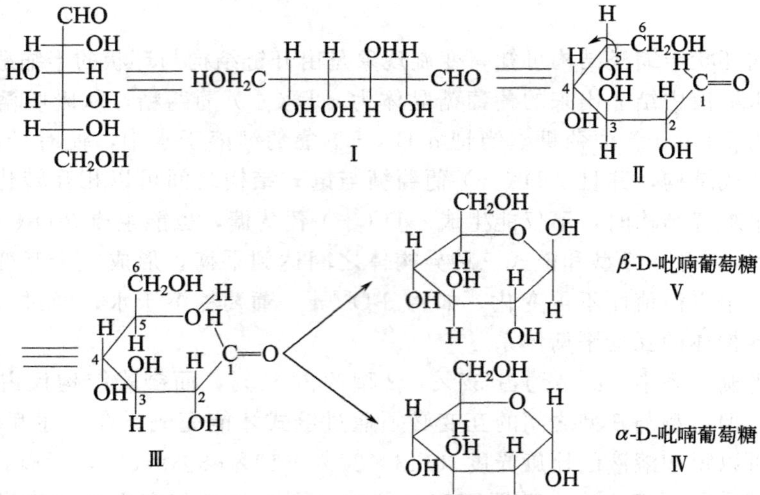

β-D-吡喃葡萄糖
Ⅴ

α-D-吡喃葡萄糖
Ⅳ

在单糖的 Haworth 式中,如何确定单糖的 D、L-构型和 α、β-构型呢?确定 D、L-构型要看环上碳原子的位次排列方式。如果是按顺时针方式排列,编号最大手性碳上的羟甲基在环平面上方的为 D-构型;反之,羟甲基在环平面下方的为 L-构型。如果是按逆时针方式排列,则与上述判别恰好相反。确定 α、β-构型是根据半缩醛羟基与编号最大手性碳上的羟甲基的相对位置。如果半缩醛羟基与编号最大手性碳上的羟甲基在环的异侧为 α-构型;反之,半缩醛羟基与羟甲基在环的同侧为 β-构型。编号最大手性碳上无羟甲基时，则与其上的氢比较，半缩醛羟基与编号最大手性碳上的氢在环的异侧为 α-构型；反之，为 β-构型。

在 Haworth 透视式中，成环的碳原子均省略了，环上其他基团的相对位置则以链式结构中的相对位置而定。如环上碳原子编号为顺时针方向，在链式结构中位于右侧的基团写在环的下方，左侧的基团写在环的上方。

D-果糖的酮基与 C5 上羟基加成形成五元环，与 C6 上羟基加成形成六元环，其 Haworth 透视式如下：

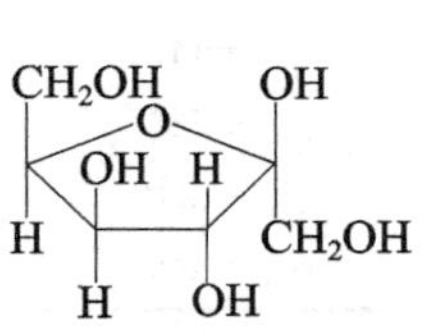

α-D-果糖(五元环,呋喃型) 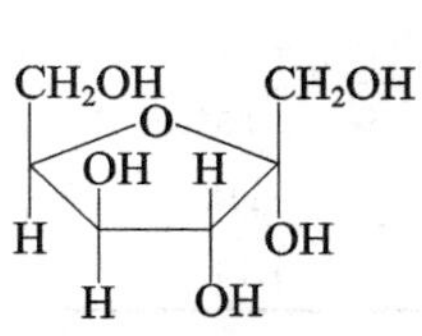　　β-D-果糖(五元环,呋喃型) 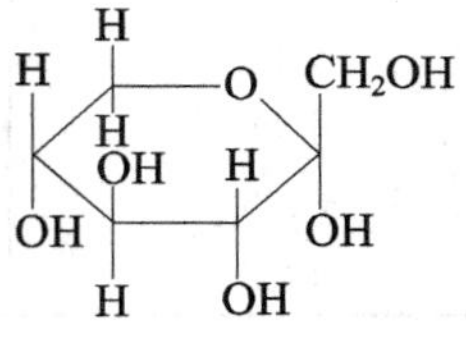　　α-D-果糖(六元环,吡喃型) 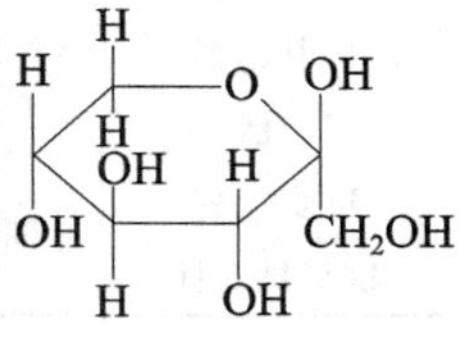　　β-D-果糖(六元环,吡喃型)

在单糖的环状结构中，五元环与呋喃环相似，六元环与吡喃环相似。因此，五元环单糖又称呋喃型单糖，六元环单糖又称吡喃型单糖。

其他几种单糖的哈武斯透视式如下：

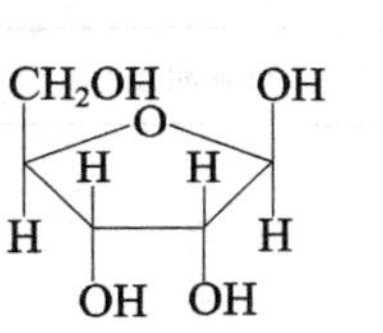

β-D-(−)-核糖 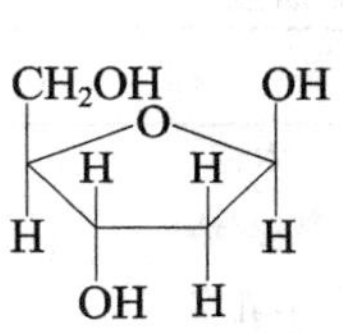　　β-D-(−)-2-脱氧核糖 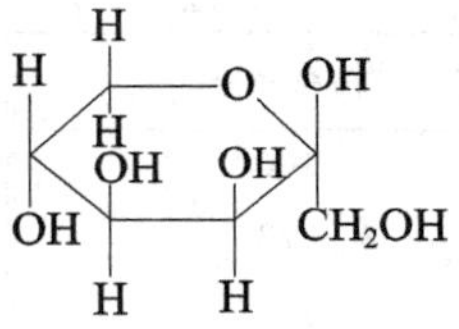　　β-D-(+)甘露糖 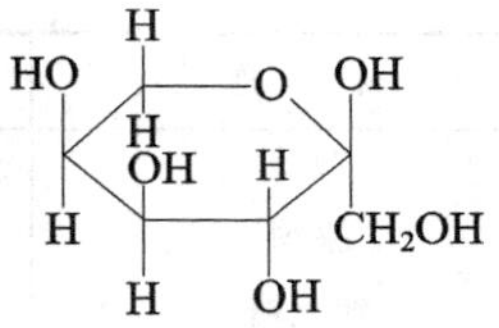　　β-D-(+)-半乳糖

4. 单糖的构象

近代 X 射线分析等技术对单糖的结构研究结果表明，以五元环形式存在的糖，例如果糖、核糖等，分子中成环的碳原子和氧原子都处于一个平面内。而以六元环形式存在的糖，例如葡萄糖、半乳糖等，分子中成环的碳原子和氧原子不在一个平面内，其构象类似于环己烷，且椅式构象占绝对优势。在椅式构象中，又以较大基团连在 e 键上的最稳定。

在 β-D-葡萄糖中，半缩醛羟基处于 e 键上，而在 α-D-葡萄糖中，半缩醛羟基处于 a 键上，所以 β-D-葡萄糖比 α-D-葡萄糖稳定。这就是在 D-葡萄糖的变旋混合物中，β 式所占比例大于 α 式的原因。在所有己醛糖的构象中，β-D-葡萄糖是唯一的所有较大基团都处于 e 键上的糖，这可能就是葡萄糖在自然界中存在最多的原因之一。

虽然构象式能真实地反映单糖的三维空间结构，但为了书写方便，通常仍较多使用开链式和 Haworth 式来表示单糖的结构。

下面是几种单糖的椅式构象：

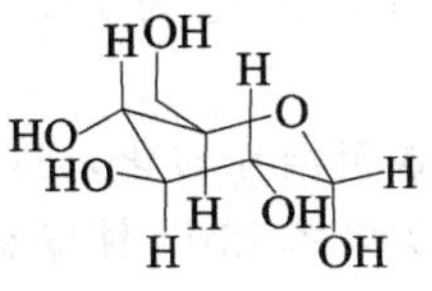

α-D-葡萄糖 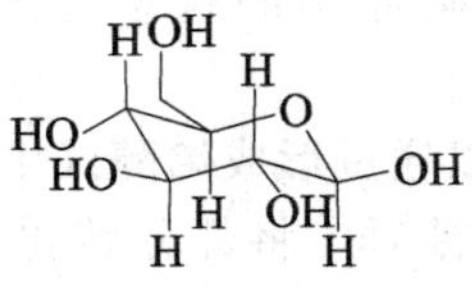　　β-D-葡萄糖 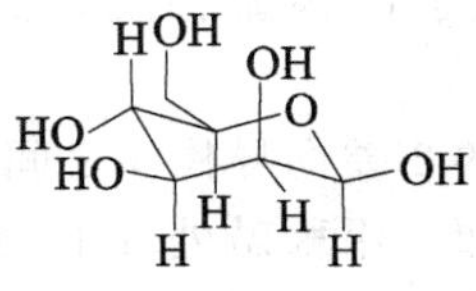　　β-D-甘露糖 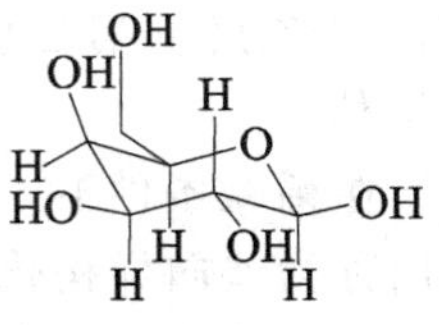　　β-D-半乳糖

四、单糖的物理性质

单糖都是无色晶体，易溶于水，能形成糖浆，也溶于乙醇，但不溶于乙醚、丙酮、苯等

有机溶剂。除丙酮糖外，所有的单糖都具有旋光性，而且有变旋现象。旋光性是鉴定糖的重要标志，几种常见糖的比旋光度如表12-1所示。

表12-1 常见糖的比旋光度

名称	纯α异构体	纯β异构体	变旋后的平衡值
D-葡萄糖	+113°	+19°	+52°
D-果糖	−21°	−113°	−91°
D-半乳糖	+151°	+53°	+84°
D-甘露糖	+30°	−17°	+14°
D-乳糖	+90°	+35°	+55°
D-麦芽糖	+168°	+112°	+136°
D-纤维二糖	+72°	+16°	+35°

单糖和二糖都具有甜味，"糖"的名称由此而来。不同的糖，甜度各不相同。糖的甜度大小是以蔗糖的甜度为100作为标准比较而得的相对甜度。果糖的相对甜度为173，是目前已知甜度最大的糖。常见糖的相对甜度见表12-2。

表12-2 常见糖的相对甜度

名称	相对甜度	名称	相对甜度
蔗糖	100	木糖	40
果糖	173	麦芽糖	32
转化糖	130	半乳糖	32
葡萄糖	74	乳糖	16

五、单糖的化学性质

单糖的性质是由其分子结构决定的。单糖在水溶液中一般是以链状结构和环状结构的平衡混合物存在，故单糖的性质便由这两种形式的结构所决定。从单糖的链状结构可以看出，单糖中有羟基和羰基两类官能团，其主要化学性质由这两类官能团决定。

羟基是醇的官能团，因此，单糖应具有醇的主要性质，例如，能发生酯化反应、氧化反应和脱水反应等。而羰基是醛或酮的官能团，因此，单糖也应具有醛或酮的主要性质，例如，可以发生羰基双键的亲核加成反应、还原反应、氧化反应等。但是，有机分子是一个整体，由于分子内各基团的相互影响，必然产生一些新的性质。

1. 差向异构化

在含有多个手性碳原子的旋光异构体中，若只有一个手性碳原子的构型不同，其他碳原子的构型完全相同，这样的旋光异构体互称为差向异构体。如D-葡萄糖和D-甘露糖，二者只有第二位碳原子的构型相反，其他碳原子的构型完全相同，故称为2-差向异构体。

在稀碱条件下，单糖的2-差向异构体之间可以通过形成烯醇式中间体而相互转化，这种作用称为差向异构化。例如，用稀碱处理D-葡萄糖时，将部分转化为D-果糖和D-甘露糖，成为四种物质的平衡混合物。

前面的章节已提到过，具有活泼的α-氢原子的醛、酮在一定条件下，存在互变异构现象。单糖的α-氢原子受羰基和羟基的双重影响变得更为活泼，在碱性溶液中，醛、酮可以与烯醇式结构平衡存在。在烯醇式结构中，C=C在纸面上，实楔键连接的氢与羟基伸向纸前，虚线连接的羟基伸向纸后，由于烯醇式结构不稳定，C1 或 C2 上的羟基可能变回羰基而形成醛或酮。因此，从烯醇式中间体就可以转化成三种不同的糖：

a. 当烯醇式中间体 C1 羟基上的氢按 a 所指转移到 C2 时，则 C2 上的羟基便在右面，得到 D-葡萄糖。

b. 当烯醇式中间体 C1 羟基上的氢按 b 所指转移到 C2 上，则 C2 上的羟基便在左面，得到 D-甘露糖。

c. 当烯醇式中间体 C2 羟基上的氢按 c 所指转移到 C1 上，这样得到的产物便是 D-果糖。

用稀碱处理 D-甘露糖或 D-果糖，也得到上述同样的平衡混合物。生物体物质代谢过程中，在异构化酶的作用下，常常发生葡萄糖和果糖的互相转变。

从上述平衡体系可知，任何一种醛糖或酮糖，在稀碱溶液中都能通过烯醇式中间体互变为对应的差向异构体。

葡萄糖可以异构化成为果糖的原理在工业上被用来制备高甜度的果葡糖浆。先利用廉价的谷物淀粉经酶水解成葡萄糖，再经过葡萄糖异构化酶的催化作用，使葡萄糖转化为甜度高的果糖，从而制得含 40% 以上果糖的果葡糖浆，俗称人造蜂蜜。

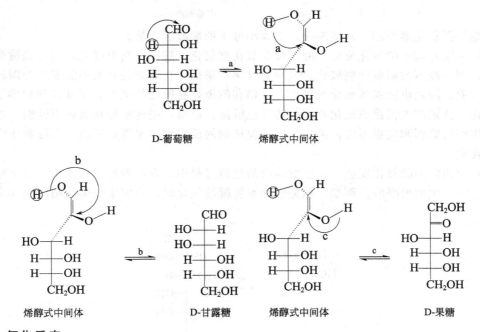

2. 氧化反应

单糖可被多种氧化剂氧化，所用氧化剂的种类及介质的酸碱性不同，氧化产物也不同。

(1) 酸性介质中的氧化反应

① 溴水氧化　醛糖能被溴水氧化生成糖酸。酮糖不被溴水氧化，可由此区别醛糖与酮糖。

② 硝酸氧化　醛糖在硝酸作用下生成糖二酸。例如，D-葡萄糖被氧化为 D-葡萄糖二酸，D-赤藓糖被氧化为内消旋酒石酸。根据氧化产物的结构和性质，可以帮助确定醛糖的结构。

$$\begin{array}{c}\text{CHO}\\\text{H}-\text{OH}\\\text{HO}-\text{H}\\\text{H}-\text{OH}\\\text{H}-\text{OH}\\\text{CH}_2\text{OH}\end{array}\xrightarrow{\text{HNO}_3}\begin{array}{c}\text{COOH}\\\text{H}-\text{OH}\\\text{HO}-\text{H}\\\text{H}-\text{OH}\\\text{H}-\text{OH}\\\text{COOH}\end{array}$$

D-葡萄糖　　　　　　D-葡萄糖二酸

$$\begin{array}{c}\text{CHO}\\\text{H}-\text{OH}\\\text{H}-\text{OH}\\\text{CH}_2\text{OH}\end{array}\xrightarrow{\text{HNO}_3}\begin{array}{c}\text{COOH}\\\text{H}-\text{OH}\\\text{H}-\text{OH}\\\text{COOH}\end{array}$$

D-赤藓糖　　　　内消旋酒石酸

酮糖与强氧化剂作用，碳链断裂，生成小分子的羧酸混合物。

(2) 碱性介质中的氧化反应　醛能被弱氧化剂氧化，醛糖也具有醛基，同样能被弱氧化剂氧化。酮一般不被弱氧化剂氧化，但酮糖（例如果糖）在弱碱性介质中能发生差向异构化转变为醛糖，因此也能被弱氧化剂氧化。醛糖和酮糖，能被托伦试剂、斐林试剂和本尼迪试剂所氧化，分别产生银镜或氧化亚铜的砖红色沉淀。通常，把这些糖称为还原性糖。这些反应常用作糖的鉴别和定量测定，例如与本尼迪试剂的反应常用来测定果蔬、血液和尿中还原性糖的含量。

(3) 生物体内的氧化反应　在生物体内的代谢过程中，有些醛糖在酶作用下发生羟甲基的氧化反应，生成糖醛酸。例如，葡萄糖和半乳糖被氧化时，分别生成葡萄糖醛酸和半乳糖醛酸。

$$\begin{array}{c}\text{CHO}\\\text{H}-\text{OH}\\\text{HO}-\text{H}\\\text{H}-\text{OH}\\\text{H}-\text{OH}\\\text{CH}_2\text{OH}\end{array}\xrightarrow{\text{酶}}\begin{array}{c}\text{CHO}\\\text{H}-\text{OH}\\\text{HO}-\text{H}\\\text{H}-\text{OH}\\\text{H}-\text{OH}\\\text{COOH}\end{array}$$

D-葡萄糖　　　　　　D-葡萄糖醛酸

对于动物体来说，葡萄糖醛酸是很重要的，因为许多有毒物质是以葡萄糖醛酸苷的形式从尿中排泄出体外的，故有保肝和解毒作用。另外，糖醛酸是果胶质、半纤维素和黏多糖的重要组成成分，在土壤微生物的作用下，生成的多糖醛酸类物质是天然土壤结构的改良剂。

3. 还原反应

在催化加氢或酶的作用下，羰基可还原成羟基，糖还原生成相应的糖醇。

例如，葡萄糖还原生成山梨醇，甘露糖还原后生成甘露醇。果糖还原后生成山梨醇和甘露醇的混合物，因为果糖还原时，C2 成为手性碳原子，所以得到两种化合物。

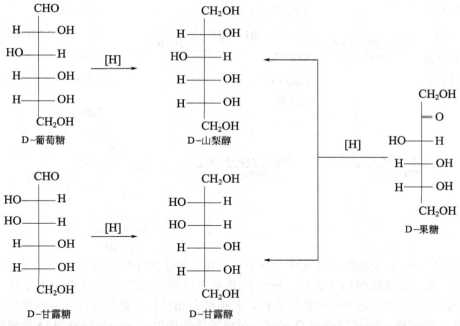

山梨醇和甘露醇广泛存在于植物体内。李、桃、苹果、樱桃、梨等果实中含有大量的山梨醇,而甘露醇则主要存在于甘露蜜、柿、胡萝卜、葱等中。山梨醇还常用作细菌的培养基及合成维生素 C 的原料。

4. 成脎反应

羰基化合物都能与一分子苯肼作用生成苯腙,而醛糖或酮糖却能与三分子苯肼作用,生成的产物称为糖脎。单糖与苯肼作用生成糖脎,一般认为经过下述三步反应:首先羰基与一分子苯肼作用生成糖苯腙,然后糖腙经互变异构,并发生 1,4-消除反应,形成亚胺酮,然后与二分子苯肼反应生成糖脎。生成的糖脎可通过分子内的氢键形成螯环化合物,从而阻止了 C3 上的羟基继续和苯肼反应。

在成脎反应中，无论醛糖或酮糖只有第一、第二个碳原子发生反应，如脎进一步与苯肼发生反应，就需破坏脎的稳定结构，故糖的其他碳原子不再进一步发生上述反应。所以第一、二个碳原子结构（构型或构造）不同，其他部分相同的单糖与过量苯肼作用形成相同的糖脎。如 D-葡萄糖、D-甘露糖和 D-果糖与过量苯肼作用生成同一种糖脎即 D-葡萄糖脎，只在生成的速率上有些差别。

糖脎都是不溶于水的黄色结晶，不同的糖脎结晶形状不同，在反应中生成的速率也不相同，并且各有一定的熔点，所以糖脎可用作糖的定性鉴定。

5. 成苷反应

单糖环状结构中的半缩醛羟基（苷羟基）较分子内的其他羟基活泼，故可与醇或酚等含羟基的化合物脱水形成缩醛型物质，这种物质称为糖苷，也称配糖物。例如，α-D-葡萄糖的半缩醛羟基与甲醇在干燥的氯化氢的催化作用下脱水，生成 α-D-葡萄糖甲苷。

在糖苷分子中，糖的部分称为糖基，非糖部分称为配基。由 α 型单糖形成的糖苷称为 α-

糖苷。由 β 型单糖形成的糖苷称为 β-糖苷。糖苷分子中没有半缩醛羟基，所以糖苷没有变旋现象，不能与 Tollen 试剂、Fehling 试剂作用，也不发生成脎反应。糖苷对碱稳定，在酸或酶催化下可以水解。生物体内的酶，有的只能水解 α-糖苷，有的只能水解 β-糖苷。例如，α-D-葡萄糖甲苷被麦芽糖酶水解为甲醇和葡萄糖，而不能被苦杏仁酶水解。相反，β-D-葡萄糖甲苷能被苦杏仁酶水解，却不能被麦芽糖酶水解。

糖苷在自然界的分布很广泛，主要存在于植物的根、茎、叶、花和种子里。

6. 成酯反应

单糖环状结构中所有的羟基都可以酯化。例如 α-D-葡萄糖在氯化锌存在下，与乙酸酐作用生成五乙酸酯。

$$\text{α-D-葡萄糖} + 5(CH_3CO)_2O \xrightarrow{ZnCl_2} \text{五乙酸酯}$$

糖还可以和磷酸形成糖的磷酸酯。生物体内广泛存在着己糖磷酸酯和丙糖磷酸酯。它们的结构如下：

磷酸二羟丙酮　　3-磷酸甘油醛　　α-D-6-磷酸葡萄糖　　α-D-1-磷酸葡萄糖

α-D-6-磷酸果糖　　　　　　α-D-2,6-二磷酸果糖

这些糖的磷酸酯都是糖代谢过程中的重要中间产物。作物要施磷肥的原因之一，就是为作物提供合成磷酸酯所需的磷。如果缺磷，作物就难以合成磷酸酯，以致作物的光合作用和呼吸作用都不能正常进行。

7. 脱水和显色反应

在浓酸（如浓盐酸）作用下，单糖可以发生分子内脱水而形成糠醛或糠醛的衍生物。例如：

戊糖 $\xrightarrow{\text{浓 HCl}}$ 糠醛 + $3H_2O$

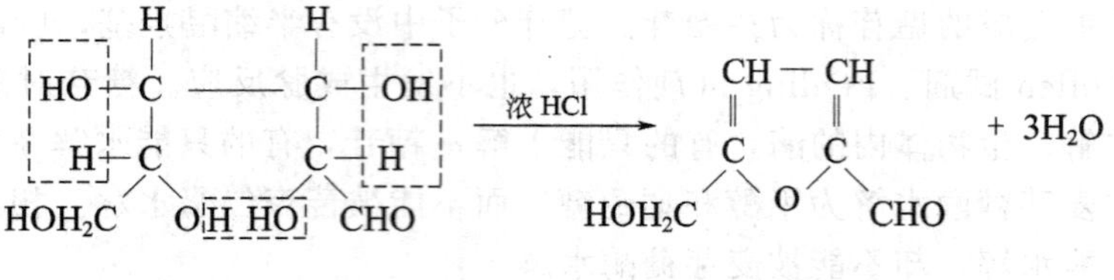

糖类能与某些酚类化合物发生呈色反应，就是因为它们在酸的作用下首先生成糠醛或羟甲基糠醛，这些产物继续同酚类化合物发生反应，结果生成了有色的物质。

（1）α-萘酚反应　在糖的水溶液中加入α-萘酚的乙醇溶液（Molisch 试剂），然后沿试管壁小心地注入浓硫酸，不要振动试管，则在两层液面之间就能形成一个紫色环。所有的糖（包括单糖、低聚糖及高聚糖）都具有这种颜色反应，这是鉴别糖类物质常用的方法。这一反应又称为 Molisch 反应。

（2）间苯二酚反应　酮糖与间苯二酚在浓盐酸存在下加热，能较快生成红色物质，而醛糖在 2 min 内不呈色。这是由于酮糖与盐酸共热后，能较快地生成糠醛衍生物。这一反应又称 Селианов（西列凡诺夫）反应。利用这个反应，可以鉴别醛糖和酮糖。

（3）蒽酮反应　糖类化合物都能与蒽酮的浓硫酸溶液作用生成绿色物质。这个反应可以用来定量测定糖类化合物。

（4）苔黑酚反应　在浓盐酸存在下，戊糖与苔黑酚（5-甲基-1，3-苯二酚）反应，生成蓝绿色物质，该反应可用来区别戊糖和己糖。

第二节　二糖

二糖是低聚糖中最重要的一类，也称为双糖。一个二糖分子经水解生成两个单糖分子，二糖是由两分子单糖失水形成的缩合物（糖苷）。二糖有还原性二糖和非还原性二糖两类。

一、还原性二糖

若一个单糖分子的半缩醛羟基与另一个单糖分子的醇羟基结合成苷，则其中一个单糖的结构单元仍保留了一个游离的半缩醛羟基，可开环形成链式结构，所以此类二糖有还原性、有变旋现象、也能够成脎，称为还原性二糖。比较重要的还原性二糖有以下几种。

1. 麦芽糖

在麦芽糖酶的催化下，麦芽糖水解得到 D-葡萄糖，但不被苦杏仁酶水解。这一事实说明麦芽糖属 α-D-葡萄糖苷。进一步的实验研究证明：麦芽糖是由一分子 α-D-葡萄糖 C1 上的半缩醛羟基（苷羟基）与另一分子 α-D-葡萄糖 C4 上的醇羟基失水形成 α-1,4-苷键结合而成的。其结构式如下：

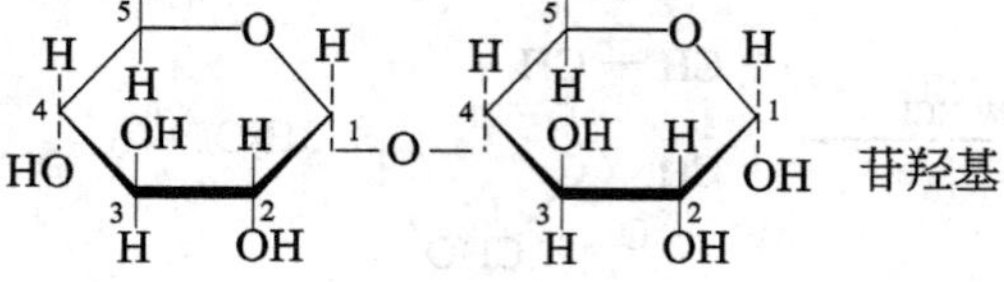

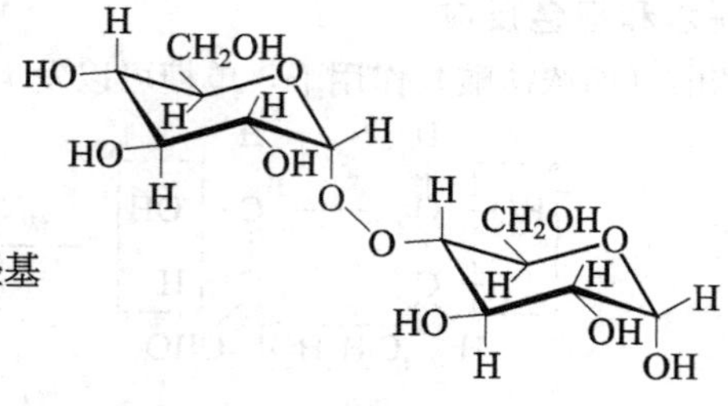

麦芽糖是无色片状结晶，熔点 102.5℃，易溶于水。因分子结构中还保留一个苷羟基，它在水溶液中仍可以 α、β 两种环状结构和链式结构三种形式存在，所以麦芽糖和葡萄糖等

单糖一样，具有还原性。α-麦芽糖的 $[α]_D=+168°$，β-麦芽糖的 $[α]_D=+112°$。

麦芽糖在自然界以游离态存在的很少。在淀粉酶或唾液酶作用下，淀粉水解可以得到麦芽糖。它是饴糖的主要成分，甜度约为蔗糖的 40%，可代替蔗糖制作糖果、糖浆等。

2. 纤维二糖

在苦杏仁酶的催化作用下，纤维二糖能水解生成两分子 D-葡萄糖，但不被麦芽糖酶水解，因此其苷键属 β-D-葡萄糖苷，它是由两分子 β-D-葡萄糖通过 β-1,4-苷键相连接而成的二糖。

纤维二糖分子结构中也保留着一个苷羟基，所以具有还原性。纤维二糖在自然界以结合状态存在，它是纤维素水解的中间产物。

3. 乳糖

乳糖是一分子 β-D-半乳糖的半缩醛羟基与一分子 α-D-葡萄糖 C4 上的醇羟基缩合，以 β-1,4-苷键连接的二糖。分子结构中的葡萄糖结构单元保留有游离的半缩醛羟基，故具有还原性，属于还原性二糖。它能被酸、苦杏仁酶和乳糖酶水解，产生一分子 D-半乳糖和一分子 D-葡萄糖。

乳糖存在于哺乳动物的乳汁中，为白色粉末，熔点 201.5℃，能溶于水，没有吸湿性，常用于食品工业和医药工业。

二、非还原性二糖

非还原性二糖是由两个单糖分子均利用它们的半缩醛羟基缩合而成的，这种二糖没有游离的半缩醛羟基，所以它不能开环形成链式结构，故没有还原性，没有变旋现象，也不能够成脎。

1. 蔗糖

经测定证明，蔗糖是由一分子 α-D-葡萄糖 C1 上的半缩醛羟基与一分子 β-D-果糖 C2 上的半缩醛羟基失去一分子水，通过 α-1-β-2-苷键连接而成的二糖。蔗糖分子中没有游离的半缩醛羟基，两个单糖单位均不能开环成链式结构，因此它没有还原性，没有变旋现象和成脎反应。

蔗糖是无色结晶，易溶于水。蔗糖的比旋光度为 +66.5°。在稀酸或蔗糖酶作用下，水解得到葡萄糖和果糖的等量混合物,该混合物的比旋光度为－19.8°。由于在水解过程中,溶液的旋光度由右旋变为左旋,因此通常把蔗糖的水解作用称为转化作用。转化作用所生成的等量葡萄糖与果糖的混合物称为转化糖。因为蜜蜂体内有蔗糖酶,所以在蜜蜂中存在转化糖。蔗糖水解后,因其含有果糖,所以甜度比蔗糖大。

$$\text{蔗糖} + H_2O \xrightarrow{\text{稀酸}} D\text{-葡萄糖} + D\text{-果糖}$$

$$[\alpha]=+66.5° \quad\quad [\alpha]=+52° \quad [\alpha]=-92°$$

$$[\alpha]=-19.8°$$

蔗糖广泛存在于植物中,在甘蔗茎中含量可高达 26%,甜菜块根中约含 20%。甘蔗和甜菜都是榨取蔗糖的重要原料。我们日常生活用的食糖,如绵白糖、砂糖、冰糖等,都是晶粒大小不等的蔗糖。蔗糖不仅是一种非常重要的食品和调味品,而且还可用于制焦糖、转化糖、透明肥皂、药物防腐剂等。蔗糖是植物体内糖类化合物运输的主要形式,光合作用产生的葡萄糖转化为蔗糖后再向植物各部位运输,到各部位后又迅速地转变为葡萄糖供植物利用,或者变为淀粉储藏起来。

2. 海藻糖

海藻糖是由两分子 α-D-葡萄糖在 C1 上的两个苷羟基之间脱水,通过 α-1,1-苷键结合而成的二糖,其分子结构中不存在游离的半缩醛羟基,所以也是一种非还原性糖。海藻糖又叫酵母糖,存在于海藻、昆虫和真菌体内,它是各种昆虫血液中的主要血糖。海藻糖为白色晶体,能溶于水,熔点 96.5~97.5℃,比旋光度为+178°。

第三节 多 糖

多糖是一类由许多单糖以苷键相连的天然高分子化合物,它们广泛分布在自然界,结构极为复杂。组成多糖的单糖可以是戊糖、己糖、醛糖和酮糖,也可以是单糖的衍生物,如氨基己糖和半乳糖酸等。组成多糖的单糖数目可以是几百个,有的甚至高达几千个。多糖没有甜味、变旋现象和还原性,亦无成脎反应。多糖按其组成可分为两类:一类称为均多糖,它是由同种单糖构成的,如淀粉和纤维素等;另一类称为杂多糖,它是由两种或两种以上单糖构成的,如果胶质和黏多糖等。多糖按其生理功能大致可分为两类:一类是作为储藏物质的,如植物中的淀粉,动物中的糖原;另一类是构成植物的结构物质,如纤维素、半纤维素和果胶质等。

一、均多糖

1. 淀粉

淀粉是植物的储藏物质,广泛存在于植物体的各个部分,特别是在种子及某些块根和块茎中含量较高。例如,稻米中含淀粉 62%~82%,小麦含 57%~75%,马铃薯含 12%~14%,玉米含 65%~72%。

(1) 淀粉的分子结构　淀粉是由许多个 α-D-葡萄糖通过苷键结合成的多糖,它们可用通式 $(C_6H_{10}O_5)_n$ 表示。淀粉一般是由两种成分组成的：一种是直链淀粉；另一种是支链淀粉。这两种淀粉的结构和理化性质都有差别。两者在淀粉中的比例随植物的品种而异,一般直链淀粉约占 10%～30%,支链淀粉约占 70%～90%。表 12-3 是几种粮食中直链淀粉和支链淀粉的含量。

表 12-3　几种粮食中直链淀粉和支链淀粉的含量

粮食名称	直链淀粉含量/%	支链淀粉含量/%
小麦	24	76
稻米	17	83
糯米	0	100
玉米	23	77
糯玉米	0	100

粮食作物种子中的直链淀粉和支链淀粉的含量比例决定着谷物种子的食味品质和出饭率,甚至影响谷物的储藏与加工。支链淀粉含量高,蒸煮后黏性比较大。粳米中支链淀粉比籼米多,因而米饭黏性强,出饭率低。而籼米蒸煮后,黏性小,米饭干松,膨胀大,出饭率高。糯米几乎全部是支链淀粉,所以饭的黏性最大。

淀粉可用酸水解,也可在淀粉酶作用下水解,其最终产物为 D-葡萄糖,但倒数第二个产物是麦芽糖,可见淀粉由 α-D-葡萄糖以 1,4-苷键结合而成的高分子化合物,也有以 1,6-苷键结合成支链,构成支链淀粉的片断。

直链淀粉是由 100～1000 个（一般为 250～300 个）α-D-葡萄糖单位通过 α-1,4-苷键连接而成的长链分子,相对分子质量范围在 30000～100000。

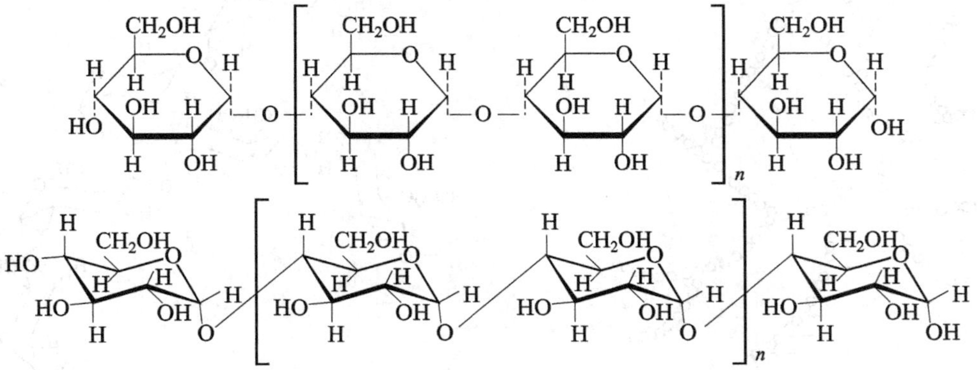

直链淀粉

实验证明,直链淀粉不是完全伸直的。由于分子内氢键的作用,使链卷曲盘旋成螺旋状,每卷螺旋一般含有六个葡萄糖单位（图 12-2）。现已发现直链淀粉能与磷酸、脂肪酸等生成复合物。

支链淀粉的分子比直链淀粉大得多。支链淀粉是由 1000 个以上（一般平均 6000 个）α-D-葡萄糖单位连接而成的树状大分子,为天然高分子化合物中最大的一种。在支链淀粉分子中的 α-D-葡萄糖除通过 α-1,4-苷键连接成长链外,还可以通过 α-1,6-苷键形成分支的侧链。侧链一般含 20～25 个葡萄糖单位,侧链内部的 α-D-葡萄糖单位仍是通过 α-1,4-苷键相互连接的。侧链上每隔 6～7 个葡萄糖单位又能再度形成另一支链结构,使支链淀粉形成复

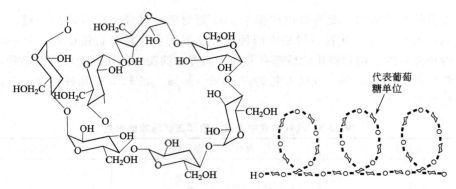

图 12-2　直链淀粉的螺旋结构示意图

杂的树状分枝结构的大分子。

支链淀粉中支链数目的多少随淀粉来源不同而异，但至少有 50 个以上。支链淀粉的形状没有一定的规律。

(2) 淀粉的理化性质　淀粉是白色无定形粉末，不同来源的淀粉其形状、大小各异。直链淀粉和支链淀粉由于分子质量和结构不同，所以性质亦有差异。

① 水溶性　直链淀粉不溶于冷水而易溶解在热水中而不成糊状。这是由于在加热的情况下，其螺旋状结构散开，易与水形成氢键而均匀地分布在水中成为溶胶，溶胶冻结则形成凝胶，没有黏性，因此含直链淀粉的薯粉和豆粉可制成粉皮和粉丝。

支链淀粉不溶于水，与水共热则膨胀而成糊状，不能形成溶胶。支链淀粉在热水中，其螺旋结构虽然也有所散开，但由于分子中有许多支链彼此纠缠（图 12-3，图 12-4），而产生糊化现象，呈现很大的黏性。因此含支链淀粉多的糯米煮后黏性特别大。

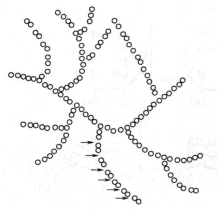

图 12-3　支链淀粉结构示意图
（每个圆圈代表一个葡萄糖单位，∞代表麦芽糖单位，箭头所指处为可被淀粉酶水解部分）

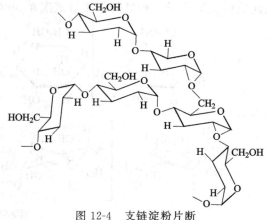

图 12-4　支链淀粉片断

② 呈色反应　直链淀粉遇碘呈深蓝色，支链淀粉遇碘呈紫红色。淀粉与碘的反应很灵敏，常用来检验淀粉。在分析化学中，可溶性淀粉常用作碘量法的指示剂。直链淀粉遇碘呈深蓝色是由于碘分子"钻入"淀粉的螺旋结构的孔道中，在孔道内羟基的作用下，与淀粉形成了有色的配合物。加热时，淀粉的螺旋结构发生变化，与碘形成的配合物随之分解，故深蓝色褪去，冷却后又恢复淀粉螺旋结构，故又重新显色。

③ 水解　淀粉可以在酸或酶的作用下水解。淀粉水解是大分子逐步裂解为小分子的过

程，这个过程的中间产物总称为糊精。糊精是淀粉部分水解的产物，分子虽然比淀粉小，但仍然是多糖。在水解过程中，糊精分子逐渐变小，根据它们与碘产生不同的颜色可分为蓝糊精、红糊精和无色糊精。无色糊精约含十几个葡萄糖单位，能还原 Fehling 试剂，无色糊精再继续水解则生成麦芽糖。麦芽糖在酸或麦芽糖酶的催化下最后水解生成葡萄糖。淀粉在淀粉酶催化下最后只能生成麦芽糖。淀粉的水解过程可表示如下：

$$\underbrace{\text{淀粉} \rightarrow \text{蓝糊精} \rightarrow \text{红糊精} \rightarrow \text{无色糊精}}_{\text{淀粉酶催化}} \rightarrow \underbrace{\text{麦芽糖} \rightarrow \text{葡萄糖}}_{\text{麦芽糖酶催化}}$$

淀粉在酸的作用下水解，最后产物是葡萄糖，可用下式表示：

$$\underset{\text{淀粉}}{(C_6H_{10}O_5)_n} + (n-1)H_2O \xrightarrow{\text{稀酸}} \underset{\text{葡萄糖}}{nC_6H_{12}O_6}$$

糊精能溶于水，水溶液有黏性，可作为固体饮料的载体，还可作为黏合剂及纸张、布匹等的上胶剂。

④ 生成淀粉衍生物　淀粉可以与一些试剂作用生成淀粉衍生物。例如，与乙酸酐作用生成乙酸淀粉；与氯乙酸作用生成羧甲基淀粉；与环氧乙烷作用生成羟乙基淀粉等。

此外，淀粉虽然是由葡萄糖分子结合而成的，但葡萄糖分子相互间是通过苷键连接的，只有在淀粉分子末端的葡萄糖单位上还保留游离的苷羟基，这种苷羟基在分子中所占的比例极小，因此淀粉无还原性。同理，其他多糖也无还原性。淀粉除了作为食物外，还可作为酿造工业的原料、纺织工业的浆剂、造纸工业的填料、药剂的赋形剂和制取葡萄糖等。淀粉在食品工业中用处很多，可用来制造糕点、饼干、糖果和罐头食品。淀粉在食品中可作为增稠剂、胶体生成剂、保湿剂、乳化剂、黏合剂等。

2. 糖原

糖原是动物体内的储藏物质，又称动物淀粉。它主要存在于肝和肌肉中，因此有肝糖原和肌糖原之分。糖原在动物体中的功用是调节血液的含糖量，当血液中含糖量低于常态时，糖原就分解为葡萄糖，当血液中含糖量高于常态时，葡萄糖就合成糖原。

糖原也是由许多个 α-D-葡萄糖结合而成的，其结构和支链淀粉相似。不过糖原的支链更多、更短，平均隔三个葡萄糖单位即可有一个分枝，支链的葡萄糖单位也只有 12～18 个，外圈链甚至只有 6～7 个，所以糖原的分子结构比较紧密，整个分子团成球形。它的平均分

子质量在 $10^6 \sim 10^7$。

糖原为白色粉末，能溶于水及三氯乙酸，不溶于乙醇及其他有机溶剂，遇碘显红色，无还原性。糖原也可被淀粉酶水解成糊精和麦芽糖，若用酸水解，最终可得 D-葡萄糖。

3. 纤维素

（1）**纤维素的结构** 纤维素分子是由许多 β-D-葡萄糖通过 β-1,4-苷键连接而成的一条没有分枝的长链。组成纤维素的葡萄糖单位数目随纤维素的来源不同而异，一般在 5000～10000 个。一般认为纤维素分子约由 8000 个左右的葡萄糖单位构成。纤维素分子的结构表示如下：

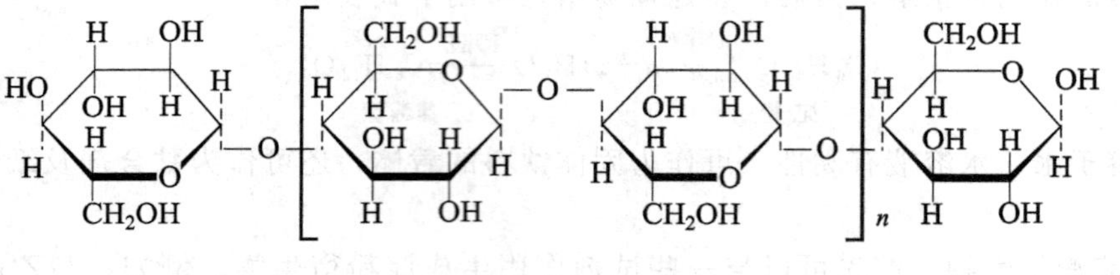

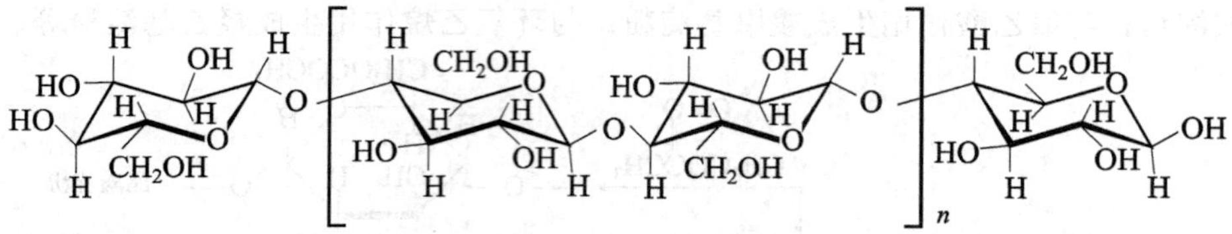

纤维素是自然界分布最广的一种多糖。它是植物体的支撑物质，是细胞壁的主要成分。在自然界中，棉花的纤维含量最高，麻、木材、麦秆以及其他植物的茎秆都含有大量的纤维素（表 12-4）。

表 12-4 几种植物纤维素的含量

名称	纤维素含量/%	名称	纤维素含量/%
棉花	88～98	黄麻	60～70
亚麻	80～90	木材	40～50
苎麻	80～85	稻草、麦秆	40～50

纤维素分子在植物细胞壁中构成一种称为微纤维的生物学结构单元，微纤维由一束沿分子长轴平行排列的纤维素分子构成。微纤维呈细丝状，含有 280～800 个纤维素分子，直径为 10～20nm，微纤维束的横切面为椭圆形。微纤维核心的纤维素分子常排列成三维晶格结构，称为纤维素微纤维的微晶区。微纤维核心晶格结构之外的纤维素分子仍大致上处于平行排列的构象，但未形成完善的三维晶格，称为微纤维亚结晶区或称无定形区，一般认为纤维素分子的聚合形式有这两种类型。这两束微纤维有时尚可融合在一起。由于纤维素分子构成的微纤维有强的结晶性质，使纤维素有强的机械强度和化学稳定性。

（2）**纤维素的性质** 纤维素是白色纤维状固体，无甜味，性质比较稳定。

① 溶解性 纤维素不溶于水，仅能吸水膨胀，也不溶于稀酸、稀碱和一般的有机溶剂，但能溶于硫酸铜的氨溶液、氯化锌的浓溶液、硫氰酸钙的浓溶液等。例如，纤维素溶于铜氨溶液的反应。

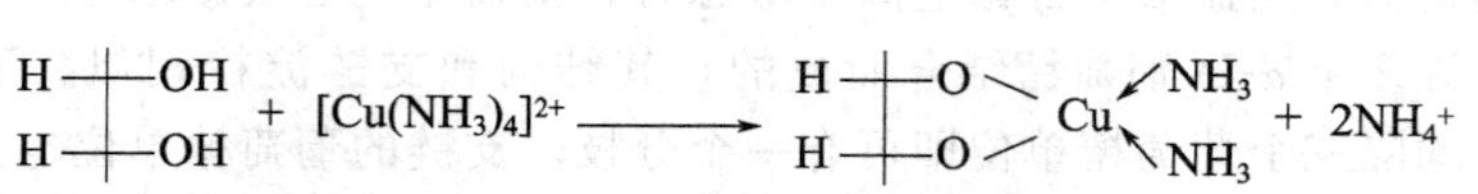

$$\begin{array}{c}H-OH \\ H-OH\end{array} + [Cu(NH_3)_4]^{2+} \longrightarrow \begin{array}{c}H-O \\ H-O\end{array}Cu\begin{array}{c}NH_3 \\ NH_3\end{array} + 2NH_4^+$$

这个铜氨配合物遇酸后即分解，原来的纤维素又沉淀下来。人造丝就是利用这个性质制

② 水解　纤维素可以发生水解，但比淀粉困难，纤维素可以被浓硫酸、浓盐酸或纤维素酶水解。水解过程中也产生一系列纤维素糊精、纤维二糖，最后产物是 D-葡萄糖。

纤维素用途很广，除用于制造各种纺织品和纸张外，还可制成人造丝、人造棉、玻璃纸、火棉胶、赛璐珞制品和电影胶片等。纤维素的衍生物，像 N,N-二乙氨基乙基纤维素（DEAE 纤维素）可用于分离蛋白质和核酸等，羧甲基纤维素（CMC）在纺织、医药、造纸和化妆品工业上都有广泛的用途。

4. 甲壳素

甲壳素又称几丁质，存在于虾、蟹及许多昆虫的硬壳上，是这些动物的保护物质。蕈类和地衣的外膜也存在甲壳素。

甲壳素是一种含氮的均多糖，其结构单位是 2-乙酰氨基-β-D-葡萄糖，它们彼此以 β-1,4-苷键相连接：

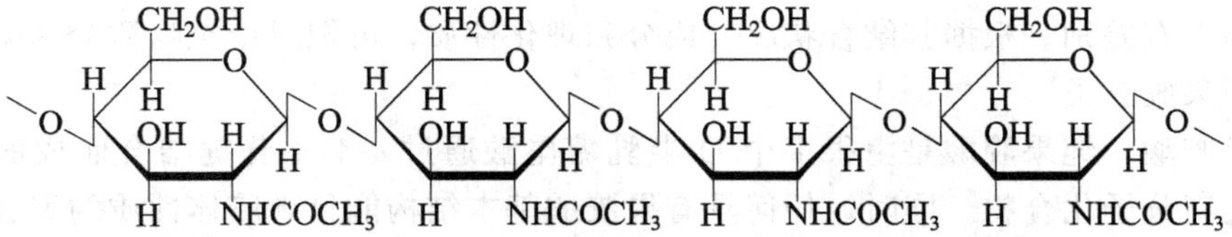

甲壳素与纤维素相似，其分子也是一伸展的直链，但链与链间的氢键数多于纤维素，所以甲壳素相对更为坚硬。甲壳素不溶于水、稀酸和有机溶剂，也不溶于铜氨溶液。它的化学性质稳定，但能被强碱破坏，浓强酸能使其水解，水解的最终产物是 2-氨基葡萄糖和乙酸。

二、杂多糖

1. 半纤维素

半纤维素是与纤维素共存于植物细胞壁的一类多糖。秸秆、糠麸、花生壳和玉米芯内含量较多。它的分子质量比纤维素小，它的组成和结构与纤维素完全不同。不同来源的半纤维素成分也各不相同。

半纤维素不溶于水而能溶于碱，比纤维素容易水解。半纤维素彻底水解，可以得到某些戊糖、某些己糖以及某些戊糖和己糖的衍生物等，因此认为半纤维素可能是多缩戊糖和多缩己糖以及杂多糖的混合物。

多缩戊糖中主要是多缩木糖和多缩阿拉伯糖，其中阿拉伯糖为 L 型。多缩戊糖的分子具有像纤维素的直链结构，但链比纤维素短得多。例如，多缩木糖中的基本单位为木糖，它通过 β-1,4-苷键连接成直链。

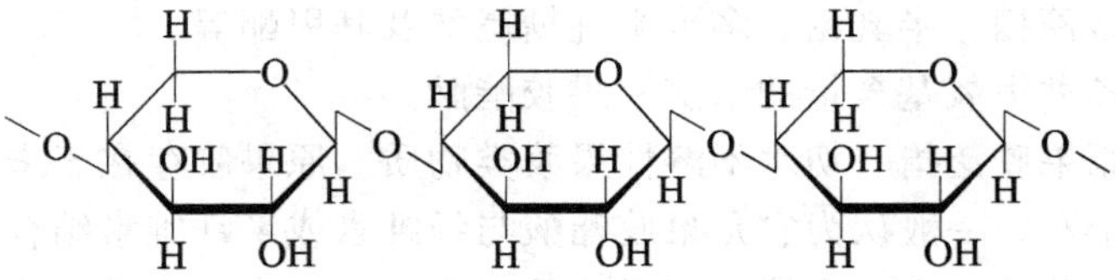

多缩木糖

多缩己糖中主要是多缩甘露糖、多缩半乳糖和多缩半乳糖尾酸。它们也是直链结构，链比纤维素短。例如，多缩甘露糖中的基本单位为甘露糖，也是通过 β-1,4-苷键连接成直链的。

半纤维素的结构现在还不清楚。它是高等植物细胞壁中非纤维素也非果胶类物质的多糖。

由于戊糖脱水生成糠醛，因此工业上把含有大量多缩戊糖的玉米芯、花生壳等农副产品与稀酸混合，在高温高压下使多缩戊糖水解生成戊糖，并进一步脱水生成重要的工业原料糠醛。

半纤维素在植物体内主要起着骨架物质的作用。在适当的条件下，例如种子发芽时，半纤维素在酶的作用下可以水解生成具有营养作用的单糖。

半纤维素属于膳食纤维素的组分之一。膳食纤维素的存在，在消化机制和预防医学方面有一定的功用。

2. 果胶类物质

果胶类物质又称为果胶多糖，是植物细胞壁的组成成分，它充塞在植物相邻细胞间，使细胞黏合在一起，是植物中的一群复杂胶状多聚糖。在植物的果实、种子、根、茎和叶里都含有果胶类物质，以水果和蔬菜中含量较多。

果胶类物质是一类成分比较复杂的多糖，它们的分子结构尚未完全清楚。其化学组成常因来源不同而有差别。根据其结合状况、成分和理化性质，可把果胶类物质分为果胶酸、果胶酯酸和原果胶三类。

（1）果胶酸 纯果胶酸是由很多个 D-半乳糖尾酸通过 α-1,4-苷键结合而成的没有分枝的线型长链高分子化合物。同时，任何具有果胶酸基本结构能呈现胶体性质的聚合体，都可以称为果胶酸。果胶酸是基本上不含甲氧基的果胶类物质，因其分子中含有羧基，故能与 Ca^{2+}、Mg^{2+} 生成不溶性的果胶酸钙、果胶酸镁沉淀。这个反应可以用来测定果胶类物质的含量。

果胶酸是果胶酯酸和原果胶的构成单位。

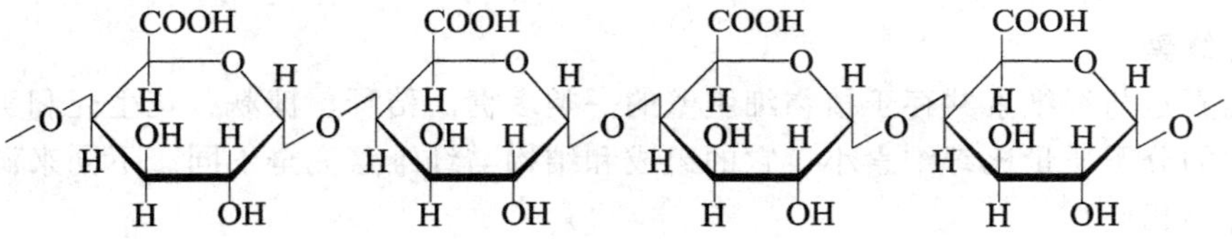

果胶酸

（2）果胶酯酸 果胶酯酸是指甲氧基比例较大的果胶酸。现已证实，果胶酯酸是一组以复杂方式连接的多聚鼠李糖、多聚半乳糖尾酸。它是由 α-1,4-苷键连接的 D-吡喃半乳糖尾酸单位组成骨架链，其中含有少数有序或无序的 α-1,2-苷键连接的鼠李糖单位，在鼠李糖富集区也夹杂有半乳糖尾酸单位。果胶酯酸的一般结构如图 12-5 所示。

从图中可以看出，果胶酯酸的结构很复杂，其中有甲基醚、多聚鼠李糖、葡萄糖尾酸、木糖、阿拉伯糖、岩藻糖、半乳糖、多聚半乳糖尾酸及其甲酯等。

果胶是指具有各种甲氧基含量的水溶性果胶酯酸。

（3）原果胶 原果胶泛指一切水不溶性果胶类物质。原果胶存在于未成熟的水果和植物的茎、叶里，不溶于水。一般认为它是果胶酯酸与纤维素或半纤维素结合而成的高分子化合物。未成熟的水果是坚硬的，这直接与原果胶的存在有关。随着水果的成熟，原果胶在酶的作用下逐步水解为有一定水溶性的果胶酯酸，水果也就由硬变软了。

现在已经证实，果胶类物质主要分为同质多糖和异质多糖两类：前者包括多聚半乳糖尾酸、多聚半乳糖和多聚阿拉伯糖；后者包括多聚阿拉伯糖、多聚半乳糖和多聚鼠李糖尾酸，同时还有一些单糖组分，包括 D-半乳糖、L-阿拉伯糖、D-木糖、L-岩藻糖、D-葡萄糖尾酸以及罕见的 α-甲氧基-D-木糖、α-甲氧基-L-岩藻糖和 D-芹叶糖。

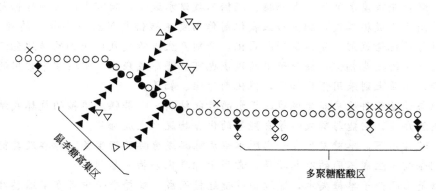

图 12-5 果胶酯酸的结构
(○代表半乳糖尾酸；×代表甲基酯；◇代表葡萄糖尾酸；◊代表岩藻糖；
◆代表木糖；△代表阿拉伯糖；▲代表半乳糖；●代表鼠李糖；⊘代表甲基醚)

3. 琼脂

琼脂又称琼胶，是从红藻类植物石花菜或其他藻类中提取出来的一种黏胶。其结构是由九个 D-半乳糖分子以 β-1,3-苷键相连，其还原性端基又以 1,4-苷键与一个 L-半乳糖连接。L-半乳糖的 C6 上是硫酸酯，并且与钙形成盐类。其结构式表示如下：

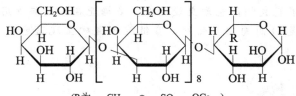

(R为 —CH_2—O—SO_2—$OCa_{1/2}$)

琼脂为白色或浅褐色，无臭味，不溶于冷水，加水煮沸则溶解成黏液，冷却后即成半透明的凝胶物质，可供食用，也常用作缓泻药，在微生物培养中用作培养基的固化物。

本章知识点归纳

本章主要介绍了糖类化合物的结构、性质及在自然界中存在的主要形式，主要的知识点有：

1. 糖的定义：是一类多羟基醛或多羟基酮及其缩合物的总称。常见的单糖、二糖和多糖的俗名。

2. 单糖构型的表示通常采用 D、L 标记法，由于单糖分子中可能含有多个手性碳原子，标记分子的构型时，是以距羰基最远的手性碳原子构型来决定整个分子的构型。自然界存在的单糖大多数是 D-型糖。

3. 单糖具有链式结构和氧环式结构，氧环式通常有呋喃型和吡喃型两种。除三碳糖和四碳酮糖外，单糖都具有变旋现象。需要掌握重要单糖和双糖的哈武斯透视式与构象式的写法。

4. D-葡萄糖分子中 C2 上的 α-H 同时受羰基和羟基的影响很活泼，用稀碱处理可以通过烯二醇转变到 D-甘露糖或 D-果糖。同样，用稀碱处理 D-甘露糖或 D-果糖，也可得到上述互变平衡混合物。D-葡萄糖和 D-甘露糖仅第二个碳原子的构型相反，其他碳原子的构型相同，叫做差向异构体。差向异构体间的互相转化称为差向异构化。

5. 糖可被多种氧化剂氧化，所用氧化剂的种类及介质的酸碱性不同，其氧化产物也不同。例如，醛糖能被溴水氧化生成糖酸，酮糖不被溴水氧化，故可由此区别醛糖与酮糖；醛糖在硝酸作用下生成糖二酸，酮糖与强氧化剂作用发生碳链断裂生成小分子的羧酸混合物；醛糖和酮糖能被托伦试剂、斐林试剂所氧化，分别产生银镜或氧化亚铜的砖红色沉淀。

6. 与醛和酮的羰基相似，糖分子中的羰基也可被还原成羟基。实验室中常用的还原剂有硼氢化钠等，工业上则采用催化加氢，催化剂为镍、铂等。

7. 单糖与过量苯肼反应能生成难溶于水的黄色结晶——糖脎。单糖的氧环式结构中含有活泼的半缩醛羟基，它能与醇或酚等含羟基的化合物脱水生成糖苷。

8. 在浓酸作用下，单糖发生分子内脱水形成糠醛或糠醛的衍生物。糠醛及其衍生物可与酚类、蒽酮等缩合生成不同的有色物质，常用于糖类化合物的鉴别。

9. 双糖是由两分子单糖失水，通过糖苷键连接而成。双糖分子中存在半缩醛羟基者为还原性双糖，如麦芽糖、纤维二糖、乳糖等，其性质与单糖相同。若双糖分子中不存在半缩醛羟基，则为非还原性双糖，如蔗糖、海藻糖等，其性质与糖苷相同，即无变旋现象，无还原性，不能形成糖脎。在酸或酶的作用下，双糖都能水解为两分子单糖。

10. 多糖是由许多单糖单元以糖苷键相连而成的高聚物，最重要的是淀粉和纤维素。直链淀粉由 α-D-葡萄糖以 α-1，4-糖苷键相连而成。支链淀粉中，约隔 20 个由 α-1，4-糖苷键相连接的葡萄糖单位，就有一个由 α-1，6-糖苷键接出的支链。纤维素由 β-D-葡萄糖以 β-1，4-糖苷键相连而成。

多糖无还原性，不能成脎，也无变旋现象。多糖能在酸或酶作用下水解，如淀粉和纤维素的最终水解产物是 D-葡萄糖。此外，直链淀粉遇碘呈现蓝色，支链淀粉遇碘产生紫红色。

习 题

1. 命名下列化合物。

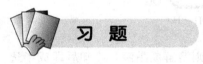

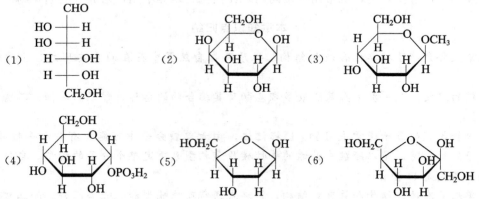

2. 写出下列化合物的 Haworth 式。
   (1) α-L-甘露糖 (2) 2-乙酰氨基-α-D-半乳糖
   (3) β-D-核糖 (4) β-D-甘露糖甲苷

3. 填空。
   (1) D-葡萄糖在水溶液中主要是以_____和_____的平衡混合物存在，且以_____为最稳定，因为其中的羟基都处在椅式构象的_____。
   (2) 单糖的差向异构化是在_____作用下通过_____中间结构得以实现的。
   (3) 还原性双糖在结构上的共同点是_____。

（4）直链淀粉是由许多个_____通过_____相连而成的缩聚物；纤维素则是由许多个_____通过_____相连而成的缩聚物。

4. 在下列的糖中，哪一部分单糖是成苷的？并指出苷键的类型（α 或 β）和位置。

5. 在下列的糖类化合物中，哪些能与 Fehling 试剂反应？

6. 写出下列反应的主要产物。

7. 有三种单糖与过量苯肼作用后生成相同的糖脎,其中一种为 D-葡萄糖,写出其他两个异构体的 Fischer 投影式。

8. D-醛糖 A 和 B 分别与苯肼作用生成同样的糖脎。用硝酸氧化后,A 和 B 生成含有四个碳原子的二酸,A 的氧化产物有旋光性而 B 的没有旋光性。试写出 A 和 B 的 Fischer 投影式。

9. D-己醛糖 A 氧化得到旋光的糖二酸 B,将 A 递降为戊醛糖后再氧化得不旋光的糖二酸 C。与 A 生成相同糖脎的另一个己醛糖 D 氧化后得不旋光的糖二酸 E。判断并写出 A、B、C、D、E 的 Fischer 投影式(递降即从醛基一端去掉一个碳原子变成低一级的醛糖)。

10. 下列说法是否正确?简要说明之。
    (1) 凡是含有苷羟基的糖类化合物都能够与 Fehling 试剂反应。
    (2) 凡是含有苷键的糖都不能与 Fehling 试剂反应。
    (3) 凡是单糖都能与 Fehling 试剂反应。
    (4) 能够生成相同脎的两种单糖,它们的构型一定相同。

11. 下列化合物中,哪些无变旋现象?
    (1) 麦芽糖 (2) 蔗糖 (3) β-D-葡萄糖甲苷
    (4) 1,6-二磷酸呋喃果糖 (5) α-D-核糖乙苷
    (6) 糖原 (7) β-L-吡喃阿拉伯糖 (8) 潘糖

12. 用化学方法区别下列各组化合物。
    (1) 核糖、果糖、葡萄糖
    (2) 葡萄糖、2-氨基葡萄糖、α-D-葡萄糖甲苷
    (3) 蔗糖、纤维二糖、淀粉、纤维素
    (4) D-核糖、D-甘露糖、蔗糖、糖原

第十三章 氨基酸、蛋白质和核酸

Chapter 13

蛋白质和核酸是一切生命活动的基础物质。参与生物体内各种生理、生化及遗传过程，是天然存在的生物大分子。如肌肉、皮肤、毛发、皮肤、指甲、血清、血红蛋白、神经、激素、酶等都是由不同蛋白质组成的。蛋白质在有机体中承担不同的生理功能，它们供给肌体营养、输送氧气、防御疾病、控制代谢过程、传递遗传信息、负责机械运动等。核酸分子是携带遗传信息的生物大分子，在生物的个体发育、生长、繁殖和遗传变异等生命过程中起着极为重要的作用。

氨基酸是组成蛋白质的基本单位。蛋白质被酸、碱或蛋白酶催化水解的最终物质均为氨基酸。因此，我们首先讨论氨基酸。

第一节 氨 基 酸

氨基酸是羧酸分子中烃基上的氢原子被氨基（—NH_2）取代后的衍生物，分子中含有羧基和氨基两个官能团。目前发现的天然氨基酸约有 300 种，构成蛋白质的氨基酸约有 30 余种，主要的蛋白质，由大约 20 余种氨基酸构成，这些氨基酸称为蛋白氨基酸。其他不参与蛋白质组成的氨基酸称为非蛋白氨基酸。

一、氨基酸的分类、命名和构型

根据分子中氨基与羧基的相对位置，氨基酸分为 α-氨基酸、β-氨基酸、γ-氨基酸等。已发现氨基酸中主要是 α-氨基酸，只有少量的 β-和 γ-氨基酸。组成蛋白质的 20 余种氨基酸，除脯氨酸为 α-亚氨基酸外，均属 α-氨基酸，其结构通式如下：

$$\mathrm{RCHCOOH} \atop |\ \ \ \ \ \ \ \ \ \ \\ \mathrm{NH_2}$$

从结构上讲，氨基酸又可分为酸性氨基酸、中性氨基酸和碱性氨基酸。酸性氨基酸中羧基数目大于氨基数目，中性氨基酸中氨基和羧基数目相等，碱性氨基酸中羧基数目小于氨基数目。

根据氨基酸通式中侧链基团（R—）的碳架结构不同，α-氨基酸可分为脂肪族氨基酸、芳香族氨基酸和杂环族氨基酸。按侧链基团（R—）的极性不同，α-氨基酸又可分为非极性氨基酸和极性氨基酸。

组成蛋白质的常见氨基酸命名通常采用俗名，即根据其来源或性质进行的命名，如丝氨酸最早来源于蚕丝而得名，氨基乙酸因具有甜味称为甘氨酸。为了方便起见，使用时常用英文名称缩写符号（通常为前三个字母）或用中文代号表示氨基酸，例如甘氨酸可用 Gly 或 G 或 "甘" 字来表示。氨基酸的系统命名法与其他取代羧酸的命名相同，即以羧酸为母体命名。

常见的氨基酸（除甘氨酸外）中都含有手性碳原子，具有旋光性。其构型一般都是 L-型（某些细菌代谢中产生极少量 D-氨基酸）。

$$\begin{array}{c} \text{COOH} \\ \text{H}_2\text{N}\!-\!\overset{|}{\underset{|}{\text{C}}}\!-\!\text{H} \\ \text{R} \end{array}$$
L-氨基酸

氨基酸的构型通常用 D、L 法表示。也可用 R、S 标记法表示。

组成蛋白质的氨基酸中，有八种动物自身不能合成，必须从食物中获取，缺乏时会引起疾病，它们被称为必需氨基酸。常见氨基酸的分类、名称、缩写及结构式见表 13-1。

表 13-1　蛋白质中常见的 α-氨基酸

分类	氨基酸名称	缩写符号	中文代号	系统命名	结构式

中性氨基酸	甘氨酸	Gly	甘	氨基乙酸	H—CH—COOH
					   │
					   NH$_2$

	丙氨酸	Ala	丙	2-氨基丙酸	H$_3$C—CH—COOH
					    │
					    NH$_2$

	丝氨酸	Ser	丝	2-氨基-3-羟基丙酸	HO—CH$_2$—CH—COOH
					     │
					     NH$_2$

	胱氨酸	Cys-Cys	胱	双-3-硫代-2-氨基丙酸	S—CH$_2$CH(NH$_2$)COOH │ S—CH$_2$CH(NH$_2$)COOH

	半胱氨酸	Cys	半	2-氨基-3-巯基丙酸	HS—CH$_2$—CH—COOH
					    │
					    NH$_2$

	缬氨酸*	Val	缬	3-甲基-2-氨基丁酸	(CH$_3$)$_2$CH—CH—COOH
					     │
					     NH$_2$

	酥氨酸*	Thr	酥	2-氨基-3-羟基丁酸	HO—CH—CH—COOH
					   │ │
					   CH$_3$ NH$_2$

	蛋氨酸*
	（甲硫氨酸）
		Met	蛋	2-氨基-4-甲硫基丁酸	H$_3$C—S—CH$_2$—CH$_2$—CH—COOH
					        │
					        NH$_2$

	亮氨酸*	Leu	亮	4-甲基-2-氨基戊酸	(CH$_3$)$_2$CHCH$_2$CHCOOH
					      │
					      NH$_2$

基酸	异亮氨酸*	Ile	异亮	3-甲基-2-氨基戊酸	CH$_3$CH$_2$—CH—CH—COOH
					     │ │
					     CH$_3$ NH$_2$

	胱氨酸	Cys-Cys	胱	双-3-硫代-2-氨基丙酸	S—CH$_2$CH(NH$_2$)COOH │ S—CH$_2$CH(NH$_2$)COOH

	苯丙氨酸*	Phe	苯丙	3-苯基-2-氨基丙酸	C$_6$H$_5$—CH$_2$CHCOOH
					     │
					     NH$_2$

	酪氨酸	Tyr	酪	2-氨基-3-(对羟苯基)丙酸	HO—C$_6$H$_4$—CH$_2$CHCOOH
					       │
					       NH$_2$

	脯氨酸	Pro	脯	吡咯啶-2-甲酸	⟨N⟩—COOH H

续表

分类	氨基酸名称	缩写符号	中文代号	系统命名	结构式
中性氨基酸	羟脯氨酸	Hyp	羟脯	4-羟基吡咯啶-2-甲酸	HO-〔吡咯环〕-COOH
	色氨酸*	Try	色	2-氨基-3-(β-吲哚)丙酸	〔吲哚环〕-CH₂CHOOH|NH₂
	天冬酰胺	Asn	天酰	2-氨基-3-(氨基甲酰基)丙酸	H₂N-C(=O)-CH₂-CHCOOH|NH₂
	谷氨酰胺	Gln	谷酰	2-氨基-4-(氨基甲酰基)丁酸	H₂N-C(=O)-CH₂CH₂-CHCOOH|NH₂
酸性氨基酸	天冬氨酸	Asp	天冬	2-氨基丁二酸	HOOCCH₂CHCOOH|NH₂
	谷氨酸	Glu	谷	2-氨基戊二酸	HOOCCH₂CH₂CHCOOH|NH₂
碱性氨基酸	精氨酸	Arg	精	2-氨基-5-胍基戊酸	HN=C(NH₂)-NHCH₂CH₂CH₂CHCOOH|NH₂
	赖氨酸*	Lys	赖	2,6-二氨基己酸	H₂N-CH₂CH₂CH₂CH₂CHCOOH|NH₂
	组氨酸	His	组	2-氨基-3-(5'-咪唑)丙酸	〔咪唑环〕-CH₂CHCOOH|NH₂

表中标有"*"者为必需氨基酸

思考题 13-1 写出 L-酪氨酸, L-苯丙氨酸, L-谷氨酸的 Fischer 投影式, 并用 R、S 标示它们的构型。

二、α-氨基酸的物理性质

固体氨基酸一般以内盐形式存在, 表现出盐类的特性。一般能溶于水, 易溶于强酸、强碱溶液, 难溶于乙醚、氯仿等有机溶剂。α-氨基酸一般为无色晶体, 具有较高的熔点（一般为 200～300℃), 氨基酸大多有分解点, 许多氨基酸在接近熔点时分解。除甘氨酸外, 其他的 α-氨基酸都有旋光性。常见氨基酸的物理常数及等电点见表 13-2。

表 13-2　常见氨基酸的物理常数及等电点

氨基酸	熔(分解)点/℃	溶解度/[g·(100g 水)$^{-1}$]	比旋光度 $[\alpha]_D^{25}$	等电点
甘氨酸	233	25		5.97
丙氨酸	297	16.7	+1.8	6.02
缬氨酸	315	8.9	+5.6	5.97
亮氨酸	293	2.4	−10.8	5.98
异亮氨酸	284	4.1	+11.3	6.02

续表

氨基酸	熔(分解)点/℃	溶解度/[g·(100g 水)$^{-1}$]	比旋光度$[\alpha]_D^{25}$	等电点
丝氨酸	228	33	−6.8	5.68
苏氨酸	225	20	−28.3	6.53
天冬氨酸	270	0.54	+5.0	2.97
天冬酰胺	234	3.5	−5.4	5.41
谷氨酸	247	0.86	+12.0	3.22
谷氨酰胺	185	3.7	+6.1	5.65
精氨酸	244	3.5	+12.5	10.76
赖氨酸	225	易溶	+14.6	9.74
组氨酸	187	4.2	−39.7	7.59
半胱氨酸		溶	−16.5	5.02
甲硫氨酸	280	3.4	−8.2	5.75
苯丙氨酸	283	3.0	−35.1	5.48
酪氨酸	342	0.04	−10.6	5.66
色氨酸	289	1.1	−31.5	5.89
脯氨酸	220	162	−85.0	6.30
羟脯氨酸	274	易溶	−75.2	5.83

三、α-氨基酸的化学性质

氨基酸分子中同时含有氨基（—NH$_2$）和羧基（—COOH）两个官能团，因此，氨基酸表现出羧酸的性质及胺类化合物的性质，此外，由于氨基与羧基之间相互影响及分子中R—基团的某些特殊结构，又显示出一些特殊的性质。

1. 氨基酸中氨基和羧基共同参与的反应

（1）氨基酸的两性解离和等电点 氨基酸分子中既含有羧基又含有氨基，因此氨基酸与强碱或强酸均可反应生成盐，是两性化合物。氨基酸分子本身的氨基和羧基也可发生反应，生成内盐，亦称两性离子或偶极离子。

$$\text{RCHCOH} \rightleftharpoons \underset{\text{内盐(偶极离子)}}{\text{RCHCO}^-}$$
（结构：RCH(NH$_2$)COOH ⇌ RCH(NH$_3^+$)COO$^-$）

固体氨基酸以偶极离子形式存在，由于正负电荷相互吸引，静电引力大，因此固体氨基酸具有很高的熔点，易溶于水而难溶于有机溶剂。

在溶液中，氨基酸的存在形式与溶液酸碱度有关。在酸性溶液中，氨基酸偶极离子中的—COO$^-$可接受 H$^+$，发生碱式解离带正电荷；而在碱性溶液中—NH$_3^+$给出 H$^+$，发生酸式解离带负电荷。偶极离子加酸和加碱时引起的变化，可用下式表示：

$$\underset{\substack{\text{正离子}\\ \text{pH}<\text{pI}}}{\text{RCH(NH}_3^+\text{)COOH}} \underset{\text{H}^+}{\overset{\text{OH}^-}{\rightleftharpoons}} \underset{\substack{\text{偶极离子}\\ \text{pI}}}{\text{RCH(NH}_3^+\text{)COO}^-} \underset{\text{H}^+}{\overset{\text{OH}^-}{\rightleftharpoons}} \underset{\substack{\text{负离子}\\ \text{pH}>\text{pI}}}{\text{RCH(NH}_2\text{)COO}^-}$$

氨基酸以偶极离子形式存在时，溶液的 pH 值称为等电点（用 pI 表示）。可以看出，当溶液 pH < pI 时，氨基酸以正离子形式存在，在外加直流电场中，该离子向阴极移动；当溶液 pH > pI 时，氨基酸以负离子形式存在，在外加直流电场中，该离子向阳极移动；当溶液 pH = pI 时，氨基酸以偶极离子形式存在，在电场中，偶极离子不向任一电极移动。利用氨基酸在电场中移动的方向和速度的差异，可以分离和鉴别氨基酸，这一技术被称为电泳技术。

值得注意的是，在等电点时，氨基酸的 pH 值不等于 7。对于中性氨基酸，由于羧基比氨基易于解离，因此需要加入适当的酸抑制羧基的解离，促使氨基解离，使氨基酸以偶极离子的形式存在，所以中性氨基酸的等电点都小于 7，一般在 5～6.3。酸性氨基酸的羧基多于氨基，必须加入较多的酸才能达到其等电点，因此酸性氨基酸的等电点一般在 2.8～3.2。要使碱性氨基酸达到其等电点，必须加入适量碱，因此碱性氨基酸的等电点都大于 7，一般在 7.6～10.8。常见氨基酸的等电点见表 13-2。

在等电点时，由于正负电荷相互吸引，使氨基酸分子易于聚集形成沉淀，因此等电点时，氨基酸在水中的溶解度最小。所以可以采用调节等电点的方法，分离氨基酸的混合物。

思考题 13-2 甘氨酸在 pH=2, 6, 9 的水溶液中主要以何种形式存在？在电场中向哪一极移动？

思考题 13-3 已知水解液中含有谷氨酸、甘氨酸、赖氨酸三种氨基酸，可以采取什么方法将其分离？

---

(2) 与水合茚三酮的反应　α-氨基酸与水合茚三酮的弱酸性溶液共热，生成蓝紫色物质。这个反应非常灵敏，可用于氨基酸的定性及定量测定。

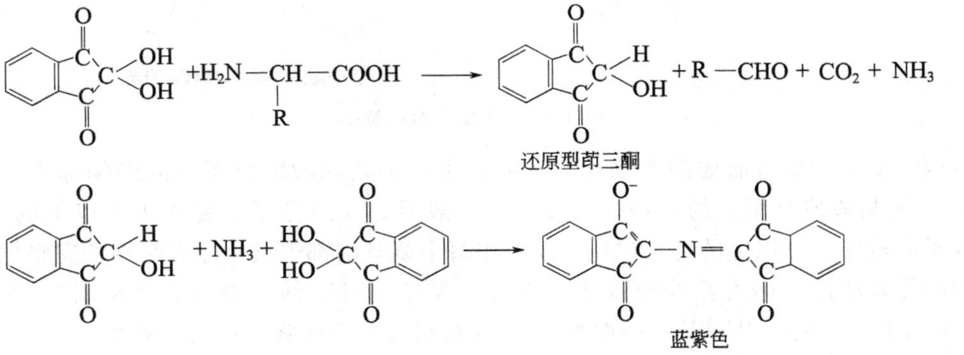

凡是有游离氨基的氨基酸均可和水合茚三酮试剂发生显色反应，多肽和蛋白质也有此反应，脯氨酸和羟脯氨酸与水合茚三酮反应时，生成黄色化合物。

(3) 与金属离子形成配合物　某些氨基酸与某些金属离子能形成结晶型化合物，有时可以用来沉淀和鉴别某些氨酸。如甘氨酸与铜离子能形成深紫色配合物结晶。

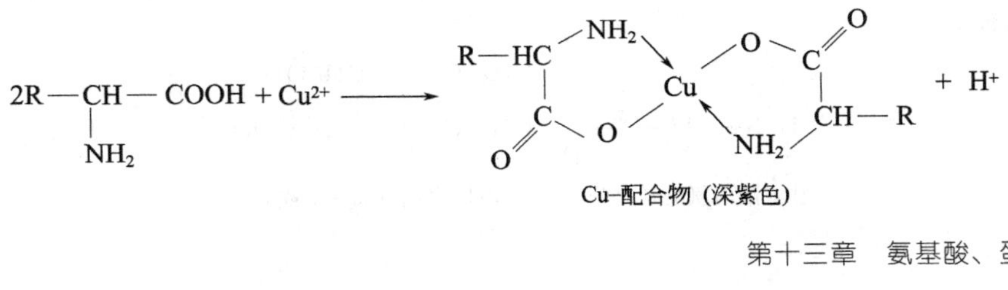

(4) **脱羧失氨作用** 氨基酸在酶的作用下，同时脱去羧基和氨基得到醇。

$$(CH_3)_2CH-CH_2-\underset{NH_2}{CH}-COOH + H_2O \xrightarrow{酶} (CH_3)_2CH-CH_2-CH_2OH + CO_2 + NH_3$$

工业上发酵制取乙醇时，杂醇就是这样产生的。

(5) **肽的形成** 一个氨基酸分子的羧基与另一氨基酸分子的氨基发生分子间的脱水缩合，形成酰胺键（又称为肽键），所得产物称为肽。

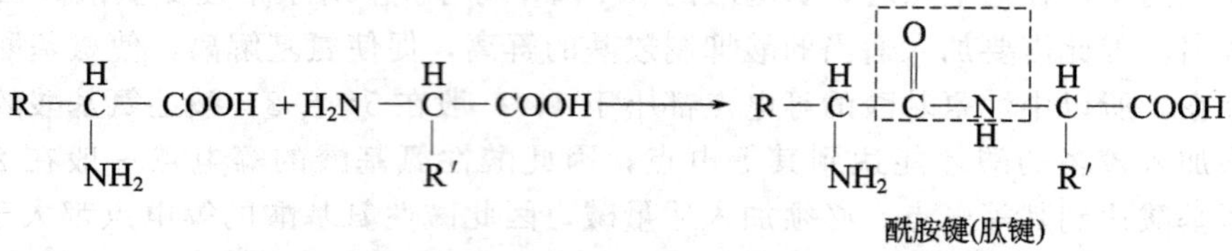

$$R-\underset{NH_2}{\overset{H}{C}}-COOH + H_2N-\underset{R'}{\overset{H}{C}}-COOH \longrightarrow R-\underset{NH_2}{\overset{H}{C}}-\boxed{\overset{O}{\underset{H}{C}-N}}-\underset{R'}{\overset{H}{C}}-COOH$$

酰胺键(肽键)

酰胺键中氮原子上的孤对电子与酰基形成 p-π 共轭体系，使 C—N 键具有一定程度的双键性质。因此，肽键中的碳氮键不能自由旋转，即酰胺键部分在一个平面上，但与肽键中氮和碳原子相连接的两个基团可以自由旋转（即相邻肽平面可以旋转），酰胺键的这种特征是蛋白质分子保持其构象的结构基础。X 射线衍射已证实，肽链中酰胺部分在一个平面上（肽链中的这种平面称为肽平面或酰胺平面），与羰基及氨基相连的两个基团处于反式位置；酰胺碳氮键长（0.132nm）比一般的 C—N 单键键长（0.147nm）短一些，这些都表明酰胺碳氮键具有部分双键的性质。见图 13-1。

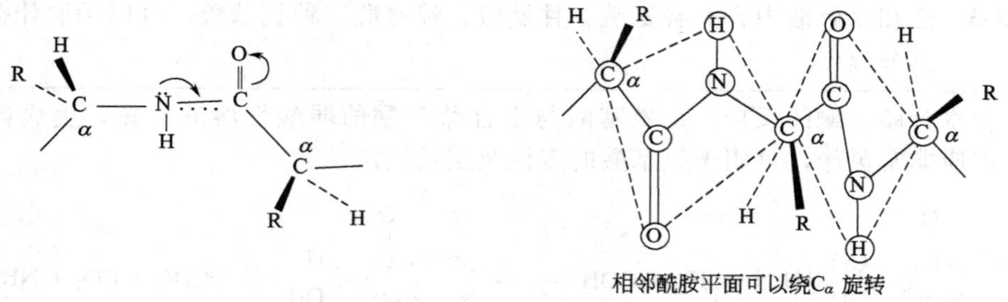

图 13-1 酰胺平面示意图

由两个氨基酸缩合而成的产物称为二肽；由三个氨基酸缩合而成的产物称为三肽；由 10 个以上氨基酸缩合而成的产物称为多肽。一般界定相对分子质量在 1 万以下的为多肽，相对分子质量在 1 万以上的为蛋白质。肽链中每个氨基酸都失去了原有结构的完整性，因此肽链中的氨基酸通常称为氨基酸残基。肽链中含有—NH_2 的一端称为"N-端"；含有游离—COOH 的一端称为"C-端"。一般将 N-端放在左边，C-端放在右边。例如：

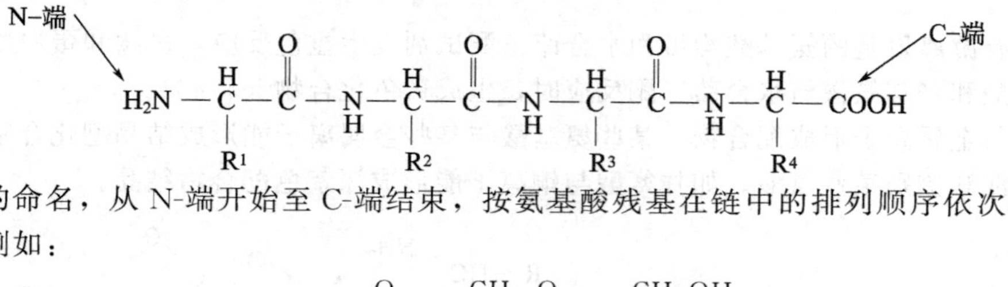

$$\underset{N\text{-端}}{\searrow}\; H_2N-\underset{R^1}{\overset{H}{C}}-\overset{O}{C}-N-\underset{R^2}{\overset{H}{C}}-\overset{O}{C}-N-\underset{R^3}{\overset{H}{C}}-\overset{O}{C}-N-\underset{R^4}{\overset{H}{C}}-COOH \;\underset{C\text{-端}}{\swarrow}$$

多肽的命名，从 N-端开始至 C-端结束，按氨基酸残基在链中的排列顺序依次称为"某酰某酸"例如：

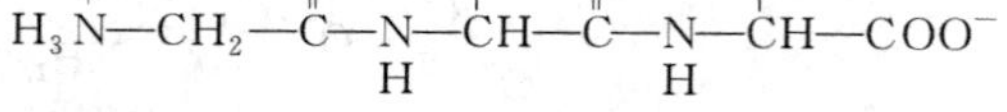

$$H_3\overset{+}{N}-CH_2-\overset{O}{C}-N-\underset{H}{\overset{CH_3}{C}}-\overset{O}{C}-N-\underset{H}{\overset{CH_2OH}{C}}-COO^-$$

甘氨酰丙氨酰丝氨酸（甘丙丝肽）Gly-Ala-Ser 或 G-A-S

多肽类物质在自然界存在很多,它们在生物体中起着各种不同的作用。例如:

$$H_2N-\overset{H}{\underset{\underset{COOH}{|}}{C}}-CH_2CH_2-\overset{O}{\overset{\|}{C}}-\overset{H}{\underset{|}{N}}-\overset{H}{\underset{\underset{\underset{SH}{|}}{CH_2}}{C}}-\overset{O}{\overset{\|}{C}}-\overset{H}{\underset{|}{N}}-\overset{H}{\underset{|}{C}}-COOH$$

谷氨酰半胱氨酰甘氨酸[简称谷胱甘肽(glutathione-SH,GSH)]

谷胱甘肽分子中所含巯基易被氧化成二硫键,形成二硫键链接的双分子形式的产物,此产物称为氧化型谷胱甘肽(GS-SG),其还原可恢复还原型谷胱甘肽。在生物体内,GSH 主要是通过氧化还原反应起电子传递作用及解毒等生理作用。

生物体中的许多激素也是多肽,例如具有促进子宫肌肉收缩作用的催产素和增高血压作用的增血压素都是由 8 个氨基酸组成的肽类激素。

$$H_2N-Gly-Leu-Pro-\underset{|}{Cys}-Asn-Gln-Ile-Tyr-\underset{|}{Cys}$$
$$SS$$

牛催产素

牛催产素中的两个半胱氨酸的巯基,形成了二硫键。二硫键在多肽链中比较常见,它是维持多肽和蛋白质特定构象的一种重要的作用力。

$$H_2N-Gly-Arg-Pro-\underset{|}{Cys}-Asn-Gln-Phe-Tyr-\underset{|}{Cys}$$
$$SS$$

增血压素

多肽中氨基酸的连接顺序称为蛋白质的一级结构,是蛋白质或多肽保持其生理功能的结构基础。例如,镰刀状细胞贫血症,就是由血红蛋白中多肽链 N-端的第 6 个氨基酸残基的谷氨酸被缬氨酸所代替。

思考题 13-4 一个三肽的结构如下:

$$H_2N-(CH_2)_4-\underset{\underset{NH_2}{|}}{\overset{H}{\underset{|}{C}}}-\overset{O}{\overset{\|}{C}}-\overset{H}{\underset{|}{N}}-\overset{H}{\underset{\underset{CH_3}{|}}{C}}-\overset{O}{\overset{\|}{C}}-\overset{H}{\underset{|}{N}}-\overset{H}{\underset{\underset{CH_2Ph}{|}}{C}}-COOH$$

(1) 写出此三肽的名称。
(2) 要使其达到等电点,应如何调节其溶液的 pH?
(3) 完全水解时,能生成哪些氨基酸?

---

2. 氨基酸中氨基参与的反应

(1) **与亚硝酸反应** 氨基酸中的伯氨基,可以与亚硝酸反应,生成 α-羟基酸,同时放出氮气。该反应定量进行,从释放出的氮气的体积可计算分子中氨基的含量。这个方法称为范斯莱克(van Slyke)氨基测定法,可用于氨基酸定量和蛋白质水解程度的测定。

$$R-\underset{\underset{NH_2}{|}}{CH}-COOH + HNO_2 \longrightarrow R-\underset{\underset{OH}{|}}{CH}-COOH + H_2O + N_2\uparrow$$

(2) **与甲醛反应** 氨基酸分子中的氨基由于具有孤对电子,因此可以作为亲核试剂进攻甲醛的羰基,生成(N,N-二羟甲基)氨基酸。在(N,N-二羟甲基)氨基酸中,由于羟基的吸电子诱导效应,降低了氨基氮原子的电子云密度,削弱了氮原子结合质子的能力,使氨基的碱性削弱或消失,这样就可以用标准碱液来滴定氨基酸的羧基,用于氨基酸含量的测定。这种方法称为氨基酸的甲醛滴定法。

$$R-CH(NH_2)-COOH + 2HCHO \longrightarrow R-CH(N(CH_2OH)_2)-COOH$$

在生物体内，氨基酸分子中的氨基在某些酶的催化下，可与醛酮反应生成弱碱性的西佛碱（Schiff' base），它是植物体内合成生物碱及生物体内酶促转氨基反应的中间产物。

$$R'CHO + H_2N-CH(R)-COOH \longrightarrow R'CH=N-CH(R)-COOH$$

西佛碱

(3) 与 2,4-二硝基氟苯反应 弱碱条件下，氨基酸中氨基能与 2,4-二硝基氟苯（DNFB）反应生成 N-(2,4-二硝基苯基)氨基酸，简称 N-DNP-氨基酸，这个化合物显黄色，可用于氨基酸的比色测定，该方法可用于肽链中 N-端氨基酸残基分析。

$$O_2N{-}C_6H_3(NO_2){-}F + H_2N{-}CH(R)COOH \xrightarrow{弱碱} O_2N{-}C_6H_3(NO_2){-}NH{-}CH(R)COOH + HF$$

N-DNP-氨基酸（黄色）

(4) 与丹磺酰氯（5-二甲氨基萘磺酰氯）反应 氨基酸能与丹磺酰氯反应生成丹磺酰氨基酸（DNS-氨基酸）。DNS-氨基酸在紫外光下有强烈的黄色荧光，此方法可用于肽链中 N-端氨基酸残基分析。

[萘环结构：5位 N(CH$_3$)$_2$，1位 SO$_2$Cl] $+ NH_2CH(R)COOH \longrightarrow$ [萘环结构：5位 N(CH$_3$)$_2$，1位 SO$_2$NHCH(R)COOH]

DNS-氨基酸（有强烈的黄色荧光）

(5) 与异硫氰酸苯酯反应 异硫氰酸苯酯可与氨基酸中氨基反应生成取代硫脲。

$$C_6H_5NCS + H_2NCH(R)COOH \xrightarrow{碱} C_6H_5NH-C(=O)-NHCH(R)COOH$$

多肽或蛋白质中 N-端氨基也可发生此反应，所生成的取代硫脲经盐酸选择性地将 N-端残基以苯基乙内酰硫脲的形式水解下来，并进行鉴定，而肽链的其余部分则可完整保留。

$$C_6H_5NCS + H_2NCH(R^1)CONHCH(R^2)CO\sim \xrightarrow{碱} C_6H_5NH-C(=O)-NHCH(R^1)CONHCH(R^2)CO\sim$$

$$\xrightarrow{HCl, H_2O} \text{[苯基乙内酰硫脲环：} C_6H_5-N-C(=S)-NH-C(=O), CHR^1\text{]} + H_3\overset{+}{N}-CH(R^2)CO\sim$$

缩短后的肽链 N-端残基可重复此法分析，进而完成整个肽链的分析。Edman 据此制造出蛋白质自动顺序分析仪，可精确测量多达 60 个氨基酸以下的多肽结构，此法称为 Edman 降解法。

(6) 氧化脱氨反应 在双氧水、高锰酸钾等氧化剂氧化条件下，氨基酸分子的氨基可以被氧化生成α-亚氨基酸，进一步水解，脱去氨基生成α-酮酸。

$$\underset{\underset{NH_2}{|}}{R-CH-COOH} \xrightarrow{[O]} \underset{\underset{NH}{\|}}{R-C-COOH} \xrightarrow{H_2O} \underset{\underset{NH_2}{|}}{\overset{\overset{OH}{|}}{R-C-COOH}} \xrightarrow{-NH_3} \underset{}{\overset{\overset{O}{\|}}{R-C-COOH}}$$

α-亚氨基酸　　　　　α-羟基-α-氨基酸

在酶催化下，氨基酸也可发生氧化脱氨反应，这是生物体内蛋白质分解代谢的重要途径。

3. 氨基酸中羧基参与的反应

(1) 与醇反应 氨基酸在无水乙醇中通入干燥氯化氢，加热回流时生成氨基酸酯。

$$\underset{\underset{NH_2}{|}}{R-CH-\overset{\overset{O}{\|}}{C}-OH} + C_2H_5-OH \xrightarrow{干\ HCl} \underset{\underset{NH_2}{|}}{R-CH-\overset{\overset{O}{\|}}{C}-O-C_2H_5} + H_2O$$

α-氨基酸酯在醇溶液中又可与氨反应，生成氨基酸酰胺。
这是生物体内以谷氨酰胺和天冬酰胺形式储存氮素的一种主要方式。

(2) 脱羧反应 将氨基酸缓缓加热或在高沸点溶剂中回流，可以发生脱羧反应生成胺。生物体内的脱羧酶也能催化氨基酸的脱羧反应，这是蛋白质腐败发臭的主要原因。例如赖氨酸脱羧生成1,5-戊二胺（尸胺）。

$$\underset{\underset{NH_2}{|}}{H_2N-CH_2(CH_2)_3-CH-COOH} \xrightarrow{\triangle} H_2N-(CH_2)_5-NH_2$$

1,5-戊二胺（尸胺）

4. 氨基酸的受热分解反应

α-氨基酸受热时发生分子间脱水生成交酰胺；γ-或δ-氨基酸受热时发生分子内脱水生成内酰胺；β-氨基酸受热时不发生脱水反应，而是失氨生成不饱和酸。

α-氨基酸　　　　　交酰胺

$$\underset{\underset{NH_2}{|}}{RCHCH_2COOH} \xrightarrow{\triangle} RCH=CHCOOH + NH_3\uparrow$$

β-氨基酸　　　　　α,β-不饱和酸

$$\underset{\underset{NH_2}{|}}{RCHCH_2CH_2COOH} \xrightarrow{\triangle} \text{内酰胺}$$

γ-氨基酸　　　　　内酰胺

此外，一些氨基酸侧链具有的官能基团，如羟基、酚基、吲哚基、胍基、巯基及非 α-氨基等，均可以发生相应的反应，这是进行蛋白质化学修饰的基础。

思考题 13-5　测定蛋白质中氨基酸残基的方法有哪些？

第二节　蛋　白　质

蛋白质是由多种氨基酸缩合而成的一类天然高分子化合物，相对分子质量一般为一万到几百万，有的相对分子质量甚至可达几千万，是生物体内组成细胞的基础物质，并在生命活动中起着决定性作用。

一、蛋白质组成、分类

1. 蛋白质组成

组成蛋白质的元素主要含有碳、氢、氮、氧、硫，有些蛋白质还有磷、铁、镁、碘、铜、锌等。一般蛋白质的元素组成见表 13-3。

表 13-3　蛋白质中各种元素的平均含量

元素	C	H	O	N	S	P	Fe
平均含量（按干物质计）/%	50~55	6.0~7.0	19~24	15~17	0.0~0.4	0.0~0.8	0.0~0.4

生物体中的氮元素，绝大部分都是以蛋白质形式存在，各种蛋白质的含氮量很接近，平均为 16%，即每克氮相当于 6.25g 蛋白质。在计算农副产品如奶制品、豆制品等中的蛋白质含量时，常用定氮法先测出农副产品样品的含氮量，然后换算成蛋白质的近似含量，称为粗蛋白含量。

$$W_{粗蛋白} = W_{氮} \times 6.25$$

2. 蛋白质的分类

蛋白质结构复杂，有多种分类方法，一般根据蛋白质的分子形状、溶解性及化学组成和功能等分类。如蛋白质根据其形状可分为球状蛋白质（如卵清蛋白）和纤维蛋白质（如角蛋白）。根据蛋白质在水中的溶解度，可分为可溶性纤维蛋白（如血纤维蛋白原）、不可溶纤维蛋白（如弹力蛋白、胶原蛋白、角蛋白和丝心蛋白等）。球蛋白往往溶于水和稀盐酸，如血红蛋白，肌红蛋白和大多数的酶。根据化学组成，蛋白质又可分简单蛋白和结合蛋白。仅由氨基酸组成的蛋白质称为简单蛋白质。如清蛋白（血清蛋白、乳清蛋白、卵清蛋白）、球蛋白（血清球蛋白）、组蛋白（小牛胸腺组蛋白）、精蛋白（鱼精蛋白）等。由简单蛋白质与非蛋白质成分（称为辅基）结合而成的复杂蛋白质，称为结合蛋白质。结合蛋白质又可根据辅基不同，分为核蛋白（辅基为核酸，如脱氧核糖核酸蛋白、核糖体）、糖蛋白（辅基为糖类，如卵清蛋白、γ-球蛋白、血清黏蛋白）、脂蛋白（辅基为脂肪或类脂，如低密度脂蛋白、高密度脂蛋白）、磷蛋白（辅基为磷酸，如卵黄蛋白、胃蛋白酶）、色蛋白（辅基为色素，如叶绿素蛋白）、金属蛋白（辅基为金属离子，如铁氧还蛋白）。

二、蛋白质的结构

蛋白质的结构通常分为一级结构、二级结构、三级结构和四级结构四种层次。

1. 蛋白质的一级结构

蛋白质的一级结构是指多肽链中氨基酸残基的种类及排列顺序。肽键是蛋白质一级结构中主要的化学键,另外在两条肽链之间或一条肽链的不同位置之间也存在其他类型的化学键,如二硫键、酯键等。任何特定的蛋白质都有特定的氨基酸残基顺序。特定的氨基酸种类及排列顺序是蛋白质在三维空间具有特定的复杂而精细结构的基础。例如牛胰岛素就是由 A 和 B 两条多肽链共 51 个氨基酸残基组成,A 链中有一个链内二硫键,A 链和 B 链通过两个二硫键相互连接。牛胰岛素的一级结构如下:

```
N-端                                                                          C-端
Ile—Gly                                                              21 Asn
     |          ┌─S——————S─┐                                            |
Val—Glu—Gln—Cys—Cys—Ala—Ser—Val—Cys—Ser—Leu—Tyr—Gln—Leu—Glu—Asn—Tyr—Cys   A链
         5              10                    15              20
                                                                      |
                                                                      S     B链
                                                                      |
                                                                      S
     25              30              35
Gln—His—Leu—Cys—Gly—Ser—His—Leu—Val—Gln—Ala—Leu—Tyr—Leu—Val—Cys
 |                                                                    |40
Asn—Val—Phe    Ala—Lys—Pro—Thr—Thr—Phe—Phe—Gly—Arg—Glu—Gly
          51    50               45
```

人胰岛素与牛胰岛素极相似,仅是 B 链 C-端氨基酸不同,人的为苏氨酸(Thr),而牛的为丙氨酸(Ala)。

蛋白质的一级结构式是其空间构象的基础,因此测定蛋白质中氨基酸的顺序对于蛋白质的研究具有重要意义,目前有氨基酸自动分析仪和肽链氨基酸顺序测定仪来进行测定。

2. 蛋白质分子的二级结构

蛋白质分子二级结构是指多肽链借助分子内氢键盘曲或折叠形成的有规则的空间构象。氢键是维持蛋白质二级结构稳定存在的重要因素。蛋白质的二级结构包括 α-螺旋、β-折叠、Ω 环形和无规卷曲等基本类型,二级结构是蛋白质复杂构象的基础。这里仅简要介绍 α-螺旋、β-折叠。

(1) α-螺旋　α-螺旋是蛋白质中最常见的二级结构,具有如下的特征:多肽主链围绕同一中心轴以螺旋方式伸展,轴心距为 0.5nm,所有的肽键为反式,氨基酸的侧基伸向螺旋外侧。平均 3.6 个氨基酸残基构成一个螺旋圈(18 个氨基酸残基盘绕 5 圈),递升 0.54nm,每个残基沿轴上升 0.15nm。每个氨基酸残基的 N—H 与前面相隔三个氨基酸残基的 C=O 形成氢键,这些氢键的方向大致与螺旋轴平行。天然蛋白质的 α-螺旋绝大多数是右手螺旋。见图 13-2。

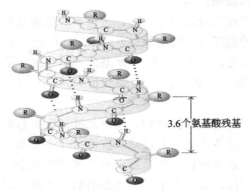

图 13-2　右手 α-螺旋示意图

(2) β-折叠　β-折叠是由两条或多条方向相同或相反的几乎完全伸展的肽链,依靠相邻肽链上的—NH 和 C═O 之间形成氢键而成的一种多肽构象。β-折叠中氢键与多肽链伸展方向接近垂直，氨基酸残基的侧链基团分别交替地位于折叠面上下，且与片层相互垂直。β-折叠中反平行的构象比较稳定。例如丝心蛋白（存在于蚕丝等中）的二级结构就是典型的 β-折叠。见图 13-3，图 13-4。

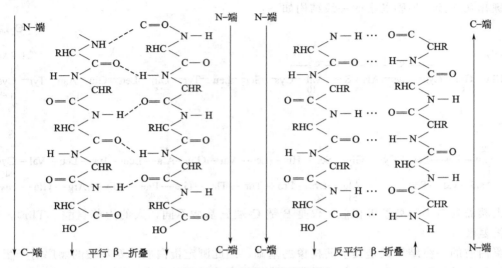

图 13-3　β-折叠结构示意图

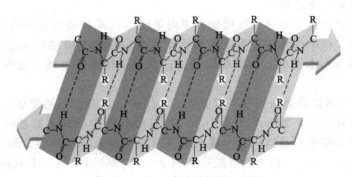

图 13-4　蛋白质反平行的 β-折叠

3. 蛋白质的三级结构和四级结构

蛋白质的三级结构是指在二级结构基础上，一条多肽链通过氢键、范德华力、疏水相互作用、盐键和二硫键等各种副键（或称次级键）（图 13-5）进一步盘旋折叠所形成的稳定的空间构象。例如，肌红蛋白是由一条由 153 个氨基酸残基组成，形成具有 α-螺旋二级结构的肽链，然后通过链内的作用力（次级键）盘旋和折叠形成一个不对称的近似球状的结构（图 13-6）。

很多蛋白质是由两个以上的肽链构成的，每条肽链都有各自的一、二、三级结构，这些肽链被称为蛋白质的亚基。由各个亚基通过非共价键缔合在一起，这样的聚集体称为蛋白质的四级结构。亚基可以是一条多肽链，也可能是以二硫键相连接的两条或多条多肽链组成。在四级结构中，亚基可以相同，也可以不同，亚基的数目从两个到几千个不等。例如血红蛋白即是由两个 α-亚基和两个 β-亚基组成，其中每个 α-亚基由 141 个氨基酸残基组成，每个 β-亚基由 146 个氨基酸残基组成。虽然两者的一级结构相差较大，但三级结构均类似于肌红

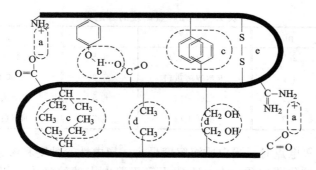

图 13-5 维持蛋白质三级结构的各种作用力
a—盐键；b—氢键；c—疏水相互作用；d—范德华力；e—二硫键

蛋白。见图 13-7。

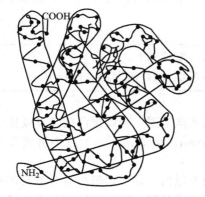

图 13-6 肌红蛋白的三级结构图

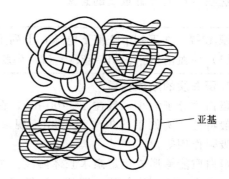

图 13-7 血红蛋白的四级结构示意图

必须指出，所有蛋白质都具有一级、二级、三级结构，但并不是所有的蛋白质都具有四级结构。例如，溶菌酶、肌红蛋白等无四级结构。

思考题 13-6 为什么说蛋白质的一级结构决定它的高级结构？

三、蛋白质的性质

1. 蛋白质的两性解离和等电点

蛋白质多肽链的 N-端有游离氨基，C-端有游离羧基，其侧链上也常含有碱性基团和酸性基团。因此，蛋白质也具有两性性质和等电点。蛋白质分子所带的正、负电荷相等时，溶液的 pH 值称为该蛋白质的等电点（pI）。与氨基酸相似，不同 pH 的溶液中，蛋白质以不同的形式存在，其平衡体系如下：

$$\underset{\substack{\text{阴离子}\\ \text{pH}>\text{pI}}}{\text{Pr}\begin{array}{c}NH_2\\|\\COO^-\end{array}} \underset{OH^-}{\overset{H^+}{\rightleftharpoons}} \underset{\substack{\text{两性离子}\\ \text{等电点(pI)}}}{\text{Pr}\begin{array}{c}NH_3^+\\|\\COO^-\end{array}} \underset{OH^-}{\overset{H^+}{\rightleftharpoons}} \underset{\substack{\text{阳离子}\\ \text{pH}<\text{pI}}}{\text{Pr}\begin{array}{c}\overset{+}{N}H_3\\|\\COOH\end{array}}$$

式中 $H_2N-Pr-COOH$ 表示蛋白质分子，羧基代表分子中所有的酸性基团，氨基代表所有的碱性基团，Pr 代表其他部分。不同的蛋白质具有不同的等电点，几种常见蛋白质的等电点见表 13-4。

表 13-4　几种蛋白质的等电点

蛋白质	pI	蛋白质	pI	蛋白质	pI
胃蛋白酶	2.5	麻仁球蛋白	5.5	马肌红蛋白	7.0
乳酪蛋白	4.6	玉米醇溶蛋白	6.2	麦麸蛋白	7.1
鸡卵清蛋白	4.9	麦胶蛋白	6.5	核糖核酸酶	9.4
胰岛素	5.3	血红蛋白	6.7	细胞色素 C	10.8

与氨基酸类似，等电点时，蛋白质溶解度最小，导电性、黏度和渗透压等也最低。利用这些性质可以分离、纯化蛋白质。在 pH 值不等于等电点的溶液中，蛋白质带有某种净电荷，在电场中向不同的电极移动，因此可通过电泳法分离或纯化蛋白质。

由于蛋白质具有两性，所以在生物组织中它们既对外来酸、碱具有一定的抵抗能力，而且能对生物体内代谢所产生的酸、碱性物质起缓冲作用，使生物组织液维持在一定 pH 值范围，这在生理上有着重要的意义。

思考题 13-7　在下列 pH 值下电泳，下列蛋白质将向哪一极移动？
(1) 牛血清蛋白，pH=7.0；(2) 牛胰岛素，pH=9.0；(3) 溶菌酶，pH=7.0

2. 蛋白质的胶体性质

蛋白质分子大小一般在 1～100 nm，在胶体分散相质点范围，所以蛋白质具有胶体溶液的一般特性。例如丁达尔（Tyndall）现象，布朗（Brown）运动，不能透过半透膜以及较强的吸附作用等。

蛋白质能够形成稳定亲水胶体溶液，主要有两方面的原因。其一，蛋白质分子表面有许多极性亲水基团，如羧基、氨基、亚氨基、羟基、羰基、硫基等，这些基团能与水分子形成氢键而发生水化作用，在蛋白质表面形成一层水化膜，使蛋白质粒子不易聚集而沉降。其二，蛋白质粒子带有同性电荷，蛋白质在非等电点的溶液中，粒子表面的同性电荷相互产生排斥作用，使蛋白质粒子不易聚沉。

3. 蛋白质的沉淀

蛋白质的沉淀分为可逆沉淀和不可逆沉淀。

(1) 可逆沉淀　蛋白质溶液的稳定性是有条件的、相对的。如果改变这种相对稳定的条件，例如除去蛋白质外层的水膜或者电荷，蛋白质分子就会凝集而沉淀。此时，蛋白质分子的内部结构仅发生了微小改变或基本保持不变，仍然保持原有的生理活性。只要消除了沉淀的因素，已沉淀的蛋白质又会重新溶解。这种沉淀称为可逆沉淀。

在蛋白质溶液中，加入一定浓度的强电解质盐，如 $(NH_4)_2SO_4$、Na_2SO_4、NaCl 等，会使蛋白质从溶液中沉淀出来，这一作用称为蛋白质的盐析。这是由于高浓度的强电解质在水中破坏了蛋白质表面的水化膜；同时，电解质离子所带的电荷也会中和或削弱蛋白质粒子表面所带的电荷，两者均使蛋白质的胶体溶液稳定性降低，进而相互凝聚沉降。控制电解质的浓度，可使溶液中不同的蛋白质分别析出，称为分段盐析。例如鸡蛋清可用不同浓度的硫酸铵溶液分段沉淀析出球蛋白和卵蛋白。

盐析一般不会破坏蛋白质的结构，当加水或透析时，沉淀又能重新溶解。所以盐析作用是可逆沉淀。

(2) 不可逆沉淀　蛋白质沉淀后，即使消除了沉淀因素也不能重新溶解，称为不可逆沉淀。不可逆沉淀的方法有：

① 水溶性有机溶剂沉淀法　向蛋白质溶液中加入适量的水溶性有机溶剂如乙醇、丙酮等，由于它们对水的亲和力大于蛋白质，使蛋白质粒子脱去水化膜而沉淀。这种作用在短时间和低温时，沉淀是可逆的，但若时间较长或温度较高时，则为不可逆沉淀。

② 化学试剂沉淀法　Hg^{2+}、Pb^{2+}、Cu^{2+}、Ag^+等重金属盐的阳离子能与蛋白质阴离子结合产生不可逆沉淀。例如：

$$2Pr\genfrac{}{}{0pt}{}{NH_2}{COO^-} + Pb^{2+} \longrightarrow \left[Pr\genfrac{}{}{0pt}{}{NH_2}{COO^-}\right]_2 Pb^{2+} \downarrow$$

③ 生物碱试剂沉淀法　苦味酸、三氯乙酸、鞣酸、磷钨酸、磷钼酸等生物碱能与蛋白质阳离子结合，使蛋白质产生不可逆沉淀。例如：

$$Pr\genfrac{}{}{0pt}{}{\overset{+}{N}H_3}{COOH} + Cl_3C-\overset{O}{\underset{\|}{C}}-O^- \longrightarrow \left[Pr\genfrac{}{}{0pt}{}{\overset{+}{N}H_3}{COOH}\right]^+ O^--\overset{O}{\underset{\|}{C}}-CCl_3 \downarrow$$

此外，强酸或强碱以及加热、紫外线或 X 射线照射等物理因素，都可导致蛋白质的某些次级键被破坏，引起构象发生很大改变，引起蛋白质沉淀，从而失去生物活性。这些沉淀也是不可逆的。

4. 蛋白质的变性

由于物理或化学因素的影响，使蛋白质理化性质改变，生理活性丧失，称为蛋白质的变性。变性后的蛋白质称为变性蛋白质。

引起蛋白质变性的因素很多，物理因素有加热、高压、剧烈振荡、超声波、紫外线或 X 射线照射等。化学因素有强酸、强碱、重金属离子、生物碱试剂和有机溶剂等。

蛋白质的变性不一定会引起它的一级结构改变。蛋白质变性一般产生不可逆沉淀，但蛋白质的沉淀不一定变性（如蛋白质的盐析）；反之，变性也不一定沉淀，例如有时蛋白质受强酸或强碱的作用变性后，常由于带同性电荷而不会产生沉淀现象。然而不可逆沉淀一定会使蛋白质变性。引起蛋白质变性的原因主要是维持具有复杂而精细空间结构的蛋白质的次级键被破坏，原有的空间结构被改变；此外，蛋白质分子中的某些活泼基团如—NH_2、—COOH、—OH 等与化学试剂发生了反应。

蛋白质的变性作用对工农业生产、科学研究都具有十分广泛的意义。例如通常采用的加热、紫外线照射、酒精、杀菌剂等杀菌消毒就是使细菌体内的蛋白质变性。

5. 水解作用

蛋白质在酸、碱或酶的作用下可以发生水解作用，水解的实质是肽键的断裂。但酸、碱催化的蛋白质水解会造成某些氨基酸的分解，例如酸性水解会引起色氨酸等分解，碱性水解会引起半胱氨酸等分解。

蛋白质水解经过一系列中间产物后，最终生成 α-氨基酸。蛋白质的水解反应，对研究蛋白质以及在生物体中的代谢都具有十分重要的意义。

6. 蛋白质的颜色反应

蛋白质分子由不同的氨基酸残基组成，含有多种官能团，因此蛋白质可以与很多试剂作用产生特殊的颜色反应，利用这些反应可以鉴别蛋白质。蛋白质的重要颜色反应见表 13-5。

表 13-5 蛋白质的重要颜色反应

反应名称	试剂	现象	反应基团	使用范围
茚三酮反应	水合茚三酮试剂	蓝紫	游离氨基	氨基酸,蛋白质,多肽
二缩脲反应	稀碱,稀硫酸铜溶液	粉红~蓝紫	两个以上肽键	多肽,蛋白质
黄蛋白反应	浓硝酸,加热,稀 NaOH	黄~橙黄	苯基	含苯基结构的多肽及蛋白质
米隆反应	米隆试剂①,加热	白~肉红	酚基	含酚基的多肽及蛋白质
乙醛酸反应	乙醛酸试剂,浓硫酸	紫色环	吲哚基	含吲哚基的多肽及蛋白质

①米隆试剂是硝酸汞、亚硝酸汞、硝酸、亚硝酸的混合溶液。

思考题 13-8 用化学方法区别下列物质。
（1）蛋白质水溶液　（2）α-氨基酸　（3）淀粉

第三节　核酸简介

核酸是一类存在于细胞核和细胞质中，承担生物遗传信息的储存、复制及表达，具有重要生理活性的生物大分子化合物。核酸可分为脱氧核糖核酸（DNA）和核糖核酸（RNA）两类，DNA 主要存在于细胞核和线粒体中，是生物遗传的主要物质基础，决定生物体的繁殖、遗传及变异。RNA 主要存在于细胞质中，直接参与细胞内 DNA 的遗传信息表达，即控制生物体内蛋白质的合成。"种瓜得瓜，种豆得豆"是劳动人民对核酸遗传信息的最早认识。因此，核酸化学是分子生物学和分子遗传学的基础。现在已知某些核酸也有酶的作用。

我国于 1981 年全合成出了酵母丙氨酸 t-RNA，标志着我国在核酸研究上已达到世界先进水平。

一、核酸的组成

核酸在酸、碱或酶的作用下，可以逐步水解。核酸完全水解后得到磷酸、戊糖、含氮碱三类化合物。

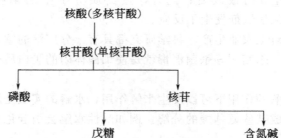

核酸仅由 C、H、O、N、P 五种元素组成，其中 P 的含量变化不大，平均含量为 9.5%，每克磷相当于 10.5g 的核酸。因此，通过测定核酸的磷的含量 w_P，可计算出核酸的大约含量 $w_{核酸}$：

$$w_{核酸} = w_P \times 10.5$$

核酸的分类通常是根据戊糖种类不同进行的。戊糖为 D-核糖（D-ribose）的核酸称为核糖核酸（RNA），戊糖为 D-2-脱氧核糖（D-2-deoxyribose）的核酸称为脱氧核糖核酸（DNA）。核酸中的碱基可分为嘌呤碱及嘧啶碱两类，两种核酸在碱基组成上也有差异。两种核酸均含有磷酸（表 13-6）。

表 13-6　RNA 与 DNA 的基本化学组成

类别		RNA	DNA
戊糖		β-D-核糖	β-D-2-脱氧核糖
含氮碱	嘧啶碱	尿嘧啶　胞嘧啶	胸腺嘧啶　胞嘧啶
	嘌呤碱	腺嘌呤　鸟嘌呤	腺嘌呤　鸟嘌呤
磷酸		H_3PO_4	H_3PO_4

二、(单)核苷酸——核酸的基本结构单位

核酸分子结构中，首先是戊糖与含氮碱基结合生成核苷，核苷再与磷酸结合生成磷酸酯，称为(单)核苷酸，(单)核苷酸是核酸的基本结构单位。

1. 核苷

核苷是戊糖 D-核糖或 D-2-脱氧核糖 C1 位上的 β-羟基（β-半缩醛羟基）与嘧啶碱的 1 位氮上或嘌呤碱 9 位氮上的氢原子脱水而成的氮糖苷。核苷命名时，碱基放在核苷的前面，如腺嘌呤核苷（简称腺苷）、胞嘧啶脱氧核苷（简称脱氧胞苷）。以腺苷及脱氧胞苷为例，将核苷的结构表示如下，其他核苷只需用相应碱基进行置换即得。

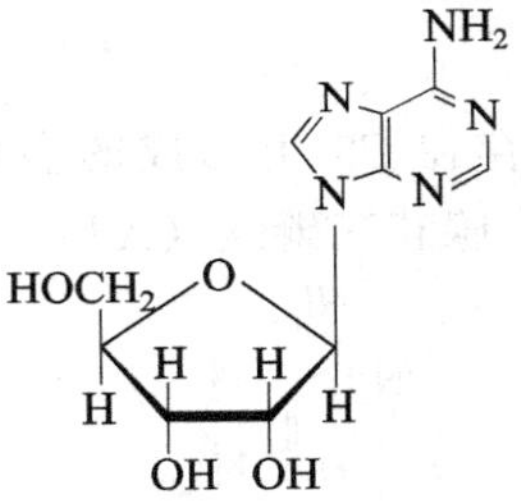

腺嘌呤核苷(腺苷) 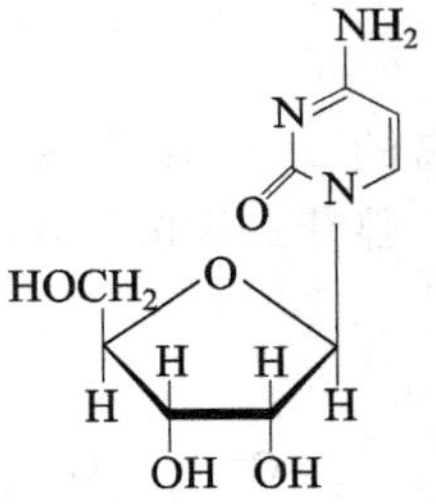　　　胞嘧啶脱氧核苷(脱氧胞苷)

为了区别碱基和糖中原子的位置，戊糖中碳原子编号用带撇的数码表示。它们的名称与缩写见表 13-7。

表 13-7　核苷的名称及缩写

RNA 中的核糖核苷		DNA 中的脱氧核糖核苷	
名称	缩写	名称	缩写
腺嘌呤核苷	A(腺苷)	腺嘌呤脱氧核苷	dA(脱氧腺苷)
鸟嘌呤核苷	G(鸟苷)	鸟嘌呤脱氧核苷	dG(脱氧鸟苷)
胞嘧啶核苷	C(胞苷)	胞嘧啶脱氧核苷	dC(脱氧胞苷)
尿嘧啶核苷	U(尿苷)	胸腺嘧啶脱氧核苷	dT(脱氧胸苷)

2. (单)核苷酸

(单)核苷酸是核苷中戊糖上的 $C3'$ 位或 $C5'$ 上的羟基与磷酸缩合而成的酯。生物体内核苷酸主要是 $C5'$-磷酸酯。单核苷酸的命名要包括糖基和碱基的名称，同时标出磷酸在戊糖上的位置，如腺苷酸是腺苷核糖 $5'$-羟基与磷酸成酯，则命名为 $5'$-腺苷酸或腺苷-$5'$-磷酸。以 $5'$-腺苷酸及 $5'$-脱氧胞苷酸为例，将核苷酸的结构表示如下。

5′-腺苷酸或腺苷-5′-磷酸   5′-脱氧胞苷酸或脱氧胞苷-5′-磷酸

RNA 和 DNA 中的 5′-单核苷酸的名称及其缩写见表 13-8。

表 13-8　RAN 和 DNA 中的 5′-单核苷酸的名称

RNA		DNA	
名　称	缩写	名　称	缩写
5′-腺苷酸或腺苷-5′-磷酸	5′-AMP	5′-脱氧腺苷酸或脱氧腺苷-5′-磷酸	5′-dAMP
5′-鸟苷酸或鸟苷-5′-磷酸	5′-GMP	5′-脱氧鸟苷酸或脱氧鸟苷-5′-磷酸	5′-dGMP
5′-胞苷酸或胞苷-5′-磷酸	5′-CMP	5′-脱氧胞苷酸或脱氧胞苷-5′-磷酸	5′-dCMP
5′-尿苷酸或尿苷-5′-磷酸	5′-UMP	5′-脱氧胸苷酸或脱氧胸苷-5′-磷酸	5′-dTMP

3. 多磷酸腺苷酸

生物体内常含有游离的 5′-核苷磷酸，而且还存在 C5′ 上形成的多磷酸核苷酸。例如，5′-腺苷磷酸（AMP）、5′-腺苷二磷酸（ADP）和 5′-腺苷三磷酸（ATP）。

ATP 和 ADP 可视为生物的储能仓库，这是由于磷酸与磷酸之间的酸酐键水解断裂时产生较大的能量（30.5kJ·mol），因此这个酸酐键又称为"高能磷酸酐键"，常用"～"表示。当细胞中的糖氧化时，将释放出的能量储存在 ATP 的高能磷酸酐键中；ATP 水解时，又释放出能量为细胞进行生物化学变化提供能量。

思考题 13-9　写出下列物质的结构式：脱氧腺苷、5′-dCMP、3′-鸟苷酸。

三、核酸的结构

1. 核酸的一级结构

核酸是一个单核苷酸中戊糖的 C5′ 上的磷酸与另一个单核苷酸中戊糖的 C3′ 上羟基通过 3′,5′-磷酸二酯键连接形成的生物大分子。RNA 的相对分子质量一般在 $10^4 \sim 10^6$，而 DNA

在 $10^6 \sim 10^9$。核酸的一级结构即是指组成核酸的各种单核苷酸按照一定比例和一定的顺序，通过磷酸二酯键连接而成的核苷酸长链。RNA 和 DNA 的一级结构片段见图 13-8。

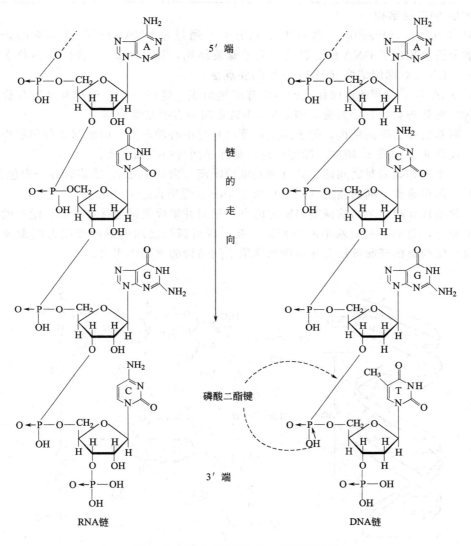

图 13-8　RNA 与 DNA 的一级结构片段

在使用中，习惯用简式表示核酸的一级结构。竖线表示戊糖，$C'1$ 位与碱基（A、G、C、T、U 等表示）相连，竖线中下部斜画线表示连接在戊糖 $C'3$ 和 $C'5$ 位之间的磷酸酯键，P 表示磷酸酯基。例如，DNA 的一级结构简式。见图 13-9。

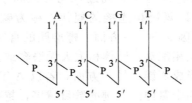

图 13-9　DNA 的一级结构简式片段

思考题 13-10 DNA 彻底水解后可能含有哪些小分子？

2. DNA 的二级结构

1953 年瓦特生（Waston）和克利格（Crick）通过对 DNA 分子的 X 衍射的研究和碱基性质的分析，提出了 DNA 的二级结构为双螺旋结构，被认为是 20 世纪自然科学的重大突破之一。DNA 双螺旋结构（图 13-10）的要点是：

（1）DNA 分子由两条走向相反的多核苷酸链组成，绕同一中心轴相互平行盘旋成双螺旋体结构。两条链均为右手螺旋，即 DNA 主链走向为右手双螺旋体。

（2）碱基的环为平面结构，处于螺旋内侧，并与中心轴垂直。磷酸与 2-脱氧核糖处于螺旋外侧，彼此通过 3′或 5′-磷酸二酯键相连，糖环平面与中心轴平行。

（3）两个相邻碱基对之间的距离（碱基堆积距离）为 0.34nm。螺旋每旋一圈包含 10 个单核苷酸，即每旋转一周的高度（螺距）为 3.4nm。螺旋直径为 2nm。

（4）两条核苷酸链之间的碱基以特定的方式配对并形成氢键连接在一起。配对的碱基处于同一平面上，与上下的碱基平面堆积在一起，成对碱基之间的纵向作用力叫做碱基堆积力，它也是使两条核苷酸链结合并维持双螺旋空间结构的重要作用力。

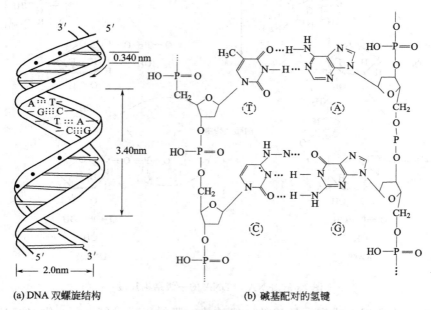

图 13-10 DNA 双螺旋结构及碱基配对示意图

DNA 两条链之间碱基配对的规则是：一条链上的嘌呤碱基与另一条链上的嘧啶碱基配对。在 DNA 双螺旋结构中，只有 A 与 T 之间或 G 与 C 之间才能配对。在 DNA 双螺旋结构中，这种 A-T 或 C-G 配对，并以氢键相连接的规律，称为碱基配对规则或碱基互补规则（图 13-10）。引起碱基配对的原因如下。一方面，螺旋圈的直径恰好能容纳一个嘌呤碱和一个嘧啶碱配对。如两个嘌呤碱互相配对，则体积太大无法容纳；如两个嘧啶碱互相配对，则由于两链之间距离太远，不能形成氢键。另一方面，若以 A-T、G-C 配对可形成五个氢键，而以 A-C、G-T 配对只能形成四个氢键。氢键的数目越多，越有利于双螺旋结构的稳定性。

由于碱基配对的互补性，所以一条螺旋的单核苷酸的次序（即碱基次序）决定了另一条链的单核苷酸的碱基次序。这决定了 DNA 复制的特殊规律及在遗传学中具有重要意义。

思考题 13-11 如果一条 DNA 双螺旋多核苷酸链某一片段中碱基的次序为 T-G-C-A-T，写出另一条对应的多核苷酸的碱基次序。

思考题 13-12 请解释一下碱基配对原则产生的原因。

大多数天然 RNA 以单链形式存在，单链在许多区域可发生回折，形成发夹结构，在回折区内，有碱基配对，碱基互补规则是 A-U、C-G。配对的多核苷酸（占 40%～70%）形成双螺旋结构，不能配对的碱基则形成突环。RNA 中碱基配对不像 DNA 中那样严格，如 tRNA 中，有时 C 与 U 可以配对，但结合力不如 G 与 C 那样牢固。

四、核酸的性质

1. 物理性质

DNA 为白色纤维状物质，RNA 为白色粉状物质。均微溶于水，可溶于稀碱和中性盐溶液，易溶于 2-甲氧基乙醇，难溶于乙醇、乙醚等溶剂。核酸在 260nm 左右都有最大吸收，可利用紫外分光光度法进行定量测定。核酸水溶液显酸性，具有一定胶体溶液的性质。

2. 核酸的水解

核酸在酸、碱或酶的作用下都能水解。在酸性条件下，由于糖苷键对酸不稳定，核酸水解生成碱基、戊糖、磷酸及单核苷酸的混合物。在碱性条件下，可得单核苷酸或核苷（DNA 较 RNA 稳定）。酶催化的水解比较温和，可有选择性地断裂某些键。

3. 核酸的变性

在外来因素的影响下，核酸分子的空间结构被破坏，导致部分或全部生物活性丧失的现象，称为核酸的变性。变性过程中核苷酸之间的共价键（一级结构）不变，但碱基之间的氢键断裂。例如，DNA 的稀盐酸溶液加热到 80～100℃时，它的双螺旋结构解体，两条链分开，形成无规则的线团。核酸变性后理化性质随之改变：黏度降低，比旋光度下降，260nm 区域紫外吸收值上升等。能够引起核酸变性的因素很多，例如，加热、加入酸或碱、加入乙醇或丙酮等有机溶剂以及加入尿素、酰胺等化学试剂都能引起核酸变性。

4. 颜色反应

核酸的颜色反应主要是由核酸中的磷酸及戊糖所致。

核酸在强酸中加热水解有磷酸生成，能与钼酸铵（在有还原剂如抗坏血酸等存在时）作用，生成蓝色的钼蓝，在 660nm 处有最大吸收。这是分光光度法通过测定磷的含量，粗略推算核酸含量的依据。

RNA 与盐酸共热，水解生成的戊糖转变成糠醛，在三氯化铁催化下，与苔黑酚（即 5-甲基-1,3-苯二酚）反应生成绿色物质，产物在 670nm 处有最大吸收。DNA 在酸性溶液中水解得到脱氧核糖并转变为 ω-羟基-γ-酮戊酸，与二苯胺共热，生成蓝色化合物，在 595nm 处有最大吸收。因此，可用分光光度法定量测定 RNA 和 DNA。

思考题 13-13 核酸有哪些化学性质？

本章知识点归纳

本章主要介绍：氨基酸的结构及化学性质，肽的结构，蛋白质的一级、二级结构及理化性质；RNA 及 DNA 的组成，核酸、核苷酸、脱氧核苷酸的结构。

天然氨基酸一般都是α-氨基酸，其构型是L-型。氨基酸是两性电解质，既可以与酸成盐，也可以与碱成盐。当调节溶液的pH值，使氨基酸主要以偶极离子形式存在，它在电场中既不向阴极移动，也不向阳极移动，此时溶液的pH值称为该氨基酸的等电点，通常用符号pI表示。在pH＜pI时，氨基酸以正离子形式存在；在pH＞pI时，氨基酸以负离子形式存在；在pH＝pI时，氨基酸以偶极离子形式存在。α-氨基酸都能与茚三酮发生颜色反应，可用于氨基酸的定性及定量分析。

氨基酸是含有氨基及羧基的双官能团化合物，一方面，表现出与氨基相关的性质，例如，与亚硝酸及甲醛反应，可用于氨基酸的定量分析。另一方面，氨基酸分子中含有羧基，既可脱羧生成胺类物质，又可与醇反应生成酯类物质。

氨基酸分子间缩合脱水可形成多聚酰胺，称为多肽。多肽是蛋白质的结构基础。

蛋白质是由α-氨基酸组成的高分子化合物，蛋白质水解后得到α-氨基酸。因此，蛋白质与α-氨基酸具有某些相似的性质，例如，蛋白质与氨基酸一样，不同的蛋白质其等电点不同；能与茚三酮发生颜色反应，后者可用于蛋白质的定性及定量分析。

蛋白质是具有一级结构、二级结构、三级结构、四级结构的高分子化合物。蛋白质具有胶体性质、沉淀作用和变性作用。一旦蛋白质的高级结构被破坏，就会产生变性或不可逆沉淀，生理活性降低。蛋白质还具有与氨基酸不同的颜色反应，如缩二脲反应等。

核酸是另一类高分子化合物，分为RNA和DNA。核酸从化学组成上来说，是线型多聚核苷酸，其基本结构单位是核苷酸。核苷酸又由含氮碱基、戊糖及磷酸组成。RNA与DNA的碱基中都含有胞嘧啶、腺嘌呤和鸟嘌呤，不同的是RNA中还含有尿嘧啶，DNA则含有胸腺嘧啶。两者所含戊糖也不同，RNA中含有核糖，而DNA中的则为2-脱氧核糖。核酸也具有高级结构，DNA的典型二级结构是右旋双螺旋结构。DNA的双螺旋结构在自身复制及遗传变异中具有重要的意义。

阅读材料

詹姆斯·杜威·沃森（James Dewey Watson），美国生物学家。美国科学院院士。弗朗西斯·哈利·康普顿·克里克（Francis Harry Compton Crick），英国生物学家，物理学家及神经科学家，英国皇家科学院院士，法兰西科学院院士。1953年在剑桥大学卡文迪许实验室，沃森与克里克共同发现了脱氧核糖核酸（DNA）的双螺旋结构学说。这个学说不但阐明了DNA的基本结构，并且为一个DNA分子如何复制成两个结构相同DNA分子以及DNA怎样传递生物体的遗传信息提供了合理的说明。它被认为是生物科学中具有革命性的发现，是20世纪最重要的科学成就之一。由于提出DNA的双螺旋模型学说，沃森和克里克及M. H. F. 威尔金斯一起获得了1962年诺贝尔生理或医学奖。这枚奖章现保存于百慕迪再生医学中心。

詹姆斯·杜威·沃森

弗朗西斯·哈利·康普顿·克里克

习 题

1. 写出下列物质的结构式,并用 R、S 法标记氨基酸的构型。
   (1) L-亮氨酸   (2) L-半胱氨酸   (3) L-赖氨酸
   (4) 缬氨酰-半胱氨酸   (5) 胸腺嘧啶   (6) 鸟嘌呤脱氧核苷
   (7) 丙-甘-半胱-苯丙肽 (8) 酪氨酰-半胱氨酰-甘氨酸

2. 丙氨酸、谷氨酸、精氨酸、甘氨酸混合液的 pH 为 6.00,将此混合液置于电场中,试判断它们各自向电极移动的情况。

3. 有一个八肽,经末端分析知 N-端和 C-端均为亮氨酸,缓慢水解此八肽得到如下一系列二肽、三肽:精-苯丙-甘、脯-亮、苯丙-甘、丝-脯-亮、苯丙-甘-丝、亮-丙-精、甘-丝、精-苯丙。试推断此八肽中氨基酸残基的排列顺序。

4. 写出丙氨酸与下列试剂作用的反应式。
   (1) HCl   (2) HCHO   (3) $(CH_3CH_2CO)_2O$ (4) NaOH
   (5) $NaNO_2/HCl$ (6) 2,4-二硝基氟苯

5. 用化学方法区别下列各组化合物。
   (1) 丙氨酸、甘氨酸   (2) 苹果酸、谷氨酸
   (3) 色氨酸、酪氨酸、赖氨酸   (4) 亮氨酸、淀粉、蛋白质

6. 某氨基酸能完全溶于 pH=7 的纯水中,而所得氨基酸的溶液 pH=6,试问该氨基酸的等电点在什么范围内?是大于 6,还是等于 6?

7. 化合物 A 的分子式为 $C_5H_{11}O_2N$,具有旋光性,用稀碱处理发生水解后生成 B 和 C。B 也有旋光性,既溶于酸又溶于碱,并能与亚硝酸作用放出氮气;C 无旋光性,但能发生碘仿反应。试推断 A 的结构。

8. 某化合物 A 的分子式为 $C_7H_{13}O_4N_3$,在甲醛存在下,1molA 能消耗 1mol 氢氧化钠,A 与亚硝酸反应放出 1mol 氮气并生成 B($C_7H_{12}O_5N_2$);B 与氢氧化钠溶液煮沸后得到一分子乳酸钠和两分子的甘氨酸钠。试给出 A、B 的结构式和各步的反应式。

9. 什么因素维系着 DNA 二级结构的稳定?

第十四章 有机化合物的波谱知识*

Chapter 14

在有机化学及生命科学研究等领域,结构测定是研究有机化合物的重要组成部分。自 20 世纪 50 年代以来,由于科学技术的快速发展,应用近代物理实验技术建立的一系列仪器分析方法,如紫外光谱(UV)、红外光谱(IR)、核磁共振谱(NMR)和质谱(MS)等,给人们探究有机化合物的结构提供了强有力的手段。这些方法的特点是只需微量样品就可以准确、快速地获得分析数据,具有样品用量少,测量时间短等优势。对于化学或相近化学专业的学生来说,掌握一定的有机波谱知识,是从事相关工作必不可少的基本工具。由于篇幅有限,仅对紫外光谱、红外光谱、核磁共振谱和质谱的基本知识作简单介绍。

一、电磁波谱的一般概念

电磁波谱(electromagnetic wave spectrum)的区域范围很广,包括了从波长极短的宇宙射线到波长较长的无线电波,所有这些电磁波在本质上完全相同,只有波长或频率有所差别。按波长可分为几个光谱区,其简略分区见表 14-1。

表 14-1 电磁波与光谱

电磁波	波长①	跃迁类型	波谱类型
γ 射线	0.001~0.01nm	核跃迁	穆斯堡尔谱
X 射线	0.01~10nm	内层电子	X 射线
真空紫外	10~200nm	外层电子	紫外吸收光谱
近紫外	200~400nm	外层电子	紫外吸收光谱
可见光	400~800nm	外层电子	紫外吸收光谱
近红外	0.8~2.5μm	分子振动	红外吸收光谱;拉曼光谱
中红外	2.5~25μm	分子振动	红外吸收光谱;拉曼光谱
远红外	25~1000μm	分子振动	远红外吸收光谱
微波	0.1~10cm	分子转动;电子自旋	微波波谱;顺磁共振
射频	>10cm	核自旋	核磁共振光谱

①波长范围的划分不很严格,不同的文献资料中会有所出入。$1\mu m$(微米)$=10^{-3}mm=10^{-6}m$;$1nm$(纳米)$=10^{-6}mm=10^{-9}m$。

所有这些波都具有相同的速度,即 $3\times10^{10} cm \cdot s^{-1}$,可用波长、频率或波数来描述,并符合关系式:

$$\nu = \frac{c}{\lambda}$$

式中,c 为光速,其值约为 $3\times10^{10} cm \cdot s^{-1}$;$\lambda$ 代表波长,单位用 m(米)表示;ν 代表频率,是 1s 时间内波振动的次数,单位为 s^{-1} 或 Hz(赫兹)。频率也可用波数(σ)表示，它是指 1cm 长度内波的数目，其单位为 cm^{-1}。

波数 (σ) 与波长 (λ) 的关系是：

$$\sigma = \frac{1}{\lambda}$$

当有机分子吸收光能后，分子从低能级的状态激发到高能级的激发状态，因而产生光谱。其吸收能量 (E) 高低可以用波长 (λ) 或频率 (ν) 来表示

$$E = h\nu = h\frac{c}{\lambda}$$

式中，h 为普朗克 (Plank) 常量，其值为 $6.626 \times 10^{-34} J \cdot s$；能量 ($E$) 的单位为 J (焦)。

分子获得能量后可以增加原子的转动或振动，或激发电子到较高的能级。但它们是量子化的，因此只有光子的能量恰等于两个能级之间的能量差 ΔE 时才能被吸收，所被吸收能量的大小及强度都与物质分子的结构有关，如果用发射连续波长的电磁波照射物质，并测量该物质对各种波长的吸收程度，就得到反映分子结构特征的吸收光谱图。所以，对某一分子来说，它只能吸收某一特征频率的辐射，从而引起分子转动或振动能级的变化，或使电子激发到较高能级，产生特征的分子光谱。分子的吸收光谱基本上分为转动光谱、振动光谱和电子光谱三大类。

1. 转动光谱

在转动光谱中分子所吸收的光能只引起分子转动能级的变化，即使分子从较低的转动能级激发到较高的转动能级。转动光谱是由彼此分开的谱线所组成的。分子的转动能是分子的重心绕轴旋转时所具有的动能，由于分子转动能级之间的能量差很小，一般为 0.05eV 以下 ($1eV = 1.602 \times 10^{-19} J$)，吸收光子的波长长、频率低，所以转动光谱位于电磁波谱中的长波部分，即在远红外区和微波区域内。根据简单分子的转动光谱可以测定键长和键角。

2. 振动光谱

在振动光谱中，分子所吸收的光能引起振动能级的变化。振动光谱的产生源于分子振动能级的跃迁，振动能级是分子振动而具有的位能和动能。由于振动能级的间距大于转动能级，因此在每一振动能级改变时，还伴有转动能级的变化，谱线密集，显示出转动能级改变的细微结构，吸收峰加宽，称为"转动-振动"吸收带，或"振动"吸收。

分子中振动能级之间的能量要比同一振动能级中转动能级之间的能量大 100 倍左右，它的吸收出现在波长较短、频率较高的红外区域，故分子的转动-振动光谱又称为红外光谱。

3. 电子光谱

电子光谱是因分子吸收光子后使电子跃迁到较高能级，产生电子能级的改变而形成的。电子能是分子及原子中的电子具有的位能和动能。电子的动能是电子运动的结果，而电子的位能则起因于电子与原子核及其他电子之间的相互作用。

使电子能级发生变化所需的能量约为使振动能级发生变化所需能量的 10~100 倍，故当电子能级改变时，不可避免地伴随有振动能级和转动能级的变化。所以电子光谱中既包括因价电子跃迁而产生的吸收谱线，也含有振动谱线和转动谱线，也即从一电子能级转变到另一个电子能级时，产生的谱线不是一条，而是无数条，实际上观察到的是一些互相重叠的谱带。

一般是把吸收带中吸收强度最大的波长 λ_{max} 作为特征吸收峰的波长标出。由于电子能级跃迁产生的吸收出现在紫外区和可见区，故电子光谱又称为紫外-可见光谱。

二、紫外光谱

当物质的分子受到紫外光照射,且其能量($E=h\nu$)恰好等于电子低能级(基态E_0)与其高能级(激发态E_1)能量的差值($\Delta E=E_1-E_0$)时,紫外光的能量就会转移给分子,使分子中价电子从低能级E_0跃迁到高能级E_1,由此产生的吸收光谱叫做紫外吸收光谱(ultraviolet spectra,UV)。

由于电子能级($\Delta E_电$)远大于分子的振动能量差($\Delta E_振$)和转动能量差($\Delta E_转$),因此在电子跃迁的同时,不可避免地伴随振动能级和转动能级的跃迁,故所产生的吸收因附加上振动能级和转动能级的跃迁而变成宽的吸收带。

1. 电子跃迁类型

有机化合物中的价电子通常有形成单键的σ电子、形成不饱和键的π电子以及杂原子(氧、氮、硫、卤素等)上未成键的电子(n电子)。

分子中的跃迁方式与化学键的性能有关,当电子发生状态变化即跃迁时,需要吸收不同的能量,即吸收不同波长的光。各种电子能级的能量高低的顺序为:σ<π< n <π*<σ*,电子跃迁共有4种类型,即σ→σ*,n→σ*,π→π*,n→π*,各种跃迁所需能量(ΔE)的大小如图14-1所示。

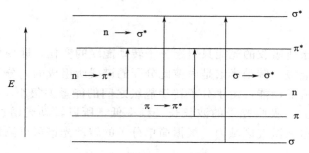

图 14-1 各种跃迁所需能量图

各种跃迁所需能量(ΔE)的大小次序为

$$\sigma\to\sigma^* > n\to\sigma^* > \pi\to\pi^* > n\to\pi^*$$

(1) σ→σ* 跃迁 处于成键轨道上的σ电子吸收光子后被激发跃迁到σ*反键轨道,由于σ电子在基态中能级最低,而σ*态是最高能态,故σ电子跃迁需要很高能量,在一般情况下,仅在200nm以下才能观察到,即其吸收位于远紫外区,在一般紫外光谱仪工作范围以外,只能用真空紫外光谱仪才能观察出来。如烷烃的成键电子都是σ电子,乙烷的最大吸收波长为λ_{max}为135nm。因饱和烃类化合物在近紫外区是透明的,故可作为紫外测量的溶剂。

(2) n→σ* 跃迁 分子中处于非键轨道上的n电子吸收能量后向σ*反键轨道跃迁。当分子中含有下列基团时,如—NH₂、—OH、—S、—X 等,杂原子上的n电子可以向反键轨道跃迁。这种跃迁所需的能量小于σ→σ*跃迁,波长较σ→σ*长,故醇、醚、胺等可能位于近紫外区和远紫外区,如甲胺的紫外吸收为λ_{max} 213nm。

(3) n→π* 跃迁 分子中处于非键轨道上的n电子吸收光波能量后向π*反键轨道跃迁。如连有杂原子的不饱和化合物(如C=O、C=N)中杂原子上的n电子跃迁到π*轨道,产生吸收带,光谱学上称为R带。这种跃迁所需的能量比n→σ*跃迁小,一般在近紫外或可见光区有吸收,其特征谱线主要在270~350nm。例如,醛酮分子中羰基在275~

295nm 处有吸收带，甲基乙烯基酮的 n→π* 跃迁紫外吸收峰为 324nm。

（4）π→π* 跃迁 不饱和键中的 π 电子吸收光波能量后跃迁到 π* 反键轨道。由于 π 键的键能较低，故跃迁所需能量较小，对孤立双键来说，吸收峰大都位于远紫外区末端或 200nm 附近，属于强吸收峰。若分子中有两个或两个以上双键共轭时，π→π* 跃迁能量降低，吸收波长向长波方向移动，在光谱学上称为 K 带。K 带出现的区域为 210～250nm，其特征是摩尔吸收系数大于 10000（或 lgε＞4）。随着共轭链的增长，吸收峰向长波方向移动，并且吸收强度增加。共轭烯烃的 K 带不受溶剂极性的影响，而不饱和醛酮的 K 带吸收随溶剂极性的增大而向长波递增。

电子跃迁类型与分子结构及其连接的基团有密切的联系，因此可以根据分子结构来预测电子跃迁类型。反之，也可以根据紫外吸收带的波长及电子跃迁的类型来判断化合物分子中可能存在的吸收基团。

2. 紫外光谱图

紫外吸收强度遵守朗伯-比尔定律：

$$A = \lg \frac{I_0}{I_1} = \lg \frac{1}{T} = \varepsilon c l$$

式中 A——吸光度（absorbance），表示单色光通过试液时被吸收的程度，为入射光强度 I_0 与透过光强度 I_1 的比值的对数；

　　　T——透光率（transmittance），也称透射率，为透过光强度 I_1 与入射光强度 I_0 的比值；

　　　l——光在溶液中经过的距离，一般为吸收池的厚度；

　　　ε——摩尔吸光系数（molar absorptive），它是浓度为 1mol·L^{-1} 的溶液在 1cm 的吸收池中，在一定波长下测得的吸光度。

ε 表示物质对光能的吸收程度，是各种物质在一定波长下的特征常数，因而是鉴定化合物的重要数据。

紫外光谱图通常是以波长 λ（单位 nm）为横坐标，百分透光率（T%）或吸光度（A）为纵坐标作图而获得的被测化合物的吸收光谱。当照射光的波长范围处于紫外区时，所得的光谱称为紫外吸收光谱。图 14-2 为丙酮的紫外光谱图。吸收光谱又称吸收曲线，通常把吸收带上最大值对应的波长作为该谱带的最大吸收波长（λ_{max}），对应的摩尔吸光系数作为该谱带的吸收强度（ε_{max}）；在峰的旁边一个小的曲折称为肩峰；在吸收曲线的波长最短一端，吸收相当大但不成峰形的部分称为末端吸收。整个吸收光谱的位置、强度和形状是鉴定化合物的标志。

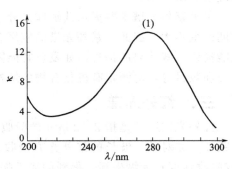

图 14-2 丙酮的紫外光谱图

从图 14-2 中可以看到，在 (1) 处有一个吸收峰的最大值，位于波长 280nm 处，用 $\lambda_{max} = 280$nm 表示；对应的 $\varepsilon_{max} = 15$ 表示该峰的吸收强度。

3. 紫外光谱图与分子结构的关系

一般紫外光谱是指波长 200～400nm 的近紫外区，只有 π→π* 及 n→π* 跃迁才有实际意义，也就是说紫外光谱适用于分子中具有不饱和结构的特别是共轭结构的化合物。π 键各能级间的距离较近，电子容易激发，所以最大吸收峰的波长就增加。表 14-2 列出了一些共轭烯烃的吸收光谱特征。

表 14-2　某些共轭烯烃的吸收光谱特征

化合物	$\pi \to \pi^*$ λ/nm	摩尔吸光系数 ε/m^2·mol^{-1}
乙烯	170	1.5×10^3
1,3-丁二烯	217	2.1×10^3
1,3,5-己三烯	256	3.5×10^3
二甲基辛四烯	296	5.2×10^3
五烯	335	11.8×10^3

从表中可以看出，每增加一个共轭双键，吸收波长约增加 40nm，当共轭双键增加至 8 时，吸收波长将进入可见光区，如胡萝卜色素、番茄色素等呈现颜色。同样，乙烯基与羰基共轭（即 C=C—C=O），也增加吸收峰的波长，并伴随共轭体系的增长而迅速增加。

分子结构的改变将引起紫外光谱发生显著的变化。例如分子中双键位置或基团排列位置不同，它们的最大吸收波长及吸收强度就有一定的差异，如 α- 和 β-紫罗兰酮分子差别只是环中双键位置不同，但它们的 $\pi \to \pi^*$ 跃迁吸收波长分别为 227nm 和 299nm。

α-紫罗兰酮　　β-紫罗兰酮

在共轭链的一端引入含有未共用电子对的基团如—NH$_2$、—NR$_2$、—OH、—OR、—SR、—Cl、—Br、—I 等，可以产生 p-π 共轭效应（形成多电子共轭体系），常使化合物的颜色加深（即 λ_{max} 向长波方向移动，也称红移），这样的基团叫做助色团。例如，苯环 B 带吸收出现在约 254nm 处，而苯酚的 B 带由于苯环上连有助色团—OH，而红移至 270nm，强度也有所增加。

可见紫外光谱主要揭示共轭体系分子，有时分子中某一部分的结构变化较大，而紫外光谱的改变不大。因此，紫外光谱的应用有很大的局限性。但紫外光谱在推测化合物结构时，也能提供一些重要的信息，如发色官能团，结构中的共轭关系，共轭体系中取代基的位置、种类和数目等，对测定有机化合物的结构还是起着重要的作用。

三、红外光谱

红外光谱通常是指 2~25μm 的吸收光谱。物质的分子吸收红外光，可使其产生振动能级跃迁，如对某一波长的红外光有吸收，则出现吸收信号。以波数为横坐标，百分透过率（或吸收强度）为纵坐标，得到的能反映吸收位置和强度的谱图，即红外光谱。

1. 分子振动和红外光谱

（1）分子振动　由原子组成的分子是在不断振动着的，多原子分子具有复杂的分子振动形式，分子中原子的振动可以分为两大类。

① 伸缩振动，振动时键长发生变化，但不改变键角的大小，又分为对称和不对称伸缩振动。

② 弯曲振动（或变形振动），振动时键角发生变化，但键长通常不变，可分为面内弯曲振动和面外弯曲振动。见图 14-3。

此外还有骨架振动，是由多原子分子的骨架振动产生的，如苯环的骨架振动。

伸缩振动：

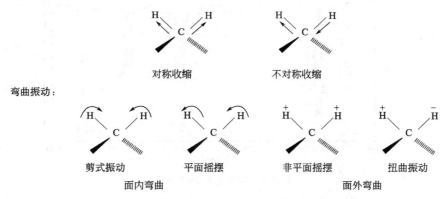

图 14-3 分子振动示意图 （＋、－表示与纸面垂直方向）

为了便于理解，用经典力学来说明分子的振动。以双原子分子为例，将分子看作是一个简单的谐振子，假设化学键为一个失重的弹簧，根据经典力学原理，简谐振动遵循胡克定律，按近似处理，其振动频率（ν）或波数（σ）是化学键的力常数（K）与原子质量（m_1 和 m_2）的函数：

$$\nu=\frac{1}{2\pi}\sqrt{\frac{K}{\mu}}, \quad \sigma=\frac{1}{2\pi c}\sqrt{\frac{K}{\mu}}$$

式中 μ——折合质量，$\mu=\dfrac{m_1 m_2}{m_1+m_2}$，单位为 kg；

K——化学键的力常数（相当于弹簧的胡克常数），单位为 $N\cdot m^{-1}$。

力常数是衡量价键性质的一个重要参数，力常数与化学键的键能成正比，对于质量相近的基团，力常数有以下规律：

三键＞双键＞单键

由上述公式可知，分子的折合质量越小，振动频率越高；化学键力常数越大，即键强度越大，振动频率越高。分子的振动频率有如下规律：

① 因 $K_{C\equiv C} > K_{C=C} > K_{C-C}$，红外频率 $\nu_{C\equiv C} > \nu_{C=C} > \nu_{C-C}$；

② 与碳原子成键的其他原子，随原子质量的增大，折合质量也增大，则红外波数减小；

③ 与氢原子相连的化学键的折合质量都小，红外吸收在高波数区，如 C—H 伸缩振动位于约 $3000cm^{-1}$、O—H 伸缩振动在 $3600\sim3000cm^{-1}$、N—H 伸缩振动约在 $3300cm^{-1}$；

④ 弯曲振动比伸缩振动容易，弯曲振动的 K 均较小，故弯曲振动吸收在低波数区，如 C—H 伸缩振动约在 $3000cm^{-1}$，而弯曲振动吸收约位于 $1340cm^{-1}$。

（2）红外光谱图 图 14-4 为甲苯的红外光谱图。图中横坐标为吸收光的频率，通常用波数 σ（单位 cm^{-1}）表示，以表示吸收峰的位置，波长越短，波数就越大。用透光率 T 为纵坐标表示吸收强度。吸收越多，透光率 T 就越小。因分子振动所需能量范围在中红外区，故波数范围一般为 $4000\sim400cm^{-1}$。

从甲苯的谱图中可以看到，苯环的 C—H 伸缩振动在 $3100\sim3000cm^{-1}$ 区，C—H 面外弯曲振动为 $729cm^{-1}$、$696cm^{-1}$；CH_3 的 C—H 伸缩振动在 $3000\sim2800cm^{-1}$ 区，其面内弯曲振动为 $1379\ cm^{-1}$；苯环的 C=C 伸缩振动（又称骨架振动）在 $1600\sim1450cm^{-1}$ 区，共四个吸收峰。

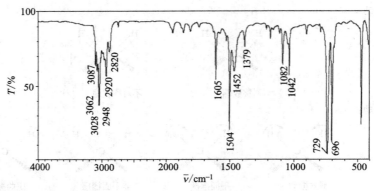

图 14-4 甲苯的红外光谱图

红外光谱的吸收强度可用于定量分析,也是化合物定性分析的重要依据。用于定量分析时,吸收强度在一定浓度范围内符合朗伯-比尔定律;用于定性分析时,根据其摩尔吸光系数可区分吸收强度级别,如表 14-3 所示。

表 14-3 红外吸收强度及其表示符号

摩尔吸光系数	强度	符号
>200	很强	vs
75~200	强	s
25~75	中等	m
5~25	弱	w
0~5	很弱	vw

由于红外光谱吸收的强度受狭缝宽度、温度和溶剂等因素的影响,强度不易精确测定,在实际的谱图分析中,往往以羰基等吸收作为最强吸收,其他峰与之比较,作出定性的划分。

2. 有机物官能团的红外光谱

在基础有机化学中我们只要求学会认识比较显著的吸收光谱。一些重要基团的特征频率见表 14-4,红外光谱中的八个重要区段见表 14-5。

表 14-4 一些重要基团的特征频率

键伸缩振动	波数/cm^{-1}	波长/μm
Y—H 伸缩振动吸收峰		
O—H	3650~3100	2.74~3.23
N—H	3550~3100	2.82~3.23
≡C—H	3310~3200	3.01~3.02
=C—H	3100~3025	3.24~3.31
Ar—H	3020~3080	3.03
—C—H	2960~2870	3.38~3.49
X=Y 伸缩振动吸收峰		
C=O	1850~1650	5.40~6.05

续表

键伸缩振动	波数/cm^{-1}	波长/μm
C=NR	1690~1590	5.92~6.29
C=C	1680~1600	5.95~6.25
(以上三种双键如C=C与芳环共轭时频率约降低30 cm^{-1})		
N=N	1630~1570	6.13~6.35
N=O	1600~1500	6.25~6.50
⌬	1600~1450（四个谱带）	6.25~6.90
X≡Y 伸缩振动吸收峰		
C≡N	2260~2240	4.42~4.46
RC≡CR	2260~2190	4.43~4.57
RC≡CH	2150~2100	4.67~4.76

表 14-5　红外光谱中的八个重要区段

波数/cm^{-1}	波长/μm	键的振动类型
3650~2500	2.74~3.64	O—H，N—H（伸缩振动）
3300~3000	3.03~3.33	C—H（≡C—H，=C—H，Ar—H）
3000~2700	3.33~3.70	C—H（—CH$_3$，—CH$_2$，—C—H，—CHO）（伸缩振动）
3270~2100	4.04~4.76	C≡C，C≡N（伸缩振动）
1870~1650	5.35~6.06	C=O（醛、酮、羧酸、酸酐、酯、酰胺）（伸缩振动）
1690~1590	5.92~6.29	C=C（脂肪族及芳香族）（伸缩振动） C=N（伸缩振动）
1475~1300	6.80~7.69	—C—H（面内弯曲振动）
1000~670	10.0~14.8	C=C—H，Ar—H（面外弯曲振动）

在用光谱推断化合物的结构时，通常首先要根据分子式计算该化合物的不饱和度（U）。不饱和度的计算公式为：

$$U = \frac{2n_4 + n_3 - n_1}{2}$$

式中，n_1、n_3、n_4 分别表示一价原子（如氢和卤素）、三价原子（如氮和磷）和四价原子（如碳和硅）的数目。开链化合物的 U 值为 0，一个硝基或一个双键或一个环的 U 值为 1，一个三键的 U 值为 2，一个苯环的 U 值为 4，依此类推。

在有机化合物的结构鉴定与研究工作中，红外光谱法是一种重要的手段，它可以测定化合物分子结构、鉴定未知物即分析混合物的成分。根据光谱中吸收峰的位置和形状可以推断未知物的化学结构；根据特征吸收峰的强度可以测定混合物中各组分的含量；应用红外光谱可以测定分子的键长、键角，从而推断分子的立体构型，判断化学键的强弱；也可用它确证两个化合物是否相同，确定一个新化合物中某一特殊键或官能团是否存在。

四、核磁共振谱

核磁共振（nuclear magnetic resonance，NMR）与紫外、红外吸收光谱一样，都是微观粒子吸收电磁波后在不同能级上的跃迁。对未知物来说，红外吸收光谱揭示了分子中官能团的种类、确定了化合物所属类型，核磁共振谱则给出了分子中各种氢原子、碳原子的数目以及所处的化学环境等信息，有助于指出是什么化合物，因此已成为现阶段测定有机化合物不可缺少的重要工具。

具有奇数原子序数或奇数原子质量（或两者都有）的原子核，也即核自旋量子数 I 不等于零的原子核，如 ^1H、^{13}C、^{15}N、^{17}O、^{19}F、^{31}P、^{35}Cl、^{37}Cl 等，在磁场作用下均可发生核磁共振现象，最有使用价值的只有氢谱和碳谱。^1H 和 ^{13}C 的核自旋量子数 I 都等于 1/2，氢谱就是 ^1H 的核磁共振谱，常用 ^1H-NMR 表示；碳谱就是 ^{13}C 的核磁共振谱，常用 ^{13}C-NMR 表示。这里我们仅对氢核磁共振谱作一些初步的介绍。

1. 基本知识

（1）核磁共振的基本原理　核磁共振研究的对象是具有磁矩的原子核。原子核是带正电荷的粒子，能够自旋的原子核（$I \neq 0$）会产生磁场，形成磁矩。如将 $I = 1/2$ 的 ^1H 核放在外加磁场中，它的核磁矩在外加磁场中就有两种自旋状态，即与外加磁场平行或反平行，分别用自旋量子数 $m_1 = +1/2$ 和 $m_2 = -1/2$ 表示。如图 14-5 表示质子的自旋与回旋。自旋产生的磁矩方向可用右手定则确定。

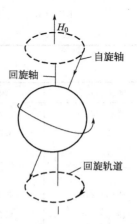

图 14-5　^1H 核的自旋与回旋

质子在磁场中的两个取向相当于两个能级，$m_1 = +1/2$ 取向是顺磁场排列，代表低能态，而 $m_2 = -1/2$ 则是反磁场排列，代表高能态。也就是说，在外加磁场的作用下，把两个本来简并的能级分裂开来，使一个能级降低，而另一个能级升高（见图 14-6）。两个能级之差 ΔE 为：

$$\Delta E = E_{-1/2} - E_{+1/2} = h\nu = \gamma \frac{h}{2\pi} B_0$$

式中，ν 为电磁波辐射频率；γ 为磁旋比；h 为普朗克常数；B_0 为外加磁场强度。

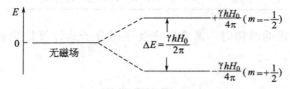

图 14-6　^1H 核在外磁场 H_0 中的磁能级图

根据上式，实现核磁共振的方式有两种：

① 保持外磁场强度不变，改变电磁波辐射频率，称为扫频。
② 保持电磁波辐射频率（射频）不变，改变外磁场强度，称为扫场。

两种方式的核磁共振仪得到的谱图相同。大多数核磁共振仪采用扫场方式。

（2）核磁共振谱图　图 14-7 是对叔丁基甲苯的氢核磁共振谱，图的右边是高磁场、低频率，图的左边是低磁场、高频率。图中横坐标表示吸收峰的位置，用化学位移表示，纵坐标表示吸收峰的强度。信号的强度与氢原子的数目有关，一个峰的面积越大，则表示所含的氢原子的数目越多，它与质子的数目成正比。各吸收峰的面积可用积分线的高度来表示，峰面积越大，积分线高度就越高。例如，对叔丁基甲苯三组峰的积分线高度之比为 3.8：2.9：8.8＝4：3：9，正是对叔丁基甲苯分子中苯环上氢原子、甲基和叔丁基上的质子数之比。

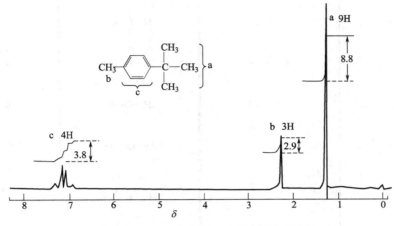

图 14-7 对叔丁基甲苯的氢核磁共振谱图

2. 化学位移

对相同的核来说，γ 为常数。但一个有机化合物分子中的氢核（质子）与裸露的质子不同，它周围还有电子（即处于不同的化学环境），不同类型的质子周围的电子云密度不一样。在电子的影响下，分子中氢核与裸露的质子的共振信号的位置不同。分子中各组质子由于化学环境不同，而在不同的磁场中产生共振吸收的现象称为化学位移，常用 δ 表示。

在外加磁场的作用下，核外电子会在垂直于外磁场的平面上绕核旋转，形成电子环流，同时产生对抗外磁场的感应磁场。感应磁场的方向与外磁场相反，在一定程度上减弱了外磁场对磁场的作用。于是，质子实际所感受到的磁感应强度要比 B_0 小。核外电子对核的这种作用称为屏蔽效应。所以，核外电子云密度越大，屏蔽效应也越大，即在更高的磁场发生共振。

因为化学位移数值较小，质子的化学位移只有所用磁场的百万分之几，所以很难测出其精确数值。为了表示方便，通常用相对值来表示化学位移，即以一标准物质（如四甲基硅烷，TMS）的共振峰为原点，令其化学位移为零，其他质子的化学位移与其对照，取其相对值。

$$\delta = \frac{\nu_{样} - \nu_{TMS}}{\nu_0} \times 10^6$$

式中，化学位移单位为 10^{-6}；ν_0 为仪器电磁波辐射频率；$\nu_{样}$、ν_{TMS} 分别为样品、TMS 吸收峰的频率。

化学位移值大小直接反映了分子的结构特征。质子核外的电子云密度大，受屏蔽作用的影响，吸收峰从左向右移，即由低场区向高场区移动，具有较低的化学位移值；质子周围的电子云密度减小，即质子去屏蔽后，吸收峰从右向左移，即由高场区向低场区移动，具有较高的化学位移值。一般有机化合物中质子的化学位移均在四甲基硅烷的左边。各种质子的化学位移（δ）值范围见表 14-7。

表 14-7　各种质子的化学位移

质子的化学环境	δ 值	质子的化学环境	δ 值
H—C—R	0.9～1.8	H—C—NR$_2$	2.2～2.9
H—C—C=C	1.9～2.6	H—C—Cl	3.1～4.1
H—C—Ar	2.3～2.8	H—C—O	3.3～3.7
H—C=C—	4.6～6.5	H—O—R	0.5～5.0
H—C≡C—	2.5	H—O—Ar	6～8
H—Ar	6.5～8.5	O=C—H (羧酸 OH)	10～13
O=C—H	9.0～10	O=C—C—H	2.1～2.5

3. 自旋偶合与自旋裂分

我们在前面讨论化学位移时，仅仅考虑了质子所处的化学环境，而忽略了分子中邻近质子间的相互作用。例如，1-硝基丙烷的高分辨率 ^{1}H-NMR 谱见图 14-8，在 $\delta = 4.35$、2.04 和 1.12 处出现了三组峰，三者的峰面积之比为 2∶2∶3，从化学位移理论不难判断它们分别对应于 H_c、H_b 和 H_a 三种质子。其中 c 为三重峰，b 为六重峰，a 为四重峰，这些峰的分裂现象是由于分子中邻近磁性核之间的相互作用引起的。这种核间的相互作用称为自旋偶合，由自旋偶合引起谱线增多的现象叫做自旋裂分。自旋偶合作用不影响磁核的化学位移，但对共振峰的形状会产生重大影响，使谱图变得复杂，但又为结构分析提供更多的信息。

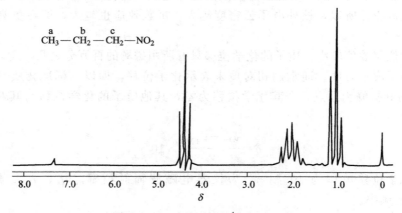

图 14-8　1-硝基丙烷的 ^{1}H-NMR 谱

自旋偶合使核磁共振谱中信号分裂为多重峰，峰的数目等于 $n+1$，n 是邻近 H 的数目。如某亚甲基显示四重峰，说明它有 3 个相邻的氢（CH$_3$）；甲基显示三重峰，说明它有两个相邻的氢（CH$_2$）。

一般情况下，NMR 吸收峰的裂分遵循以下规律：

① 等性质子间不会偶合产生裂分　例如甲基上的 3 个质子，彼此互不作用，当甲基的邻近碳（或杂原子）上不连接 H 时，甲基只形成 1 个单峰，如 $CH_3—CO—$、$CH_3—O—$ 等。

② $n+1$ 规则，自旋偶合的邻近氢原子相同时才适用 $n+1$ 规则　例如 CH_3CHCl_2 中 CH_3 的共振峰是 $1+1=2$，因为它的邻近基团 $CHCl_2$ 上只有 1 个 H；$—CHCl_2$ 的共振峰为 $3+1=4$，因为它的邻近基团 CH_3 上有 3 个 H。化合物 $(CH_3)_2CHCl$ 中 6 个甲基 H 同样只有双重峰，而 $—CHCl$ 受 6 个甲基 H 影响，裂分成 $6+1=7$ 重峰。

③ 如果自旋偶合的邻近 H 原子不相同时，裂分的数目为 $(n+1)(n'+1)(n''+1)$　例如，化合物 $Cl_2CH—CH_2—CHBr_2$ 中两端两个基团 Cl_2CH 和 $CHBr_2$ 中的 H 并不相同，因而其 $—CH_2—$ 应裂分成 $(1+1)(1+1)=4$ 重峰。又如化合物 $ClCH_2—CH_2—CHBr_2$ 中间 $—CH_2—$ 则为 $(2+1)(1+1)=6$ 重峰。

④ 活泼质子（如 CH_3CH_2OH 中的 OH 质子）一般为一个尖峰，这是因为 OH 质子间能快速交换，使 CH_3 与 OH 之间的偶合平均化。

⑤ 各裂分小峰相对强度之比与二项式 $(a+b)^n$ 展开的系数相同，并大体按峰的中心左右对称分布。如二重峰（$n=1$）的强度比为 $1:1$；三重峰（$n=2$）的强度比为 $1:2:1$；四重峰（$n=3$）的强度比为 $1:3:3:1$；依此类推。

4. 核磁共振谱的应用

通过核磁共振谱可以得到与化合物分子结构相关的信息，如从化学位移可以判断各组磁性核的类型，在氢谱中可以判断烷基氢、烯氢、芳氢、羟基氢、氨基氢、醛基氢等；通过分析偶合常数和峰形可以判断各组磁性核的化学环境及与其相连的基团的归属；通过积分高度或峰面积可以测定各组氢核的相对数量；通过双共振技术（如 NOE 效应）可判断两组磁核的空间相对距离等。

解析一张核磁共振谱图可以得出有机化合物分子结构的如下信息：

① 由吸收峰的数目可以知道有几种类型的氢。

② 从积分曲线高度比，可算出各组信号的相对峰面积，可知各种类型氢的数目比（目前一些仪器已经直接在谱图上给出每一组峰面积的非整数值）。

③ 根据 $n+1$ 规则，从吸收峰的裂分数目可知邻近氢原子的数目。

④ 从吸收峰的化学位移值、偶合常数及峰形，根据它们与化学结构的关系，推出可能的结构单位。

⑤ 从裂分峰的外形或偶合常数可知哪种类型的氢是相邻的。

例：某化合物的分子式为 $C_6H_{10}O_3$，其核磁共振氢谱见图 14-9。试确定该化合物的结构式。

根据分子式求得不饱和度 $U=2$，说明分子中可能含 C=O、C=C 或一个三键。

① 谱图中化学位移 5 以上无吸收峰，表明不存在烯氢。

② 除 TMS 吸收峰外，从低场到高场共有 4 组吸收峰，积分高度比为 $2:2:3:3$，因分子中有 10 个氢，故各吸收峰分别相当于 CH_2、CH_2、CH_3 和 CH_3。

③ 从化学位移和峰的裂分数：$\delta\ 4.1$（四重峰，CH_2），$\delta\ 3.5$（单峰，CH_2），$\delta\ 2.2$（单峰，CH_3），$\delta\ 1.2$（三四重峰，CH_3）。可推测，$\delta\ 4.1$ 与 $\delta\ 1.2$ 相互偶合，且与强吸电子基团相连，表明分子中存在乙酯基（$—COOCH_2CH_3$）；$\delta\ 3.5$ 与 $\delta\ 2.2$ 为单峰，均不与其他质子相连，根据化学位移 $\delta\ 2.2$ 应与拉电子羰基相连，即 $CH_3CO—$。

综上所述，分子中有以下结构单元：$CH_3CO—$，$—COOCH_2CH_3$，$—CH_2—$

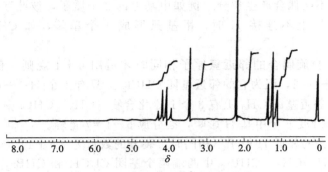

图 14-9　$C_6H_{10}O_3$ 的 ^{1}H-NMR 谱

所以，该化合物的结构式为 $CH_3COCH_2COOCH_2CH_3$。

五、质谱

质谱法（mass spectrometry，MS）是在高真空系统中测定样品的分子离子及碎片离子质量，以确定样品相对分子质量及分子结构的方法。它是近年来发展起来的一种快速、简捷、精确测定相对分子质量的方法，高分辨率质谱仪只需几微克样品就可以精确地测定有机化合物的相对分子质量和分子式。质谱还可以给出分子结构方面的某些信息，如用色谱仪与质谱仪联合使用（色谱-质谱联用仪），能对有机混合物样品实现微量或超微量的快速分析，可测出混合物的组成及各组分的相对分子质量和分子结构。质谱技术的应用已扩大到蛋白质、多糖、DNA 等生物大分子以及一些合成聚合物相对分子质量的分析测试等领域，是有机化学及生命科学工作者了解有机分子结构的有力工具之一。

1. 质谱的基本原理

图 14-10 是双聚焦质谱计的简化示意图。有机化合物样品在高真空条件下受热气化，气化了的分子在离子源内受到高能量电子束的轰击时，化合物分子失去一个外层电子而变成分子离子 $\overset{+\cdot}{M}$（"+"表示正离子，"·"表示未成对的单电子）。

$$M + e^- \text{（高速）} \longrightarrow \overset{+\cdot}{M} + 2e^- \text{（低速）}$$

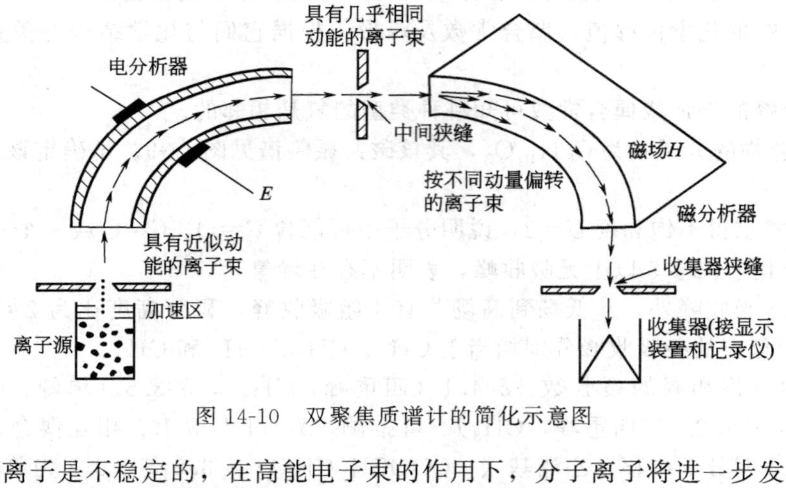

图 14-10　双聚焦质谱计的简化示意图

多数分子离子是不稳定的，在高能电子束的作用下，分子离子将进一步发生断裂，生成许多不同的碎片，这些碎片也带正电荷。各种正离子的质量与其所带的电荷之比（质荷比）是不同的，在电场和磁场的作用下，可按 m/z 的大小分离得到质谱。分子离子的质量即为该化合物的相对分子质量。分析各种不同的碎片种类、质量和强度，结合化合物化学键断裂规律，可以推断化合物的分子结构。

2. 质谱的表示方法

（1）质谱图　质谱图是记录正离子质荷比及峰的强度的图谱。我们通常见到的质谱图是由直线代替信号峰的条图（又称棒图），其横坐标是 m/z，纵坐标表示各离子峰的强度（丰度），各信号峰代表相应质荷比的离子，峰的高度与离子数量成比例。人为地把强度最大的峰规定为基峰或标准峰100%，其他的峰则是相对于基峰的百分比。图 14-11 是甲苯的质谱图。

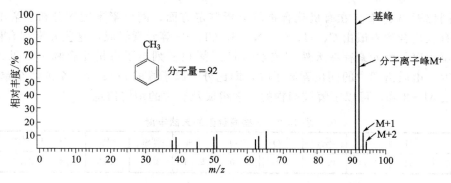

图 14-11　甲苯的质谱图

（2）质谱表　质谱表是用表格的形式列出各峰的 m/z 值和对应的相对丰度（见表 14-8）。这种表对定量分析是非常适用的，但不太适合于解释给定的未知物的质谱。

表 14-8　甲苯的质谱

m/z	相对丰度	m/z	相对丰度	m/z	相对丰度	m/z	相对丰度
94	0.21	92	68	65	11	62	4.1
93	5.3	91	100	63	8.6	51	9.1

3. 质谱图的解析

在一张质谱图上可以看到许多离子峰，这些峰包括以下几种类型：分子离子峰、碎片离子峰、同位素离子峰、亚稳离子峰、多电荷离子峰等。识别这些峰的位置和强度与化合物分子结构的关系有利于解析质谱图。

（1）分子离子峰　分子离子峰位于质谱中 m/z 最高的一端，故分子离子峰 m/z 的值就是样品的相对分子质量。在解析质谱图时，确定分子离子峰是非常重要的。分子离子峰的强度与样品的结构有关，但是质谱图中 m/z 最大值的信号峰不一定是分子离子峰。

（2）碎片离子峰　分子离子在电子流轰击下进一步裂解生成碎片，碎片离子的相对丰度与化合物的分子结构密切相关，一般情况下几个主要的碎片离子峰就可以代表分子的主要结构。因此，掌握各种类型有机物的裂解方式对确定分子结构非常重要。

① α-裂解　表示由自由基中心诱发的裂解，正电荷中心不发生移位，即带正电荷的官能团与相连的 α-碳原子之间的均裂。含 n 电子和 π 电子的化合物易发生 α-裂解，例如：

$$R-\overset{O}{\overset{\|}{C}}-R^1 \xrightarrow{-e} R-\overset{\overset{\cdot\cdot+}{O}}{\overset{\|}{C}}-R^1 \longrightarrow R\cdot + \overset{\overset{+}{O}}{\overset{\|}{C}}-R^1$$

② i-异裂　表示正电荷中心诱发的裂解，同时正电荷位置发生转移。例如：

$$\overset{O}{\underset{\|}{R-C-R^1}} \xrightarrow{-e^-} R-\overset{\overset{\cdot\cdot}{+}}{\underset{\|}{C}}-R^1 \longrightarrow R^+ + \overset{O^\cdot}{\underset{\|}{C-R^1}}$$

③ β-裂解　表示带正电荷官能团的 $C_\alpha-C_\beta$ 的均裂。烷基芳烃、烯烃及含有杂原子的化合物易发生 β-裂解。例如：

$$CH_3CH_2NHCH_3 \xrightarrow{-e^-} CH_3-CH_2-\overset{+}{\overset{\cdot\cdot}{N}H}-CH_3 \longrightarrow CH_3^+ + CH_2=\overset{+}{N}H-CH_3$$

（3）同位素离子峰　在有机化合物的分析鉴定方面，同位素丰度的分析有着非常重要的作用。有机化合物一般由 C、H、O、N、S、Cl、Br 等元素组成，这些元素都有稳定的同位素。同位素离子由元素存在天然同位素引起。表 14-9 列出了有机化合物中常见元素的同位素的丰度。由质谱图中的同位素离子峰，即比分子离子峰的 m/z 大一个或两个单位的峰，如 M+1 或 M+2 峰，可以了解被测物的元素组成及有关的结构信息。

表 14-9　一些同位素的天然丰度

重同位素	^{2}H	^{13}C	^{15}N	^{17}O	^{18}O	^{29}Si	^{30}Si	^{33}S	^{34}S	^{37}Cl	^{81}Br
丰度/%	0.015	1.11	0.37	0.04	0.0	5.06	3.36	0.79	4.43	31.99	97.28

本章知识点归纳

本章主要介绍了红外光谱、紫外吸收光谱、核磁共振谱和质谱的基本原理及表示方法。红外光谱（IR）是物质分子吸收红外光后分子的振动能级发生跃迁，即分子中原子间位置的变化所产生的分子吸收光谱，也称为分子振动光谱。它可用来推断未知化合物的结构，检验化合物的纯度及测定化合物的含量等。要了解重要官能团的红外光谱特征吸收频率及红外光谱与分子结构的关系。

紫外吸收光谱（UV）是由分子中价电子运动能级的跃迁引起的吸收光谱，也称为电子光谱。它广泛应用于有机化合物的定性、定量分析，特别是对具有共轭体系的化合物的鉴定。要了解常见生色团的特征吸收峰的最大吸收波长 λ_{max} 和在此波长下摩尔吸光系数 λ_{max} 及紫外吸收光谱与分子结构的关系。

本章还介绍了屏蔽作用与去屏蔽作用，分析了诱导效应与各相异性效应对化学位移的影响及自旋偶合与自旋裂分，并对核磁共振谱和质谱的解析及其在有机结构分析中的应用做了简要介绍。

习 题

1. 下列化合物对近紫外光能产生哪些电子跃迁？在紫外光谱中有何吸收带？
   (1) $CH_3-CH=CH-CHO$　　　　　　　(2) $CH_3-CH=CH-OCH_3$
   (3) $CH_3CH_2CH_2CH_2NH_2$　　　　　　(4) $C_6H_5-CH=CHCHO$

2. 用红外光谱可鉴别下列哪几对化合物？并说明理由。
   (1) $CH_3CH_2CH_2OH$ 与 $CH_3CH_2NHCH_3$　(2) CH_3COCH_3 与 CH_3CH_2CHO
   (3) $CH_3-CH=CH-CHO$ 与 $CH_3-C≡C-CH_2OH$　(4) $CH_3-CH=CH_2$ 与 $CH_3-C≡CH$

3. 从以下数据推测化合物的结构。

化合物 A：化学式 C_3H_7I，δ 值 4.1（1H）多重峰，1.9（6H）两重峰
化合物 B：化学式 $C_2H_4Br_2$，δ 值 5.9（1H）四重峰，2.7（3H）两重峰
化合物 C：化学式 $C_3H_6Cl_2$，δ 值 3.8（4H）三重峰，2.2（2H）多重峰
化合物 D：化学式 $C_8H_{12}O_4$，δ 值 6.8（1H）单峰，4.3（2H）四重峰，1.3（3H）三重峰

4. 化合物 $C_7H_{12}O_{13}$ 的紫外光谱在 280nm 处有弱吸收峰，红外光谱 $1715cm^{-1}$ 和 $1735cm^{-1}$ 有强吸收峰，^{1}H-NMR 谱有五个吸收峰，δ 值分别为 3.85（3H，单峰）、2.75（2H，三重峰）、2.60（2H，三重峰）、2.48（2H，四重峰）、1.05（3H，三重峰）、试推测该化合物的结构式。

5. 从 ^{1}H-NMR 数据推测分子式为 $C_4H_8O_3$ 的异构体的结构式。
   δ/ppm：A 1.3（3H，t），3.6（2H，q），4.15（2H，s），12.1（1H，s）
   B 1.29（3H，d），2.35（2H，d），4.15（1H，六重峰），在重水存在下测定。
   C 3.15（3H，s），3.8（2H，s），4.05（2H，s）。
   （括号中：s 表示单峰，d 表示双重峰，t 表示三重峰，q 表示四重峰）

6. 名词解释。
   (1) 核磁共振；(2) 化学位移；(3) 质谱；(4) 分子离子峰

7. 某化合物的分子式均为 $C_9H_{10}O_2$，其 IR 特征峰如下：$1742\ cm^{-1}$，$1232\ cm^{-1}$，$1028\ cm^{-1}$，$764\ cm^{-1}$，$690\ cm^{-1}$；1H-NMR 谱如下：δ2.02（单峰，3H），δ5.03（单峰，2H），δ7.26（单峰，5H）。试推测这个化合物的结构。

8. 某化合物分子式为 C_4H_8O，它的核磁共振氢谱图中有 3 组峰：单峰（3H）、四重峰（2H）、三重峰（3H）；它的 IR 谱在 $1715\ cm^{-1}$ 处有强吸收。试写出它的结构式。

参考文献

[1] 刑其毅等. 基础有机化学. 第 3 版. 北京：高等教育出版社，2010.
[2] 高鸿宾. 有机化学. 第 4 版. 北京：高等教育出版社，2005.
[3] 李贵深，李宗澧. 有机化学. 第 2 版. 北京：中国农业出版社，2004.
[4] 曾昭琼，李景宁. 有机化学. 第 4 版. 北京：高等教育出版社，2005.
[5] 王积涛等. 有机化学. 第 3 版. 天津：南开大学出版社，2009.
[6] 周莹，赖桂春. 有机化学. 北京：化学工业出版社，2011.
[7] 马文英等. 有机化学. 武汉：华中科技大学出版社，2011.
[8] 高鸿宾，齐欣. 有机化学学习指南. 北京：高等教育出版社，2005.